TRAITÉ

DE

MINÉRALOGIE.

DE L'IMPRIMERIE DE HUZARD-COURCIER,

RUE DU JARDINET-SAINT-ANDRÉ-DES-ARCS, N° 12.

TRAITÉ

DE

MINÉRALOGIE,

PAR M. L'ABBÉ HAÜY,

Chanoine honoraire de l'Église métropolitaine de Paris, Membre de la
Légion-d'Honneur, Chevalier de l'Ordre de Saint-Michel de Bavière, de
l'Académie royale des Sciences, Professeur de Minéralogie au Jardin
du Roi et à la Faculté des Sciences de l'Université royale, de la Société
royale de Londres, de l'Académie impériale des Sciences de Saint-Péters-
bourg, des Académies royales des Sciences de Berlin, de Stockholm,
de Lisbonne et de Munich; de la Société Géologique de Londres, de
l'Université impériale de Wilna, de la Société Helvétienne des Scruta-
teurs de la Nature, et de celle de Berlin; des Sociétés Minéralogiques de
Dresde et d'Iéna, de la Société Batave des Sciences de Harlem, de la
Société Italienne des Sciences, de la Société Philomatique et de la Société
d'Histoire naturelle de Paris, etc.

SECONDE ÉDITION,

REVUE, CORRIGÉE, ET CONSIDÉRABLEMENT AUGMENTÉE PAR L'AUTEUR.

TOME PREMIER.

PARIS,

BACHELIER et HUZARD, GENDRES ET SUCCESSEURS DE
Mme Ve COURCIER, LIBRAIRES POUR LES SCIENCES,
Rue du Jardinet-Saint-André-des-Arcs.

1822.

DISCOURS PRÉLIMINAIRE.

Sɪ les motifs qui nous sollicitent à cultiver
une science naturelle étaient fondés uniquement sur l'intérêt que certaines productions
inspirent par elles-mêmes, et sur ce qu'elles
ont d'attrayant à la première vue, la Zoologie
et la Botanique sembleraient avoir, sur la
Minéralogie, une prépondérance qui entraînerait presque tous les goûts vers l'une ou
l'autre de ces belles parties de nos connaissances. Dans les animaux, une conforma-
tion plus voisine de la nôtre, un ensemble
d'organes si heureusement combinés pour
produire une infinité de mouvemens divers,
un instinct admirable par ses ressources,
offrent à l'homme un sujet digne d'exciter
toute sa curiosité, et d'exercer cette intelligence, qui est sa qualité distinctive et le
titre de sa supériorité. Les plantes forment
le point de vue le plus riant et le plus gracieux de la nature, le plus propre à émouvoir
notre sensibilité; et l'idée seule du printemps

et des fleurs est une puissante invitation a
l'étude de la Botanique.

Mais la plupart des minéraux, cachés dans
les cavités du globe, n'en sortent qu'à travers
de nombreux débris, et en portant eux-mêmes
les marques du fer destructeur qui les a arra-
chés de leurs gîtes ; ils ne sont, pour le commun des hommes, que des masses brutes,
sans physionomie et sans langage, faites seulement pour être appropriées à nos besoins :
on a peine à s'imaginer qu'ils puissent devenir l'objet d'une science à part, et qu'il y ait
une place pour le naturaliste, entre le mineur
qui les extrait et l'artiste qui les élabore.

Cependant ceux qui, sans s'arrêter aux premières apparences, considéreront les minéraux de plus près, et avec une attention plus
suivie, s'apercevront aisément de ce qu'ils
gagnent à être mieux connus.

Des formes polyédriques, dont il semble
qu'une main savante ait réglé les dimensions
et les angles à l'aide du compas ; les variations que ces formes, sans cesser d'être régulières, subissent dans une même substance,
et l'avantage de pouvoir, à l'aide de l'obser-

vation et du calcul, retrouver les traits du Protée caché sous ces métamorphoses; des expériences ingénieuses concourant avec les indices qui parlent à l'œil, pour développer les propriétés qui lui échappent; le principe d'Archimède, appliqué à la comparaison des poids sous un volume donné; la puissance réfractive employée à tracer une limite entre les corps à travers lesquels l'image de chaque objet paraît simple, et ceux qui en offrent deux à l'œil étonné; la chaleur substituée au frottement, pour faire naître des pôles électriques dans des corps dont la forme cristalline, par des modifications particulières, indique d'avance la position de ces pôles; l'aiguille aimantée faisant servir le fer à se déceler lui-même; divers agens chimiques offrant des moyens de lever les doutes que les autres épreuves auraient pu laisser encore; les ressources fournies par l'analyse pour la formation d'une méthode basée sur la connaissance intime des objets qu'elle embrasse : tout conspire à faire de la Minéralogie une science digne d'être accueillie par les esprits tournés naturellement vers les

recherches susceptibles de précision et de rigueur, vers celles qui offrent des combinaisons plus savantes et un ensemble de faits
liés plus étroitement entre eux.

Cultivée avec ces dispositions, la Minéralogie se présente bientôt sous une face toute
nouvelle. C'est un tableau que la seule habitude de le voir et de l'étudier embellit; où
la nature se montre, comme partout ailleurs,
sous un aspect qui réclame pour son auteur
le tribut de notre admiration et de nos hom-
mages; et nous nous savons d'autant plus
de gré d'un choix qui a surpassé notre attente, qu'une espèce de penchant naturel
nous attache davantage aux objets qui nous
offrent beaucoup plus qu'ils n'avaient d'abord
semblé nous promettre.

Il n'est aucune science naturelle dont on
ne retrouve l'ébauche dans les notions qu'un
usage familier des objets qu'elle embrasse
avait anciennement suggérées aux hommes. Cette vérité est surtout sensible par
rapport à la Minéralogie, dont le domaine
renferme une multitude de productions que
l'industrie humaine n'a pu élaborer pour

les plier aux besoins ou aux agrémens de
la vie, sans une certaine étude de leurs caractères et de leur nature, et sans que l'art
ne frayât la route à la science. Dès les premiers temps, l'ensemble de ces productions
usuelles avait été sous-divisé en pierres, en
sels, en bitumes et en métaux. C'étaient
comme les premiers traits des tableaux que
présentent nos méthodes. Le traitement des
substances métalliques avait fait reconnaître
plusieurs des différences essentielles qui les distinguent. Parmi les pierres, on avait composé, sous les noms de *marbres* et de *gemmes*, des groupes nombreux, qui, malgré
la disparité des corps qu'ils servaient à lier
entre eux, étaient cependant un essai de la
formation des genres qui sous-divisent les
classes. Certaines propriétés, d'autant plus remarquables qu'elles font ressortir les substances qui en jouissent, n'avaient pas échappé
à l'attention ; on avait remarqué l'attraction
que le succin, après avoir été frotté, exerçait sur les corps légers qu'on lui présentait,
et l'espèce de sympathie qui attachait le fer
à l'aimant, que l'on considérait comme une

simple pierre. Les formes cristallines mêmes n'étaient pas tout-à-fait inconnues aux anciens ; celle du cristal de roche et celle du diamant avaient été assez bien suivies par Pline (*). C'était alors une merveille étonnante par sa singularité, que ces polyèdres réguliers qui excitent aujourd'hui notre admiration par leur multitude même et par leur diversité.

Ce n'est que pendant le cours du dix-septième siècle que les savans ont commencé à soumettre l'ensemble des corps inorganiques connus à des arrangemens méthodiques, et que les mots de *règne minéral* ont été prononcés. Wallerius, qui tient un rang distingué parmi les premiers auteurs des méthodes, avait employé à la détermination des espèces, certains caractères qui se présentent d'eux-mêmes, comme ceux qui se tirent du tissu, de la figure des fragmens, de la transparence, des couleurs, etc. ; ou certaines propriétés faciles à vérifier, comme celles d'étinceler par le choc du briquet, de

____

(*) Hist. nat. L. XXXVII, c. 2 et 4.

faire effervescence avec l'acide nitrique, etc.
Il a paru depuis quelques autres méthodes
fondées sur les mêmes caractères; mais la
plupart des auteurs qui ont dirigé leurs recherches vers le même but, sont partis
de l'idée que, les minéraux étant des assemblages de molécules élémentaires, tantôt homogènes, tantôt de diverse nature,
c'était à la Chimie qu'appartenait la détermination des espèces qui résultaient de la
réunion de ces molécules, à l'aide de l'affinité. C'est ce principe qui a dirigé Cronstedt,
Bergmann, et le baron de Born, dans la
formation de leurs méthodes; mais ils n'indiquaient pas d'une manière précise, comme
on l'a fait depuis, les quantités respectives
des divers élémens retirés d'un même minéral, en les évaluant de manière que le
nombre 100 en exprimât la totalité. Ils ne
considéraient ces quantités que comme des
à-peu-près, qu'ils modifiaient pour en ramener le rapport à une expression simple.
Par exemple, la pierre qu'ils appelaient *zéolithe* était désignée par cette phrase : « Argile

» unie à la terre siliceuse , formant la moitié
» du poids, quelquefois davantage, et à un peu
» dechaux (*).» Souvent mêmeils sebornaient
à une indication vague des principes composans : ainsi la composition du feldspath était
désignée par cette autre phrase : « Terre sili-
» ceuse unie à l'argile et à un peu de magné-
» sie (**). » Dans d'autres cas , l'indication se
rapportait à un assemblage d'espèces qu'ils
réunissaient dans un même genre : tel était
celui qui portait le nom de *gemmes*, et qui
renfermait l'émeraude, le saphir , la topaze, etc. La phrase indicative de ce genre
était : « Argile intimement unie à moins de la
» moitié de son poids de terre siliceuse et à un
» peu de chaux aérée (chaux carbonatée). »

Dans la suite, les chimistes s'attachèrent
à déterminer exactement les poids des matières retirées de chaque substance , à l'aide
de l'analyse , et à en former un total , qu'ils

(*) Manuel de Minéralogie, traduit par M. Mongez. Paris,
1724.

(**) *Idem* , p. 158.

représentaient par le nombre 100. M. Kirwan a suivi cette méthode, et en a fait usage dans son Traité de Minéralogie, pour déterminer les espèces, d'après la composition des substances qui leur appartenaient. D'autres chimistes ont travaillé depuis sur le même plan, et toutes les recherches entreprises successivement dans la même vue tendaient à favoriser l'opinion que c'était de la Chimie qu'il fallait attendre la détermination des espèces minérales.

Je m'étais conformé moi-même à cette opinion dans la première édition de mon Traité; mais je pensais en même temps que la détermination des molécules intégrantes devait avoir une grande influence sur celle des espèces (*). J'observais combien il était intéressant que les recherches relatives aux deux sortes de molécules conspirassent vers un but commun, que le chimiste et le minéralogiste s'éclairassent mutuellement dans leurs travaux, et que le gonyomètre qui fournit des données pour soumettre les formes

____

(*) Discours préliminaire, p. xiv.

cristallines au calcul, fût associé à la balance qui pèse les produits de l'analyse; mais j'étais loin de croire que la Géométrie eût toujours besoin d'être accompagnée de la Chimie pour arriver au but, et j'avais même cité des cas où elle avait indiqué des réunions et des séparations entre des substances dont l'analyse n'avait pas encore dévoilé la véritable nature, de sorte que cette dernière, en confirmant depuis les indications dont je viens de parler, n'avait fait autre chose que compléter les déterminations qui en résultaient, par la connaissance des molécules principes, dont les molécules intégrantes sont les assemblages.

J'avais été plus loin; et dans d'autres cas où les deux sciences divergeaient l'une de l'autre relativement à la classification d'une même substance, j'avais accordé la prééminence à la Géométrie. Ainsi, en comparant les deux analyses du pyroxène qui seules eussent été publiées, j'avais remarqué qu'elles différaient très sensiblement par le rapport entre la quantité de chaux et celle de silice, qui, dans l'une était celui de l'unité à 4, et dans

l'autre à très peu près celui de 2 à 3 ; mais
la forme étant exactement la même de part
et d'autre, il ne m'était resté aucun doute
sur l'identité d'espèce (*).

La comparaison entre l'arragonite et la
chaux carbonatée relativement aux angles
que faisaient entre eux les joints naturels
mis à découvert par la division mécanique
des cristaux qui appartenaient au premier,
m'avait conduit à un autre résultat qui a été
comme le signal de la longue guerre que ces
deux substances ont excitée entre la Chimie
et la Cristallographie, et dont je souhaite-
rais avoir préparé le terme, par les considérations que j'ai insérées dans l'article arragonite destiné pour cette seconde édition.

Je n'avais mesuré qu'un des angles saillans
de l'arragonite primitif, qui déjà ne s'accor-
dait avec aucun de ceux que donnait le rhomboïde de la chaux carbonatée ; et cette différence, jointe à celle que présentaient d'autres
caractères, m'avait paru indiquer une ligne
nette de séparation entre les deux substances,

(*) Traité, t. III, p. 82.

tandis qu'au contraire les analyses que MM. Vauquelin et Klaproth avaient faites de l'arragonite, sollicitaient sa réunion dans une même espèce avec la chaux carbonatée (*).

Cependant, pour ne rien précipiter, j'avais laissé l'arragonite parmi les substances dont la détermination définitive laissait encore des doutes à éclaircir, et j'avais attendu, pour l'introduire dans la méthode comme espèce distincte, quoiqu'à la suite de la chaux carbonatée, le moment où j'aurais déterminé complètement sa forme primitive, persuadé d'avance que ce qui restait à faire offrirait la confirmation de ce qui avait déjà été fait. La suite a prouvé que mon attente n'avait pas été trompée.

Au reste, il semblait que l'on eût lieu de présumer que les différences qui existaient entre les résultats des deux analyses du pyroxène citées plus haut, ainsi que quelques autres que l'on rencontrait par intervalles en parcourant la première édition de mon Traité, devaient être attribuées aux imper-

---

(*) Traité, t. IV, p. 346 et 347.

fections de l'analyse ; que le défaut d'accord entre les deux sciences deviendrait moins sensible à mesure que la Chimie avancerait vers sa perfection, et qu'un jour il règnerait entre elles une parfaite harmonie que rien ne pourrait plus troubler.

Il en a été tout autrement ; la Chimie a continué de faire des progrès, et les dissonances se sont multipliées avec les analyses. D'une autre part la Cristallographie continuait de marcher vers son but. Les cristaux de diverses substances, qui jusqu'alors n'avaient été observées qu'en masses insignifiantes, se montrèrent avec des caractères qui permettaient de les soumettre à la division mécanique, pour extraire leur forme primitive et en déduire celle de leur molécule intégrante. D'autres, dont les formes peu prononcées ne m'avaient permis que d'ébaucher leur détermination, se sont prêtés à de nouvelles mesures dont la précision a mis cette détermination au point de ne laisser plus rien à désirer.

C'est alors que j'ai conçu l'idée de l'ouvrage que j'ai publié en 1809, sous le titre de *Ta-*

bleau comparatif des résultats de la Cristallographie et de l'analyse chimique relativement à la classification des minéraux. En examinant avec attention les nombreuses analyses qui avaient été faites des diverses substances minérales ; en comparant celles dont une même substance avait été le sujet, je crus m'apercevoir que la source des divergences qu'elles présentaient avec les résultats de la Géométrie , existait bien plutôt dans le fond même des êtres que dans l'imperfection des moyens chimiques , et qu'elle provenait, au moins en grande partie, du mélange des matières hétérogènes qu'une multitude de substances minérales avaient dérobées à celles qui leur servent aujourd'hui d'enveloppes ou de gangues, et dont les molécules étaient suspendues avec les leurs dans le liquide où s'est opérée la cristallisation des unes et des autres. On peut même dans certains cas présumer l'influence de ces mélanges à la seule inspection des gangues dont j'ai parlé. Ainsi l'amphibole vert du Zillerthal, dit *actinote*, étant engagé dans un talc, qui est une roche magnésienne, on ne sera pas surpris que cette variété ait donné, par l'analyse, une plus grande quantité de magnésie que l'amphibole noir du cap de Gates, dont la gangue a un caractère argileux. Je me borne à ce seul exemple choisi dans le nombre de ceux que je pourrais citer.

Les auteurs des analyses les avaient publiées isolément à des intervalles de temps quelquefois considérables; ils ne paraissaient pas s'être occupés de les comparer, et de chercher à expliquer les diversités qu'elles présentaient dans des cas où l'identité des substances qui en avaient fourni les sujets aurait dû les faire coïncider, et les ressemblances qui tendaient à faire confondre d'autres substances dont la Cristallographie et les divers caractères indiquaient la séparation. J'ai cru servir utilement la science en réunissant sous un même point de vue ces résultats jusqu'alors comme épars, en les mettant en regard les uns avec les autres, pour inviter les hommes célèbres qui les avaient obtenus à fixer sur eux leur attention, à remonter jusqu'aux causes des anomalies que j'avais cru y apercevoir, et à distinguer ce qui pouvait être la suite inévitable de cette espèce de commerce qui avait existé entre les diverses matières disséminées dans un même liquide, de ce qui, n'étant occasionné que par l'imperfection de la science, disparaîtrait dans des expériences ultérieures.

D'une autre part toutes les observations tendaient à prouver que les molécules intégrantes d'une substance minérale conservaient invariablement leur forme et leurs dimensions, au milieu de tous les mélanges qui altéraient l'homogénéité de la composition. Ils étaient seulement interposés entre ces molécules. La Géométrie en faisait abstraction, en sorte qu'on pouvait dire que pour elle tous les minéraux étaient purs.

Je ne dois pas omettre que, dans le même ouvrage, j'avais démontré, à l'aide de cette dernière science, un principe dont la saine raison indiquait seule l'existence, savoir que la relation entre les quantités des élémens qui composent les molécules intégrantes des minéraux, constitue des points d'équilibre non moins permanens que les formes de ces molécules (*). C'était énoncer en d'autres termes le principe des proportions définies qui a été proposé depuis par le célèbre Dalton, et dont il a fait de si belles applications à la composition des minéraux.

On conçoit, d'après tout ce que je viens de dire, que, dans la méthode qui avait servi de cadre à mon tableau comparatif, j'ai dû faire dépendre la détermination des espèces de la forme invariable des molécules intégrantes. Par là je faisais encore mieux ressortir le contraste entre les résultats des deux sciences que j'avais mises pour ainsi dire aux prises l'une avec l'autre.

Dans la suite le célèbre Berzelius, à qui la Chimie avait déjà tant d'obligations, lui ouvrit une nouvelle route qui paraissait devoir la conduire au terme où elle se trouverait entièrement d'accord avec la Cristallographie. Tout le monde connaît les savantes formules dont son génie lui a suggéré l'invention, et auxquelles la Géométrie semble avoir prêté son

---

(*) Introduction, p. xj.

langage pour exprimer les produits donnés
par les analyses des substances minérales
avec une précision jusqu'alors inconnue. Les
unes sont chimiques et les autres minéralogiques. On peut consulter le nouveau système de Minéralogie publié par le même chimiste sur la manière de construire les unes
et les autres. Il me suffira, pour atteindre le
but que je me propose ici, de citer plusieurs
conditions qu'il est nécessaire de remplir pour
leur donner le degré de justesse et de simplicité sans lequel elles ne répondraient pas
à l'air de précision qu'elles affectent au premier abord.

Il faut, avant tout, être bien sûr d'avoir
élagué, dans les résultats des analyses auxquelles elles se rapportent, les principes purement accidentels dont elles doivent faire
abstraction. En second lieu, dans le cas où
elles renferment les expressions de plusieurs
combinaisons binaires, ce qui arrive souvent,
il faut que l'assortiment des principes dont
elles indiquent les alliances soit conforme à
celui qui existait dans la substance avant l'a-
nalyse. Enfin il est nécessaire que les quan-

tités qu'on a dû se permettre de négliger dans les nombres qui expriment les poids des matières retirées de la substance analysée, soient telles que le rapport auquel ces nombres ont été ramenés soit le même que celui qui avait lieu dans la composition. Mais assez souvent on a plusieurs analyses de la même substance, qui toutes paraissent mériter la confiance; et si on les compare, on trouve que les nombres indicatifs d'un même ingrédient offrent des différences plus ou moins sensibles et quelquefois même assez considérables, en sorte que l'on est libre de faire varier les quantités que l'on croit pouvoir négliger, de manière à obtenir plusieurs solutions du problème, dont chacune satisfasse à la condition que le rapport auquel elle conduit soit d'une simplicité qui le rende admissible; et alors comment distinguer la solution qui donne le véritable rapport, savoir celui de la nature? On voit par ce qui précède qu'il n'est rien moins qu'évident que la formule soit exempte d'arbitraire, et que le tableau qu'elle présente soit la copie fidèle de celui dont l'analyse exacte d'un morceau très pur aurait fourni le modèle.

Ce n'est pas tout, et il arrive de temps en temps que l'on découvre dans un minéral déjà analysé, et même à plusieurs reprises, un principe qui avait échappé aux moyens chimiques employés dans les analyses. Souvent ce principe est du nombre de ceux qu'on doit regarder comme essentiels ; et s'il existe déjà une formule représentative de la composition, il faut la reconstruire de manière à y trouver une place pour le nouveau principe. Ces sortes d'exemples, qui probablement se renouvelleront, tendent à faire craindre qu'une partie des formules qui ont été publiées jusqu'ici ne soient fautives par une suite des réticences qu'auraient faites les analyses qui ont servi à les construire. L'empressement avec lequel on annonce les découvertes dont il s'agit comme des conquêtes qui enrichissent la science, fait oublier ce qu'y perd la théorie des formules représentatives, dont elles décèlent l'inconstance et le peu de fixité.

La préférence que j'ai accordée à la Géomé-

trie sur l'analyse pour la détermination de
l'espèce minérale, ne m'empêche pas d'apprécier l'avantage qu'a cette dernière d'en compléter la notion, qui sans elle serait très imparfaite. Elle pénètre jusqu'au fond des êtres,
et nous conduit à la connaissance des élémens
dans lesquels réside leur essence. On ne peut
qu'admirer la puissance des agens qu'elle emploie pour saisir ces atomes bien plus déliés
encore que les molécules intégrantes, qui en
sont les assemblages et qui déjà échappent à
nos yeux même avec le secours des meilleurs
instrumens d'optique, pour les démêler les
uns des autres, et nous mettre à portée de les
déterminer séparément.

Ce que les résultats de ce genre laissent à
désirer du côté de la précision, ne leur ôte
rien de ce qu'ils offrent par eux-mêmes d'intéressant ; mais les imperfections qui en sont
inséparables s'opposent à ce qu'on puisse en
déduire des formules vraiment représentatives de la composition. Voilà ce que je crois
avoir prouvé. Du reste, ces formules, qui supposent une grande sagacité et une profonde
connaissance de la Chimie, n'en font pas

moins d'honneur à l'illustre savant qui les a créées, et je n'en suis pas moins disposé à lui payer le tribut d'admiration et d'éloges qui lui est si justement dû. Si je me suis permis quelquefois, comme je l'ai fait ici, d'y mettre des restrictions, c'est parce que l'amour de la vérité, qui est, pour les hommes adonnés à l'étude des sciences, le premier des devoirs, l'a emporté sur des motifs personnels d'attachement, que j'ai regretté de ne pouvoir concilier avec lui.

La forme de la molécule intégrante d'un minéral ne suffit pas toujours pour caractériser seule et par elle-même l'espèce à laquelle il appartient. Dans les cas où la forme primitive est une de celles qui sont les limites des autres, comme le cube, l'octaèdre et le tétraèdre réguliers, ou le dodécaèdre rhomboïdal, il est nécessaire d'associer aux indications de la forme celles d'un ou deux caractères physiques ou chimiques, choisis parmi ceux dont jouit la substance qu'on s'est proposé de déterminer.

La condition que je viens d'indiquer porte sur ce que chacune des formes limites est

susceptible d'appartenir, comme forme primitive, à plusieurs substances de nature
différente. Cette faculté est liée à une corrélation qui existe entre les formes dont il
s'agit, et en vertu de laquelle chacune d'elles
peut être produite comme forme secondaire
par les molécules intégrantes des autres, assorties entre elles de diverses manières. C'est
en cela que consiste le caractère distinctif des
formes limites, qui m'avait d'abord échappé,
et que j'ai exposé avec tout le détail convenable dans la troisième partie du Traité de
Cristallographie. J'y fais voir de plus que,
dans les cas dont je viens de parler, la composition s'assimile à la structure, en sorte que
des molécules élémentaires de diverse nature
peuvent, en variant leur arrangement, se
mouler en quelque sorte dans une même forme de molécule intégrante : mais ces corréla-
tions n'ont plus lieu entre les formes qui diffèrent des limites, et dont chacune appartient exclusivement à l'espèce qui la présente.

Il suit de là que quand la division mécanique d'une substance minérale que l'on se
propose de déterminer, conduit à une forme

limite, celle-ci avertit l'observateur que, pour en compléter la notion, il est nécessaire de joindre à l'indication de la forme dont il s'agit celle d'un ou deux caractères tirés des propriétés du minéral, tels que la dureté, la pesanteur spécifique, la saveur ou la faculté de se dissoudre dans l'eau, s'il s'agit d'un sel. Dans l'article de la Cristallographie qui concerne ce sujet, j'ai cité divers exemples qui prouvent que, dans les cas dont je viens de parler, la détermination de l'espèce ne souffre aucune difficulté.

Un autre cas qui présenterait l'inverse du précédent serait celui où une même composition donnerait naissance à des molécules intégrantes de deux formes et à des propriétés physiques qui ne seraient pas non plus les mêmes, ce qui forcerait de séparer les deux substances l'une de l'autre. La différence dépendrait alors de celle qui aurait existé dans les manières d'être respectives des molécules élémentaires pendant la formation des deux substances. On ne peut douter que ce cas n'ait été réalisé par la nature à l'égard du diamant et du charbon, ainsi que je le ferai voir dans

l'article relatif à l'arragonite , dont l'analyse,
comparée à celle de la chaux carbonatée, paraît offrir une seconde application du même
cas. Ces deux exemples ne sont peut-être pas
les seuls , et l'on conçoit que le résultat de
l'analyse ne peut laisser apercevoir alors aucun signe de la distinction des deux substances ; c'est aux caractères géométriques et physiques qu'il appartient de l'indiquer et de la
faire ressortir.

La distribution méthodique des espèces
déterminées d'après les principes que je viens
d'exposer , est basée sur les conséquences qui
ont été déduites des résultats auxquels le célèbre Davy est parvenu , dans ces expériences mémorables où l'action de la pile a fait
tomber le masque qui depuis si long-temps
déguisait sous une apparence terreuse les métaux cachés dans la soude et la potasse. D'autres recherches du même genre , auxquelles
se sont jointes des raisons d'analogie , ont
conduit les chimistes à l'opinion aujourd'hui
généralement adoptée , que la série des métaux, que l'on croyait limitée aux substances
qui s'étaient montrées avec le brillant métal-

lique, ne formait que les premiers anneaux
d'une chaîne qui s'étend sur presque tout le
règne minéral. On trouvera dans les préliminaires une exposition très développée de
l'ordre suivant lequel j'ai disposé les différentes parties de la distribution dont il s'agit,
et l'on remarquera peut-être avec quelque intérêt que mon ancienne méthode se trouvait
en quelque sorte toute préparée pour entrer
comme d'elle-même dans le cadre que lui
présentait la nouvelle.

Je me suis borné, dans cette seconde édition, à indiquer les dimensions des formes
primitives et des molécules intégrantes, ainsi
que les incidences mutuelles des faces qui
les terminent, lorsque les unes et les autres
n'étaient pas données *à priori*. C'est dans le
Traité de Cristallographie qu'il faut lire l'exposé de la méthode que j'ai suivie pour les
déterminer avec la justesse et la précision
convenables. Mais j'ai réservé pour les préliminaires de cette même édition le développement des caractères physiques et chimiques, et j'ai donné la théorie de ceux qui,
pour être vérifiés, exigent des expériences, et

qui sont liés à des propriétés dépendantes des lois générales de la nature, comme celles de l'électricité, du magnétisme et de la lumière. Les faits dans lesquels résident ces caractères sont doublement intéressans pour le minéralogiste qui les observe, lorsqu'en même temps qu'ils parlent à ses yeux ils ont un langage pour son intelligence. J'ajoute que c'est la théorie qui lui apprend à diriger l'expérience, à la maîtriser, pour ainsi dire, à écarter tout ce qui pourrait en déranger ou en arrêter la marche. Lui arrive-t-il de manquer le résultat qu'il avait en vue, il s'aperçoit, en y réfléchissant, de ce qui l'a trompé, et de ce qu'il aurait dû faire pour éviter de l'être : sa méprise s'explique comme d'elle-même, et bientôt le succès d'une seconde expérience garantit d'avance celui de toutes les autres du même genre.

Parmi les appareils que j'ai désignés dans mon Traité de Physique, et qui réunissent à l'avantage d'être resserrés dans un petit volume et peu dispendieux, celui d'être d'un service également sûr et facile dans les expériences électriques auxquelles ils sont destinés, j'en ai choisi trois, dont je donne dans cet ouvrage la description avec la manière de s'en servir. L'un, qui doit son origine à la Minéralogie, est très commode pour l'observation des attractions et répulsions qu'exercent l'une sur l'autre deux tourmalines chauffées convenablement, suivant qu'elles se regardent par leurs pôles de nom différent ou par ceux de même nom. Les deux autres, qui portent les noms d'*électroscope vitré* et d'*électroscope résineux*, se distinguent par des qualités qui leur sont propres, et par l'énergie et la durée des effets qui en dépendent. Le premier surtout, dont l'âme est un petit barreau de spath d'Islande transparent attaché à l'extrémité d'un levier qui se ment librement sur la pointe d'un pivot d'acier, est remarquable en ce qu'une simple pression entre deux doigts suffit pour y faire naître une électricité vitrée qu'il conserve pendant plusieurs heures, et quelquefois beaucoup plus long-temps. On voit que c'est encore à la Minéralogie que la Physique en est redevable. Un quatrième appareil sert à déceler la présence du fer dans un corps où il n'a qu'un très faible degré de magnétisme. A l'aide d'une disposition particulière de l'appareil dont il s'agit, à laquelle je donne le nom de *double magnétisme*, une aiguille aimantée montée sur son pivot qui en fait partie devient docile à l'action de quelques molécules ferrugineuses qui, dans l'expérience ordinaire, la laisseraient immobile (*).

A l'égard des caractères chimiques, j'ai beaucoup profité de l'excellent ouvrage publié récemment par M. Berzelius sur l'emploi du chalumeau, instrument qui semble avoir pris une nouvelle existence entre les mains de ce célèbre chimiste, et dont il a tiré un parti si ingénieux pour produire de petits phénomènes qui indiquent avec sûreté la nature des substances soumises à son

---

(*) J'ai annoncé, dans la troisième édition de ma Physique, Introd., p. xxxvj, M. Tavernier, horloger d'une habileté bien connue, comme ayant entrepris de construire une collection de petits appareils qui y sont décrits, qu'il dispose dans une boîte à compartimens, que l'on peut porter en voyage, sans craindre aucun accident. Le même artiste se charge de fournir séparément les quatre dont je viens de parler, si l'on ne préfère d'acquérir la collection entière. Il demeure rue des Fossés-Saint-Germain-des-Prés, nᵒ 13.

action. Je me suis borné à citer les épreuves qui, étant plus faciles à vérifier, sont par là même plus à la portée des minéralogistes, qui n'ont ordinairement qu'une connaissance élémentaire de la Chimie.

A la suite des préliminaires j'ai placé plusieurs tableaux dont chacun présente la série des modifications qui composent un même ordre de caractères géométriques ou physiques, qui se trouvent répartis entre les diverses espèces auxquelles ils appartiennent. L'un renferme les substances qui ont une forme primitive commune avec les mêmes dimensions respectives. Un second offre la série des pesanteurs spécifiques des minéraux rapportées à celle de l'eau distillée à 14^d de Réaumur, ou à 17^d et demi du thermomètre centigrade, prise pour unité. Le sujet du troisième, qui a beaucoup plus d'étendue que les autres, est l'ensemble des corps qui composent le règne minéral considéré sous le point de vue de l'électricité produite par le frottement.

Indépendamment des avantages que cette édition a sur la première relativement à la partie descriptive qui concerne le corps de l'ouvrage, il en est un qui, je l'espère, sera apprécié, et qu'elle doit au soin que j'ai pris d'ordonner l'ensemble de tout ce qui la compose de la manière qui m'a paru la plus favorable à l'étude de la science dont elle est l'objet. La distribution méthodique des minéraux y occupe la même place dans l'Atlas des figures. Les tableaux des signes représentatifs des variétés de formes relatives aux différentes espèces ont conservé aussi leurs places à la tête des descriptions de ces espèces, avec cette différence que les signes y sont rangés d'après les combinaisons une à une, deux à deux, trois à trois, etc., des lois de décroissement d'où dépendent les variétés dont il s'agit. A la suite vient la table alphabétique des noms de ces variétés avec les définitions qui en donnent l'interprétation, et qu'il convenait d'autant mieux de placer ici, que les mêmes noms ont été gravés sur les planches au-dessus des figures auxquelles ils se rapportent. Le tout est terminé par une série de tableaux dont la distribution est la même que pour ceux des signes représentatifs, et dont chacun indique, d'après l'ordre alphabétique, les mesures des principaux angles que font entre elles les faces marquées des mêmes lettres sur les variétés auxquelles il se rapporte. A l'aide de tous ces divers moyens, l'observateur qui aura sous les yeux une suite de variétés relatives à une espèce donnée, en comparant leurs formes aux projections tracées sur les planches, pourra faire de l'œil leur rapprochement avec celles dont elles lui paraîtront offrir les portraits, et s'assurer ensuite, à l'aide du goniomètre, qu'il a bien saisi la ressemblance. L'Atlas deviendra ainsi comme le manuel du cristallographe (*).

Les voyages entrepris depuis la publica-

(*) M. Pixii, artiste avantageusement connu par son habileté dans la construction des instrumens de Physique, s'est occupé d'exécuter des goniomètres que j'ai jugés préférables à ceux de M. Richer, en ce que la graduation du demi-cercle, qui en est la pièce principale, y est plus distincte, ce qui permet de saisir plus facilement le degré qui donne la mesure exacte de l'angle que l'on se propose de déterminer. Ils sont d'ailleurs, sous les autres rapports, d'une perfection qui ne laisse rien à désirer. Cet artiste demeure rue du Jardinet-Saint-André-des-Arcs, n° 2.

tion de mon Tableau comparatif nous ont
fait connaître de nouvelles espèces que j'ai
déterminées successivement et introduites
dans ma méthode. D'une autre part, le nombre des variétés de formes cristallines relatives aux différentes espèces, qui était de 638
dans la première édition, se trouve porté
dans celle-ci à 1040 (*). Les accroissemens
qu'a reçus en même temps ma collection, et
qui l'ont maintenue à la hauteur de la
science, m'ont procuré l'avantage d'avoir
sous les yeux et d'observer par moi-même
des morceaux de tous les minéraux que j'ai
décrits, d'indiquer les différentes modifications dont ils sont susceptibles, les substances
qui les accompagnent, et les matières qui leur

(*) Je crois devoir rappeler ici ce que j'ai dit dans le
Traité de Cristallographie, du degré de perfection auquel
M. Bélœuf, employé au Jardin du Roi, a porté les solides qui offrent les imitations en bois des formes cristallines. Il est en état de fournir la collection entière de ceux
qui se rapportent aux variétés que je viens d'indiquer. Il y
joindra, si on le juge à propos, ceux qui sont destinés
pour faciliter l'étude de la théorie des lois auxquelles est
soumise la structure.

servent de support ou de gangue, et qui varient suivant les pays d'où ces minéraux ont
été tirés. J'ai été redevable de l'avantage dont
je viens de parler aux nombreux envois qui
m'ont été faits par des savans étrangers,
d'un mérite distingué, de morceaux relatifs
aux découvertes récentes, choisis par eux-
mêmes, ce qui est dire qu'ils étaient parfaitement caractérisés et d'une perfection qui
seule invitait à les étudier. Je me suis fait un
devoir de témoigner ma reconnaissance à
ceux dont j'ai été dans le cas de citer les présens dans mon Traité de Cristallographie.
Cette édition, où je décris tout ce qui m'est
connu, me dédommagera du regret que j'a-
vais de n'avoir pu encore rendre aux autres
un semblable hommage. Je dois encore à
plusieurs d'entre eux des observations intéressantes, qui ont ajouté un nouveau prix à
leurs dons. Rien ne confirme mieux ce qui a
été dit des savans répandus sur la surface du
globe, qu'ils ne formaient tous qu'une même
famille, que ce partage de richesses qui fait
disparaître la distance entre les pays qu'ils

habitent, et cette communication de lumières qui les rend sans cesse présens les uns aux autres.

Dans tout ce qui précède, je n'ai eu en vue que ceux qui, en se livrant à l'étude de la Minéralogie, ont pour motif principal l'attrait qu'inspirent par elles-mêmes les vérités qu'elle nous dévoile; mais il est des hommes qui, n'ambitionnant d'autres titres que celui d'amateurs, se plaisent à considérer les sciences dans les momens où elles se rapprochent de la société et lui prouvent combien elles sont intéressantes par les avantages et les agrémens que lui procurent les objets dont elles s'occupent. La Minéralogie jouit de cette prérogative, que les collections des substances qui lui appartiennent sont plus multipliées et susceptibles de moins de vides, à raison d'un plus petit nombre d'espèces; qu'elles sont aussi plus à l'abri des altérations, et se prêtent à une étude qui est de toutes les saisons et de tous les momens. J'ai pensé que les hommes dont j'ai parlé trouveraient dans cet ouvrage une facilité de plus pour acquérir ces connaissances si pro-

pres à orner la raison, à cultiver l'esprit et à
faire naître dans l'âme une juste reconnaissance pour tant de présens qu'un Dieu bien-
faisant a commandé à la nature de nous faire.
C'est pour répondre à leurs désirs que j'ai eu
soin, toutes les fois que l'occasion s'en est
présentée, de donner une idée des usages
auxquels les minéraux sont propres, et des procédés que les Arts emploient pour nous faire
jouir des avantages que ces corps recèlent. Et
quelle diversité dans ceux que nous retirons
des seules substances métalliques? Il suffit,
pour en juger, de comparer l'éloge de l'or
avec celui dont le fer a été le sujet.

C'est dans la même vue qu'à la suite des
descriptions que j'ai données des espèces
dont les variétés transparentes sont recher-
chées par les lapidaires, qui les transforment
en objets d'ornemens, j'ai considéré ces variétés telles que nous les présentent les résultats de leur travail, et j'ai indiqué des expériences très simples et très faciles à faire, au
moyen desquelles on peut éviter de confondre celles qui appartiennent à telle espèce
avec celles d'une espèce différente, d'après

une ressemblance d'aspect capable d'en imposer à l'œil. Les minéralogistes sont, parmi ceux que les amateurs de ces sortes de pierres seraient dans le cas de consulter, ceux dont les avis méritent le plus de confiance, parce que ce sont les caractères certains auxquels ils reconnaissent ces pierres qui leur dictent les noms sous lesquels ils les désignent.

L'état auquel ces pierres ont été amenées par l'art du lapidaire, est même favorable à l'observation de certaines propriétés dont l'étude est du ressort de la Minéralogie. Telle est la faculté de conserver plus ou moins long-temps l'électricité acquise par le frottement, et qui met une si grande différence entre le quarz hyalin, qui la perd au bout de quelques minutes, et la topaze, qui en donne encore des signes au bout de vingt-quatre heures et quelquefois même de plusieurs jours. Il est nécessaire que ces deux pierres aient été taillées et polies pour qu'elles soient comparables sous le rapport de la propriété dont il s'agit.

C'est encore le travail du lapidaire qui rend la double réfraction susceptible d'être

facilement observée dans les minéraux qui
en sont doués, et il en est de même de la
réfraction simple. Le zircon est celui qui possède la première au plus haut degré. Il est
vrai que la distance entre les deux images
dépend de l'inclinaison des faces réfringentes
l'une sur l'autre, et de leurs positions relativement à l'axe de cristallisation, en sorte
qu'il peut bien arriver qu'elle se trouve con-
sidérablement diminuée ou même qu'elle soit
nulle dans le zircon que l'on a entre les
mains; mais lorsqu'elle est à son *maximum*,
ou qu'elle en est voisine, comme je l'ai assez
souvent observé, le caractère qui en dérive
devient décisif par une suite de cette intensité, qu'aucune autre pierre ne partage avec
celle-ci. Le péridot, qui est après le zircon la
pierre qui réfracte le plus fortement la lumière, en est d'ailleurs distingué par son
éclat vitreux bien différent de l'éclat adamantin qui est celui du zircon.

Cet ouvrage sera terminé par une distribution minéralogique des roches considérées
uniquement d'après les caractères qui les
suivent jusque dans les collections composées

de leurs fragmens, et qu'elles empruntent des qualités et de l'assortiment des matières dont elles sont les assemblages. Ce point de vue auquel je les ai ramenées m'a permis de les disposer dans l'ordre qui m'a paru le plus propre à en faciliter l'étude, et de ne faire entrer dans leurs descriptions que les traits auxquels on peut les reconnaître partout où on les trouve. J'ai espéré que ce résultat d'un travail dont je crois avoir eu le premier l'idée il y a environ quinze ans, serait jugé utile, comme offrant le sujet d'une étude préparatoire destinée pour les naturalistes qui désireraient se livrer à l'observation des terrains qui présentent les roches dans les positions qu'elles ont prises, en vertu de leur formation, et qui les mettent en relation les unes avec les autres et souvent avec celles qui ont été produites dans d'autres parties du globe. Ils n'ont pas encore vu la nature, mais ils ont reçu des yeux pour la voir. C'est à M. Cordier, qui professe d'une manière très distinguée la Géologie au Jardin du Roi, qu'il appartient d'exposer à ses élèves, avec autant de clarté que de méthode, les grands principes de cette science, et de leur apprendre combien il a contribué à ses progrès par les observations importantes qui ont été le fruit de ses nombreux voyages.

Je ne terminerai pas ce discours sans y consigner la preuve du souvenir que j'ai conservé de ce que la première édition de ce Traité a dû au zèle et aux soins éclairés des jeunes savans que j'ai eus pour élèves à l'Ecole des Mines, et qui ont tracé les projections relatives à la Cristallographie et aux théories qui sont du ressort de la Minéralogie. L'idée de ce grand travail a été conçue et l'exécution en a été commencée par M. Brochant, qui professe aujourd'hui la Minéralogie et la Géologie dans le même établissement. L'impulsion était donnée, et l'on s'est empressé de la suivre. MM. Trémery, Cordier, Lefroy, Gallois, Houry, Cressac et Héricart de Thury, ont donné également des preuves de talent et de zèle dans le dessin des figures qui ont rapport aux différentes classes des minéraux. Tel est l'art avec lequel ils ont représenté, relativement à un noyau qui a constamment la même position, les différentes formes secondaires qui en offrent autant de modifications, que l'on aperçoit, comme d'un même coup d'œil, les rapports de ces formes, soit entre elles, soit avec leur noyau commun. C'était une espèce de Traité graphique des lois auxquelles est soumise la structure.

L'École des Mines m'avait offert une autre ressource d'un grand prix à l'égard du fond même de mon travail. Isolé d'abord pendant plusieurs années, et réduit à mes propres efforts, je m'étais occupé, dans la solitude, de disposer les matériaux relatifs à ce travail, de déterminer, à l'aide de l'observation et de la théorie, toutes les formes cristallines que j'avais pu me procurer, de remonter jusqu'aux causes des phénomènes les plus intéressans parmi ceux que présentent les minéraux, de tirer des propriétés de ces êtres des caractères propres à les distinguer, de recueillir tout ce qui avait trait à leur histoire, etc.; j'avais même déjà tracé le plan de la distribution méthodique, qui était à peu près tel que je l'ai publié dans la première édition de ce Traité : mais au milieu

de cette complication de recherches dirigées
vers tant d'objets divers, il en est toujours
quelques-unes qui laissent des doutes à éclaircir, il est des détails qui échappent ou qui
restent imparfaits. J'en ai dit assez pour qu'il
soit facile d'apprécier l'avantage que j'ai eu
de me trouver placé depuis dans un même
établissement avec MM. Gillet Laumont,
Lelièvre, Lefebvre, Alexandre Brongniart,
Vauquelin et Coquebert de Montbret (*), et
de pouvoir puiser dans leurs entretiens des
avis ou, ce qui est la même chose, des lumières. Plusieurs points importans ont été
mûrement et paisiblement discutés dans des
conférences particulières; et lorsque les sen-
timens qui naissent d'une parfaite intimité
se mêlent à ces discussions, ils semblent
donner lieu à des réflexions plus heureuses,
à des observations mieux développées d'une
part et mieux senties de l'autre. Le conflit
des opinions ne sert qu'à en mieux préparer

(*) Parmi eux se trouvait alors le célèbre géologue
Dolomieu, que la mort a enlevé depuis à une science dont
il avait étendu le domaine par ses observations, et à un
établissement qui s'honorait de le compter parmi ses membres.

la réunion et l'accord; et la vérité, si fami-
lière à l'amitié dans le commerce de la vie,
gagne à lui être associée même sous la forme
de la science.

Je ne puis me rappeler les services qui
m'ont été rendus par les jeunes savans dont
j'ai parlé à l'époque où je préparais la première édition de mon Traité, sans songer
combien celle-ci offrira de nouvelles preuves
ajoutées à celles qui existent déjà dans la
Physique et dans la Cristallographie, de
l'empressement et du succès avec lesquels
M. Delafosse me seconde dans mes travaux.
On lui devra la rédaction de plusieurs articles importans, la détermination de différentes formes cristallines auxquelles il a appliqué, avec une grande facilité, les lois de
la structure, et un grand nombre de figures
en projection destinées pour le nouvel Atlas
et qui manquaient dans la première édition.
L'étendue et la variété de ses connaissances
lui procurent ainsi l'avantage de pouvoir se
multiplier et changer d'objet sans cesser
d'être le même.

Cette seconde édition devait naturellement

paraître à la suite de mon Traité de Cristallographie, avec lequel elle est étroitement liée. La rédaction en a été commencée il y a environ vingt ans, et je n'ai pas tardé à la terminer, dans la vue d'y puiser la matière du cours de Minéralogie que j'avais été appelé à donner en qualité de professeur de cette partie dans l'établissement du Jardin du Roi. Je n'ai cessé depuis de la retoucher, de la limer, d'en orner le style lorsque le sujet le comportait, et d'y faire toutes les additions nécessaires pour la maintenir au niveau d'une science qui faisait de jour en jour de nouveaux progrès. Ma position m'offrait seule un motif bien capable d'animer mon zèle et d'exciter mes efforts, fondé sur le désir de rendre le résultat de mon travail digne, s'il m'était possible, d'être associé aux services importans que les hommes illustres dont je m'honore d'être devenu le collègue, ne cessent de rendre aux sciences naturelles, soit par les ouvrages qui en reculent les limites, soit par les leçons publiques qui en répandent le goût et en propagent l'étude.

TRAITÉ

DE

MINÉRALOGIE.

NOTIONS PRÉLIMINAIRES.

Idée générale des minéraux, et des caractères qui les distinguent des êtres organiques.

On a donné le nom de *minéraux* aux corps qui, placés à la surface ou dans le sein du globe terrestre, sont dépourvus d'organisation et n'offrent que des assemblages de molécules similaires, liées entre elles par une force que l'on appelle *affinité*. De ce nombre sont les diamans, les rubis, l'or, l'argent, le fer, etc. La science qui nous apprend à connaître tous ces différens corps est la *Minéralogie*.

La classification générale des êtres qu'embrasse l'étude de l'histoire naturelle considérée dans son ensemble, peut être rapportée à deux termes de comparaison, qui sont la vie et le mouvement spontané.

De leur réunion se forme le caractère distinctif des animaux : les plantes vivent et ne se meuvent point à leur gré; les minéraux sont privés de l'une et de l'autre faculté. L'homme, capable seul d'étudier la nature, s'élève au-dessus de tous les êtres qui la composent, par son intelligence, le plus beau présent qu'il ait reçu de la Divinité, puisque c'est par elle qu'il en devient l'image.

Les trois grandes classes dont je viens de parler peuvent, à l'aide d'une vue ultérieure, se réduire à deux, dont l'une réunit les animaux et les végétaux, sous le nom d'*êtres organiques*, et l'autre comprend les minéraux, ou les êtres *inorganiques*.

La manière dont s'accroissent les êtres compris dans ces deux grandes divisions, offre une des différences les plus tranchées et les plus faciles à saisir, parmi toutes celles qui les distinguent. Dans les animaux et dans les plantes, l'accroissement se fait par le développement simultané de toutes les parties de l'individu, à l'aide de la nourriture que reçoivent les organes destinés à l'élaborer. Tout ce qui contribue à l'augmentation de volume est l'effet du mécanisme intérieur, ou s'il se forme au dehors de nouvelles parties, comme dans les arbres, qui poussent des branches et des feuilles, ces parties ne sont que des productions de la substance propre de l'individu, qui, aidées de l'action des sucs nutritifs, se développent de la même manière. Dans les minéraux, au contraire, l'augmentation de volume a lieu par une addition de nouvelles molécules qui s'appliquent sur la surface du corps, en sorte que tout ce qui existait à chaque époque de l'accroissement restant fixe, présente de tous les côtés comme une base aux matériaux qui surviennent pour continuer l'édifice. D'une part, c'est constamment le même être, qui passe seulement à d'autres dimensions; d'une autre part, c'est un être toujours nouveau, en proportion de ce qu'il acquiert.

J'ai dit que les minéraux sont composés de molécules similaires liées entre elles par l'affinité. Ces molécules échappent à nos yeux armés des meilleurs instrumens d'optique. Mais un grand nombre de minéraux se prêtent à une sorte d'opération anatomique, au moyen de laquelle nous séparons les lames dont ils sont les assemblages, et parvenons ainsi à les décomposer physiquement en petits solides d'une figure constante et parfaitement semblables les uns aux autres. Or ces petits solides, s'ils ne représentent pas les véritables molécules, ont du moins avec elles un rapport nécessaire; ils nous en offrent les équivalens, et c'est tout ce que nous pouvons nous flatter d'obtenir d'une recherche dirigée vers des objets cachés dans les derniers replis de la nature. Je vais donner une idée de cette sorte d'anatomie des minéraux, en l'exécutant sur un de ceux qui en sont le plus susceptibles.

Je prends un morceau de la substance que nous appelons *chaux carbonatée*, parce qu'elle résulte de l'union de l'acide carbonique avec la chaux. En brisant ce morceau, je le vois se partager en fragments réguliers, tous semblables entre eux, et qui sont des solides à six faces rhombes. Je continue de diviser et j'obtiens toujours des parallélépipèdes qui ne diffèrent des premiers que par un moindre volume. Les plus petites parcelles que je puisse apercevoir à l'aide de la loupe, ont encore la même forme. Or la division physique du corps sur lequel j'opère, a un terme, et si j'avais des organes assez délicats et des instrumens assez parfaits pour atteindre ce terme, j'arriverais à des corpuscules quelconques, que je ne pourrais plus sous-diviser ultérieurement sans en faire l'analyse, c'est-à-dire sans séparer les molécules de chaux et d'acide dont ils sont les assemblages. La supposition la plus naturelle que je puisse faire ici, est que la route que j'ai prise est celle qui conduit à ce terme, c'est-à-dire que ce qui est au-delà du point où je cesse de voir, ressemble à ce que j'avais vu jusqu'alors. Or, dans cette hypothèse, les corpuscules dont je viens de parler seraient des parallélépipèdes d'une extrême ténuité, et de la même figure que ceux d'un volume sensible qui sont sous mes yeux. Je m'arrête, par la pensée, à ce résultat, et je considère ces solides presque infiniment petits que je ne vois que des yeux de l'esprit, comme les molécules qui ont concouru immédiatement à la formation de la chaux carbonatée. Ainsi, nous voilà conduits à admettre dans les minéraux deux sortes de molécules, les unes

que j'appelle *molécules intégrantes*, et qui, dan
le cas présent, sont censées être les plus petits parallélépipèdes que l'on puisse obtenir sans altérer la nature du minéral; et les autres que j'appelle *molécules
principes*, ou *molécules élémentaires*, et qui sont,
dans le même cas, d'une part, celles de la chaux,
et de l'autre, celles de l'acide carbonique.

De la Cristallisation.

Lorsque les molécules intégrantes d'un corps sont
suspendues dans un liquide, et qu'ensuite ce liquide,
soit en s'évaporant, soit par quelque autre cause,
les abandonne à leur affinité réciproque, et de plus,
lorsqu'aucune force perturbatrice ne gêne cette affinité, les molécules, en s'unissant les unes aux autres
par les faces les plus disposées à cette réunion, composent, par leur assemblage, des corps réguliers terminés par des faces planes et analogues aux solides
de la Géométrie. Ce sont ces corps que l'on a nommés
en général *cristaux*, quelle que soit la substance
qui en ait fourni les matériaux. Ainsi l'on dit un
cristal de diamant, de topaze, d'émeraude, de fer,
de plomb, etc. Ces polyèdres, dont la forme a un
caractère de symétrie fait pour être saisi du premier
coup d'œil, excitent toujours la surprise de ceux
qui les voient pour la première fois, et il y a des
personnes qui sont tentées de soupçonner que leur
forme est l'ouvrage de l'art, et d'en faire hommage

au talent du lapidaire, qui ne serait pas même capable de les imiter, parce qu'il faudrait qu'il y mît une précision dont il ne se doute pas. Il pourrait répondre qu'on lui fait beaucoup d'honneur.

Ici se présente une nouvelle différence bien remarquable entre les minéraux et les êtres organiques. Si l'on parcourt ces jardins de botanique où se trouvent rangées dans un ordre si bien assorti aux rapports naturels, les richesses végétales de tous les pays du monde, on y verra que tous les individus d'une même espèce se ressemblent par leur forme, en sorte que toutes les fleurs ont leurs étamines et leurs styles en même nombre et disposés de la même manière ; on peut en dire autant des pétales, des folioles du calice, et la ressemblance s'étend jusqu'à la forme des tiges et à la disposition générale des feuilles ; les différences, s'il en existe, ne tiennent qu'à des nuances de port, de grandeur, de couleur ; en sorte que l'on peut dire que celui qui a vu un seul individu a vu l'espèce entière.

Il en est autrement des minéraux. Souvent les cristaux originaires d'une même substance prennent des formes très différentes, toutes également nettes et exécutées avec une égale précision. La chaux carbonatée, par exemple, prend, suivant les circonstances, la forme d'un rhomboïde, celle d'un prisme hexaèdre régulier, celle d'un solide terminé par douze triangles scalènes, celle d'un autre dodécaèdre dont les faces sont des pentagones, etc. Le fer sulfuré ou la pyrite ferrugineuse produit tantôt des cubes, tantôt des octaèdres réguliers, ici des dodécaèdres à faces pentagonales, là des icosaèdres à faces triangulaires, etc.

Il est vrai que parmi les variétés d'une même espèce, souvent une forme plus composée ne diffère d'une forme plus simple que par certaines facettes semblables à celles qui résulteraient des sections faites sur les angles solides ou sur les arêtes de cette dernière (*). La pyrite, par exemple, prend quelquefois la forme d'un cube dont les huit angles solides abattus laisseraient à découvert autant de facettes triangulaires ; en sorte que cette forme peut être considérée comme le passage du cube à l'octaèdre, avec lequel elle se trouve en rapport par ses huit triangles équilatéraux, qui sont situés comme les faces de ce second solide.

Mais outre que ces passages sont déjà singuliers par eux-mêmes, en ce qu'ils tiennent à des modifications beaucoup plus sensibles que ne paraîtraient devoir l'être celles qui distinguent de simples variétés, on trouve d'une autre part certaines formes cristallines qui, par une singularité encore plus remarquable, ne laissent apercevoir aucun

---

(*) C'était cette observation qui avait fait naître au célèbre Romé de l'Isle l'idée de la méthode des troncatures, pour faire dériver les unes des autres, les différentes variétés de formes cristallines qui appartenaient à une même substance.

vestige de parties communes, et offrent l'apparence d'une métamorphose complète du minéral dont elles tirent leur origine. Et pour citer un nouvel exemple, que l'on place l'un à côté de l'autre le prisme hexaèdre régulier de la chaux carbonatée, et le dodécaèdre à faces triangulaires scalènes, que je nomme *métastatique*, on aura peine à concevoir comment deux polyèdres si disparates au premier aperçu, viennent se toucher, et pour ainsi dire se confondre dans la cristallisation d'un même minéral.

Enfin, comme si les résultats de cette opération de la nature étaient destinés à donner des surprises de tous les genres, tandis qu'une même substance se prête à tant de transformations, on rencontre des substances très différentes qui présentent absolument la même forme. Ainsi la chaux fluatée, la soude muriatée, le fer sulfuré, le plomb sulfuré, etc., cristallisent en cubes dans certaines circonstances, et dans d'autres, les mêmes minéraux, ainsi que l'alumine sulfatée et le diamant, prennent la forme de l'octaèdre régulier.

C'était cette similitude de formes qui, dans un temps où l'étude de la cristallisation était à peine naissante, avait fait penser au célèbre Linnæus que les sels devaient être regardés comme les générateurs de la cristallisation; que l'union de tel sel avec telle espèce de pierre était une sorte de fécondation, laquelle communiquait à la pierre la faculté de cristalliser sous la forme particulière au sel, qui faisait la fonction de principe fécondant (*). Par exemple, le diamant était une espèce d'alun, parce qu'il cristallise comme ce sel, et il portait le nom d'*alumen adamas*, *alun diamant* (**). Ainsi Linnæus croyait retrouver dans le règne minéral la base du système sexuel dont il avait tiré un parti si ingénieux relativement à la Botanique. On sait que Tournefort, en observant les stalactites rameuses de la grotte d'Antiparos, s'était imaginé que les pierres végétaient à la manière des plantes. La Botanique était la passion de ces deux hommes célèbres, toute la nature leur parlait de leur objet favori.

Linnæus avait joint à son travail des descriptions et des figures de cristaux aussi fidèles que le comportait l'état où se trouvait alors la science, et on peut le regarder à cet égard comme le fondateur de la Cristallographie.

Romé de l'Isle ramena l'étude de la cristallisation

(*) *Linnœi Amœnit. Acad.*, t. I, p. 466 et suiv.

(**) Le savant auteur de cette classification s'était bien aperçu que parmi les corps qu'il associait dans une même espèce, plusieurs présentaient une forme différente de celle qui était le type de l'espèce; mais il tâchait de les ramener à cette dernière forme, d'après quelques traits vagues de ressemblance, qu'il saisissait dans l'aspect extérieur; et comme on n'avait observé encore qu'un petit nombre de formes cristallines, la plupart assez simples, ces rapprochemens, qui auraient été impraticables dans l'état actuel de nos connaissances, souffraient alors moins de difficultés.

à des principes plus exacts et plus conformes à l'observation. Il mit ensemble, autant qu'il lui fut possible, les cristaux qui étaient de la même nature. Parmi les différentes formes relatives à chaque espèce, il en choisit une qui lui parut propre, par sa simplicité, à être regardée comme la forme primitive; et en la supposant tronquée de différentes manières, il en déduisit les autres formes, et détermina une gradation, une série de passages entre cette même forme et celle des polyèdres qui paraissaient s'en écarter davantage. Aux descriptions et aux figures qu'il donna des formes cristallines, il joignit les résultats de la mesure mécanique de leurs principaux angles, et il fit voir (ce qui était un point essentiel) que ces angles étaient constans dans chaque variété. En un mot, sa Cristallographie est le fruit d'un travail immense par son étendue, presque entièrement neuf par son objet, et très précieux par son utilité.

Werner, de son côté, admit en général sept formes qu'il appela fondamentales, et dont il crut pouvoir faire dépendre toutes celles que présentent les cristaux des diverses espèces. Ces formes sont l'icosaèdre régulier, le dodécaèdre régulier, le parallélépipède, le prisme, la pyramide, la table et la lentille. Pour décrire une variété de cristallisation, il examine d'abord quelle est la forme fondamentale dont elle porte le plus sensiblement l'empreinte, et ensuite il indique le passage de cette forme fondamentale à celle de la variété proposée par des troncatures ou autres modifications du même genre, dont on peut lire le détail dans l'ouvrage où M. Brochant a exposé la méthode dont il est question (*). On voit par ce qui précède que les formes fondamentales adoptées par le célèbre auteur, ne sont autre chose que des termes généraux de comparaison propres à faciliter la conception des autres formes que l'on y ramène; en sorte que l'observateur, en décrivant successivement les variétés relatives à une même espèce, est libre de changer de forme fondamentale, suivant les divers aspects sous lesquels s'offrent les cristaux. Ainsi dans une seule espèce, telle que la chaux carbonatée, on a jusqu'à cinq formes fondamentales, savoir, le parallélépipède, le prisme, la pyramide, la table et la lentille.

J'observerai, au sujet de cette méthode, 1° que l'icosaèdre, outre qu'il ne peut être le régulier qui n'existe point en Minéralogie, et dont j'ai même démontré l'impossibilité, est d'autant plus déplacé parmi les formes fondamentales, qu'il est facile de le déduire du dodécaèdre, ainsi que l'a fait Romé de l'Isle, par le tronquement des huit angles solides de ce dernier; 2° que le dodécaèdre, à son tour, qui n'est pas non plus le régulier, peut être facilement déduit du cube, comme cela a lieu encore

---

(*) Traité élémentaire de Minéralogie, suivant les principes du professeur Werner. Paris, 1808.

dans la méthode du célèbre cristallographe français ; 3° que la table n'étant autre chose qu'un prisme très court, on s'expose en l'employant à des doubles emplois au moins inutiles, comme cela est arrivé par rapport au prisme hexaèdre régulier, qui, ayant son axe tantôt alongé et tantôt raccourci, a été déduit successivement de deux formes fondamentales, le prisme et la table ; 4° que la méthode ne se prête facilement qu'à la description des formes qui ont un certain degré de simplicité ; car, lorsque la forme est très composée et offre un assemblage de facettes de cinq ou six ordres différens, l'observateur étant obligé de partir d'une forme fondamentale donnée par les facettes d'un seul ordre, et d'indiquer ensuite par des tronquemens, des bisellemens et des pointemens les facettes des autres ordres, il en résulte dans la description une complication qui la rend inintelligible. Je ne crains pas d'assurer que cette méthode est de beaucoup inférieure à celle de Romé de l'Isle, qui, en partant d'une forme primitive qu'il ne perd jamais de vue, y ramène successivement, en allant du plus simple au plus composé, toutes les autres formes qui en dépendent, et indique de plus les mesures de leurs angles, ce qui est essentiel nonseulement pour se faire une idée nette de chaque forme, mais pour ne pas confondre des variétés relatives à deux espèces différentes, qui présentent le même aspect, comme celui d'un prisme hexaèdre terminé par trois rhombes de part et d'autre, et ne diffèrent que par les inclinaisons respectives de leurs faces.

Les méthodes dont je viens de parler sont purement descriptives, et se bornent à des résultats d'observations faites d'après l'aspect extérieur des cristaux, sans aucun rapport avec le mécanisme de la structure. Elles ne nous apprennent pas pourquoi les faces données par les troncatures ont plutôt telle inclinaison que telle autre; si telle forme qui n'a point encore été observée dans une espèce, peut exister parmi les variétés de celle-ci, ou si elle est exclue par la cristallisation. Le nombre des faces, leurs inclinaisons respectives, sont indiqués uniquement d'après ce qui s'offre à l'œil aidé par les mesures mécaniques qui ne peuvent donner que des à-peu-près et qui ont de plus l'inconvénient d'être contradictoires, lorsqu'elles s'appliquent à des incidences qui se déduisent rigoureusement les unes des autres, à l'aide de la Géométrie. L'illustre Bergmann, en cherchant à pénétrer jusque dans le mécanisme intime de la structure des cristaux, considéra les différentes formes relatives à une même substance, comme produites par une superposition de plans, tantôt constans et tantôt variables et décroissans, autour d'une même forme primitive. Il vérifia cette idée à l'aide de l'observation sur la variété de chaux carbonatée que j'ai nommée *métastatique*, et dont la forme est un dodécaèdre à triangles scalènes. Les fractures faites à un cristal de cette variété, lui indiquèrent la position de son noyau rhomboïdal, et le décroissement des plans accumulés sur les différentes faces de ce noyau. Mais Bergmann s'arrêta à ces premiers aperçus, et ne s'occupa ni de la forme des molécules ni de la détermination des lois que suit la variation des lames décroissantes. Il manqua les applications qu'il essaya de faire de la même idée à d'autres variétés de chaux carbonatée, et dans quelques-unes il s'écarta du principe général, en supposant que les plans qu'il appelle *fondamentaux*, et qui coïncident avec les faces du noyau, pouvaient être tronqués. Enfin, il avoua qu'il lui était impossible d'expliquer, d'après sa manière de voir, la formation du prisme hexaèdre régulier que présente souvent la même substance.

D'une autre part, la prédilection qu'il devait naturellement avoir pour la Chimie lui faisant considérer les résultats de l'analyse comme les véritables guides pour la détermination des espèces minérales, il n'a pas vu le parti que l'on pouvait tirer de la Cristallographie, relativement au même but, et a tout accordé aux molécules élémentaires dans un sujet où il est si nécessaire de faire intervenir la considération des molécules intégrantes, pour établir les divisions de la méthode qu'il importe le plus de faire ressortir par des distinctions nettes et précises. Ainsi, quoique dans cette esquisse, tracée comme en passant, du point de vue le plus intéressant de la Minéralogie, on reconnaisse la main qui a travaillé avec tant de succès à perfectionner le tableau de la Chimie , j'ose croire que ceux qui l'auront examinée avec attention , jugeront combien elle laissait à faire pour arriver à une théorie des lois auxquelles est soumise la structure des cristaux.

Dans les recherches que j'avais entreprises de mon côté , vers le même temps, relativement à cet objet (*), je m'étais proposé de combiner la forme et les dimensions des molécules intégrantes avec des lois d'arrangement simples et régulières , et de soumettre ces lois au calcul. Ce travail a produit une théorie mathématique, que j'ai réduite en formules analytiques qui représentent tous les cas possibles , et dont l'application aux formes connues conduit à des valeurs d'angles constamment d'accord avec l'observation. Ce serait ici le lieu d'exposer les principes de cette théorie , dont j'ai fait la principale base de la détermination des espèces minérales. On les trouvera développés avec tout le soin convenable dans le Traité de Cristallographie (**) que j'ai publié récem-

---

(*) L'Académie des Sciences avait déjà connaissance de mes premiers essais lorsqu'elle reçut le Mémoire de Bergmann , qui me fut communiqué, comme étant propre à m'intéresser , par le rapport qu'il avait avec mon travail. Bergmann a inséré ce Mémoire avec de nouveaux développemens, dans le second volume de ses Opuscules, pag. 1 et suiv.

(**) Traité de Cristallographie, 2 volumes in-8° avec Atlas in-4° (1822). Prix : 3o fr. A Paris, chez Bachelier et Huzard , gendres Courcier, rue du Jardinet, n° 12.

ment, et qui est destiné à servir comme d'introduction au présent ouvrage.

Des Méthodes minéralogiques.

Lorsque celui qui se propose d'étudier une science naturelle, entre pour la première fois dans un lieu qui renferme la collection de toutes les productions relatives à cette science, la première impression qu'il éprouve est celle d'un profond étonnement à la vue de cette multiplicité d'objets si diversifiés par leurs dimensions, par leurs formes, par leurs couleurs et par tout ce qui modifie leur aspect. Ebloui en quelque sorte par tant de merveilles, il ne s'imagine pas qu'il puisse arriver au point de reconnaître et de nommer toutes ces productions; mais si vous lui faites observer qu'elles sont disposées dans un ordre propre à en faciliter l'étude, que celles qui ont entre elles des ressemblances, des rapports intimes, se trouvent placées les unes auprès des autres, tandis que celles qui offrent des différences sont plus ou moins éloignées; qu'enfin leur arrangement est soumis à des principes d'après lesquels on peut les comparer, et tirer de leurs rapports combinés des lumières qui aident à les apercevoir plus nettement; dès-lors il conçoit l'espérance de parvenir à les bien connaître, et de se rendre familières, avec de l'attention et de l'étude, toutes les parties de cet assortiment si compliqué qui lui avait d'abord paru une espèce de dédale.

Pour peu que l'on réfléchisse sur la marche de ces arrangemens auxquels on a donné le nom de *méthodes*, on voit aisément qu'ils sont fondés sur la faculté qu'a l'esprit humain de considérer dans un objet certaines qualités, en faisant abstraction des autres, et de s'élever par degrés des idées particulières aux idées générales.

Ainsi, pour emprunter un exemple de la Botanique, dont les objets nous sont plus familiers, lorsque, en prononçant le mot de *chêne*, j'ai en vue tel chêne particulier que je montre au doigt, je ne fais aucune abstraction ; je considère, dans l'objet que je nomme, toutes les qualités dont il peut être pourvu ; en un mot, je désigne un *individu*, c'est-à-dire un être qui a une existence particulière. Mais si, en prononçant le mot de *chêne*, je n'ai pas plus en vue tel chêne que tel autre, je fais abstraction de l'existence particulière ; tout ce qui est chêne est renfermé dans ma conception, c'est-à-dire que je désigne une collection d'individus semblables, et cette collection est ce qu'on appelle une *espèce*.

L'acception dans laquelle je viens de prendre le nom de *chêne*, est celle qu'il a dans le langage ordinaire. Or, en comparant les individus de l'espèce dont il s'agit, avec ceux d'une autre espèce à laquelle on a donné le nom d'*yeuse*, et que les latins appelaient *ilex*, je remarque que ceux-ci ont les organes de la fleur conformés de la même manière, et que leurs fruits sont de même des glands, mais qu'ils diffèrent des premiers à plusieurs égards, et en particulier par la forme et par la consistance des feuilles, qui, dans le chêne, sont molles, larges, terminées par des lobes arrondis, et dans l'yeuse sont roides, étroites, dentelées en leurs bords. Je puis donc fixer uniquement mon attention sur la ressemblance de la fleur et du fruit, en écartant, par la pensée, tout ce qui diffère de part et d'autre ; et, pour adapter la nomenclature à ce rapport qui seul occupe mon esprit, je réunirai l'ensemble des deux espèces sous le nom commun de *chêne*. Ramenant ensuite ma pensée sur les différences que j'avais écartées, j'y aurai égard dans le langage, en distinguant par le nom de *chêne commun* les individus de la première espèce, et par celui de *chêne vert* ceux de la seconde. J'aurai ainsi un *genre* sous-divisé en deux espèces, qui seront le *chêne commun* et le *chêne vert*.

Par une nouvelle abstraction, je puis me borner à considérer dans les deux chênes leur hauteur, leur consistance ligneuse, la faculté qu'ils ont de vivre pendant un grand nombre d'années ; et remarquant que beaucoup d'espèces de productions, distinguées du chêne, ont de même une forte consistance et jouissent d'une longue vie, tandis qu'un grand nombre d'autres espèces ont des tiges basses, flexibles, et ne vivent qu'un ou deux ans, j'associerai dans un même groupe les premières sous le nom d'*arbres*, et je désignerai toutes les autres par le nom *d'herbes*. J'aurai ainsi deux grandes classes, dont chacune sera composée d'un certain nombre de genres qui se sous-diviseront en plusieurs espèces.

Je ne prétends pas ici établir des limites rigoureuses entre les divisions des êtres, mais seulement offrir, dans une simple ébauche, un exemple de la marche de l'esprit humain relativement à la formation des méthodes.

Je viens de m'élever par degrés de l'individu à l'espèce, de l'espèce au genre, et du genre à la classe. Maintenant si je n'ai plus égard qu'à la faculté qu'ont tous les êtres que je considère, de végéter et de tirer leur nourriture du sein de la terre, je les comprendrai tous sous la dénomination commune de *plante*, et je serai ainsi arrivé, par un progrès d'idées toujours plus générales, au point de vue le plus élevé du règne végétal.

C'était ce même progrès d'idées que l'immortel Bacon avait en vue, lorsqu'il comparait la nature à une pyramide dont la base était couverte par les individus en nombre presque infini; au-dessus de cette base, la pyramide, en diminuant d'épaisseur, présentait un autre espace beaucoup moindre, occupé par les espèces incomparablement moins nombreuses que les individus; venaient ensuite, sur de nouveaux espaces toujours décroissans, les genres moins nombreux encore, puis les divisions supérieures, jusqu'à ce que la nature, après s'être rétrécie de plus en plus, se terminât à un point ou à l'unité.

On trouve, dans les langues humaines, une foule d'exemples de semblables abstractions qui ont été suggérées même au vulgaire par une métaphysique naturelle (*) ; et c'est en se dirigeant d'après une semblable gradation d'idées, que les savans ont formé leurs méthodes et leurs systèmes; seulement ils y ont mis plus de justesse et de régularité ; ils y ont multiplié les divisions et les sous-divisions, et ont assigné à chacune de celles-ci des caractéres propres à faire distinguer les êtres qui lui appartiennent.

De là résultent deux grands avantages de la méthode. Le premier est de nous faire connaître chaque objet non pas isolément, mais par comparaison, en sorte qu'il se trouve tellement placé dans la méthode, qu'il reçoit de tous les autres une lumière qu'il réfléchit vers eux. L'autre avantage est que, quand nous nous sommes exercés pendant quelque temps à faire des applications de la méthode à certains objets déjà connus, nous parvenons ensuite à connaître celui qui s'offre à nous pour la première fois, en nous servant des caractères indiqués par la méthode, comme pour interroger cet objet, pour lui

---

(*) Par exemple, le terme de *mobilier* exprime une grande classe d'objets que l'on a sous-divisée en plusieurs genres, désignés par les noms de *siége*, de *table*, de *vase*, et chacun de ces genres est composé de plusieurs espèces, *table à jouer*, *table à manger*, *table à écrire*. Les hommes ont été méthodistes sans le savoir.

faire dire à lui-même quelle place il occupe dans la méthode, et l'obliger à se nommer.

Je ferai connaître plus bas l'ordre que j'ai adopté pour la distribution des minéraux par classes, par ordres et par genres. Mon but, dans ce qui va suivre, sera de m'attacher au point capital, qui est de bien fixer la notion de l'espèce minéralogique.

Les différentes divisions et sous-divisions qui composent les méthodes destinées à faciliter l'étude des êtres naturels, aboutissent toutes à l'espèce comme à leur terme commun. Dans les méthodes relatives aux règnes organiques, les caractères spécifiques sont liés à un fait qui établit sur la nature elle-même le fondement de l'espèce, et en fournit la véritable notion. Ce fait consiste dans la succession non interrompue des individus qui naissent les uns des autres. Cette succession ne pouvant être suivie par l'observation, au moins à l'égard d'un grand nombre de plantes, on a cherché des caractères distinctifs dans les ressemblances et dans les différences que présentent les formes des organes, quoique les unes et les autres ne soient pas toujours assez constantes ni assez tranchées pour être employées sans équivoque à la détermination des espèces.

En Minéralogie, il n'y a ni reproduction ni espèce, si l'on prend ce dernier terme à la rigueur. Rien n'empêche cependant de suivre l'exemple de Linnæus, de Bergmann, de Werner, et de plusieurs autres minéralogistes célèbres, en appliquant le nom *d'espèce*, dans un sens plus lâche, à un assemblage déterminé d'êtres inorganiques.

La question est de savoir quels sont les principes qui doivent diriger l'auteur d'une méthode minéralogique dans la formation de ces assemblages auxquels nous donnons le nom d'*espèces*, et lui servir à tracer entre eux des lignes de démarcation qui puissent les faire distinguer les uns des autres; ou, ce qui est la même chose, quelles sont les conditions requises pour que nous soyons fondés à identifier dans nos conceptions et dans notre nomenclature plusieurs objets qui se présentent successivement, en sorte que chacun d'eux ne soit censé différer des autres que par son existence particulière. Or il est visible que les principes d'où dérivent ces conditions doivent reposer sur la véritable notion de l'espèce minéralogique, et ainsi c'est à cette notion qu'il faut remonter, pour en déduire ensuite l'indication de la marche à suivre dans la formation de la méthode.

Cette notion paraît se présenter d'elle-même, si l'on considère qu'un minéral n'est autre chose qu'un agrégat de molécules unies entre elles par l'affinité; que la Chimie, en nous dévoilant les qualités et les quantités respectives des principes qui constituent ces molécules, a répandu d'autant plus de jour sur la formation des minéraux, qu'elle est parvenue, dans plusieurs circonstances, à les reproduire après les avoir détruits; d'où l'on sera porté à conclure que c'est uniquement dans les résultats de l'analyse chimique qu'il faut chercher la notion de l'espèce, et que celle-ci doit être définie *une collection d'êtres inorganiques semblables par leur composition.* Mais, pour peu qu'on y réfléchisse, on sentira que cette définition est incomplète, en ce qu'elle n'énonce que les matériaux des substances minérales, et fait abstraction de la manière dont l'affinité les a réunis, et de l'empreinte qu'elle a laissée de son travail sur les corps auxquels cette réunion a donné naissance.

Pour mieux me faire entendre, je supposerai que les molécules principes d'une des substances dont il s'agit, par exemple du carbonate de chaux, exercent les unes sur les autres leurs forces attractives, et que les circonstances soient favorables à la cristallisation. Nous devons distinguer deux époques différentes dans la durée de cette opération. Pendant la première, les molécules de l'acide carbonique et celles de la chaux se combinent suivant un certain rapport et dans un certain ordre, pour produire des solides réguliers presque infiniment petits et d'une forme invariable, qui sont les molécules intégrantes du carbonate de chaux. Pendant la seconde époque, ces molécules intégrantes se rapprochent, de manière que leurs faces homologues s'alignent et se mettent de niveau sur autant de plans qui s'entrecoupent dans des sens déterminés, et tout cet assortiment présente à l'extérieur une configuration semblable à celle d'un corps géométrique. Mais cette configuration est susceptible de varier suivant la diversité des circonstances qui accompagnent la cristallisation.

En raisonnant des autres minéraux comme de celui dont je viens de parler, nous en conclurons que l'espèce dépend de ce qui se passe pendant la première époque, c'est-à-dire que son caractère réside dans la molécule intégrante, comme étant le point fixe d'où part la nature dans la formation des minéraux. Or nous avons encore ici deux choses à distinguer, savoir, les quantités relatives des principes qui composent la molécule intégrante, et les fonctions qu'ils exercent les uns sur les autres en se réunissant, et d'où dépendent les *latus* d'affinité par lesquels leurs molécules propres se présentent les unes aux autres, les distances respectives auxquelles elles se placent, l'assortiment qui naît de leur réunion. Ainsi ce sont les fonctions dont il s'agit qui organisent, pour ainsi dire, les molécules intégrantes et en déterminent la forme. Cette forme influe à son tour sur les propriétés du corps dont elle est l'élément physique, telles que la réfraction et la pesanteur spécifique, qui tiennent à l'essence même de ce corps.

Quelques savans ont pensé que la matière était homogène, et le célèbre Davy ne paraît pas être éloigné de cette opinion. Or il est clair que s'il en était ainsi, les différences qui existeraient entre les corps qui appartiendraient à des espèces distinctes, ne dépendraient que des diverses manières d'être ou des fonctions réciproques des molécules identiques dont ces corps seraient les assemblages. Mais quoique l'opinion d'une matière homogène ne soit nullement vraisemblable, et que je sois, au contraire, très porté à croire avec Newton qu'il existe un certain nombre d'élémens de diverse nature, dont les combinaisons variées donnent naissance aux différentes espèces de corps que nous offre l'observation, il n'en est pas moins vrai de dire que ces élémens ne se rassemblent pas fortuitement et sans suivre aucune règle, mais que les forces qui opèrent leur réunion déterminent entre elles une corrélation que nous désignons par les mots de *fonctions réciproques*, et de laquelle dépendent les diversités que l'observation et l'expérience nous font reconnaître entre ces corps.

Or il est bien évident que la Chimie, qui nous éclaire sur les qualités et sur les quantités relatives des molécules élémentaires, ne nous apprend rien de leurs fonctions. Mais la Cristallographie y supplée, en nous faisant connaître la forme de la molécule intégrante que ces fonctions ont marquée de leur empreinte. Le concours des deux sciences est donc indispensable pour avoir une notion exacte et complète de l'espèce.

On m'objectera peut-être qu'il n'est pas prouvé que les véritables molécules intégrantes des minéraux nous soient connues. Je répondrai qu'il n'est pas certain non plus que la Chimie ait pénétré jusqu'aux véritables principes élémentaires des mêmes corps. Ce qu'on peut assurer, c'est que les résultats auxquels nous parvenons par la division mécanique des cristaux et par leur décomposition chimique, ont une telle relation avec ceux qui nous dévoileraient l'état réel de la nature, que la connaissance de cet état ne changerait rien aux conséquences que nous déduisons de nos recherches bornées, relativement à la détermination des espèces.

C'est d'après ces considérations que, dans la première édition de ce Traité, j'ai défini l'espèce minéralogique *une collection de corps dont les molécules intégrantes sont semblables par leurs formes, et composées des mêmes principes unis entre eux dans le même rapport.*

Ainsi les minéraux ayant un type géométrique, qui consiste dans la forme de la molécule intégrante, et un type chimique, qui consiste dans la composition de la molécule intégrante, la définition de l'espèce est fondée sur la coexistence de ces deux types dans chaque individu.

Il s'agit maintenant d'appliquer cette définition a la classification des minéraux. Mais, avant d'aller plus loin, il y a ici une remarque importante à faire; c'est qu'il existe des séries de minéraux qui appartiennent si visiblement à une même espèce, qu'il est impossible de s'y méprendre. Tels sont les cristaux de roche qui se trouvent dans différens pays, les émeraudes dites du Pérou, les spinelles, au moins ceux qui sont colorés en rouge, les feldspaths, et beaucoup d'autres corps, qui ont, pour ainsi dire, un air de famille, auquel un œil tant soit peu exercé les reconnaît facilement.

Mais le véritable but est de s'assurer si des séries qui paraissent différer entre elles à certains égards, ne se rapportent pas à la même espèce, et si d'autres séries n'ont pas une ressemblance trompeuse, en sorte qu'elles cachent une différence de nature sous des analogies purement accidentelles; c'est-à-dire qu'il ne s'agit que de choisir un ou deux individus dans chaque série et de reconnaître s'ils constituent une espèce à part, ou s'ils ne rentrent pas dans une espèce relative à quelque autre série, auquel cas ils détermineraient la réunion des deux séries en une seule espèce.

Par exemple, il n'est personne qui, à la vue de tel cristal en prisme hexaèdre régulier, d'une belle couleur verte, ne reconnaisse l'émeraude ; et de même, au premier aspect de tel autre cristal de la même forme, strié longitudinalement, et d'un jaune verdâtre, beaucoup de minéralogistes nommeront le béryl. Mais le béryl doit-il être séparé de l'émeraude ou n'en est-il qu'une variété? Voilà le problème à résoudre.

Or il n'est pas nécessaire, au moins dans un grand nombre de cas, de faire concourir aux recherches de ce genre la détermination des deux types. Car si, par exemple, les principes constituans de l'individu sur lequel on opère, en suppo-

sant qu'il soit pur, différent de ceux de tous les individus pris dans les autres séries, on aura droit d'en
conclure que cet individu appartient à une espèce
particulière ; autrement, deux individus de la même
espèce pourraient avoir une composition différente,
ce qui répugne. De même, si la molécule intégrante
de l'individu dont il s'agit est distinguée par sa forme
de celle d'un individu quelconque pris dans les
autres séries, cette forme caractérisera seule une espèce à part ; car si cela n'était pas, deux individus de
la même espèce pourraient différer par les formes de
leurs molécules, ce qui est également contradictoire,
comme je le prouverai bientôt.

Il s'agit donc d'abord de savoir laquelle des deux
méthodes, celle qui a pour objet la détermination des
principes composans, ou celle qui conduit à la détermination de la molécule intégrante, mérite, en général,
la préférence, laquelle offre le plus d'avantages pour
tracer des lignes nettes de démarcation entre les
diverses espèces. Il semble, au premier coup d'œil,
que ce soit encore la méthode chimique, parce
qu'elle nous fait connaître ce qui constitue primiti-
vement un minéral, parce qu'elle pénètre dans le
fond même de la substance de ce minéral, et nous
éclaire sur son essence, au lieu que l'opération de
la Géométrie se borne à la détermination d'une simple configuration, et ne nous apprend rien sur les
élémens auxquels celle-ci sert d'enveloppe. Mais il
ne faut que consulter la nature pour reconnaître que

cette préférence donnée à la Chimie n'est pas aussi fondée qu'elle le paraît d'abord.

Il n'est pas rare de rencontrer des minéraux dont les différentes parties annoncent visiblement des diversités dans la composition de ces mêmes parties. Ainsi, parmi les cristaux connus sous le nom de *grès de Fontainebleau*, plusieurs ont des parties tendres et transparentes, qui interrompent la continuité de la matière dure et opaque dont est formé le reste du cristal, et à côté de ces mêmes cristaux on en trouve quelquefois qui sont uniquement composés de cette matière tendre et transparente. Cependant, si l'on divise mécaniquement ceux qui présentent cet assortiment de deux substances, dont j'ai parlé d'abord, on remarque que les mêmes joints se prolongent dans l'une et dans l'autre substance, et y conservent leur niveau. Seulement les parties opaques résistent davantage à la division que celles qui ont de la transparence.

Parmi les cristaux qui appartiennent à l'axinite, on en observe qui sont violets et d'une assez belle transparence d'un côté, tandis que le côté opposé est vert et à peine translucide; quelquefois le même cristal est en partie violet et en partie d'une couleur verte; en sorte que ces variations en indiquent une dans la composition elle-même. Je citerai encore des topazes de Sibérie, dont le sommet est opaque et d'un blanc mat tacheté de jaune, tandis que la partie opposée est transparente et d'un bleu-verdâtre. L'assemblage de ces deux parties si différentes par leur matière composante, porte cependant un caractère d'unité qui s'annonce jusque dans les stries dont est sillonnée la surface d'un bout à l'autre, dans le sens longitudinal. Ainsi tout, jusqu'à de simples accidens, concourt à identifier les deux parties sous le rapport de la cristallisation.

Ces diversités entre les parties d'un même corps suffiraient donc seules pour indiquer que ces parties diffèrent en quelque chose par leur composition, et que les modifications qui les distinguent tiennent à la présence de certains principes qui ne sont pas les mêmes de part et d'autre. Et comme on ne peut pas dire qu'il existe deux espèces dans un seul individu, les observations que je viens de citer mènent à conclure, même antérieurement à toute analyse, que souvent les molécules intégrantes d'une substance s'interposent accidentellement entre celles d'une autre, sans que celle-ci cesse d'appartenir à la même espèce, et il est encore possible qu'un des principes essentiels se trouvant en excès, sa partie surabondante s'interpose de même entre les molécules propres, et apporte quelques modifications dans les caractères de la substance formée de ces molécules.

Les variations qui ont lieu accidentellement dans la composition des minéraux, ne peuvent donc manquer d'en entraîner dans les résultats de l'analyse, au point que des substances dont l'identité

saute aux yeux, sembleraient, d'après les résultats
dont il s'agit, appartenir à des espèces distinctes,
et que d'autres substances qui se repoussent, pour
ainsi dire, viendraient se placer les unes à côté des
autres, si l'on avait égard aux mêmes résultats. Il
ne faut, pour se convaincre de ces vérités, que
comparer ceux qui ont été publiés par les plus habiles chimistes, et tirer de cette comparaison les
conséquences qui en découlent, ainsi que je l'ai fait
dans mon Tableau comparatif.

Je suis très éloigné de prétendre que ces conséquences puissent jeter le moindre nuage sur la justesse
des résultats. Les célèbres auteurs des analyses ont
fait tout ce qu'on avait droit d'attendre du zèle et
du succès avec lesquels la Chimie a été cultivée de
nos jours. Mais, en rendant hommage à leurs travaux, on est forcé de convenir que l'incertitude qui
naît de la comparaison des analyses a sa source
dans la nature elle-même, puisque les moyens employés pour l'interroger n'ont rien laissé à désirer.

Essayons cependant de nous reconnaître au milieu
de toutes ces diversités, qui sembleraient annoncer
l'impossibilité d'une méthode minéralogique susceptible de précision et de justesse. Dans tous ces mélanges qui font varier de tant de manières les produits
de l'analyse, la forme de la molécule intégrante
reste invariablement la même; et cette constance,
qui ne se dément jamais, a servi à tracer des lignes
fixes de démarcation qui font ressortir les différences

parties de la méthode. Elle a séparé les zéolithes en quatre groupes nettement circonscrits , elle a mis un terme au règne des schorls , et les a forcés de se diviser en une quinzaine de bandes, dont les unes ont maintenant leur domaine à part , et les autres sont rentrées dans leurs familles respectives.

Nous sommes maintenant en état de concevoir à quoi tient cette variation dans le rapport des principes composans dont j'ai annoncé l'influence. Elle a sa source dans les principes accidentels qui se sont glissés comme furtivement entre les molécules intégrantes, sans cependant les altérer en aucune manière ; car la même masse de liquide dans laquelle étaient suspendues les molécules de telle substance , renfermait en même temps celles de plusieurs autres substances qui servent aujourd'hui de support ou d'enveloppe à la première. Or, tandis que l'affinité agissait pour rapprocher les molécules homogènes, et les disposer à la cristallisation , ces molécules saisissaient et enveloppaient d'autres molécules destinées à des corps différens ; en sorte qu'au moyen de ce commerce qui existait entre les diverses matières disséminées dans le même liquide, chacune d'elles s'appropriait un surcroît qui lui était étranger, de la même manière que quand on fait cristalliser plusieurs sels dans une capsule, chacun d'eux enlève aux autres des molécules qui altèrent sa pureté. On sait, par exemple, que le nitre de la première cuite renferme toujours un mélange de plusieurs autres sels, dont on le débarrasse ensuite par des cristallisations réitérées.

J'ai observé un morceau de chaux carbonatée magnésifère, dite *dolomie*, qui offre une nouvelle preuve de ce que je viens de dire. Ce morceau renferme un cristal de la variété d'amphibole dite *grammatite*, ou *trémolithe*. La dolomie a des parties blanches et d'autres d'un gris cendré; la trémolithe engagée dans ces parties en a pris la teinte. On y voit un cristal dont une portion, qui a pris naissance dans la dolomie blanche, est d'un blanc-verdâtre, tandis que l'autre, qui répond à la dolomie grise, est d'un gris obscur. Ici les larcins que le cristal a faits à sa gangue sont évidens; il se trahit pour ainsi dire lui-même.

Si tous les minéraux n'étaient composés que de leurs molécules propres, sans aucune addition, les résultats de l'analyse seraient invariables comme ces molécules. Mais il en est autrement, et comme tout ce qui existe dans le minéral passe indistinctement dans le résultat de l'analyse, le total 100, que l'on écrit au bas, renferme des unités hétérogènes qui, faute de pouvoir être démêlées d'avec les véritables unités, rendent la solution du problème défectueuse et equivoque jusqu'à un certain point. Au contraire, la Géométrie fait abstraction de ces principes accidentels qui altèrent l'homogénéité de la substance, sans porter la moindre atteinte à la constance des molécules entre lesquelles ils sont simplement interposés, et l'on peut dire que pour elle tous les minéraux sont purs.

Je vais citer un exemple pris dans la comparaison des analyses offertes par trois substances, dont l'une est l'amphibole noir du cap de Gates, l'autre l'amphibole vert du Zillertbal (vulgairement *actinote*), et la troisième l'amphibole blanc du Saint-Gothard (vulgairement *trémolithe*). L'amphibole noir a donné environ huit parties sur cent d'alumine; l'actinote n'en a offert qu'une très petite quantité égale à trois quarts d'unité; la *trémolithe* n'en a pas donné un atome. D'une autre part, la quantité de magnésie surpasse dix-neuf parties dans l'actinote; elle est plus petite dans les deux autres minéraux; enfin, la quantité de chaux va jusqu'à trente dans la trémolithe; elle est seulement de dix dans les deux autres minéraux. Interrogeons les gangues des trois substances; elles nous expliqueront ces diversités. La gangue de l'amphibole est une argile provenant de la décomposition du feldspath; or ce minéral renferme une quantité notable d'alumine, et l'amphibole en a pris sa part. L'actinote est engagé dans un talc qui est une pierre magnésienne; de là l'excès de magnésie qu'a offert son analyse. La trémolithe a pour gangue une chaux carbonatée magnésifère, et de là cette surabondance de chaux et de magnésie que présente son analyse, lorsqu'on la compare à celle de l'amphibole; elle a même une si grande tendance à s'emparer de ces matières accessoires, que je puis citer un cristal de trémolithe dont l'intérieur renferme une petite masse de chaux carbonatée magnésifère, qui lui sert comme de noyau ; et ce qui est remarquable, c'est que les molécules de trémolithe se soient arrangées avec autant de régularité autour de ce noyau, que s'il n'existait pas.

Voilà donc toutes les usurpations dénoncées, pour ainsi dire, par les gangues ; que chaque minéral restitue ce qu'il a dérobé à la sienne, vous n'aurez plus trois espèces, il n'y en aura qu'une, ainsi que le démontre la Géométrie des cristaux.

Ce n'est pas que les résultats de la Chimie ne puissent être très utiles dans certains cas, pour la formation d'une méthode. Ils sont même indispensables pour celle des genres, qui ne peuvent être naturels qu'autant que les espèces qui les composent sont liées entre elles par un principe commun que l'analyse seule peut indiquer. Les caractères des ordres et des classes dépendent encore des propriétés que la Chimie nous a dévoilées. Elle plane ainsi sur toute la méthode, et l'on peut même dire que sans elle nous n'aurions pas de véritable méthode. Mais il s'agit ici des limites qui distinguent les espèces, et il me semble que ces limites, pour être nettes et précises, doivent être tracées par la Cristallographie, ou, s'il m'est permis de parler ainsi, elles doivent être des lignes géométriques.

Une autre raison qui me paraîtrait, toutes choses

même égales d'ailleurs, décider de la préférence en faveur de la méthode fondée sur la considération des molécules intégrantes, c'est que le minéralogiste est l'observateur de la nature, et que dans l'ordre des moyens qu'il doit employer pour arriver à son but, il convient de placer au premier rang ceux qui sont les plus accessibles, les plus palpables et les plus immédiats. Ainsi, au lieu d'avoir recours, si ce n'est dans les cas indispensables, à la Chimie, qui dénature l'objet qu'elle veut faire connaître, qui emploie le feu et d'autres agens destructeurs pour extraire d'un minéral des principes souvent invisibles, le minéralogiste doit se tourner plutôt vers la Géométrie, qui se borne à faire l'anatomie d'un cristal pour déterminer la forme d'une molécule qui, à la vérité, échappe à nos yeux par sa petitesse, mais qui est représentée par les fragmens extraits du cristal à l'aide de la division mécanique, ou par le solide qui se déduit des positions respectives des joints naturels qu'indiquent les reflets des lames composantes aux endroits des fractures.

Pendant long-temps les cristaux de strontiane sulfatée de Sicile et autres pays, ont été confondus par les minéralogistes, et même par plusieurs chimistes, avec ceux qui appartiennent à la baryte sulfatée. La Géométrie découvre une différence d'environ $3^{\text{d}}\frac{1}{2}$ dans les angles des formes primitives des deux substances : c'est bien de part et d'autre un prisme droit rhomboïdal ; mais celui de la baryte

sulfatée a son grand angle de $101^{d}\frac{1}{2}$, et dans celui
de la strontiane sulfatée, l'angle analogue est de
105^{d}, et le rapport entre le côté de la base et la hauteur du prisme diffère aussi dans les deux substances.

Averti par cette observation, M. Vauquelin en-
treprend l'analyse des cristaux de Sicile; il trouve
que leur base est la strontiane et non la baryte; et
la Chimie marque ainsi la place de ces cristaux dans
leur véritable genre. Mais déjà la Géométrie avait
indiqué la séparation des deux substances, dans des
espèces distinctes, à l'aide d'un résultat susceptible
de parler aux yeux.

M. Berzelius a adopté récemment une opinion
très différente de celle que je viens d'exposer relativement à ce qui constitue l'espèce minéralogique.
Suivant cette opinion, des principes que l'on considérait comme accidentels, parmi ceux qui avaient
été retirés des cristaux de tel minéral, entrent comme
partie intégrante dans leur composition. De plus, ils
sont susceptibles de se remplacer mutuellement dans
des proportions souvent très différentes, sans que la
forme ait changé. Pour éclaircir ceci, je choisirai
comme exemples les cristaux de pyroxène. En parcourant les diverses analyses qui en ont été faites,
on voit qu'ils ont tous donné une quantité de silice
d'environ 50 pour 100, et que les autres principes
sont, en général, la chaux, la magnésie, le pro-
toxide de fer et celui de manganèse. M. Berzelius en
conclut que la forme du pyroxène appartient aux

bisiliciates de chaux, de magnésie, de fer et de manganèse, et, selon lui, ce minéral peut contenir, tantôt un seul de ces bisiliciates, tantôt deux, et tantôt un assemblage de tous les quatre. Il regarde ces résultats comme entièrement conformes aux idées de M. Mitscherlich sur les substances *isomorphes*. J'essaierai d'abord de faire voir comment, en partant de ces idées, M. Berzelius a pu être conduit à une manière de voir qui contraste si fortement avec la première. Je démontrerai ensuite que les observations qui ont donné naissance aux mêmes idées, sont loin de mériter la confiance dont M. Berzelius les a honorées.

Je citerai avant tout un passage de l'excellent ouvrage que ce savant a publié sur l'emploi du chalumeau (*), où il est dit que M. Mitscherlich a prouvé que certaines substances saturées d'un même acide au même degré affectent la même forme cristalline, et qu'il a fait voir en particulier que la chaux, la magnésie et les oxidules de fer et de manganèse, composent ainsi une classe de bases isomorphes. Plus bas, il ajoute (**) que les siliciates de chaux, de magnésie et des oxidules de fer et de manganèse, peuvent se rencontrer dans le même cristal, au même degré de saturation, et que leurs quantités re-

---

(*) Page 302.

(**) Page 303.

latives peuvent varier, quoique la forme du cristal reste la même.

Ceci s'applique comme de soi-même aux cristaux de pyroxène, qui peuvent être considérés comme des assemblages de deux, trois ou quatre bases différentes combinées avec un même acide, savoir, la silice; et comme il peut même arriver que le cristal ne soit composé que d'une seule base unie à l'acide, et que dans ce cas la forme sera toujours celle du pyroxène, il en résulte que, quel que soit le nombre des composans, les molécules intégrantes de chacun auront la forme du prisme rhomboïdal que je regarde comme caractéristique du pyroxène. On voit maintenant ce que le savant chimiste entend par deux substances qui se remplacent l'une l'autre. Supposons, par exemple, qu'un des cristaux renferme du manganèse, mais que le fer y soit nul, et que ce soit l'inverse qui ait lieu dans un autre cristal; on pourra considérer le siliciate de fer et celui de manganèse comme étant l'équivalent géométrique l'un de l'autre, et dire qu'ils se remplacent mutuellement dans l'ordre de la structure.

MM. Berzelius et Mitscherlich n'ont pas été conduits à cette manière de voir par des observations directes relatives aux différens siliciates renfermés dans les pyroxènes; ils l'ont déduite par induction de celles que M. Mitscherlich prétend avoir faites sur différens corps obtenus séparément à l'aide des procédés chimiques, et composés de différentes bases

combinées avec un même acide (*). Je n'ai point été
à portée de vérifier ces observations, à l'exception
d'une seule, dont je parlerai plus bas ; mais M. Mitscherlich m'a fourni lui-même comme la pierre de
touche des résultats qu'il dit avoir obtenus dans son
laboratoire, en citant, comme un de leurs analogues,
des cristaux de trois espèces qui se trouvent dans la
nature, savoir, ceux de plomb sulfaté, ceux de baryte sulfatée et ceux de strontiane sulfatée. Les combinaisons analogues des trois bases avec un même
acide, qui est le sulfurique, devraient avoir la même
forme primitive, et M. Mitscherlich sans doute y a
regardé de bien près pour s'assurer si cet exemple
était décisif en faveur de sa manière de voir. La vérité est qu'il lui est manifestement opposé. La forme
primitive du plomb sulfaté, qui offre un octaèdre rectangulaire, est par cela seul incompatible avec celle
de la baryte ou de la strontiane sulfatée, qui est un
prisme droit rhomboïdal. Mais les angles et les dimensions de ce prisme diffèrent sensiblement dans
les deux espèces, et, pour ne parler que des angles,
ceux de la base sont de $101^d 32'$ et $78^d 28'$ dans la
baryte sulfatée, et de $104^d 28'$ et $75^d 12'$ dans la
strontiane sulfatée. La différence d'environ 3^d est
très appréciable à l'aide du goniomètre, et, ne fût-
elle que d'un degré ou moins encore, elle suffirait

____

(*) Annales de Chimie et de Physique, tome XIV, p. 172.
1820.

pour faire séparer les deux sulfates, parce qu'elle porte sur des quantités qui ne sont pas susceptibles de plus ou de moins.

M. Mitscherlich n'a pas été plus heureux lorsqu'il a cru trouver une identité de forme entre deux autres substances naturelles dont la composition n'a rien de commun, savoir, le cuivre sulfaté et l'axinite. Les deux parallélépipèdes que présentent les formes primitives semblent se repousser, et, sans entrer ici dans un plus grand détail, il me suffira de dire que les trois angles qui mesurent les incidences des faces sur celui du cuivre sulfaté, sont, l'un de $124^d 2'$, le second de $128^d 37'$ et le troisième de $109^d 32'$; et sur celui de l'axinite, deux sont droits et le troisième est de $101^d 30'$. Tels sont les contrastes que M. Mitscherlich prend pour des caractères d'identité !

Le même chimiste a cité un autre exemple tiré de deux sels qui ne se trouvent pas dans la nature à l'état de cristallisation, mais dont j'ai depuis long-temps dans ma collection des cristaux d'une forme très prononcée ; ces sels sont le sulfate de magnésie et le sulfate de zinc. Leur forme est celle d'un prisme droit à base carrée, qui, dans une variété très com-mune de chacune des deux substances, est terminée par une pyramide droite quadrangulaire. Mais l'angle formé par deux faces de cette pyramide prises de deux côtés opposés est plus fort d'environ 10^d dans le sulfate de magnésie que dans celui de zinc ; ainsi l'identité de forme que M. Mitscherlich a cru apercevoir encore ici est l'effet d'une illusion produite par l'analogie d'aspect entre les cristaux des deux sels.

Mais de plus, comment se ferait-il que les résultats annoncés par M. Mitscherlich se trouvassent de toute part en contradiction avec ceux que présentent les produits de la nature, comme si l'affinité s'offrait à lui dans son laboratoire sous un rôle tout différent de celui qu'elle joue dans le laboratoire de la nature ?

Parcourez les divers cristaux qui existent dans nos collections, et qui renferment différentes bases unies à un même acide, partout vous verrez leurs formes diverger plus ou moins les unes à l'égard des autres par leurs caractères géométriques. L'acide est-il le phosphorique, les formes primitives sont, pour le phosphate de chaux un prisme hexaèdre régulier, pour le phosphate de plomb un rhomboïde, pour le phosphate de fer un prisme rectangulaire oblique dont la base naît sur une arête horizontale, pour le phosphate de cuivre un octaèdre rectangulaire, pour celui de manganèse un parallélépipède rectangle. Choisissez-vous les muriates, vous aurez pour celui d'ammoniaque un octaèdre régulier, pour celui d'argent un parallélépipède rectangle, pour celui de fer un prisme rhomboïdal droit, pour celui de cuivre un octaèdre rectangulaire, et ainsi des autres.

D'après ces observations, si l'opinion que messieurs Berzelius et Mitscherlich ont émise à l'égard du pyroxène, qui est aussi un des produits de la nature, doit être regardée comme la véritable, il en résulte que la constitution de ce minéral, bien loin de se trouver d'accord avec ces mêmes produits, fait au contraire exception aux résultats de la marche générale que la cristallisation a suivie dans leur formation, et cette exception qui fait sortir le pyroxène du cadre de la méthode devient une singularité qui paraît inexplicable.

J'ajoute que, suivant l'opinion dont il s'agit ici, il serait bien difficile de se faire une idée nette de ce qui constitue l'espèce du pyroxène considérée sous le rapport de la Chimie. Les divers siliciates qui y concourent comme parties intégrantes n'ont rien de fixe, ni relativement à leur nombre dans un même individu, ni du côté de leur rapport. En supposant que toutes les combinaisons dont ils sont susceptibles, étant prises une à une, deux à deux, trois à trois, existassent dans la nature, on aurait quinze modifications différentes qui donneraient comme la monnaie du pyroxène; et si l'on considère que dans les analyses des différens pyroxènes qui ont été faites jusqu'ici, et qui sont à ma connaissance, la quantité de magnésie a varié depuis 4, 5 parties sur cent jusqu'à 3o, celle de fer depuis 1,08 jusqu'à 17,38 et celle de manganèse depuis 0,09 jusqu'à 3, quelle série de nuances n'obtiendra-t-on pas en multipliant ces analyses?

M. Berzelius a essayé de sous-diviser l'ensemble des siliciates en quatre classes, d'après les principes qui abondent le plus à certains endroits de la série (*). Mais ces classes peuvent être comparées aux sous-espèces à l'aide desquelles nous avons partagé certaines espèces qui offrent un grand nombre de variétés, en y traçant des lignes de séparation artificielles pour la facilité de l'étude. Elles ne portent que sur des caractères variables. Elles sont inadmissibles relativement aux principes composans, dont les quantités relatives doivent être aussi constantes que les dimensions des molécules, puisque celles-ci en dépendent.

J'ose persister à maintenir la manière de voir que j'ai adoptée dans mon Traité de Cristallographie, et d'après laquelle tous les pyroxènes renferment un fond commun de molécules élémentaires qui détermine leur véritable composition, et par une suite nécessaire la forme invariable de leur molécule intégrante, et tous les autres ingrédiens qui sont purement accidentels ne font que s'interposer dans la substance essentielle sans altérer sa forme caractéristique. Il ne m'appartient pas de déterminer ce qui constitue cette substance; cependant, à en juger d'après les résultats de 14 analyses que j'ai sous les yeux, elle consisterait dans un siliciate de chaux. On voit par les analyses dont il s'agit que la quan-

---

(*) Traité sur l'emploi du chalumeau, p. 313 et 314.

tité de ce dernier principe a été à peu près constante, en se rapprochant du rapport de vingt à cent, avec la masse totale. Je ne sais pourquoi M. Berzelius a supposé qu'elle pouvait être remplacée par la magnésie : comment lui céderait-elle une place qu'elle n'abandonne pas ?

Autant j'avais été flatté de me rencontrer avec ce savant illustre, relativement à la détermination de l'espèce minéralogique, autant je regrette de ne pouvoir adopter le nouveau point de vue sous lequel il la considère aujourd'hui. Au reste, je soumets à son jugement et à ses lumières les motifs qui m'ont dirigé, et en cela je ne fais autre chose que de lui laisser le choix entre deux opinions émises successivement par lui-même.

Voici donc le plan de ma méthode qui repose sur deux principes. Le premier consiste en ce que la forme de la molécule intégrante est invariable dans tous les minéraux d'une même espèce ; en d'autres termes, un minéral ne peut avoir dans une partie des individus qui lui appartiennent une molécule différente de celle qui existe dans les autres individus ; car le changement de forme qui aurait lieu à l'égard de ces derniers supposerait nécessairement une diversité, soit dans les quantités respectives des principes composans, soit dans leur manière d'être les uns à l'égard des autres : or cette diversité est évidemment incompatible avec l'unité d'espèce.

Il y aura donc au moins autant d'espèces miné-

ralogiques qu'il existe de formes de molécules distinguées les unes des autres. Ces molécules sont
comme les premiers matériaux à l'aide desquels nous
pouvons déjà construire une grande partie de l'édifice de la méthode.

Mais, pour le continuer, il faut avoir égard à une
considération qui consiste en ce qu'il est possible
que des molécules élémentaires de figures différentes
produisent par leur assortiment la même forme de
molécule intégrante, et qu'il peut aussi arriver que
des minéraux de diverse nature soient composés des
mêmes principes unis entre eux dans le même rapport ; d'où il suit que la proposition inverse du principe que j'ai énoncé souffre des restrictions.

On ne sera pas surpris que des molécules principes de figures différentes, puissent donner naissance à une même forme de molécule intégrante, si
l'on considère que les molécules principes ayant
aussi des formes déterminées, il est possible que celles
qui appartiennent à quatre substances différentes,
telles que a, b, c, d, se combinent de manière que
l'assortiment de a et de b présente la même configuration que celui de c et de d, quoique les figures
des quatre principes diffèrent les unes des autres.
C'est ainsi, à peu près, que deux figures planes semblables peuvent être produites par des réunions de
diverses figures élémentaires. Rien ne s'oppose donc
à ce que la cristallisation ne reproduise une même
forme de molécule intégrante par un double méca-

nisme de structure dont la Géométrie démontre la possibilité.

Maintenant, la notion que j'ai donnée de l'espèce, en la considérant comme un assemblage de minéraux dont les molécules intégrantes sont semblables par leur forme et par leur composition, fait évanouir la difficulté que paraît présenter au premier abord la similitude des molécules intégrantes, ou l'identité des principes composans dans des espèces différentes. La conformité des deux types, l'un géométrique et l'autre chimique, étant une condition essentielle pour qu'il y ait unité d'espèce, si deux minéraux de nature différente ont des molécules semblables, alors les principes composans ne seront pas les mêmes de part et d'autre; et si au contraire ce sont ces principes qui coïncident par leurs qualités et par leurs quantités respectives, leurs fonctions ne seront pas les mêmes, et alors les molécules intégrantes différeront par leur forme. Dans ce dernier cas, la Géométrie tracera la ligne de démarcation. Dans l'autre cas, il suffira, pour que les deux espèces soient déterminées sans aucune équivoque, de combiner le résultat de l'analyse avec le caractère tiré de la forme. Or, c'est ce que j'ai fait, au moins d'une manière équivalente, en associant à l'indication du caractère géométrique celle de quelque propriété inhérente à la nature du corps, et susceptible d'être facilement vérifiée, au lieu que l'analyse est une opération délicate qui exige beaucoup d'habileté et un temps plus ou moins considérable.

Ainsi le spinelle et le fer oxidulé ont l'un et l'autre pour forme primitive l'octaèdre régulier, ce qui donne pour leur molécule intégrante commune, le tétraèdre régulier. Mais le spinelle a un aspect pierreux, il raie fortement le quarz ; le fer oxidulé est d'un gris métallique, il agit sur l'aiguille magnétique. Aucune des qualités que je viens de citer, relativement à chaque minéral, ne lui est commune avec l'autre. D'ailleurs ces qualités considérées isolément ne suffiraient pas pour distinguer les deux minéraux ; mais réunissez leur indication à celle de la forme, et vous faites contraster les deux espèces vis-à-vis l'une de l'autre.

On ne ferait point de méthode si l'on voulait s'astreindre à rester toujours dans les limites d'un seul caractère : lorsque l'on subordonne la marche d'une méthode à celui que l'on a adopté de préférence, il en résulte qu'il doit être employé partout où il existe ; mais il n'est pas indispensable qu'il le soit exclusivement. La nature est si variée dans ses productions, que l'on doit s'estimer heureux d'avoir rencontré un moyen dont l'usage s'étende à toutes les substances qu'embrasse la méthode, et qui n'ait besoin que d'être secondé dans certaines circonstances par des moyens auxiliaires, en conservant toujours sa prééminence.

J'ajoute une considération qui est remarquable,

c'est que les formes communes à des espèces différentes sont en général de celles qui offrent comme les limites des autres formes, qui ont un caractère particulier de symétrie, telles que le cube, l'octaèdre et le tétraèdre réguliers; en sorte que chacune de ces formes, lorsqu'on la rencontre, semble avertir l'observateur qu'elle peut appartenir à plusieurs substances, et qu'elle a besoin d'un caractère auxiliaire qui achève de faire ressortir l'espèce à laquelle elle se rapporte (*).

Le type de l'espèce une fois déterminé, il est facile de faire le rapprochement des variétés cristallisées relatives à la même substance, en s'assurant, à l'aide de la théorie des décroissemens, qu'elles rentrent dans le même système de cristallisation. On peut encore ramener à leurs espèces respectives les masses amorphes qui, ayant un tissu lamelleux, se prêtent à la division mécanique.

Reste les masses granulaires, fibreuses ou compactes, dans lesquelles le type existe encore, à la vérité, mais sans pouvoir être saisi à l'aide de l'observation.

Ici se présente un second principe relatif à la détermination de ces masses. Toute substance qui n'offre aucun indice de cristallisation est, ou bien une variété amorphe d'une espèce dont il existe des cristaux, et dont la relation avec cette espèce

____

(*) Voyez le Traité de Cristallographie, t. II, p. 430.

peut être déterminée par l'observation, ou bien un
agrégat qui, n'admettant aucune limite, sort du cadre
de la méthode minéralogique, et doit être placé dans
une seconde méthode faisant suite à la précédente,
et qui appartient à la Géologie.

Dans le premier cas, l'observation des rapports
de position qui lient les variétés amorphes avec les
variétés cristallisées, peut d'abord servir à indiquer
l'analogie de nature qui existe entre les unes et les
autres. En suivant une même substance dans les
différens morceaux qui la présentent, on la voit passer de l'état de cristallisation régulière à celui où elle
ne forme plus que des lames, tantôt d'une certaine
étendue, tantôt très petites et qui se croisent en
différens sens; dans d'autres passages, les cristaux
s'alongent en aiguilles plus ou moins déliées, auxquelles succèdent des assemblages de fibres ordinairement parallèles, ou bien la substance prend un
tissu granulaire, ou enfin elle forme des masses compactes, qui sont comme le dernier terme de la série.

Il existe, par exemple, dans le riche terrain d'A-
rendal en Norwège, de gros cristaux verts que j'ai
reconnus pour appartenir à l'épidote, lorsqu'on en
faisait encore une espèce particulière sous le nom
d'*akanticone*. Dans le même lieu, on trouve d'autres
cristaux plus petits, et des aiguilles qui se divisent
mécaniquement de la même manière, et qui appartiennent visiblement à la même substance. A ces
aiguilles succède une masse granulaire verte, dans

laquelle elles semblent se perdre par leurs extrémités inférieures; et il y a une telle connexion entre la masse et ces aiguilles, qu'on ne peut douter que ce ne soit la même matière, dont les molécules n'ont pas eu la liberté de s'arranger sous des formes régulières; et ainsi les cristaux servent d'interprètes à ces masses insignifiantes par elles-mêmes. Les caractères physiques et chimiques, tels que la dureté, la fusibilité ou la résistance à la fusion lorsqu'on emploie le chalumeau, l'action des acides, etc., se joignent aux indications dont je viens de parler, pour aider l'observateur à reconnaître les variétés amorphes, et à les rapporter aux espèces dont elles font partie.

Au reste, quoique la relation entre ces variétés et les produits de la cristallisation régulière ne soit pas aussi bien démontrée que celle qui lie ces derniers les uns aux autres, ce n'est pas de cette source que sort la diversité qui a lieu entre les méthodes des savans étrangers et celle que j'ai adoptée. Toutes, à quelques exceptions près, que je ferai connaître dans le cours de cet ouvrage, présentent des portions de série qui leur sont communes avec la mienne, et qui comprennent des variétés les unes cristallisées, les autres amorphes, d'une même substance. La divergence commence aux endroits de la méthode où ces portions de série se rattachent. Ainsi il en existe trois dans les méthodes des savans étrangers, qui se séparent en autant d'espèces, sous les noms de *hornblende*, de *strahlstein* et de *trémolithe*, tandis que , dans ma méthode , les variétés dont se composent les trois suites se réunissent pour former une chaîne continue.

A l'égard de ces mélanges , tels que l'argile , la marne , et autres agrégats dont la formation n'a été soumise à aucune mesure fixe , de manière qu'aucun des principes qu'ils contiennent n'y fait la fonction de type , leur nature , jointe à l'étendue des terrains qu'ils occupent , leur marque , comme je l'ai dit , leur véritable place dans cette autre méthode qui se rapporte aux espèces géologiques connues sous le nom de *roches* , et dont le tableau sera placé à la suite de celui qui doit présenter la distribution des espèces minérales. Il sera précédé d'un exposé des principes qui m'ont servi à le tracer, et que l'on concevra mieux après que j'aurai décrit les substances simples dont les mélanges constituent une grande partie des roches.

Je ne parlerai pas non plus dans ce moment des méthodes minéralogiques fondées sur la considération des caractères extérieurs, c'est-à-dire de ceux qui se tirent des apparences et des qualités que nous pouvons saisir dans un minéral, à l'aide de nos seuls organes. Je me réserve à les faire connaître et à les discuter lorsque j'aurai traité en général de tous les caractères, soit essentiels, soit accidentels, que les minéraux sont susceptibles d'offrir à nos observations.

Après avoir exposé les principes qui m'ont guidé dans la formation de ma méthode, je ne crois pas inutile de remonter jusqu'à son origine, et de montrer comment j'ai été conduit, sans m'en apercevoir, à faire usage de la Cristallographie pour la distinction des espèces minérales. Je n'avais d'abord envisagé ma théorie sur cette branche d'histoire naturelle que comme un moyen de lier, à l'aide des lois de la structure, les variétés cristallisées d'une même espèce, soit entre elles, soit avec un noyau commun; mais, en multipliant les applications de cette théorie, j'ai remarqué que des corps que l'on avait rangés dans une même espèce, étaient incompatibles dans un même système de cristallisation, et que d'autres qu'on avait placés dans des espèces différentes, venaient se rallier autour d'une forme primitive commune. Ayant conçu alors l'idée de diriger l'usage de la théorie vers la distinction des espèces, je suis arrivé par degrés à une distribution méthodique établie sur ce fondement, autant que le permettait l'état de nos connaissances; et les accroissemens qu'elle a reçus depuis l'impression de mon tableau comparatif, publié en 1809, semblent être des garans de ce qu'elle doit attendre des observations futures pour s'avancer de plus en plus vers sa perfection.

Ainsi, ce qui n'était dans l'origine qu'une théorie des lois de la structure, est devenu, comme à mon insu, un moyen de classification. J'ose dire que si les opinions ont été partagées, ce n'est pas sur les avantages qu'offrent les applications du calcul à la

Cristallographie, mais sur ceux qui m'ont paru résulter de ses applications à la méthode. Je ferai observer cependant qu'il y a entre les unes et les autres une dépendance nécessaire. La théorie ne peut remplir son but, relativement aux premières, qu'en rangeant à la suite de chaque forme primitive tous les corps qui sont liés avec elle par les dimensions de leurs molécules, ainsi que par les lois auxquelles ces molécules sont soumises dans leur arrangement, et en excluant ceux qui ne se plient pas aux mêmes lois pour les reporter dans d'autres séries dont les types sont différens. Et lorsque le calcul m'apprend, par exemple, que deux variétés qui ont été réunies pendant long-temps sous le nom de *zéolithe*, ont pour molécule, l'une un prisme droit légèrement rhomboïdal, et l'autre un prisme droit à bases rectangles, et ne peuvent s'allier dans les lois de la structure, ne dois-je pas en inférer que j'ai sous les yeux deux espèces différentes? et les noms de *mésotype* et de *stilbite*, que cette conséquence fait naître, sont-ils autre chose qu'un langage dicté, en quelque sorte, par le calcul lui-même?

Mais on a opposé à ma méthode diverses objections dont quelques-unes sont assez spécieuses pour que je ne doive pas les laisser sans réponse. J'ai déjà montré le peu de fondement du reproche que l'on m'a fait d'assigner une même forme de molécule intégrante à des substances de nature différente. Les minéraux, a-t-on dit encore, ne se présentent que

rarement dans la nature sous des formes cristallines ;
il est bien plus ordinaire de les rencontrer en masses
irrégulières qui occupent des terrains plus ou moins
spacieux. Donner à la cristallisation une si grande
influence dans la formation de la méthode, et faire
dépendre le tout de ce qui n'en est qu'une très petite partie, n'est-ce pas vouloir élever un édifice
immense sur une base qui n'a aucune proportion
avec lui? Je répondrai que l'importance des moyens
destinés à nous faciliter l'étude de la nature ne se
mesure pas sur les dimensions des êtres, mais sur la
certitude même de ces moyens et sur l'étendue des
avantages que nous pouvons en tirer pour arriver
à notre but. Ce que l'on a dit des cristaux, qu'ils
sont les fleurs des minéraux, cache une idée très
juste sous l'air d'une comparaison qui n'est qu'ingénieuse. Le botaniste n'emploie-t-il pas les organes
de la fleur, c'est-à-dire les étamines et les pistils,
par préférence aux feuilles et à la tige, pour caractériser les végétaux et en ordonner la série, quoiqu'ils n'aient qu'une existence assez fugitive, quoique
souvent pour les bien apercevoir il faille employer
un instrument d'optique, quoiqu'enfin ils ne soient
que comme des atomes qui se perdent dans l'aspect
imposant que présentent ces grands arbres qui peu-
plent les forêts ?

On m'a objecté encore qu'il y avait un certain
nombre d'espèces dont il n'existait pas de cristaux,
et qui par là même échappaient à la méthode. Je

répondrai que parmi les substances qui ont donné lieu à l'objection, la plupart des variétés amorphes sont liées dans une même espèce avec des corps cristallisés, et dont on a fait sans fondement des espèces distinctes. Je citerai pour exemples la *cornaline*, la *calcédoine*, la *pierre à fusil*, etc., dont le rapprochement avec le quarz sera motivé à l'article de ce minéral. La pierre de l'Estramadure, que l'on a de même érigée en espèce, sous le nom de *phosphorit*, n'est autre chose qu'une chaux phosphatée grossière, comme j'espère le prouver dans la suite. L'olivin, qui tient aussi un rang à part dans la méthode de M. Werner, est une variété granuliforme de péridot, etc.

J'ajoute que plusieurs substances qui constituent de véritables espèces, et qui n'avaient d'abord été trouvées qu'en masses indéterminables, en sorte qu'on les avait citées comme rebelles aux lois de la cristallisation, telles que la gadolinite, le cuivre phosphaté, le fer phosphaté, le graphite, etc. (*), se sont présentées depuis sous des formes régulières; en sorte que s'il reste encore quelques espèces dont on ne puisse citer des cristaux, on doit seulement en conclure que la méthode est en retard sur ce point, et non pas qu'elle soit en défaut (**).

(*) La composition chimique de ces substances suffisait seule pour les déterminer.

(**) Je ne dirai rien ici de la marne, de l'argile, du

Enfin, on s'est plaint de ce que ma méthode exigeait que l'on fût géomètre pour devenir minéralogiste, et que la route que j'avais tracée rendait la science inaccessible pour le grand nombre de ceux qui se proposaient de l'apprendre. On a même été jusqu'à prétendre que la théorie des décroissemens était de la Géométrie, et non pas de la Minéralogie, ce qui était dire en d'autres termes que l'étude des minéraux dans leur état de perfection, à l'aide des seuls moyens capables de les faire bien connaître, était étrangère à la science minéralogique.

Mais, pour répondre plus directement, j'observerai que le travail qui consiste à déterminer rigoureusement le type géométrique de l'espèce et les formes qui en dérivent, ne regarde que l'auteur de la méthode ou celui qui désire étudier la science d'une manière approfondie, et se mettre en état, soit de se rendre compte à lui-même de la marche qu'a suivie l'auteur soit d'ajouter sur le tableau de la méthode de nouvelles espèces ou de nouvelles variétés de formes cristallines. Mais celui qui ne se propose que de faire usage de ce tableau pour recon-

---

schiste, qui ne sont pas des espèces, non plus que de la bouille, de l'anthracite, du succin, etc., qui n'ont été admis que comme par tolérance dans la méthode. Je reviendrai sur ces derniers, en parlant des substances combustibles non métalliques, et je ferai voir que la cristallisation elle-même n'a pas été nulle pour eux.

naître les corps qui appartiennent à chaque espèce, pourra y parvenir en employant des caractères plus maniables et faciles à vérifier que lui fournit la méthode elle-même, et profitera des résultats obtenus par l'auteur, sans être tenu à autre chose que de leur accorder cette confiance si justement due à tout ce que la Géométrie a marqué de son empreinte.

Il me reste à faire connaître l'arrangement que j'ai adopté pour la sous-division de l'ensemble des espèces minérales en classes, en ordres et en genres.

La distribution méthodique des minéraux, telle que je la publie dans cette deuxième édition, a été tracée conformément aux nouvelles connaissances acquises sur la véritable nature d'une grande partie des espèces. On sait qu'elles doivent leur origine à cette expérience si remarquable dans laquelle le célèbre Davy, ayant soumis la potasse à l'action d'un courant d'électricité galvanique, fut étonné de la voir tout à coup s'assimiler au cuivre et au zinc qui la produisent par leur contact mutuel, en se montrant ornée de l'éclat métallique, signe caractéristique des métaux de la même classe.

En suivant l'indication qu'avait offerte ce résultat inattendu, on est parvenu, soit à l'aide de la même expérience, soit par divers moyens, à cette conséquence générale, que toutes les substances qui avaient porté jusqu'alors les noms de terres et d'alcalis, étaient autant d'oxides métalliques. Il en reste cependant quelques-unes qui n'ont pu encore être réduites ; mais on regarde leur rapprochement avec les autres comme suffisamment indiqué par la force de l'analogie.

La conséquence dont je viens de parler est aujourd'hui généralement adoptée par tous les chimistes, et elle a servi de base à la distribution des espèces minérales publiée par M. Berzelius sous le nom de *Nouveau Système de Minéralogie*. Mais ce célèbre chimiste y a introduit une sous-division fondée sur une belle et grande idée digne de son génie, et d'après laquelle l'électricité, dout l'action modifiée par l'influence de la pile galvanique avait dévoilé l'existence des nouveaux métaux, intervient de plus dans leur classification. Il en résulte deux caractères distinctifs entre ceux que le célèbre chimiste appelle *électro-positifs*, et ceux auxquels il donne le nom d'*électro-négatifs*.

Le développement de la théorie que M. Berzelius a déduite des considérations sur lesquelles est fondée l'idée dont je viens de parler, passerait les bornes que me prescrit la nature de ce Traité. Je dirai seulement que l'analogie qu'il a cru remarquer entre le dégagement de lumière et de chaleur qui accompagne certaines combustions et celui qui a lieu dans la décharge de la bouteille de Leyde l'a conduit à l'opinion que l'affinité n'existe pas et qu'elle est remplacée par l'action électrique. Suivant cette opinion, les molécules élémentaires disposées à pro-

duire une combinaison ont chacune deux pôles
électriques, et c'est en se présentant les unes aux
autres par ceux de différens noms, qu'elles s'attirent
jusqu'au contact et finissent par se réunir. On a objecté à M. Berzelius que dans une décharge électrique
dont cette réunion, suivant lui-même, offre l'analogue, les deux fluides se neutralisent mutuellement,
en sorte que toute attraction cesse dès ce moment. Il
semble donc que les molécules une fois parvenues au
contact ne pourraient rester si étroitement liées entre
elles, que l'on fût obligé d'employer une force plus
ou moins considérable pour rompre leur adhérence.

M. Berzelius ne s'est pas dissimulé cette objection,
non plus que quelques autres du même genre; mais
il ne les regarde pas comme insolubles, et c'est une
raison de croire que l'adoption de son système n'est
que différée, jusqu'au moment où de nouvelles recherches l'auront amené au point de ne laisser plus
rien à désirer.

J'ai maintenant à faire connaître les motifs qui
m'ont déterminé en faveur de la nouvelle distribution que j'ai donnée dans cette deuxième édition.
En traçant le plan de celle qui l'a précédée, je m'é-
tais conformé à l'état dans lequel se trouvait alors
la Chimie, et par là même cette méthode était devenue, ainsi qu'on va le voir, comme une préparation
à celle que je lui substitue aujourd'hui, et dont je
vais exposer la marche. L'ensemble de toutes les espèces minérales s'y trouve d'abord partagé en trois

grandes sous-divisions, dont l'une comprend les acides libres, la deuxième les substances métalliques, et la troisième les substances combustibles non métalliques. La première n'est composée jusqu'ici que de deux espèces, savoir, l'acide boracique et l'acide sulfurique, parce que je n'y ai fait entrer que ceux de ces corps qui ont été observés dans la nature.

La seconde sous-division étant au contraire très nombreuse, j'ai vu que je pourrais y tracer une ligne de séparation, qui se trouvait comme indiquée d'avance, en partant du principe que les caractères qui méritaient ici d'obtenir la préférence devaient être tirés de l'observation immédiate des êtres, tels qu'ils existent dans la nature. Or, en parcourant les différentes substances minérales connues jusqu'ici, on en trouve d'abord un certain nombre qui sont naturellement privées de l'éclat métallique : ce sont celles qui étaient considérées comme étant des combinaisons de différentes terres, soit entre elles, soit avec des acides, parmi lesquelles venaient se ranger celles qu'on désignait sous le nom d'*alcalis*.

Je réunis dans une seconde classe sous le titre de *substances métalliques hétéropsides* (*) toutes celles qui sont combinées avec un acide, et quelques-unes de celles dans lesquelles l'acide est remplacé par l'eau ou par un oxide (**).

(*) C'est-à-dire qui se montrent sous un aspect étranger.

(**) Je ne dois pas omettre une observation relative à

Une autre série non moins nombreuse était remplie par les substances qui se trouvent naturellement dans un ou plusieurs états, où elles sont douées de l'éclat métallique, et c'était ce qui les avait fait reconnaître depuis long-temps et avait déterminé à les réunir toutes sous la dénomination commune de *métaux*. Celles qui n'ont pas encore été observées sous l'aspect métallique et qui se réduisent à deux ou trois, sont faciles à réduire au moyen du charbon. Toutes ces substances composent une troisième classe sous le nom de *substances métalliques autopsides* (*).

Il semblerait d'abord qu'il eût été plus convenable de les placer avant les hétéropsides, dont le principe caractéristique se dérobe à nos observations,

---

l'ammoniaque, que j'ai placée dans cette classe sous le nom d'*ammonium oxidé*. Je me suis conformé, en cela, à l'opinion de MM. Davy et Berzelius, et je pourrais presque ajouter à celle de M. Thénard, puisque ce savant, quoique persuadé qu'il n'y a point de raisons assez décisives pour admettre l'oxigène parmi les principes de l'ammoniaque, avoue cependant que celle-ci joue, dans un grand nombre de cas, le rôle d'oxide. Chimie, t. II, p. 147. Au reste, s'il se confirme que l'ammoniaque n'est composée que d'hydrogène et d'azote, dans le rapport de 3 à 1, ainsi qu'il résulte des expériences de M. Berthollet fils, la place de l'ammoniaque se trouvera marquée d'avance dans la classe des substances combustibles non métalliques.

(*) C'est-à-dire qui s'offrent d'elles-mêmes sous leur véritable aspect.

au lieu que la nature le montre à découvert dans les autopsides; mais je n'ai pas hésité de leur donner la préférence sur celles-ci, comme offrant incomparablement plus d'avantages pour l'étude des lois de la structure et des propriétés physiques, dans lesquelles réside ce que les minéraux ont pour nous de plus intéressant.

Dans la distribution que je viens d'indiquer, j'ai laissé de côté presque toutes les substances qui portaient le nom de *terreuses* et formaient une classe particulière placée à la suite de celle qui renfermait les substances nommées *acidifères*. Or ici la marche de la méthode s'est encore rencontrée avec celle de la science, de manière qu'un nouveau caractère général est venu remplacer celui qu'elle empruntait de l'ancienne classification, et lui assigner le même rang sous le titre d'*appendice*, que je vais motiver.

Les substances dont il s'agit renferment un principe commun, savoir la silice, et qui est combiné, suivant les diverses espèces, avec un, deux ou trois oxides métalliques, tels que la chaux, la magnésie, l'alumine, et quelquefois avec la potasse, la soude ou le lithion. Or, suivant la manière de voir adoptée aujourd'hui par les chimistes, cette grande tendance à la combinaison avec différentes bases salifiables, et particulièrement avec des alcalis, est le plus important des caractères auxquels on reconnaît les acides; et l'on voit, par ce qui vient d'être dit, que la silice le possède à un haut degré (*). Cependant M. Thénard et d'autres chimistes n'en concluent pas que la silice doive être associée aux acides ordinaires. Ils se bornent à dire qu'elle fait plutôt la fonction d'acide que celle de base, ce qui indique seulement une grande analogie avec les corps que l'on désigne sous le premier de ces noms. M. Berzelius va plus loin, et donne celui de *siliciates* aux combinaisons dans lesquelles entre la silice, ce qui indiquerait la réunion, dans une même classe, des anciennes substances terreuses avec les acidifères.

Quant au radical de la silice, qui jusqu'ici n'a pu être réduite, on a supposé d'abord, d'après l'analogie, qu'il était d'une nature métallique, auquel cas sa réunion avec l'oxigène s'assimilerait aux acides arsenique, chromique et molybdique, dont le premier existe déjà dans une des substances de la troisième classe, où il minéralise la chaux. Mais certaines expériences de M. Davy ont fait présumer que le radical dont il s'agit appartenait plutôt aux corps combustibles, tels que ceux qui forment les sulfates et les carbonates. La détermination de la véritable nature de la silice laisse donc encore des doutes à éclaircir, et c'est ce qui m'a engagé à employer, lorsqu'il y a lieu, pour dénommer les espèces qu'elle modifie, l'épithète de *siliceuses*, qui ne les désigne

---

(*) Thénard, Traité de Chimie, t. I, p. 628.

que minéralogiquement et abstraction faite de leur constitution chimique.

L'admission de l'appendice dont j'ai parlé, a été accompagnée d'un avantage qui manquait à l'ancienne méthode, où je m'étais borné à présenter la série des substances qui le composent aujourd'hui sous la forme d'une simple liste, sans la sous-diviser, faute de pouvoir indiquer d'une manière précise celui des principes composans auquel se rattachaient les autres. Mais maintenant que la silice se trouve placée en tête de chaque combinaison, il en résulte que l'on peut considérer comme autant d'espèces particulières les substances dans lesquelles elle est unie à un, ou à deux, ou à trois principes considérés comme bases. Pour déterminer ces principes, il a fallu comparer plusieurs analyses de chaque substance pour démêler autant qu'il était possible, à travers leur diversité, ceux qui seuls devaient être regardés comme essentiels, et élaguer les autres, qui ne leur étaient associés qu'accidentellement. On sent que cette diversité a pu laisser quelque incertitude sur la véritable composition de certaines espèces; mais le point important était de rétablir l'ordre méthodique dans la sous-division dont il s'agit, et de la mettre en harmonie avec les autres. Les substances qui composent l'appendice n'étant pas susceptibles de se plier aux applications de la nomenclature chimique, je leur ai conservé leurs noms minéralogiques, tels que ceux de corindon, de cymophane, d'émeraude, etc., ainsi que l'ont fait les chimistes eux-mêmes.

L'étroite liaison qui existe maintenant entre les substances hétéropsides et les autopsides, qui ne font plus qu'un sous le rapport de leur radical, ne permettait plus de les séparer, comme auparavant, par un intermédiaire, qui était la classe des substances combustibles non métalliques. Celle-ci a été rejetée à la suite des autopsides, et cette inversion était d'autant plus naturelle, que la même classe renfermait les bitumes, la houille et autres substances qui tirent leur origine du règne végétal, et n'appartiennent à la Minéralogie qu'en vertu d'une sorte d'adoption qu'elles doivent à leurs positions et à leur séjour dans le sein de la terre, où elles ont été élaborées par diverses causes naturelles. J'ai cru, pour cette raison, devoir les ranger à part dans un appendice, sous le titre de *substances phytogènes* (*), et ne laisser subsister dans la classe dont elles faisaient partie, que le soufre, le diamant et l'anthracite, dont la formation rentre dans celle des minéraux proprement dits.

Je n'ajouterai plus qu'une réflexion sur la distribution que j'ai adoptée pour les genres qui sousdivisent les classes des substances métalliques hétéropsides et autopsides, et qui est la même qui se trouve dans la première édition; en sorte que je

----

(*) C'est-à-dire engendrées des végétaux.

n'aurai ici autre chose à faire que de rappeler les motifs qui m'avaient suggéré cette dernière, ainsi que la nomenclature dont elle est accompagnée.

Lavoisier et les chimistes qui l'ont suivi avaient réuni dans une même classe, sous le nom de *sels*, toutes les combinaisons d'un acide quelconque avec une terre ou un alcali. Cette classe se sous-divisait en différens genres, dont chacun était caractérisé par le principe uni à l'oxigène, qui y faisait la fonction d'acide, et prenait le nom de *carbonate*, de *phosphate*, d'*arséniate*, etc., suivant que le principe dont il s'agit était le carbone, le phosphore, l'arsenic, etc. Chaque genre, à son tour, tel que celui qu'on appelait *carbonate*, se partageait en diverses espèces, désignées par les noms de *carbonate de chaux*, de *carbonate de baryte*, de *carbonate de cuivre*, d'après la substance qui lui était particulière.

Mais cette distribution, qui avait été adoptée comme étant la plus favorable au développement de la théorie fondée sur l'action chimique, ne remplit pas le but du minéralogiste, qui est de placer les êtres d'après leurs caractères apparens. Pour établir les genres dont se compose la méthode destinée à faciliter l'étude de ces êtres, il doit préférer, comme bases, les principes les plus fixes, ceux qui s'offrent à ses yeux plutôt que ceux dont la plupart leur échappent, et existent pour ainsi dire à leur insu. Ainsi, il considèrera la chaux comme base d'un genre dont les différentes espèces seront caractérisées par les acides unis à cette base.

Maintenant l'ordre de la nomenclature exige que dans le nom spécifique le genre occupe la première place ; et ainsi le minéralogiste, au lieu de *carbonate de chaux*, dira *chaux carbonatée* ; au lieu de *carbonate de cuivre*, il dira *cuivre carbonaté*, et ainsi des autres. Mais cette inversion n'empêche pas que les deux sciences ne soient censées parler le même langage ; le nom minéralogique est comme la contre-épreuve du dessin que présente le nom chimique.

Je ne dois pas omettre que quand on veut indiquer un principe qui n'existe qu'accidentellement dans la substance que l'on considère, on ajoute au nom spécifique de celle-ci celui du principe accessoire avec la terminaison *fère* ; ainsi, on dit *chaux carbonatée quarzifère*, pour désigner la même substance mélangée de quarz, telle qu'on la trouve à Fontainebleau.

On voit, par l'exposé que je viens de faire de l'état actuel de ma méthode, que le tableau qui la présente se rapproche beaucoup plus de celui de l'ancienne qu'on ne l'aurait cru, à en juger par les changemens considérables qu'a éprouvés la science qui en est l'objet. Ce sont, de part et d'autre, presque le même plan et la même ordonnance.

Les variations qu'a subies la nomenclature portent principalement sur les titres des divisions générales.

Il en résulte cet avantage, que ceux qui, ayant entre les mains la première édition, auront fait usage de la distribution qu'elle renferme, seront dispensés du travail fastidieux qu'entraîne ordinairement l'étude d'une méthode récente qui nous force d'oublier celle que nous avions suivie jusqu'alors en cultivant la science à laquelle elle se rapporte. Un simple coup d'œil leur suffira pour faire à l'instant le rapprochement entre les deux points de vue sous lesquels la Minéralogie s'offre successivement sur les deux tableaux.

Il n'est aucune branche d'histoire naturelle, en la supposant déjà avancée vers sa perfection, qui, parmi une multitude de résultats bien avérés, et que la vérité a marqués de son empreinte, n'en offre plusieurs qui laissent encore des recherches à faire et des doutes à éclaircir pour compléter leur étude. Ordinairement on enveloppe les uns et les autres dans une même classification, et l'on mêle sur le même tableau, avec les objets fortement éclairés, ceux que l'on ne distingue qu'imparfaitement à travers les ombres qui les offusquent. Il me semble qu'il est bien plus sage et à la fois plus avantageux pour la science d'imiter Newton, qui, après avoir développé, dans son immortel ouvrage sur l'optique, les résultats démontrés par l'expérience, et les avoir liés étroitement entre eux, à l'aide de la théorie, a réservé la dernière partie du même ouvrage pour ceux qui ne portent pas également un caractère d'évidence.

C'est dans cette partie, à laquelle il a donné le nom de *Quæstiones opticæ*, qu'il interroge continuellement ses lecteurs, comme pour avoir leur avis sur ces aperçus, dont il n'oserait garantir la justesse.

A l'exemple de ce savant illustre, après avoir présenté la série des espèces minérales dont les caractères ont été déterminés avec précision, et auxquelles les recherches des minéralogistes et des chimistes ont assigné des places fixes dans la méthode, j'ai cru devoir ranger séparément dans un appendice les substances dont nous n'avons encore qu'une connaissance ébauchée ; et en les décrivant, j'aurai l'attention d'indiquer les rapports plus ou moins marqués qu'elles pourraient avoir avec des substances déjà classées, rapports qui méritent d'être soigneusement examinés lorsqu'on sera à portée de le faire, pour s'assurer si elles ne doivent pas être réunies à leur terme de comparaison.

L'appendice qui se trouve dans la première édition de mon Traité, indiquait vingt-six minéraux qui étaient dans le cas dont je viens de parler. Une bonne partie d'entre eux ont été depuis prendre les places qui les attendaient dans la méthode, et offrent aujourd'hui la preuve de ce qu'on gagne à savoir douter et se décider à propos. Mais d'autres sont venus plus récemment nous apporter de nouvelles incertitudes à dissiper. Ils seront remplacés à leur tour, et ceux qui viendront après nous trouveront encore à récolter dans ce champ inépuisable.

Considérations générales sur la nomenclature des espèces et de leurs variétés.

Ce que je viens de dire me conduit d'autant plus naturellement à des considérations générales sur la nomenclature des espèces, qu'elles s'appliquent surtout à celles qui composent l'appendice de la seconde classe, dont les noms, dans l'état actuel de nos connaissances, ne peuvent être fournis par le langage de la Chimie moderne. Je vais reprendre les choses de plus haut, parce que je regarde ce sujet comme un des plus importans, relativement à la philosophie de la science.

La Minéralogie et les autres branches de l'histoire naturelle ont été cultivées, pendant une longue suite d'années, sans que l'on ait paru sentir combien les mots, qui sont les signes de nos idées, pouvaient influer sur la facilité d'acquérir et de se rappeler ces idées elles-mêmes. La langue de ces sciences n'était soumise à aucune règle fixe ; le caprice des nomenclateurs décidait et du choix et du nombre des mots qui composaient chaque dénomination ; et ces mots, souvent impropres, ou même susceptibles d'offrir un sens faux et trompeur, avaient le double inconvénient de nuire à l'opération de la mémoire, et d'offusquer la vue de l'esprit.

Enfin Linnæus entreprit de faire parler à l'histoire naturelle une langue raisonnée et vraiment méthodique, en réduisant chaque dénomination à deux noms, dont l'un était commun à l'espèce dénommée avec toutes celles qui appartenaient au même genre, et l'autre servait de signe distinctif à cette espèce. L'exemple de ce savant illustre a entraîné tous ceux qui ont depuis cultivé avec le plus de succès l'étude de la nature; et les auteurs de la Chimie moderne ont porté une semblable précision dans l'idiome de cette science, où elle se trouve jointe à un avantage particulier, qui naît du fond même du sujet. Il consiste en ce qu'ici nommer et définir ne sont qu'une même chose, et que la seule collection des noms, tels que ceux de *fluate de chaux*, *sulfate de baryte*, etc., présente un trait abrégé de la science.

Nous avons adopté cette nomenclature partout où les connaissances acquises le comportaient, et, parmi une foule d'exemples que nous pourrions citer, pour prouver combien la Minéralogie a gagné à cette adoption, nous nous bornerons à celui que fournit le nom de *spath*. On avait d'abord réuni sous ce nom plusieurs espèces de minéraux, qui avaient un tissu lamelleux et chatoyant. Ainsi il y avait des *spaths calcaires*, des *spaths pesans*, des *spaths fluors*, des *spaths étincelans*, etc. Dans le temps où les différens corps désignés par ce nom composaient un genre unique, comme il paraît que

cela avait lieu vers l'origine de la science, c'était
la méthode qui péchait plutôt que la nomenclature,
en identifiant des espèces essentiellement distinguées
entre elles. Mais depuis, ces mêmes corps, ayant été
mieux connus, furent séparés les uns des autres et
placés dans différens genres, ou même dans différentes
classes, et cependant on ne laissa pas de leur conserver la dénomination commune de *spath*, et l'on
se mit ainsi dans l'alternative inévitable ou de paraître morceler un genre pour en disperser les membres, ce qui est contre tous les principes de la méthode, ou d'envelopper dans un même nom des
genres qui n'avaient d'ailleurs rien de commun, ce
qui n'est pas moins opposé aux principes d'une bonne
nomenclature. Et comme si ce n'était pas assez de la
confusion occasionnée par les spaths de l'ancienne
Minéralogie, l'abus de ce mot a, pour ainsi dire,
pullulé dans les dénominations modernes, et de là
sont nés les spaths boraciques, les spaths adaman-
tins, etc. La langue de la nouvelle Chimie, en sup-
primant le nom de *spath* dans les substances acidifères, a donné comme le signal, pour étendre la
même réforme à quelques-unes des substances terreuses qui restaient encore en possession de ce nom
vicieux (*).

____

(*) Nous n'avons conservé ce nom que dans la dénomination de *feldspath*, trop généralement répandue pour n'être
pas respectée, et où d'ailleurs il ne peut faire équivoque,

Quant aux noms de ces dernières substances, ils devaient être fondés, au moins pour le présent, sur des considérations étrangères à la nature chimique des corps, ainsi que je l'ai déjà dit, et il est même à présumer que nous ne serons pas encore de sitôt à portée de les ramener aux résultats de l'analyse, en supposant toutefois qu'on ne soit pas arrêté par la prolixité de ceux qui s'appliqueraient à des substances composées de trois ou quatre terres intimement combinées entre elles. Quoi qu'il en soit, il fallait des noms qui pussent servir pendant un temps indéfini, et c'était une raison pour faire aussi dans cette partie du langage de la science tous les changemens qui n'entraîneraient pas de trop grands inconvéniens.

Mais, pour mieux motiver ceux que je me suis permis, il ne sera pas inutile d'exposer, avant tout, les principes auxquels me paraît devoir être soumise la formation des noms indépendans de l'analyse.

Depuis long-temps on est dans l'usage de donner aux substances minérales des noms empruntés de ceux que portent les lieux où elles ont été découvertes. Il me semble que c'est intervertir l'usage de ces noms, qui ne doivent servir qu'à désigner des

---

parce qu'il ne paraît plus autre part. Mais les minéralogistes étrangers l'emploient encore dans les dénominations par lesquelles ils désignent des espèces très différentes les unes des autres.

individus ou des corps particuliers, comme lorsqu'on dit d'une idocrase dont on veut désigner la localité, que c'est une idocrase du Vésuve, ou une idocrase de Sibérie. Substituez au mot d'*idocrase* celui de *vésuvienne*, qui est reçu en Allemagne; la première expression aura l'air d'un pléonasme, et la seconde paraîtra contradictoire.

D'autres tirent les nouvelles dénominations de la couleur sous laquelle la nouvelle substance s'est présentée aux premiers observateurs. C'est transporter à l'espèce le nom de la variété. On a appelé, par exemple, *yanolithe* (*) (pierre violette) la substance que nous nommons *axinite*. Mais il y a des cristaux de cette substance qui sont verts, et dans ce cas le nom d'*yanolithe verte* n'exprime plus qu'un être de raison.

On donne aussi quelquefois à une substance minérale un nom emprunté de l'état particulier sous lequel se sont présentés les premiers morceaux qui en aient été observés. Telle est entre autres la coccolithe (pierre à noyaux) des Danois, à laquelle ce nom semblait interdire la faculté de se montrer jamais sous une forme cristalline déterminable (**). On a trouvé depuis dans le même lieu des prismes à six ou à huit pans terminés par des sommets

---

(*) Sciagraphie, seconde édition, t. I, p. 287.

(**) J'ai fait rentrer cette substance dans l'espèce du pyroxène, dont elle n'est qu'une variété.

dièdres qui ont une telle connexion avec les masses composées de grains, que d'habiles minéralogistes ont cru devoir les considérer comme des coccolithes cristallisées; et ainsi des observations décisives ont ramené parmi les variétés de l'espèce, des corps que le nom spécifique semble repousser.

A l'égard des noms insignifians ou censés tels, auxquels plusieurs minéralogistes donnent la préférence, rien ne s'oppose à leur adoption. De ce nombre sont les noms tirés de la fable, comme *Titane*, *Uranium*, etc. Le sens qu'ils présentent est si éloigné de se rapporter aux objets qu'ils servent à désigner, qu'ils ne peuvent occasionner ni méprise, ni équivoque, en sorte qu'ils sont dans le même cas que s'ils étaient faits de pure imagination. On attribue aussi quelquefois à une production naturelle le nom de celui qui l'a découverte; et il faudrait être bien sévère pour condamner cette manière de payer, par une sorte d'hommage, un présent fait à la science.

Cependant il me paraît y avoir plus d'avantage à employer des noms significatifs, qui rappellent quelque propriété caractéristique du minéral à dénommer, ou quelque circonstance relative à son histoire, et qui ont le double avantage d'éclairer l'esprit et d'aider l'opération de la mémoire en la liant à l'intelligence. Mais parce que ce minéral n'est souvent distingué des autres que par l'ensemble de ses caractères, on ne doit pas exiger que le nom, qui ne peut porter que sur un seul caractère, fasse ressortir sans

équivoque l'objet qu'il désigne. De plus, si l'on considère que les caractères des minéraux sont susceptibles devariation, on conviendra que le nomencla-
teur doit se donner ici une grande latitude, et qu'il
suffit que chaque nom repose sur quelque idée qui
soit liée à la connaissance de l'objet. Sans cette latitude, il serait presque impossible de faire des noms
significatifs, c'est-à-dire des noms raisonnables.
Dans un sujet d'une aussi grande difficulté, tout
est admissible, excepté ce qui est inexcusable.

Or, il faut l'avouer, notre langue n'est pas propre
à fournir des noms significatifs, sans le secours des
périphrases, qui sortent du cadre étroit dans lequel
les véritables noms doivent être renfermés. Que cette
langue répande dans les descriptions des objets la
clarté et la justesse qui la caractérisent; mais que les
noms spécifiques soient fournis par la langue grecque,
qui a éminemment l'avantage de pouvoir fondre ensemble plusieurs mots, pour en composer un mot
unique, qui peint en raccourci l'objet qu'il sert à
dénommer. C'est ainsi qu'ont été formés une foule
de noms employés par les sciences et par les arts.
Tous les jours ces noms se multiplient; l'instrument
qui transmet au loin en un clin d'œil les signes de la
pensée est le *télégraphe*; l'art d'écrire avec la rapidité de la parole est la *sténographie*, etc. Pourquoi
voudrait-on bannir la langue grecque du pays des
sciences, où elle est comme naturalisée depuis long-
temps, et où chaque nouvelle expression amenée par

le besoin, se trouve, pour ainsi dire, en famille avec mille autres qui l'ont précédée?

C'est dans cette même source qu'ont été puisés les noms que j'ai ajoutés à la nomenclature de la Minéralogie. Différens motifs en ont sollicité la formation, et il se présentait surtout deux circonstances où il était indispensable d'en composer de nouveaux; savoir, lorsqu'il s'agissait d'une espèce jusqu'alors inconnue, et lorsqu'on avait confondu ensemble plusieurs espèces différentes. Dans ce dernier cas, je laissais ordinairement à l'une des espèces le nom qu'elles avaient porté en commun, et je désignais les autres par des dénominations particulières.

Je m'étais presque borné à ces changemens d'une nécessité absolue, dans l'extrait que j'avais d'abord publié de ce traité, et j'avais laissé subsister d'ailleurs tous les noms déjà imprimés, quelque impropres qu'ils fussent; mais depuis on m'a fait observer qu'il conviendrait de faire subir la même réforme à plusieurs noms que j'avais épargnés, comme *leucite* qui signifie *corps blanc*, *smaragdite*, qui est à peu près un synonyme d'*émeraude*, *oisanite*, *andréolithe*, *thallite*, et quelques autres empruntés des localités ou des couleurs. On trouvait ces noms doublement vicieux, soit par leur impropriété lorsqu'on les considérait isolément, soit par la monotonie de leurs terminaisons lorsqu'on les rapprochait les uns des autres. D'ailleurs ils étaient en assez petit nombre, et ne se trouvaient que dans des ouvrages très modernes. En un mot, on jugea que l'intérêt de la science, qui avait déterminé les premiers changemens, sollicitait encore ceux que l'on me proposait. Je n'ai plus balancé, dès que je me suis vu appuyé par des savans dont les raisons m'ont paru décisives, et dont les autorités seules valent des raisons; et je me sens d'autant plus intéressé à déclarer ici les motifs auxquels j'ai cédé, que je serais fâché qu'on m'accusât de m'être laissé entraîner par le néologisme. Je mets une grande différence, à tous égards, entre faire de nouveaux noms et dire des choses neuves. L'un est le résultat d'un travail purement technique, qui ne touche qu'au dictionnaire de la science; l'autre suppose des vues qui tendent à en agrandir l'édifice. Une vérité jusqu'alors inconnue est aussitôt adoptée, parce qu'elle s'insinue dans les esprits par la voie de la persuasion. Mais la nouveauté des mots qui frappent l'oreille pour la première fois répand seule sur eux une sorte de défaveur; celui qui les propose semble vouloir agir d'autorité; on les repousse sans réflexion et sans examen, ou on les censure, tout en convenant de l'utilité d'un changement. Mais les naturalistes qui, après y avoir bien songé, entreprennent une tâche si pénible, si fastidieuse et si peu propre à les dédommager des soins qu'elle a coûtés, ne doivent voir ici que la science, ne désirer que l'avantage de lui être utile, et ne craindre que le reproche de n'avoir pas osé faire tout ce que leur commandait son intérêt.

I. *Variétés dépendantes de la forme.*

1. *Formes déterminables.*

Si la langue de la Minéralogie a été si long-temps défectueuse par le mauvais choix des noms spécifiques, le défaut presque absolu de noms par rapport aux variétés de cristallisation y laissait un vide qui n'était pas un moindre inconvénient. Il n'y avait d'exception que pour un petit nombre de ces variétés, dont les formes étaient si simples, qu'elles suggéraient comme d'elles-mêmes les épithètes de *cubique*, d'*octaèdre*, de *dodécaèdre*, etc., qui devaient être ajoutées aux noms des espèces. On indiquait les formes plus composées par des définitions dont la longueur était en quelque sorte proportionnelle au nombre des facettes; ou si l'on cherchait à abréger ces définitions, en les empruntant d'un rapport entre le cristal et quelque objet familier (*), c'était avec si peu de fondement, qu'il eût été à désirer, pour l'honneur de la comparaison, que cet objet fût moins connu.

Convaincu de la nécessité de porter aussi la précision dans cette partie du langage minéralogique,

---

(*) En voici des exemples : *spath calcaire à tête de clou*, *spath calcaire à dent de cochon* (suivant les Français), *à dent de chien* (suivant les Anglais).

si négligée jusqu'alors, j'ai essayé de désigner les formes cristallines par des noms simples et significatifs, puisés dans les caractères de ces formes, ou dans les propriétés qui résultent de leur structure et des lois de décroissement dont elles dépendent. J'exposerai d'abord les principes qui m'ont guidé relativement à cette partie importante de la nomenclature.

La forme primitive d'une substance quelconque est toujours désignée par le mot *primitif* (ou *primitive*) ajouté au nom de l'espèce : exemples , *zircon primitif*, *chaux carbonatée primitive*, *fer sulfuré primitif*.

Maintenant on peut considérer les formes secondaires sous six rapports différens.

Le premier concerne les modifications qu'elles offrent de la forme primitive, lorsque les faces de celle-ci se combinent avec celles qui résultent des lois de décroissement. Ainsi, on dit *pyramidé*, lorsque la forme primitive étant un prisme, porte sur chacune de ses bases une pyramide droite qui a autant de faces que le prisme a de pans : exemple, chaux phosphatée; *prismé*, lorsque la forme primitive étant composée de deux pyramides réunies base à base, ces pyramides sont séparées par un prisme : exemple, zircon.

Sous le second rapport, les formes secondaires sont considérées comme purement géométriques. On dit alors *cubique*, *tétraèdre*, *octaèdre*, *dodécaèdre*, etc., suivant que le cristal est terminé par l'un ou l'autre du nombre de faces que ces noms indiquent, avec la condition toutefois que ces faces soient toutes semblables, ou que du moins elles aient le même nombre de côtés. Ainsi, dans la variété de fer-sulfuré nommée *icosaèdre*, la surface est composée de vingt triangles, dont douze isocèles et huit équilatéraux. On dit encore *birhomboïdal*, lorsque la surface est composée de douze faces qui, étant prises six à six et prolongées, par la pensée, jusqu'à s'entrecouper, formeraient deux rhomboïdes différens : exemple, fer oligiste; *sexdécimal*, lorsque parmi les seize faces qui terminent le cristal, six tendent à produire un parallélépipède, en supposant qu'elles s'entrecoupent, et les dix autres un solide décaèdre : exemple, baryte sulfatée.

Le troisième rapport est fondé sur la considération de certaines facettes, ou certaines arêtes remarquables par leur assortiment ou par leurs positions. Ainsi, on dit *alterne*, lorsque le cristal a sur ses deux parties, l'une supérieure et l'autre inférieure, des faces qui alternent entre elles, mais qui se correspondent de part et d'autre : exemple, quarz prismé alterne (*); *bisalterne*, lorsque, dans le cas précédent, l'alternative a lieu non-seulement entre les faces d'une même partie, mais encore entre celles des deux parties : exemple, chaux carbonatée; *prominule*, lorsque le cristal a des arêtes qui forment

---

(*) Cette dénomination n'indique ici qu'une sous-variété.

une très légère saillie : exemple, chaux sulfatée, etc.

Le quatrième rapport est celui qui a fourni le plus à la nomenclature; il est tiré des lois de décroissement auxquelles est soumise la structure des formes secondaires. Ainsi, le cristal se nomme *unitaire*, *binaire*, *ternaire*, etc., lorsqu'il résulte d'une seule loi de décroissement par une, deux, trois rangées, etc.; *unibinaire*, lorsqu'il y a deux décroissemens, l'un par une rangée, l'autre par deux; *binoternaire*, lorsqu'il y en a un par une rangée et l'autre par trois; *équivalent*, lorsque l'exposant qui indique un décroissement est égal à la somme de ceux qui indiquent les autres; *progressif*, lorsque les exposans forment un commencement de progression arithmétique; *pantogène*, lorsque chaque arête et chaque angle subit un décroissement, etc.

Pour éviter de confondre les mots qui expriment les décroissemens, avec ceux qui indiquent le nombre des faces, on peut remarquer que ceux-ci ont leur terminaison en *èdre*, comme *octaèdre*, *dodécaèdre*, ou en *al*, comme *sexdécimal*, tandis que les autres finissent en *aire*.

Le cinquième rapport se déduit des propriétés géométriques que présentent les cristaux. Ainsi l'on dit *isogone*, lorsque les faces qui modifient des parties différemment situées forment entre elles des angles égaux, ou à très peu près : ex., émeraude; *rhombifère*, lorsque certaines facettes sont des rhom-

bes, quoique d'après la manière dont elles sont cou-
pées par les faces voisines, elles ne paraissent pas,
au premier coup d'œil, devoir être d'une figure symétrique : ex., quarz ; *parallélique*, lorsqu'une grande
partie des facettes qui terminent le cristal, quoique
produites par diverses lois de décroissement, ont
leurs intersections parallèles. C'est à cette même
sous-division qu'appartiennent les variétés de chaux
carbonatée, auxquelles j'ai donné les noms de *métastatique*, d'*inverse*, d'*analogique*, dont j'ai fait
connaître plus haut la signification.

Le sixième et dernier rapport a pour objet certains accidens particuliers, tels que le renversement
d'une des moitiés d'un cristal, qui prend alors le
nom d'*hémitrope*, ou le croisement de deux cristaux,
comme dans la variété d'harmotome, appelée *cruciforme*, etc.

Je donnerai la série de tous les noms qu'ont
fournis les rapports précédens, disposés par ordre
alphabétique, avec leurs définitions. J'espère que
ceux qui voudront bien la parcourir avec attention,
y trouveront un secours pour graver ces noms dans
leur mémoire, en les attachant à des considérations qui
se classent aisément dans l'esprit. Ils y verront que,
par une sorte d'économie de langage, très utile surtout en pareil cas, le même nom est souvent applicable à des variétés prises dans différentes espèces.
Il est vrai que, d'une autre part, le nom qui sert à
désigner telle variété pourrait convenir aussi à une

autre variété de la même espèce. Par exemple, j'appelle *binaire* une forme qui dépend d'un décroissement par deux rangées ; or, en supposant que ce décroissement se fasse sur les bords, il est possible qu'une autre variété de la même substance soit due à un décroissement qui aurait lieu par deux rangées sur les angles. Mais alors la méthode offrira pour celle-ci un autre nom emprunté d'une considération différente. L'inconvénient dont nous parlons est commun à toutes les nomenclatures, et paraît inévitable. Ainsi, dans la langue de la Botanique, telle variété portera le nom de *crassifolia* (à feuilles épaisses), ou de *rotundifolia* (à feuilles rondes), tandis qu'une autre variété de la même espèce partage avec la première le caractère qui a servi à désigner celle-ci. L'essentiel est que la méthode soit assez féconde pour fournir au moins à tous les besoins connus de la science. J'espère même qu'à l'aide du travail que j'ai exécuté, une grande partie des formes que l'on découvrira par la suite, se trouveront nommées d'avance ; et quant à celles qui exigeraient de nouveaux noms, on aura du moins une méthode de nommer. Dans tous les genres de recherches, il est plus facile d'aller en avant, lorsque la ligne est tracée.

Je suivrai l'ordre alphabétique dans l'arrangement des noms dont je viens d'expliquer la formation, afin que ceux qui les liront dans les descriptions des espèces, puissent aisément en trouver la signification. *Voy.* la table de ces noms, placée en tête du volume qui contient l'atlas des figures.

2. *Formes indéterminables, ou qui manquent des conditions nécessaires pour se prêter aux applications de la théorie.*

a. Cristaux dont l'imperfection provient des altérations d'une forme déterminable. On dit d'un de ces cristaux, qu'il est

Cylindroïde, lorsqu'il dérive d'un prisme qui s'est arrondi à peu près en cylindre. La surface latérale, dans ce cas, est ordinairement chargée de cannelures ou de stries longitudinales : ex., émeraude.

Prismatoïde, lorsqu'il dérive d'un prisme dont la base a subi une convexité qui le rend imparfait dans cette partie : chaux sulfatée.

Bacillaire, lorsqu'il dérive d'un prisme dont les pans sont oblitérés, de manière qu'il ressemble à une baguette : baryte sulfatée.

Triglyphe, lorsqu'il présente la forme d'un cube chargé de stries qui ont trois directions perpendiculaires entre elles sur les trois faces qui concourent à la formation d'un même angle solide : fer sulfuré.

Mixtiligne, lorsque parmi les faces qui le terminent, les unes sont planes et les autres ont pris de la convexité : chaux sulfatée.

Lenticulaire, lorsqu'il est originaire d'un cristal qui, par une suite des arrondissemens qu'ont subis ses faces et ses arêtes, imite la forme d'une lentille : chaux carbonatée.

Convexe, lorsqu'il présente la forme primitive dont les faces sont bombées : chaux fluatée.

Contourné, lorsqu'il dérive d'une forme dont les faces ont éprouvé des inflexions qui les font paraître de travers : chaux carbonatée ferro - manganési-fère.

Spiculaire, lorsqu'il a pour type un rhomboïde aigu qui, en s'alongeant, a pris une forme analogue à celle d'un javelot : chaux carbonatée.

Aciculaire, lorsqu'il tire son origine d'un prisme qui s'est aminci et alongé en forme d'aiguille : manganèse oxidé.

Capillaire, lorsque, dans le même cas, la forme est déliée comme un cheveu : antimoine sulfuré.

Laminiforme, lorsque le cristal dont il offre une altération, s'est aplati en forme de lame, dont les bords sont irréguliers : quarz.

Lamelliforme, lorsque, dans le même cas, les lames n'ont que de petites dimensions : mica.

Squamiforme, lorsque les lames ressemblent à de petites écailles : mica dit *lépidolithe*.

b. Effets de la disposition relative des cristaux in-déterminables. Le mot qui exprime cette disposi-tion s'ajoute comme épithète à l'une des dénomina-tions précédentes. Ainsi l'on dit ,

Aciculaire libre : épidote ;

Aciculaire conjoint : arragonite ;

Aciculaire radié : mésotype ;

Aciculaire gerbiforme : stilbite ; selon que les

aiguilles sont distinctes ou qu'elles adhèrent les unes aux autres, suivant leur longueur, ou qu'elles divergent en partant d'un centre commun, ou qu'étant adhérentes et parallèles vers le bas, elles divergent par leurs parties supérieures.

On dira encore,

Aciculaire réticulé, si les aiguilles se croisent en forme de réseau : titane oxidé ;

Aciculaire entrelacé, si elles se croisent dans tous les sens : manganèse oxidé ;

Aciculaire graphique, si elles imitent, par leur assortiment, des caractères hébraïques : tellure natif.

On emploie aussi, pour exprimer la disposition dont il s'agit, des dénominations simples ; et l'on dit,

Conchoïde, lorsque les cristaux composans divergent par leurs grandes faces, à peu près comme les rayons d'un éventail, de manière que le tout présente l'aspect d'une coquille bivalve : prehnite ;

Crêté, lorsqu'étant minces et arrondis par leurs bords, ils imitent des crêtes de coq : baryte sulfatée ;

Lacunaire, lorsqu'ayant la forme de cubes ou de parallélépipèdes rectangles, ils se réunissent par groupes qui laissent entre eux des interstices plus ou moins sensibles : plomb sulfuré antimonifère ;

Plumeux, lorsqu'étant très déliés, il sont disposés comme les barbes d'une plume : ammoniaque muriatée ;

Apiciforme, lorsque, dans le même cas, ils imitent de petites houppes, par la manière dont ils sont assortis : fer oxidé.

3. *Formes imitatives.*

J'appelle ainsi les formes qui ont de la ressemblance avec celles de certains corps très connus, qui sont le produit de l'art, comme des cônes, des cylindres, des sphères, ou de certains corps organisés, en particulier de ceux qui sont branchus, comme les arbrisseaux, le corail, etc.

* *Corps concrétionnés.*

La formation des cristaux ne dépend essentiellement que de deux conditions, dont l'une est que les molécules de ces corps soient à l'état de molécules intégrantes, et l'autre qu'elles soient tenues en suspension dans un liquide susceptible de les abandonner à l'attraction qui les sollicite les unes vers les autres. Du reste, tout est censé se passer de la même manière que si la force de la gravité étant nulle, le liquide n'était coercé par les parois d'aucune matière environnante, et comme si le cristal lui-même restait isolé dans le liquide.

Il n'en est pas ainsi des corps que nous allons maintenant considérer. Les modifications qu'ils présentent sont dues à certaines circonstances locales, telles

que des points d'attache, des supports ou des espèces
de moules qui influent sur leur forme ou la déterminent. Ce sont ces corps que l'on a nommés *concrétions*, et il me semble que la véritable notion de ces
corps consiste en ce que leur forme dépend, au
moins en partie, de ce que, pendant qu'ils se pro-
duisaient, leurs molécules se trouvaient en contact
avec d'autres corps. Je vais d'abord exposer les diverses circonstances qui en font varier les formes et
l'aspect.

Corps connus sous les noms de STALACTITES et de STALAGMITES.

L'eau qui s'infiltre dans les fissures des pierres situées à la voûte des cavités souterraines, ou qui
suinte à travers le tissu lâche et poreux de cette
voûte, arrive à la surface, en charriant des molécules pierreuses qui se sont unies à elle d'une manière quelconque. Les gouttes qui restent suspendues
pendant un certain temps à la voûte, éprouvent un
desséchement qui commence par la surface extérieure; et les molécules pierreuses dont le liquide se
dessaisit exerçant leur attraction les unes sur les autres, et attirées en même temps par la paroi dont
elles sont voisines, forment en cet endroit un tube
initial, ou une espèce de petit anneau. Ce rudiment
de tube s'accroît et s'alonge par l'intermède des autres
gouttes, qui arrivent à la suite de la première, en

conduisant de nouvelles molécules que l'orifice du tube attire à son tour. Quelquefois ce tube conserve la forme d'un cylindre creux, de peu d'épaisseur et semblable à un tuyau de plume. Mais souvent il grossit et s'enveloppe de couches concentriques, dont la matière est fournie par le liquide qui descend le long de la surface extérieure. Il devient alors un cylindre épais ou un cône ; et quelquefois les molécules charriées par les gouttes qui coulent aussi dans l'intérieur de son canal, finissent par l'obstruer entièrement. Ces différentes modifications sont surtout sensibles dans les corps qui appartiennent à la chaux carbonatée.

Mais une partie du liquide, en tombant de la voûte sur le sol, y forme d'autres dépôts composés de couches ordinairement ondées, ou des protubérances, des extensions, dont les figures varient à l'infini. Enfin, le liquide qui coule le long des parois latérales donne naissance à des corps dont on pourrait comparer la forme à celle d'une nappe d'eau congelée.

On a appelé *stalactites*, les corps qui se forment à la voûte de la cavité ; *stalagmites*, ceux dont la formation est due à la chute du liquide sur le sol ; mais on est quelquefois embarrassé pour distinguer celui des deux modes de formation qui a lieu par rapport à certains corps transportés hors de leur lieu natal.

Incrustations.

Dans les concrétions précédentes, l'agrégation des molécules dépend plus particulièrement de l'évaporation du liquide qui les a charriées. D'autres concrétions, que l'on a nommées *incrustations*, *tufs* et *sinters*, proviennent d'une espèce de précipitation des molécules d'abord suspendues dans le liquide. Celles-ci tantôt se déposent à la surface de différens corps organiques, surtout de ceux qui appartiennent au règne végétal, et tantôt revêtent l'intérieur de certains corps, tels que les tuyaux de conduite.

Lorsque le liquide s'introduit dans une cavité souterraine, peu spacieuse, où il puisse séjourner, les molécules pierreuses incrustent les parois de cette cavité, qui est communément d'une forme arrondie, et finissent quelquefois par la tapisser de cristaux. C'est ce qu'on a nommé *géode*. Il y a de ces corps qui renferment un noyau solide et mobile, ou une matière terreuse pulvérulente (*); tels sont entre autres certains silex engagés dans les carrières de marne. Enfin, quelquefois la géode se remplit entièrement d'une matière que l'on distingue à l'œil de celle qui compose la géode elle-même.

Il peut arriver aussi qu'une substance incruste des

(*) C'est probablement de là qu'est venu le nom de *géode*, c'est-à-dire *corps qui renferme de la terre.*

cristaux d'une nature différente, en se moulant sur leur surface. On connaît, par exemple, des cristaux de chaux carbonatée métastatique incrustés de quarz, et quelquefois l'enveloppe quarzeuse reste vide, après s'être séparée des cristaux qu'elle masquait.

Pseudomorphoses.

Il existe un troisième ordre de concrétions, que nous appellerons *pseudomorphoses*, c'est-à-dire *corps qui ont une figure fausse et trompeuse*, parce que les substances qui appartiennent à cet ordre présentent d'une manière très reconnaissable des formes étrangères qu'elles ont en quelque sorte dérobées à d'autres corps qui les avaient reçues de la nature.

Lorsque le type de cette transformation apparente est un coquillage, il arrive assez souvent que la coquille recouvre encore en tout ou en partie la substance qui s'est comme moulée dans son intérieur (*); et alors rien ne paraît plus simple que l'explication du fait, par l'intromission d'un liquide chargé de molécules pierreuses dans la cavité de la coquille; et cette observation conduit à expliquer de même la formation des espèces de noyaux modelés en coquilles, que l'on rencontre isolés et dénués de toute enveloppe.

Quelquefois la coquille elle-même a été pénétrée

____

(*) De l'Isle, Cristall., t. II, p. 161.

par une autre matière, ordinairement siliceuse, qui s'est substituée à la substance cartilagineuse dont cette coquille était en partie composée (*); et il peut arriver, dans ce même cas, que l'intérieur de la coquille reste vide. Ce n'est plus alors proprement une pseudomorphose; c'est un fossile qui est devenu simplement plus pierreux qu'il n'était auparavant.

Cette dernière espèce de modification a lieu également pour les os et autres parties solides d'animaux qui se trouvent enfouies dans le sein de la terre, c'est-à-dire qu'elles peuvent passer à l'état entièrement pierreux, à l'aide d'une substance qui remplace leur portion cartilagineuse.

Il ne peut pas en être des productions végétales comme des coquillages. Elles n'ont point de test ou d'enveloppe qui puisse persister après la destruction de la substance intérieure, et servir de moule à une matière pierreuse ou autre, pour recevoir l'empreinte de leur forme. Si l'on supposait qu'une de ces productions, telle qu'une portion de branche d'arbre, fût entièrement détruite, en sorte que la cavité qu'elle occupait dans le sein de la terre restât vide, on pourrait concevoir qu'une matière pierreuse

----

(*) On sait que les coquilles, ainsi que les os des animaux, sont formées de deux substances; l'une calcaire, qui n'est pas susceptible de pourriture; l'autre cartilagineuse, membraneuse ou charnue, qui peut être détruite par la fermentation.

vînt ensuite remplir cette cavité et s'y modeler. Alors le nouveau corps ressemblerait extérieurement à une branche d'arbre ; il aurait des apparences de nœuds et de rugosités ; mais son intérieur n'offrirait aucune trace d'organisation, et il ne serait, pour ainsi dire, que la statue de la production végétale qu'il aurait remplacée.

Ce qu'on appelle ordinairement *bois pétrifié* est une imitation bien plus fidèle du véritable bois. On y distingue sur la coupe transversale l'apparence des couches concentriques qui, dans l'arbre vivant, provenaient de l'accroissement en épaisseur ; tous les principaux linéamens de l'organisation y sont conservés, au point qu'ils servent quelquefois à faire reconnaître l'espèce à laquelle appartenait l'arbre qui a subi la pétrification.

Parmi les différentes explications que l'on a données de ce phénomène, celle qui paraît être le plus généralement admise, quoiqu'elle ne soit pas exempte de difficultés, consiste à supposer que la matière pierreuse se substitue à la substance végétale, à mesure que celle-ci se décompose (*) ; et parce que le remplacement se fait successivement et comme de molécule à molécule, les parties pierreuses, en s'ar-

---

(*) Voyez le développement de cette explication, par Mongès le jeune, dans le Journal de Physique, 1781, p, 255 et suiv. Voyez aussi ce qu'en dit Daubenton, dans les Leçons des Écoles Normales, t. III, p. 393 et suiv.

rangeant dans les places restées vides par la retraite des parties ligneuses, et en se moulant dans les mêmes cavités, prennent l'empreinte de l'organisation végétale, et en copient exactement les traits.

Le règne minéral a aussi ses pseudomorphoses. On trouve quelques substances de ce règne sous des formes cristallines qui ne sont qu'empruntées, et il est assez probable qu'au moins dans certains cas, la nouvelle substance s'est substituée graduellement à celle qui lui a cédé la place, comme on pense que cela à lieu pour le bois pétrifié.

Les différens corps pseudomorphiques impriment leur forme dans la matière qui les enveloppe, et souvent aussi l'empreinte sert de loge à une substance organique qui est simplement à l'état de fossile, ou qui n'a reçu qu'un certain degré d'altération. C'est ce qui a lieu spécialement à l'égard des fougères et autres plantes de la même famille, dont la forme s'est moulée sur une matière schisteuse, ainsi que nous l'exposerons plus en détail dans la suite.

On a nommé en général *pétrifications* toutes les substances diversement modifiées dont nous venons de parler, même celles qui présentent seulement des empreintes d'animaux ou de végétaux. Le célèbre Daubenton n'applique ce nom qu'aux corps qui, dans leur état naturel, étant en partie pierreux et en partie cartilagineux, tels que les coquilles, sont devenus entièrement pierreux.

Comme nous ne nous proposons que de citer quel-

ques exemples des modifications dont il s'agit, et non
pas de les réunir méthodiquement dans une même
vue, ainsi que l'ont fait plusieurs auteurs, nous nous
bornerons à en énoncer quelques-unes, en parlant
des substances qui en ont fourni la matière secondaire, et nous en adapterons la nomenclature à cette
manière de les classer.

Nous ne devons pas omettre qu'il y a aussi des
pseudomorphoses qui proviennent de la substitution
d'un métal à la place d'un corps organique. Le fer sulfuré offre plusieurs exemples de cette sorte de métal-
lisation.

En parcourant la suite des diverses modifications
dont les corps concrétionnés sont susceptibles, et en
leur appliquant le langage que j'ai adopté pour les
désigner, on dit d'un de ces corps qu'il est

Fistulaire, lorsqu'il est traversé dans sa longueur
par une cavité semblable à celle d'un tube; et l'on dit,

Fistulaire cylindrique, *fistulaire conique*, suivant qu'il présente l'une ou l'autre des formes indiquées par ces mots : chaux carbonatée;

Coralloïde, lorsqu'il se ramifie à la manière du
corail : arragonite;

Mamelonné, lorsque sa surface est relevée en mamelons : quarz-agate calcédoine ;

Submamelonné, lorsque, dans le même cas, les
mamelons ont peu de saillie : mésotype dite *natro-
lithe* ;

Tuberculeux, lorsqu'il est garni d'expansions ar-

Miner. T. I. 7

rondies et alongées, semblables à des tubercules : chaux carbonatée ;

Globuliforme, lorsqu'il est composé de couches concentriques d'une figure sphérique : *idem ;*

Stratiforme, lorsqu'il est composé de couches qui s'étendent, en formant ordinairement des ondulations plus ou moins sensibles : *idem ;*

Géodique, lorsqu'il s'est moulé sous la forme d'une croûte, dans une cavité arrondie. On dit,

Géodique cristallifère, si l'intérieur de la géode est garni de cristaux : quarz, chaux carbonatée ;

Géodique amygdalifère, s'il renferme un noyau mobile : quarz-agate pyromaque ;

Géodique pulvérifère, s'il renferme une matière pulvérulente : *idem ;*

Géodique plein, lorsque l'intérieur est occupé par une matière adhérente à la géode, et que l'on distingue, à l'œil, de celle qui compose celle-ci : quarz-agate ;

Incrustant, lorsque ses molécules se sont déposées à la surface d'un corps, dont la forme perce à travers cette enveloppe : chaux carbonatée ;

Sédimentaire, lorsque ses molécules, qui étaient d'abord suspendues dans un liquide, n'ayant été arrètées par aucun corps pendant leur chute, se sont déposées sur la vase qui était au fond, en enveloppant des portions de cette vase, avec des feuilles, des brins de roseau et autres corps organiques. Cette modification peut être considérée comme une incrustation confuse : chaux carbonatée ;

Pseudomorphique, lorsqu'il s'est moulé dans une cavité devenue vide par la destruction du corps qui la remplissait, et dont il a pris la forme, ou lorsque ses molécules se sont substituées successivement à celles de ce corps, qui, dans ce cas, était de nature végétale.

On dit,

Pseudomorphique cristalloïde, lorsque c'est un cristal qui a été remplacé : quarz hyalin en chaux carbonatée métastatique ; quarz-agate grossier en chaux carbonatée équiaxe, dodécaèdre, etc. ; *pseudomorphique conchylioïde*, lorsque c'est une coquille : quarz-agate en turitelle, en oursin, etc. ; fer sulfuré en corne d'ammon ; *pseudomorphique xyloïde*, lorsque c'est un corps ligneux et que le remplacement s'est fait par degrés : quarz-agate en palmier.

** *Corps non concrétionnés.*

Un corps qui appartient à cette sous-division est nommé

Ramuleux, lorsqu'il se partage en forme de rameaux ; et l'on dit,

Ramuleux divergent, lorsque les rameaux s'étendent de différens côtés : argent natif ;

Ramuleux filiciforme, lorsque les rameaux, étant

sur un même plan, imitent par leur disposition les folioles qui s'insèrent des deux côtés de la tige d'une fougère : *idem* ;

Ramuleux réticulé, lorsque les rameaux se croisent de manière à imiter un réseau : *idem* ;

Filiforme, lorsqu'il est semblable à un fil plus ou moins contourné : *idem* ;

Funiforme, lorsqu'il est composé de cubes rangés à la file les uns des autres, et qui forment des espèces de petits cordons : plomb sulfuré antimonifère ;

Muscoïde, lorsqu'il est semblable à une mousse : cuivre muriaté ;

Globiforme, lorsqu'il a la forme d'un globe plus ou moins volumineux : fer sulfuré ;

Ovoïde, lorsque sa forme imite celle d'un œuf : strontiane sulfatée ;

Globuliforme, lorsqu'il est en globules dont l'intérieur est continu, sans couches concentriques : chaux carbonatée ;

Botryoïde, lorsqu'il est formé de grains qui imitent une grappe par leur disposition : chaux boratée siliceuse ;

Pseudo-prismatique, lorsque sa forme, analogue à celle d'un prisme, est l'effet d'un retrait qu'a subi, en se desséchant, la matière dont il est composé : manganèse oxidé ;

Cloisonné, lorsqu'il offre un assemblage de cloisons produites par l'interposition de sa matière propre dans les fissures d'une substance différente : fer oxidé.

II. *Variétés relatives à la contexture ou à l'aspect de la surface.*

Parmi leurs noms, les uns, tels que ceux de *fibreux*, de *granulaire*, ne sont point applicables à des corps solitaires, mais seulement à des réunions de corps, en quoi ils diffèrent de ceux d'*aciculaire*, de *capillaire*, etc. ; les autres, tels que ceux de *testacé*, de *vitreux*, de *terreux*, etc., quoique tirés de considérations différentes, se rapportent de même à l'ensemble des parties de la masse. On dit d'un corps relatif à cette sous-division qu'il est

Filamenteux, lorsqu'il paraît être un assemblage de fils : asbeste ;

Fibreux, lorsque ses parties sont déliées comme des fibres : mésotype ;

Subfibreux, lorsqu'il n'offre qu'une tendance à la texture fibreuse : baryte carbonatée, zinc sulfuré ;

Tressé, lorsque les filamens dont il est l'assemblage sont tellement entrelacés, qu'ils offrent l'apparence d'un corps continu.

On dit,

Tressé mou, lorsque le corps cède à la flexion : asbeste ;

Tressé ligniforme, lorsqu'il ressemble à certains bois : *idem* ;

Tressé coriacé, lorsqu'il imite un cuir : *idem ;*

Tressé membraneux, lorsqu'il est mince et flexible comme une membrane: *idem ;*

Floconneux , lorsqu'il est semblable à un flocon de laine: mésotype ;

Laminaire, lorsqu'il est composé de lames parallèles, plus ou moins étendues: chaux carbonatée ;

Lamellaire, lorsqu'il est composé de petites lames qui se croisent dans tous les sens: chaux carbonatée, amphibole, plomb sulfuré ;

Sublamellaire, lorsqu'il n'offre qu'imparfaitement la structure lamellaire : chaux carbonatée ;

Harmophane , c'est-à-dire *dont les joints naturels sont apparens ,* lorsqu'on désigne sa structure laminaire, par opposition à celle qui, dans d'autres corps de la même nature , présente des modifications différentes. Ce nom ne peut être donné qu'à une sous-espèce : corindon ;

Subtessulaire, lorsqu'il offre , d'une manière peu prononcée, la forme d'un parallélépipède rectangle : chaux anhydro-sulfatée ;

Granulaire , lorsqu'il est composé de grains distincts : épidote, plomb sulfuré ;

Subgranulaire, lorsque les grains dont il est l'assemblage sont peu prononcés: feldspath ;

Grano-lamellaire , lorsque les grains qui le composent offrent des indices sensibles de joints naturels : chaux carbonatée ;

Saccaroïde , lorsque son tissu granulaire imite ce-

lui du sucre : chaux carbonatée dite *marbre statuaire ;*

Fibro-laminaire, lorsqu'il est fibreux dans un sens,
et laminaire dans l'autre : diallage ;

Fibro-granulaire, lorsqu'il présente un tissu gra-
nuleux entremêlé de fibres : pyroxène dit mussite ;

Niviforme, lorsqu'il ressemble à de la neige que
l'on aurait pressée : chaux sulfatée ;

Testacé, lorsqu'il est formé de couches ou de
feuillets curvilignes, qui se recouvrent mutuellement : chaux carbonatée nacrée, arsenic natif ;

Schistoïde, lorsqu'il est composé de feuillets séparables, comme ceux de la roche appelée schiste :
anthracite ;

Fissile, lorsqu'il a une tendance cachée à se diviser par feuillets : talc glaphique ;

Capié, lorsqu'il offre un aspect analogue à celui
du bois que l'on appelle piqué : quarz molaire ;

Vitreux, lorsqu'il a le luisant du verre : paran-
thine, feldspath ;

Hyalin, lorsqu'on désigne son aspect vitreux, par
opposition à celui qui, dans d'autres corps de la
même nature, est d'un autre genre. Ce mot désigne
une sous-espèce ; quarz, corindon ;

Résinite, lorsqu'il a l'aspect d'une résine : quarz,
bitume ;

Subrésinite, lorsqu'il n'offre que faiblement le
même aspect : quarz ;

Céroïde, lorsqu'il ressemble à de la cire, dont il a la légère transparence: feldspath compacte ;

Jaspoïde, lorsque sa surface est terne et mate comme celle du jaspe : feldspath ;

Grossier, lorsqu'il a un air de rudesse joint à l'opacité: quarz-agate ;

Terreux, lorsqu'il ressemble à une terre durcie : strontiane sulfatée ;

Compacte, lorsque les particules dont il est l'assemblage sont si étroitement serrées les unes contre les autres, qu'il ne présente aucun indice de tissu : chaux carbonatée, chaux fluatée ;

Subcompacte, lorsque sa surface n'offre que de très légères aspérités : chaux fluatée ;

Massif, lorsqu'il est en masses d'un certain volume, qui, n'ayant aucun caractère particulier, ne peuvent être désignées que d'après la considération abstraite de ces masses elles-mêmes : quarz hyalin, or natif, soufre.

III. *Variétés caractérisées par la petitesse du volume.*

On peut les considérer comme étant originaires de quelqu'une des précédentes, dans un état d'atténuation. Un corps relatif à cette sous-division se nomme

Granuliforme, lorsqu'il est en grains irréguliers : pyroxène dit *coccolithe* ;

Arénacé, lorsqu'il est sous la forme d'un sable :
quarz hyalin ;

Pulvérulent, lorsque ses grains sont si petits, qu'il
ressemble à une poussière : chaux carbonatée.

IV. *Variétés dépendantes des diverses modifications
de la consistance ou de la porosité.*

Un corps qui a subi une de ces modifications se
nomme

Solide, lorsqu'on indique sa consistance par opposition à la mollesse qui a lieu dans d'autres variétés :
bitume ;

Élastique, lorsqu'il est en même temps flexible et
susceptible d'un retour à sa première forme : *idem* ;

Glutineux, lorsqu'à une certaine température il
acquiert de la viscosité : *idem* ;

Fuligineux, lorsqu'il ressemble à une suie dont
les grains auraient été agglutinés, et qu'il tache les
doigts comme cette matière : fer oxidulé ;

Spongieux, lorsqu'il est susceptible d'imbibition :
chaux carbonatée.

V. *Variétés dépendantes de l'interposition d'une
matière étrangère, ou de la même dans un autre
état.*

On dit d'un corps qui présente une de ces variétés
qu'il est

Enhydre, lorsqu'il renferme de l'eau : ce nom ne s'applique qu'à un quarz-agate géodique ;

Aérohydre, lorsqu'il renferme une goutte d'eau qui remplit en partie une cavité tubulée, de manière que la bulle d'air qui occupe le vide monte et descend comme dans le niveau d'eau : quarz hyalin ;

Dendritique, lorsque sa surface présente des dessins produits par des molécules ordinairement métalliques, et semblables à de petits arbrisseaux : quarz-agate ;

Aventuriné, lorsqu'il est mêlé de particules plus pures que celles qui composent la masse, et qui produisent des reflets scintillans pendant qu'on le fait mouvoir : quarz hyalin.

DES CARACTÈRES DES MINÉRAUX.

L'exposé que j'ai fait, dans un des articles précédens, des principes auxquels doit être soumise la marche d'une méthode minéralogique raisonnée et conforme à la philosophie de la science, conduit à une conséquence qui me paraît évidente ; c'est qu'il y a ici deux problèmes à résoudre pour celui qui veut remplir complétement l'objet dont il s'agit. L'un consiste à déterminer les espèces dont l'ensemble compose la méthode, et à les circonscrire dans leurs véritables limites. Les considérations dans lesquelles je suis entré à cet égard ne me laissent plus rien à dire. Le but de l'autre problème qui va maintenant nous occuper, est d'indiquer les moyens de reconnaître chaque substance, et de retrouver dans la méthode la place qui lui a été assignée.

Mais il ne faut pas croire que la Minéralogie ait les mêmes ressources que la Zoologie et la Botanique, relativement à la solution de ce second problème. Dans les deux derniers règnes, les caractères fournis par les différens organes ont une généralité et une uniformité qui permet d'établir entre eux une gradation à l'aide de laquelle l'observateur peut reconnaître successivement à quelle classe, à quel ordre, à quel genre et à quelle espèce, se rapporte l'individu qui s'offre à lui. Il en est autrement des minéraux. Dans ceux qui composent une même sous-division, il arrive souvent que les analogies sont tellement masquées, que le même caractère qui sert de signalement aux uns disparaît dans les autres. L'inconvénient dont il s'agit a lieu d'une manière encore plus marquée à l'égard des corps compris dans une même espèce, en sorte que, de deux individus sur lesquels on essaie tel caractère, l'un lui donne prise, tandis que l'autre lui échappe.

De là l'inutilité des tentatives qui ont été faites par divers auteurs pour appliquer à la distribution des minéraux le principe si avantageusement employé par mon célèbre collègue, M. de La Marck, dans sa Flore française, et qui consiste à établir dans l'ensemble des plantes une série de divisions et de subdivisions dont chacune ne laisse le choix à l'observateur qu'entre deux caractères qui s'excluent mutuellement dans un même individu. Si vous tentez d'appliquer une de ces distributions dont je viens de parler à une substance que vous connaissiez d'avance, vous serez souvent trompé dans votre attente ; vous chercherez un pyroxène, et vous arriverez à un amphibole : c'est le secret de s'égarer méthodiquement.

Mais ce qui diminue beaucoup les difficultés qu'entraîne l'existence partielle des caractères minéralogiques relatifs aux individus d'une même espèce, c'est que la Minéralogie est incomparablement plus bornée dans le nombre des espèces que les autres sciences naturelles. Il en résulte qu'à l'aide d'une étude de quelques mois, surtout si l'on est à portée d'observer des collections nombreuses et suivies, on peut parvenir à un tel degré de connaissances, que s'il se présente ensuite un objet que l'on voie pour la première fois, on ne soit dans le cas que de balancer entre deux ou trois espèces, pour savoir à laquelle on doit le rapporter ; et en consultant les caractères propres à chacune d'elles, on réussit à démêler ceux qui décident de la place qu'occupe l'objet que l'on considère.

Les caractères dont il s'agit doivent être puisés dans toutes les sources propres à fournir des observations et des épreuves relatives aux différens états sous lesquels un minéral peut se présenter. Ils doivent être tellement choisis, qu'étant combinés plusieurs ensemble, ils empruntent une nouvelle force de leur réunion, et que de plus à l'endroit où l'un s'arrête, un autre vienne le remplacer.

En rapportant donc les caractères des minéraux aux différens genres de connaissances dont la Minéralogie peut tirer des secours pour arriver au but proposé, nous les diviserons en caractères géométriques, caractères physiques et caractères chimiques.

Les caractères géométriques sont ceux qui dépendent de la mesure des angles et de l'observation des joints naturels.

Les caractères physiques sont ceux dont l'observation n'apporte aucun changement notable à l'état de la substance qui les présente, ou à l'égard desquels ce changement n'est qu'une condition nécessaire pour observer un effet qui d'ailleurs appartient à la Physique. Ainsi la phosphorescence produite par l'injection de la poussière d'un minéral sur des charbons ardens, quoiqu'elle occasionne une altération dans l'état de ce minéral, sera un caractère physique, comme celle qui naît du frottement mutuel de deux morceaux de quarz. Dans ces sortes de cas où la Physique et la Chimie se tiennent de si près qu'il serait difficile de discerner leurs limites respectives, nous avons eu surtout en vue de conserver l'analogie des caractères en rapprochant ceux qui donnent lieu à des observations du même genre.

Les caractères chimiques sont ceux qui emportent avec eux la décomposition d'un minéral, ou une altération sensible dans son état, comme lorsque l'on emploie un acide pour éprouver un corps qui y fait effervescence, ou l'action du chalumeau sur un petit fragment d'un minéral susceptible d'être fondu par ce moyen.

Mais ce n'était pas assez d'indiquer, dans la méthode, relativement à chaque espèce, les caractères propres à faire reconnaître les corps qui lui appartiennent ; et il pouvait arriver de deux choses l'une : ou l'observateur qui voudrait déterminer un minéral irait droit à l'espèce dont ce minéral fait partie, et alors il n'aurait plus qu'à consulter les caractères spécifiques, pour s'assurer qu'il avait bien rencontré ; ou, trompé par une fausse ressemblance, il se trouverait conduit à une espèce étrangère. Pour le remettre sur la voie, dans ce dernier cas, j'ai ajouté, à la suite des caractères dont j'ai parlé, un autre caractère que je nomme *caractère d'élimination*, composé des principales différences qui peuvent faire ressortir un minéral à côté de ceux avec lesquels on serait tenté de le confondre.

Je vais maintenant reprendre les trois ordres de caractères dont j'ai parlé d'abord, et indiquer les moyens qu'offrent l'observation et l'expérience pour les appliquer aux différens corps que l'on se propose de reconnaître.

CARACTÈRES GÉOMÉTRIQUES.

1. *Mesure des angles des cristaux.*

Avant de passer aux usages du caractère dont il s'agit ici, j'insisterai sur l'avantage qu'il a d'être comme un point fixe et immobile au milieu des diverses causes qui altèrent soit la composition, soit la symétrie des cristaux, et qui semblent être nulles pour lui seul. J'ai déjà dit que les matières étrangères qui s'associent aux molécules intégrantes des minéraux ne font que s'interposer entre elles, et n'ont aucune influence sur leurs formes. Or la constance de ces formes garantit celle des inclinaisons respectives des faces qui résultent des lois de décroissement auxquelles est soumis l'arrangement des mêmes molécules.

Ainsi, parmi les cristaux de quarz en prismes à six pans terminés par des pyramides du même nombre de faces, les uns qui sont limpides rappellent la substance que l'on nomme communément *cristal de roche* ; d'autres, qu'on a appelés improprement *topazes de Bohême,* ont leur transparence offusquée par une teinte fuligineuse qui déjà annonce la présence d'une *matière étrangère*, et il en est que l'abondance du mélange rend opaques et d'un brun noirâtre ; d'autres, auxquels on a donné le nom encore plus impropre d'*hyacinthes de Com-*

postelle, sont chargés d'oxide de fer rouge. Que l'on
mesure sur tous ces cristaux l'angle que fait une des
faces de la pyramide avec le pan adjacent, on le
trouvera constamment de $141^{\mathrm{d}}\frac{2}{3}$; tous ces corps en
apparence si différens, viennent se confondre et s'i-
dentifier dans l'uniformité de cette mesure.

J'ai parlé aussi des variations que subissent les cristaux qui appartiennent à une même modification de
forme, dans les dimensions et dans les figures de
leurs faces. Mais j'ai supposé qu'elles n'altéraient pas
la symétrie de l'ensemble. Cependant il s'en faut de
beaucoup que cela ait toujours lieu. Il arrive assez
souvent, au contraire, que l'effet des causes qui produisent ces variations est de détruire l'égalité des
faces analogues, en sorte que les unes prennent une
étendue très sensible, tandis que les autres échappent presque à l'œil, et la même diversité influe à
son tour sur le nombre des arêtes, en sorte que de
deux faces qui devraient être semblables sous ce rapport, l'une sera un triangle, tandis que l'autre aura
passé à la figure du pentagone ou de l'heptagone. Mais
les valeurs des angles sont à l'abri de ces variations
qui font jouer de tant de manières les diverses parties de la surface, et tout le reste passe à côté, ou
tourne autour de ces points fixes, sans même les
effleurer.

Il résulte de ce que je viens de dire que la théorie doit faire abstraction des variations dont il s'agit
et n'y avoir aucun égard. Mais il faut convenir

qu'elles ne sont que trop réelles pour un œil peu exercé, qui ne démêle pas aisément le type de la véritable forme à travers les traits qui la déguisent, et c'est ici la source d'une des principales difficultés que présente la Cristallographie.

Les projections tracées d'après des cristaux réguliers et les copies en relief de ces corps, peuvent être d'un grand secours au minéralogiste pour ramener les autres, par la pensée, à la symétrie dont ils s'écartent.

Ces imitations du travail de la nature serviront à lever une difficulté d'un autre genre, savoir celle qui naît du groupement des cristaux cachés en partie les uns par les autres, ou de leur peu de saillie au-dessus de la gangue dans laquelle ils semblent être plus ou moins engagés, en sorte qu'il faut que l'observateur complète, dans son imagination, chacune de ces formes partielles.

Au reste, je puis dire que j'ai été plus d'une fois surpris de voir avec quelle facilité de jeunes minéralogistes, qui joignaient au goût de la science l'habitude des conceptions géométriques, remettaient tout à sa place sur des cristaux dont les faces étaient les plus dérangées, ou profitaient du peu qu'ils voyaient d'un cristal enfoncé dans sa gangue pour deviner le reste. Il semble même qu'il y ait une satisfaction particulière attachée à la solution de ces petits problèmes : on se plaît à y faire preuve de sagacité, et on se sait gré d'avoir, pour ainsi dire, entendu la nature à demi-mot.

Pour déterminer les incidences mutuelles des faces d'un cristal, ou ses angles saillans, on se sert d'un instrument dont l'invention est due à M. Carangeau, l'un des collaborateurs de Romé de l'Isle, et qui a concouru avec ce savant célèbre à mettre en évidence le principe de la constance des angles dans les cristaux.

Cet instrument, qui a beaucoup de rapport avec le graphomètre, est composé d'un demi-cercle MTN (fig. 1. pl. 1.), de laiton ou d'argent, divisé en degrés, qui porte deux alidades AB, FG, dont l'une FG est évidée depuis u jusqu'en R, en coulisse à jour, excepté à l'endroit K, où l'on a laissé une petite traverse, qui n'est qu'un accessoire fait pour donner plus de solidité à l'instrument. Cette alidade est attachée en R et en c sur une règle de laiton située derrière, et qui fait corps avec le demi-cercle. La réunion de l'alidade avec cette règle s'opère au moyen de deux petites tiges à vis, qui s'insèrent dans la coulisse, et dont chacune porte un écrou. L'autre alidade AB est pareillement évidée, depuis x jusqu'en c, où elle est attachée au-dessus de la première, à l'aide de la tige à vis qui est en cet endroit, et qui traverse les deux rainures. En lâchant les écrous, on peut raccourcir à volonté les parties cG, cB des deux alidades, suivant que les circonstances l'exigent.

L'alidade AB, n'ayant qu'un seul point d'attache en c, où est le centre du cercle, a un mouvement autour de ce centre, tandis que l'alidade GF reste constamment dans la direction du diamètre qui passe par les points zéro et 180^d.

Il n'est pas inutile de remarquer que la partie supérieure de l'alidade AB doit être amincie, en forme de tranchant, vers son bord sz, dont la direction prolongée en dessous passe par le centre c de l'instrument. La raison en est que ce bord est ce que l'on appelle *la ligne de foi*, c'est-à-dire celle qui indique sur la circonférence graduée la mesure de l'angle cherché.

Supposons maintenant que l'on veuille mesurer sur un cristal l'angle que forment entre eux deux plans voisins. On sait que cet angle est égal à celui de deux lignes menées d'un même point de l'arête qui réunit ces plans, avec la condition qu'elles soient perpendiculaires à cette arête et couchées sur les mêmes plans. Pour avoir cet angle, on disposera l'instrument de manière que les portions cG, cB des deux alidades ne laissent aucun jour entre elles et les plans dont il s'agit, et qu'en même temps leurs bords soient perpendiculaires à l'arête de jonction. Dans ce cas les faces qui embrassent le cristal sont tangentes aux deux plans dont on veut avoir l'incidence. Cela fait, on cherchera sur la circonférence de l'instrument le degré que marque la ligne de foi sz, ou l'angle que fait cette ligne avec celle qui passe par le centre c et par le point zéro, lequel angle est égal à celui que forment les deux portions Gc, cB des alidades, puisqu'il lui est opposé au sommet.

8..

C'est un avantage de pouvoir raccourcir à son gré ces mêmes parties, pour éviter les obstacles qui rendraient l'opération impraticable, et qui peuvent provenir soit de la gangue à laquelle adhère le cristal, soit des cristaux voisins dans lesquels il est engagé en partie.

Mais il est des cas où cette précaution ne suffit pas, et où l'on se trouverait gêné par la partie du demi - cercle située vers M, si sa position était invariable. L'ingénieux auteur de l'instrument a paré à cet inconvénient à l'aide du mécanisme suivant.

La tige située en c porte, outre les deux alidades, une tringle d'acier placée en dessous de la règle de cuivre sur laquelle est appliquée immédiatement l'alidade GF. L'extrémité supérieure de cette tringle, ou celle qui est située vers O, a une échancrure dans laquelle entre une tige d'acier garnie pareillement d'un écrou. De plus, le demi-cercle est brisé à l'endroit du 90°. degré, en sorte qu'au moyen d'une charnière dont il est garni au même endroit, le quart de cercle TM se replie en dessous du quart de cercle TN, et se trouve comme supprimé. Lorsque l'on veut exécuter ce mouvement, on lâche l'écrou qui maintenait la partie supérieure de la tringle cO ; on dégage l'échancrure qui termine cette tringle de l'écrou qui s'y insérait, et l'on rabat la tringle jusque par-dessous la règle de cuivre qui porte l'alidade GF. Lorsque l'angle mesuré excède 90ᵈ, on remet le quart de cercle TM à sa place, pour en reconnaître la valeur.

On a imaginé des goniomètres d'un autre genre, dont les plus parfaits, à ma connaissance, sont ceux que M. Lowndes, savant anglais, a fait exécuter. La bonté qu'il a eue de m'en envoyer un, comme présent, m'a mis à portée d'en apprécier le travail. Dans cet instrument, les alidades consistent en deux lames minces d'acier, que l'on peut faire glisser l'une sur l'autre, pour alonger ou raccourcir à volonté les parties qui servent à mesurer les angles. De plus, ces alidades ne tiennent point au rapporteur, en sorte qu'on les emploie d'abord séparément, pour la mesure que l'on a en vue ; on les replace ensuite sur le rapporteur, où elles se trouvent fixées du premier coup, à l'aide de deux points d'arrêt, dans leur véritable position. L'avantage de cet instrument est de pouvoir surtout être appliqué à la détermination des petits cristaux, parce que les alidades, n'ayant que très peu d'épaisseur, ne posent que par une ligne sur les faces dont on cherche l'inclinaison, en sorte que l'œil, qui d'ailleurs n'est point offusqué par la présence du rapporteur, juge mieux de leur exacte coïncidence avec les faces dont il s'agit. La délicatesse de l'instrument est assortie à celle des corps pour lesquels il est spécialement destiné.

Il est facile de s'assurer que le goniomètre est susceptible de donner la mesure des angles à moins d'un demi-degré près. On choisira un cristal d'une forme très prononcée, parmi ceux dont les angles sont connus *à priori*, par exemple, un grenat dodécaèdre, qui a toutes ses faces inclinées entre elles de 120^d. On ouvrira les alidades sous l'angle $120^d \frac{1}{2}$, et en les portant sur deux faces voisines, on s'apercevra d'une divergence entre l'une d'elles et la face qui lui correspond. On substituera à l'ouverture précédente celle de $119^d \frac{1}{2}$, et l'on aura une nouvelle divergence en sens contraire. Enfin une ouverture de 120^d déterminera un contact parfait entre les alidades et les faces soumises à l'observation. Avec de l'habitude, on pousserait encore plus loin la précision.

On peut avoir recours au goniomètre, soit lorsque l'on balance entre deux espèces, pour savoir à laquelle se rapporte le cristal que l'on a entre les mains, soit lorsqu'étant sûr de l'espèce dont il fait partie, on désire connaître le nom de la variété dont il présente la forme. Je vais citer quelques exemples de l'un et l'autre cas.

La cristallisation de la strontiane sulfatée a une grande analogie avec celle de la baryte sulfatée, en sorte que plusieurs des variétés qui appartiennent à ces deux substances se ressemblent par le nombre et par la disposition respective de leurs faces. Mais comme parmi ces faces on retrouve presque toujours les pans de la forme primitive, qui est de part et d'autre un prisme droit à bases rhombes, le goniomètre fait disparaître l'illusion produite par la ressemblance, en donnant $104^d 48'$ pour la plus grande inclinaison des pans dans la strontiane sulfatée, et $101^d 32'$ pour celle qui a lieu dans la baryte sulfatée.

Le corindon basé (représenté fig. 1. pl 2.), et dans lequel les faces P appartiennent au rhomboïde primitif de ce minéral (fig. 2), et les faces *o* résultent d'un décroissement par une rangée sur ses angles supérieurs, a été pris pour le spinelle primitif, dont la forme est l'octaèdre régulier. Mais les mesures mécaniques font contraster les deux octaèdres, en indiquant à peu près $86^d \frac{2}{3}$ pour l'incidence de P sur P, et près de 123^d pour celle de *o* sur P, tandis que dans l'octaèdre du spinelle toutes les incidences sont de $109^d \frac{1}{2}$. Le cristallographe n'a même besoin que d'un coup d'œil attentif pour s'apercevoir que la forme du corindon basé diffère très sensiblement de celle du spinelle par la mesure de ses angles.

On trouve en Piémont, dans un talc schistoïde, des tourmalines noires en prismes hexaèdres, dont les sommets sont oblitérés, et que l'on serait tenté de prendre pour des amphiboles. Mais le goniomètre prévient encore ici la méprise, le prisme de la tourmaline ayant tous ses pans inclinés entre eux de 120^d, au lieu que par rapport à ceux de l'amphibole, il y a deux inclinaisons de $124^d \frac{1}{2}$, et quatre de $117^d \frac{3}{4}$.

Quant à la manière de déterminer à l'aide du goniomètre la place qu'occupe un cristal parmi les variétés de l'espèce dont il fait partie, ce que j'en dirais ici serait prématuré. Je me réserve à l'exposer lorsque j'aurai fait connaître l'ordre que j'ai suivi dans la formation des tableaux qui présentent les séries des angles que font entre elles les faces des cristaux originaires des différentes espèces.

2. Division mécanique.

Quoique la détermination des formes primitives au moyen de la division mécanique, entre plus spécialement dans le travail de celui qui se propose d'appliquer la théorie à la distinction des espèces, les moyens d'étude qu'elle offre au simple minéralogiste doivent la lui faire regarder comme un des objets les plus dignes de son attention, et l'un des plus propres à lui faire concevoir une juste idée d'un résultat d'observation qui est la véritable base de la méthode.

Il y a des substances minérales dont il est facile d'extraire la forme primitive, en frappant sur une lame d'acier disposée dans le sens des joints naturels. Telles sont la chaux carbonatée, la baryte sulfatée, la chaux anhydro-sulfatée, le plomb sulfaté, le zinc sulfuré, etc. Dans quelques-uns des cas où la substance est trop dure pour donner prise à une lame d'acier, on peut encore arriver au même but à l'aide de la simple percussion dirigée convenablement. C'est ainsi que j'ai obtenu la forme primitive de l'épidote, celle du corindon, et même celle du quarz.

Mais dans une grande partie des minéraux, les joints naturels sont peu sensibles, et alors on tenterait en vain de séparer les lames composantes de manière à isoler la forme primitive. De ce nombre sont le grenat, la staurotide, la tourmaline, le péridot, l'argent antimonié sulfuré, l'étain oxidé, le fer oligiste, etc. On cherche dans ce cas un cristal où ces joints soient parallèles à des faces naturelles, et qui ait été brisé de manière à laisser subsister des portions des mêmes faces. Les reflets de la lumière en paraissant simultanément sur ces portions de faces et sur les endroits fracturés, indiquent le parallélisme dont il s'agit, en sorte que la position des faces extérieures sert à déterminer celle des joints situés à l'intérieur, et par suite celle des faces de la forme primitive elle-même. Le moment le plus favorable pour ce genre d'observation est le soir, lorsque l'on a devant soi une bougie dont on fait tomber la lumière sur le cristal, auquel on donne successivement diverses positions, jusqu'à ce qu'on soit parvenu à celle qui détermine la coïncidence des reflets. Je dirai même que ce moyen semble aviver les joints naturels, en sorte que j'ai été souvent surpris de la netteté avec laquelle s'offraient à l'œil ceux que j'entrevoyais à peine en les observant à la lumière du jour.

Les substances dont le tissu est très lamelleux peuvent être reconnues à l'aide du goniomètre, lorsqu'elles sont en masses informes. Tel est entre autres l'amphibole, dont les fragmens présentent ordinairement deux joints naturels, inclinés entre eux sous un angle de $124^{\mathrm{d}}\frac{1}{2}$, qui peut être mesuré avec une approximation suffisante pour ne laisser aucun doute sur le résultat. J'aurai occasion de citer, dans le cours de cet ouvrage, des méprises qu'il eût été facile d'éviter en employant ce moyen.

Tout ce qui précède tend à faire apprécier l'utilité du goniomètre, et à prouver combien il est intéressant que les descriptions des cristaux indiquent les angles que leurs faces font entre elles. Ce sont ces indications qui font ressortir la description par des traits parlans et vraiment caractéristiques : sans cela, elle n'est qu'une ébauche imparfaite et grossière qui peut se rapporter à plusieurs objets différens.

Ainsi l'on ne peint pas le zircon dodécaèdre, lorsqu'on se borne à dire que c'est un prisme à quatre pans terminé par des sommets à quatre rhombes qui naissent sur les arêtes longitudinales. Ce caractère convient également à l'harmotome (hyacinthe cruciforme), à la stilbite, à l'étain oxidé, etc.; mais ajoutez que les pans faisant entre eux des angles droits, les faces du sommet sont inclinées l'une sur l'autre de $124^{\mathrm{d}}12'$, vous restreignez la description au zircon ; dites que l'inclinaison est de $121^{\mathrm{d}}57'$, ce sera l'harmotome ; ou dites qu'il y a deux inclinaisons différentes, l'une de $123^{\mathrm{d}}32'$, et l'autre de $112^{\mathrm{d}}14'$, ce sera la stilbite.

Il y a mieux ; c'est que plusieurs variétés d'une même substance peuvent présenter des formes du même genre, qui ne seront distinguées que par les mesures de leurs angles. Tels sont d'une part les six rhomboïdes, et de l'autre les deux dodécaèdres à faces rhombes qui se rencontrent dans l'espèce de la chaux carbonatée. Comment décrire exactement toutes ces variétés qui ne diffèrent que du plus au moins, si l'on ne précise pas les différences? Et il y a même des cas où l'usage du goniomètre est le seul moyen d'éviter une erreur qui ne manquerait pas de se glisser dans la description. Ainsi le rhomboïde calcaire, dont les angles ne diffèrent que d'environ 2^d $18'$ de l'angle droit, a été pris d'abord pour un cube, et aurait continué d'être appelé *spath calcaire cubique*, si les mesures géométriques n'avaient rectifié cette dénomination doublement fautive, soit en elle-même, soit relativement à la théorie, qui démontre que l'existence du cube ne s'accorde ici avec celle d'aucune loi admissible de décroissement.

Une des principales causes de cet abandon où est resté le goniomètre, vient de l'espèce de règle à laquelle une partie des minéralogistes se sont astreints de se borner aux caractères susceptibles d'être déterminés par le seul rapport des sens ; et par là on s'est privé des ressources que présentent les instrumens qui donnent à nos organes un nouveau degré de finesse, et les rendent capables d'atteindre, dans la détermination des caractères distinctifs des minéraux, à la précision qui est à son tour le principal caractère des sciences. J'ai connu des partisans de l'observation pure et simple, qui cependant faisaient une exception en faveur de la loupe. Or qu'est-ce qu'un goniomètre, sinon une espèce de loupe géométrique, qui nous fait apercevoir ces petites différences et ces degrés imperceptibles pour nos yeux abandonnés à eux-mêmes?

A l'égard des angles plans, nous les avons aussi quelquefois indiqués (*), surtout ceux des formes primitives, et ceux qui impriment aux formes secondaires un caractère de simplicité et de régularité, comme les angles de 90^d, de 60^d, etc.

CARACTÈRES PHYSIQUES.

A. *Physique générale.*

1. *Pesanteur spécifique.*

Concevons une suite de corps de différentes natures, et qui aient des volumes égaux; supposons de plus qu'ayant pesé successivement tous ces corps, à l'aide

---

(*) On peut mesurer ces angles à l'aide d'une carte taillée convenablement, ou de deux règles très minces d'acier, qui tournent l'une sur l'autre, au moyen d'une charnière.

de la balance ordinaire, on exprime par l'unité le poids de l'un d'eux, et ensuite les poids de tous les autres, en nombres proportionnels à cette unité : tous ces différens poids rapportés à un terme commun de comparaison seront ce qu'on appelle les *pesanteurs spécifiques* des corps soumis à l'expérience ; c'est-à-dire que, suivant que le poids de tel corps sera double, triple, etc., de celui du corps qui sert de mesure commune, sa pesanteur spécifique sera représentée par 2, 3, etc. ; si ce poids surpasse de moitié celui du terme de comparaison, l'expression de sa pesanteur spécifique sera 1,5, et ainsi de suite.

Mais l'hypothèse que tous les corps que l'on voudrait peser spécifiquement soient réduits à l'unité de volume étant inadmissible dans la pratique, on y supplée à l'aide d'un principe d'hydrostatique dont la découverte est due à Archimède. Pour concevoir en quoi il consiste, supposons que l'on pèse d'abord un corps dans l'air, à la manière ordinaire, et qu'ensuite l'ayant suspendu à un fil attaché à l'une des extrémités du levier d'une balance, on le plonge dans l'eau, et qu'on le pèse une seconde fois. Il est évident qu'il faudra employer, pour établir l'équilibre, un poids plus petit que dans le premier cas ; car l'eau agit sur le corps pour le soutenir par un effort analogue à celui qu'elle exercerait sur un autre corps respectivement plus léger qu'elle, pour le faire monter à la surface. Or cet effort est égal à celui qu'elle exerçait pour tenir en équilibre le volume du même liquide que le corps soumis à l'expérience a déplacé. Imaginons que ce corps perde tout son poids dans l'eau, en sorte qu'il cesse d'agir sur la balance ; on en conclura qu'il pèse autant que l'eau à égalité de volume. Supposons que le corps ait perdu dans l'eau la moitié du poids qu'il avait dans l'air ; il faudra en conclure que son poids réel est double de celui de l'eau, à égalité de volume. De là résulte cette conséquence, qui n'est autre chose que l'énoncé du principe d'Archimède ; c'est que si on pèse un corps d'abord dans l'air, et ensuite dans l'eau, la partie de son poids qu'il perd dans l'eau est égale au poids du volume d'eau qu'il a déplacé.

Ainsi, ayant trouvé, dans chaque cas particulier, le rapport entre le poids du corps et celui du volume d'eau déplacé, si l'on désigne constamment ce dernier poids par l'unité prise pour mesure commune, la série des rapports deviendra la même que si tous les corps soumis à l'expérience avaient été égaux en volume, ce qui donne l'équivalent du cas que nous avions considéré d'abord, et qui ne peut être réalisé dans l'hypothèse où l'on se servirait de la balance ordinaire, et où le terme de comparaison serait un corps solide.

C'est d'après la méthode qui vient d'être exposée qu'ont été construites les tables des pesanteurs spécifiques publiées par divers auteurs, et parmi lesquelles aucune n'est aussi étendue et n'a été faite avec plus de soin que celle de M. Brisson.

La balance destinée pour les épreuves de ce genre se nomme *balance hydrostatique*. Le corps sur lequel on opère est suspendu, au moyen d'un crin, à un petit crochet fixé sous l'un des bassins, ce qui procure la facilité de plonger ce corps dans l'eau pour l'y peser.

Nickolson, savant physicien anglais, a imaginé d'employer aux mêmes expériences une espèce d'aréomètre de fer-blanc (*) M N (fig. 2, pl. 1), et dont la tige lr est un fil de laiton, qui porte à son extrémité une petite cuvette A. Cette tige est marquée, vers son milieu, d'un trait b fait avec la lime. La partie inférieure tient suspendu un cône renversé EG, concave à l'endroit de sa base, et lesté en dedans avec du plomb. Le poids de l'instrument doit être tel, que quand on plonge celui-ci dans l'eau pour l'abandonner ensuite à lui-même, une partie du tube surnage (**). La cuvette qui termine la tige, et qui a la forme d'une calotte sphérique, y est assujétie au moyen d'un petit tube de fer-blanc dans lequel cette tige entre avec frottement. Ordinairement on a une seconde cuvette C plus large, que l'on place au-dessus de la première, dans la concavité de laquelle elle s'engage par sa convexité.

______

(*) On peut aussi faire exécuter cet instrument en verre.

(**) Le vase que l'on choisit pour y verser cette eau, est ordinairement un bocal semblable à ceux dont on se sert dans diverses expériences de Chimie.

On peut ainsi enlever à volonté cette seconde cuvette, soit pour retirer plus facilement les poids dont elle est chargée, comme nous le dirons dans l'instant, soit pour faire quelque changement dans leur assortiment. Cet instrument, peu dispendieux, d'un transport facile, et d'une précision suffisante dans les cas ordinaires, convient surtout aux minéralogistes. Un exemple fera connaître la manière de s'en servir.

Vous doutez si une pierre transparente et sans couleur appartient à la variété de topaze que les lapidaires portugais ont nommée *goutte d'eau*, ou si elle n'est qu'un quarz dit *cristal de roche*. Ayez de l'eau distillée à une température donnée ; Brisson a adopté celle de 14^d de Réaumur, qui répond à $17^d,5$ du thermomètre centigrade, comme moyenne dans notre climat. Ayant plongé l'aréomètre dans cette eau, chargez la cuvette supérieure A, jusqu'à ce que le trait b marqué sur la tige soit descendu à fleur d'eau ; c'est ce que nous appelons *affleurer* l'aréomètre (*). Supposons que les poids employés

---

(*) Quoique l'on pût, à la rigueur, se dispenser de cette opération, parce que l'on est censé connaître d'avance, d'après une première expérience, la somme de poids nécessaire pour l'affleurement, il est bon cependant de recommencer chaque fois cette même opération, à cause des petites différences qui peuvent survenir dans la température ou dans la qualité du liquide.

forment une somme de $2^{decag},35$. C'est la charge de l'aréomètre, qui ne pourra servir que pour des corps dont le poids n'excède pas 23 grammes.

Ayant repris la charge, mettez la pierre dans la même cuvette, et placez à côté les poids nécessaires pour affleurer l'aréomètre. Supposons que ces derniers équivalent à $1^{decag},155$; retranchant ce nombre de 2,35, vous aurez $1^{decag},195$ pour le poids de la pierre dans l'air.

Retirez l'aréomètre, pour placer la pierre dans le bassin inférieur E; puis, ayant replongé l'instrument, ajoutez dans la cuvette A les poids nécessaires pour produire de nouveau l'affleurement. Supposons ces poids additionnels équivalens à $0^{decag},337$. C'est la perte que la pierre a faite de son poids dans l'eau, et en même temps le poids d'un égal volume d'eau.

Faites cette proportion : $0^{decag},337$ ou le poids du volume d'eau égal à celui de la pierre, est à $1^{decag},195$, poids absolu de la pierre, comme l'unité qui représente en général la pesanteur spécifique de l'eau, est à un quatrième terme qui sera la pesanteur spécifique de la pierre (*). On voit que l'opération se ré-

---

(*) Il est plus naturel d'employer l'unité pour désigner la pesanteur spécifique de l'eau, qui est le terme de comparaison auquel on rapporte toutes les pesanteurs spécifiques des autres corps, que de la représenter par 1000 ou par 10000, ainsi qu'on le fait ordinairement. Du reste, le calcul est le même, excepté que l'on a ordinairement une fraction décimale dans le résultat.

duit à diviser le poids du corps dans l'air par sa perte dans l'eau. Le terme cherché pris avec quatre décimales est 3,5459. Or, en parcourant la table des pesanteurs spécifiques, on trouve que celle de la topaze limpide répond au même nombre, tandis que celle du quarz n'est que de 2,7 à peu près. La pierre soumise à l'expérience est donc une variété de topaze, beaucoup plus estimée par les lapidaires que le cristal de roche.

Si l'on voulait peser une substance respectivement plus légère que l'eau, il faudrait, en la plaçant dans le bassin inférieur, l'y assujettir d'une manière fixe. Dans ce cas, le corps qui sert d'attache est censé faire partie de l'aréomètre. Du reste, l'opération est la même que dans le cas précédent. Seulement le second terme de la proportion est plus petit que le premier, ce qui est nécessaire, puisque le quatrième terme, qui donne la pesanteur spécifique du corps, doit être aussi plus petit que le troisième, qui représente la pesanteur spécifique de l'eau.

Supposons, par exemple, que la charge absolue de l'aréomètre, y compris le corps qui doit servir d'attache, étant de 20 grammes, on ait été obligé de placer 16 grammes à côté du corps que l'on veut peser, pour produire de nouveau l'affleurement ; on aura 4 grammes pour le poids de ce corps. Supposons ensuite que le même corps étant plongé dans l'eau, on ait ajouté encore 6 grammes aux 16 qui étaient déjà dans la cuvette supérieure, ce qui fait en tout 22 grammes ; ces 6 grammes représenteront le poids du volume d'eau déplacé, et la proportion sera, $6 : 4 :: 1 : x$, ce qui donnera 0,6666, pour la pesanteur spécifique du corps soumis à l'expérience.

Effectivement, si le poids du corps, à volume égal, était exactement le même que le poids de l'eau, il faudrait charger la cuvette supérieure seulement de 20 grammes, comme la première fois, lorsque le corps serait plongé dans l'eau, parce qu'il ferait l'office du volume d'eau déplacé. Mais nous avons vu que dans ce cas la cuvette supérieure était chargée de 22 grammes, d'où il suit qu'il reste à l'eau un effort de 2 grammes, outre celui de 4 grammes qu'elle emploie à soutenir entièrement le corps. Donc la force totale de l'eau équivaut à 6 grammes ; ou, ce qui revient au même, le poids d'un volume d'eau égal à celui du corps est de 6 grammes. Donc la pesanteur spécifique de l'eau est à celle du corps dans le rapport de 6 à 4, ainsi que nous l'avons vu plus haut.

L'eau a toujours une petite adhérence avec l'aréomètre, qui est telle que cet instrument, chargé du même poids, peut rester un peu plus ou un peu moins profondément plongé. Pour dissiper la petite incertitude qui naît de cette variation de niveau, ayant laissé l'aréomètre parvenir à l'état de stabilité, élevez-le un peu au-dessus de sa position, et ensuite enfoncez-le un peu au-dessous, en l'aban-

donnant chaque fois à lui - même ; et si le trait se
trouve entre les deux points qui se sont affleurés,
vous en conclurez que le bassin supérieur a sa véritable charge.

On peut, au lieu d'eau distillée, employer de
l'eau de pluie, qui, à température égale, a sensiblement la même densité. D'ailleurs dans le cas où
l'on ne se proposerait que de lever un doute pour
savoir si un minéral se rapporte à telle espèce plutôt
qu'à telle autre, on aurait une approximation suffisante, en opérant avec de l'eau de rivière ou de
puits, dont la température ne différerait que de
quelques degrés de celle qui a été choisie pour
dresser la table des pesanteurs spécifiques. Si cependant on désirait une plus grande précision, on
y parviendrait à l'aide du moyen que nous allons
indiquer, pour ramener la pesée faite avec tel liquide et par telle température que l'on voudra, au
résultat qu'aurait donné l'eau distillée à 14^d de
Réaumur.

Ayant pris exactement le poids absolu de l'aréomètre, qui sera, par exemple, de 152 grammes, et
connaissant le poids additionnel, supposé de 10 grammes, nécessaire pour l'affleurer dans l'eau distillée à
14^d, vous aurez pour la somme de ces deux poids
172 grammes.

Supposons maintenant que le poids additionnel
qui produit l'affleurement avec un autre liquide soit
de $20^g,5$, la somme deviendra $172^g,5$.

Or on sait que quand un corps surnage en partie, le poids du volume du liquide qui répond à la partie plongée, est égal au poids total du corps. Donc puisque la partie plongée est la même dans les deux cas, il en résulte que les poids des deux liquides, à volume égal, ou, ce qui revient au même, leurs pesanteurs spécifiques, sont dans le rapport de 1720 à 1725.

Cela posé, il est d'abord évident que le liquide substitué à l'eau distillée vous donne immédiatement le poids absolu du corps que vous essayez, sans qu'il soit besoin d'aucune correction. Soit ce poids de 11 grammes. Après avoir trouvé par une seconde opération la quantité que le corps pesé dans le liquide que vous employez y perd de son poids, et que nous supposerons être de $4^{gr}7$, faites cette proportion : 1725 : 1720 :: 4,7 : un quatrième terme qui indiquera la perte corrigée, ou celle que le corps aurait faite de son poids dans l'eau distillée à 14^d. Cette perte, qui se trouvera de 4,69, donnera en même temps le poids du volume d'eau distillée à 14^d, égal à celui du corps, après quoi vous ferez cette autre proportion qui revient à celle que nous avons indiquée ci-dessus : 4,69 : 11 :: l'unité est à un quatrième terme, qui sera 2,3454, et qui indiquera la vraie pesanteur spécifique du corps. En n'employant aucune correction, on aurait trouvé 2,3404.

Il y a des substances qui, étant plongées dans

l'eau, s'imbibent de ce liquide ; de ce nombre est la mésotype (zéolithe de Cronstedt). On s'aperçoit de cette propriété, lorsqu'ayant placé le corps dans le bassin inférieur E, on voit l'aréomètre descendre après être remonté, quoique la cuvette A reste chargée du même poids. Dans ce cas, on laissera le corps s'imbiber de toute la quantité d'eau qu'il peut admettre dans ses pores, et l'on jugera qu'il est parvenu à cette espèce de point de saturation, lorsque l'aréomètre restera dans une position fixe. Alors on l'affleurera, et l'on cherchera, à l'ordinaire, la perte que le corps a faite de son poids dans l'eau. On cherchera ensuite le poids de la quantité d'eau dont il s'est imbibé, en le pesant de nouveau dans l'air, et en retranchant le premier poids du second ; puis on ajoutera la différence à la perte trouvée précédemment, et le résultat donnera la véritable perte, ou celle qui aurait lieu, si le corps n'était pas susceptible d'imbibition ; après quoi on fera la proportion indiquée ci-dessus.

Supposons, par exemple, une mésotype dont le poids dans l'air soit de 9 grammes ; supposons que la perte qu'elle fait de son poids dans l'eau, après l'imbibition, soit de $4^{gr},3$; supposons enfin qu'étant pesée de nouveau dans cet état, elle donne $9^{gr},13$. Retranchant le premier poids de celui-ci, on aura $0^{gr},13$ pour la quantité d'eau dont la mésotype s'est imbibée. La perte réelle, ou celle que la substance aurait faite de son poids dans l'eau, si elle n'était pas pénétrable à ce liquide, sera donc de $4^{gr},3$ plus $0^{gr},13$, ou de $4^{gr},43$; ce qui donne la proportion suivante : $4^{gr},43 : 9 :: 1 : x$. D'où l'on conclura que la pesanteur spécifique est de $2,0316$.

Effectivement, puisque les corps perdent moins de leur poids dans l'eau, à proportion que leur poids absolu est plus considérable, il en résulte que la mésotype doit avoir perdu dans l'eau $0^{gr},13$ de moins que si l'imbibition n'avait pas eu lieu. Donc il faut ajouter $0^{gr},13$ à la perte trouvée par l'expérience, pour avoir la perte corrigée.

Le caractère qui se tire de la pesanteur spécifique, réunit à l'avantage d'une grande généralité, celui d'être susceptible d'une estimation précise, pourvu que l'on n'emploie pas des morceaux d'un trop petit volume. Sa limite, relativement à chaque minéral, est le résultat de l'opération faite sur un morceau choisi dans le plus grand état de pureté possible. Il peut varier au-delà de cette limite, à raison de quelque principe colorant d'une nature métallique; ou en-deçà, par l'effet du mélange d'une substance moins dense, ou dont la présence relâche l'agrégation des molécules. Ainsi la pesanteur spécifique du quarz hyalin limpide, dit *cristal de Madagascar*, est de $2,653$; celle du quarz hyalin rose est de $2,6701$, et celle du quarz gras n'est que de $2,6459$. Plus les limites relatives aux espèces entre lesquelles il s'agit de se déterminer, évitent de se confondre, et plus l'épreuve du caractère est décisive.

2. *Cohésion.*

Cette qualité dépend de la force avec laquelle les molécules du corps que l'on éprouve adhèrent les unes aux autres. Le caractère qui en résulte peut se manifester de plusieurs manières que nous allons exposer successivement.

a. *Cas où le corps résiste au changement de figure.*

Les molécules des corps qui sont compris dans ce cas continuent d'adhérer entre elles, et conservent leur arrangement respectif, jusqu'à ce que leurs contacts se quittent, en cédant à la force qui agit sur elles. La résistance que le corps oppose à cette dernière force se nomme *dureté*. On peut éprouver la dureté de deux manières.

1°. Par le frottement. On emploie ce moyen, soit en faisant passer une lime sur les parties anguleuses d'un corps, soit en essayant de rayer la surface de ce corps avec la pointe d'une lame d'acier, ou d'en entamer les bords avec le tranchant de la lame. Une autre manière d'employer le frottement consiste à faire passer les parties anguleuses d'un minéral sur la surface d'un autre, en appuyant le plus qu'il est possible. On peut diviser les corps, relativement à ce genre d'épreuve, en quatre sections. La première est composée de ceux qui, comme le corindon, rayent le quarz; la seconde de ceux qui sont seulement assez durs pour rayer le verre blanc, tel est l'amphibole; la troisième de ceux dont la dureté ne leur permet que de rayer la chaux carbonatée, telle est la chaux fluatée; la quatrième de ceux qui ne rayent pas même la chaux carbonatée, telle est la chaux sulfatée.

2°. Par la percussion. Les minéralogistes emploient souvent celle du briquet, pour juger si le corps est du nombre de ceux qui dans ce cas donnent des étincelles, ou de ceux qui, étant moins durs, n'en laissent point apercevoir (*). Parmi les premiers se trouvent le corindon, le quarz, la topaze, le feldspath, etc.; et parmi les seconds, la chaux phosphatée, la chaux fluatée, la mésotype, etc.

On se sert aussi de la percussion, par exemple de celle du marteau, pour juger si un corps est difficile à briser, comme la variété de corindon qu'on appelle *émeril*; ou fragile, comme la chaux carbonatée; ou friable, c'est-à-dire susceptible de s'égrener par un choc léger, comme la variété granulaire de baryte

---

(*) La force de percussion qui fait naître l'étincelle, étant proportionnelle en partie à la masse du corps choquant, le choix du briquet détermine dans la partie moyenne de la série des minéraux, considérés sous le rapport de la dureté, une limite passé laquelle le caractère devient négatif.

sulfatée que l'on trouve en Piémont. La simple pression du doigt suffit même pour rompre l'adhérence
des grains dont elle est composée.

J'observerai ici qu'il ne faut pas confondre les
corps fragiles avec les corps tendres. Les premiers se
prêtent plus aisément à l'effet de la percussion pour
les briser, et les seconds se laissent plus aisément entamer par un instrument qui agit sur eux pour les
rayer ou pour les gratter. Par exemple, la baryte
sulfatée est plus fragile que le mica ; mais celui-ci est
plus tendre, puisqu'il se laisse rayer par elle.

b. *Cas où le corps se prête au changement de figure.*

Les corps qui se rapportent à ce cas sont susceptibles de céder en pliant à la force qui agit sur eux,
d'où résulte un changement dans leur configuration
générale. Le jeu des molécules qui a lieu pendant ce
changement n'empêche pas que leurs contacts ne
restent fixes, ou permet seulement à ces points de
glisser, de manière que l'union se maintient entre les
différentes parties du corps. Le caractère qui dérive
de ces effets peut être éprouvé de deux manières.

1°. Par la flexion. L'action de cette force a lieu
spécialement à l'égard des corps réductibles en lames,
qui tantôt sont simplement flexibles comme celles du
talc, en sorte qu'elles restent dans l'état où la flexion
les a mises, et tantôt sont à la fois flexibles et élastiques comme celles du mica, c'est-à-dire qu'elles re-

prennent leur première forme, lorsque la cause qui les avait courbées a cessé d'agir. Le même genre d'épreuve s'applique à certains corps composés de filamens. Ceux de la variété d'asbeste, nommée *amiante*, sont flexibles sans élasticité ; ceux de l'antimoine sulfuré capillaire sont en même temps flexibles et élastiques.

2°. Par la pression. Les corps susceptibles de céder à l'action de cette force sont plus particulièrement ceux qu'on appelle *corps mous*, et qui fléchissent indifféremment dans tous les sens. Ils se divisent, comme les précédens, en corps mous sans élasticité, tels que le bitume dit *glutineux*; et en corps à la fois mous et élastiques, comme le bitume qui porte ce dernier nom.

La facilité de céder à la plus légère pression détermine dans un corps l'état de liquidité. Le mercure natif et une variété de bitume sont du nombre des corps liquides.

La ductilité et la ténacité dont jouissent certaines substances métalliques, leur donnent de l'analogie avec les corps mous sans élasticité. Je traiterai de ces deux qualités dans les notions préliminaires relatives à la troisième classe.

B. *Physique particulière.*

3. *Action de la lumière.*

Les différens corps naturels exercent sur la lumière qui leur arrive de toutes parts une action analogue à l'action chimique, qui n'est sensible qu'à des distances imperceptibles. Les qualités que cette action fait naître dans les minéraux, fournissent, pour aider à les reconnaître, des caractères parmi lesquels il importe de distinguer ceux qui tiennent à la nature même de ces corps, de ceux qui sont dus à des causes purement accidentelle s. Les caractères dont il s'agit se rapportent à cinq genres de modifications ; savoir, la transparence, les couleurs, l'éclat, la double réfraction, et la phosphorescence.

a. *Transparence.*

J'ai exposé ailleurs (Traité de Cristallographie, t. I, p. 244), en parlant des joints surnuméraires que l'on observe dans certains minéraux, un principe de physique admis par les savans les plus distingués; savoir que les molécules des corps sont séparées par des intervalles incomparablement plus grands que leurs diamètres. Ce principe est fondé en grande partie sur la propriété qu'ont les corps transparens d'offrir dans leur intérieur un libre accès à la lumière, suivant toutes les directions. Mais l'action de cette propriété peut être plus ou moins affaiblie, et peut même disparaître entièrement, soit par des circonstances accidentelles, soit aussi par une suite de la nature des corps. (*) En prenant ici des termes généraux, comme dans tous les cas où les phénomènes marchent par une succession de nuances, on dira d'un corps qu'il est

Transparent, lorsque les rayons qui le pénètrent sont assez abondans pour permettre de distinguer nettement les objets à travers son épaisseur. Le mot de *transparent* est applicable aux corps colorés qui seront le sujet de la section suivante. Exemples : le spinelle, la topaze, le quarz violet, dit *améthyste*.

Le *maximum* de la transparence a lieu lorsque les rayons que le corps laisse passer abondamment sont en même temps sans couleur, en sorte que l'œil les reçoit dans l'état où ils étaient en arrivant à la surface du corps. On désigne alors celui-ci par le mot particulier d'*incolore* : quarz hyalin, dit *cristal de roche*; topaze du Brésil, dite *goutte d'eau*.

Translucide, lorsque la lumière qui le pénètre est trop faible pour permettre d'apercevoir aucun objet, même confusément : le quarz-agate calcédoine.

Les minéralogistes ont admis entre les deux états précédens un degré moyen qu'ils ont exprimé par le terme de *demi-transparent*. Il répond au cas où

(*) Traité de Physique, t. II, p. 258, n° 1171, 3ᵉ édit.

la vision des objets à travers le corps est peu distincte.

Opaque, lorsqu'il intercepte tous les rayons sans en laisser passer aucun, dans le cas même où il n'a qu'une petite épaisseur : les métaux natifs (*). Une grande partie des corps pierreux, qui paraissent opaques aux endroits où ils ont une certaine épaisseur, deviennent translucides dans les parties minces situées vers leurs bords. On dit d'un corps, dans ce cas, qu'il est *translucide aux bords*.

b. *Couleurs.*

Nous considérerons successivement les couleurs de la masse et celles des particules qui en ont été détachées par la trituration, ou autrement.

* *Couleurs de la masse.*

Nous les sous-diviserons en couleurs fixes, ou qui restent les mêmes sous tous les aspects des corps colorés, et en couleurs mobiles, ou qui varient avec l'aspect des mêmes corps.

(*) Nous supposons ici que le degré de ténuité ne dépasse pas une certaine limite, car nous verrons que l'or peut être réduit en lames assez minces pour devenir transparent.

1. *Couleurs fixes.*

Nous avons ici deux nouvelles sections, dont l'une se rapporte aux couleurs répandues sur la surface des corps, et l'autre à celles qui se montrent souvent dans leur intérieur, lorsqu'ils sont transparens.

Couleurs vues par réflexion.

On sait que lorsqu'un rayon de lumière rencontre obliquement la surface d'un corps qui n'est point perméable à ce fluide, il se replie vers le milieu qu'il traversait avant d'arriver à ce corps, et cette déviation se nomme *réflexion*. L'angle formé par la première direction avec un plan tangent au point de la surface où le rayon rencontre le corps, s'appelle *angle d'incidence*, et l'angle formé par la nouvelle direction avec le même plan, est l'*angle de réflexion*. L'observation et la théorie démontrent que l'angle de réflexion est constamment égal à l'angle d'incidence.

La lumière que reçoit un corps quelconque est composée d'une infinité de rayons diversement colorés, dont l'assemblage produit la blancheur, d'où il suit que les corps blancs sont ceux qui les réfléchissent tous à la fois : tels sont l'argent et l'antimoine. Je choisis ici pour exemples des substances métalliques, et j'en userai de même dans la suite de cet article, et dans une partie du suivant. On verra bientôt la raison de ce choix.

Mais il arrive souvent que parmi les rayons qu'a reçus la surface d'un corps, les uns sont réfléchis de préférence, tandis que les autres sont absorbés, du moins lorsque le corps est opaque. La couleur se compose alors des rayons réfléchis. Ce seront des rayons jaunes, si le métal est de l'or; et si c'est du cuivre pur, ce sera un mélange de rayons jaunes et de rayons rouges, en sorte que la couleur sera le jaune rougeâtre.

Couleurs vues par réfraction.

Lorsque le corps qui reçoit la lumière est transparent, sa surface réfléchit encore une portion de cette lumière, qui en détermine la couleur. Mais les rayons qui ont échappé à la réflexion, et qui auraient été absorbés par un corps opaque, pénètrent librement le corps transparent; et, en supposant, ce qui est le cas ordinaire, qu'ils aient rencontré obliquement la surface de ce corps, ils se détournent de leur route, en entrant dans son intérieur; et cette déviation, qui se nomme *réfraction*, suit aussi une loi constante qui a été déterminée par les physiciens (*).

(*) Elle consiste en ce que le sinus de l'angle d'incidence, ou de celui que fait le rayon qui a rencontré en dehors la surface du corps, avec une perpendiculaire menée

C'est de ces mêmes rayons qu'est composée la couleur qui se montre dans l'intérieur du corps, lorsqu'on le place entre l'œil et la lumière du jour. Ordinairement cette couleur est la même que celle qui provient des rayons réfléchis, en sorte qu'au moment où la lumière rencontre la surface du corps, il s'en sépare un certain nombre de rayons dont le mélange, étant d'une certaine couleur, se partage entre la réflexion à la surface et la réfraction dans l'intérieur. Les choses se passent autrement à l'égard des corps réduits en lames extrêmement minces, ainsi que de quelques-uns d'une épaisseur sensible. Je citerai bientôt un exemple de ce dernier cas ; et quant à l'autre, je l'exposerai à l'article de l'opale.

L'argent antimonié sulfuré, connu sous le nom d'*argent rouge*, est quelquefois transparent, et alors la couleur de sa surface et celle de son intérieur sont l'une et l'autre d'un rouge vif. Dans le cuivre sulfaté, chacune des deux couleurs est le bleu de ciel ; dans l'urane oxidé, c'est le beau vert. Je citerai encore le soufre, qui réfléchit et réfracte des rayons d'un jaune citrin ; et le minéral appelé *mellite*, du nom de sa couleur, qui est le jaune de miel, tant à l'intérieur qu'à l'extérieur.

---

par le point d'immersion sur cette surface, est en rapport constant avec le sinus de l'angle de réfraction, ou de celui que fait le rayon réfracté avec le prolongement de la même perpendiculaire, quelle que soit l'obliquité du rayon incident.

Suivant la théorie de Newton, la couleur d'un corps dépend de la densité et du degré de ténuité des particules réfléchissantes, qu'il ne faut pas confondre avec les molécules intégrantes. J'ai expliqué à l'occasion des joints surnuméraires (Traité de Crist.), comment ces molécules, par des réunions successives, composent des particules de différens ordres, en sorte que, relativement à telle substance, la réflexion s'opère sur celles de tel ordre déterminé. Dans les métaux, ainsi que dans le soufre, le mellite, etc., les particules réfléchissantes appartiennent à la matière propre du corps coloré; et comme en général elles ne sont pas susceptibles de varier, la couleur elle-même est constante dans tous les individus de l'espèce; ou, si elle subit des altérations, elles proviennent du mélange d'une matière hétérogène, ou de quelque autre cause accidentelle. Il paraît, au reste, qu'il faut bien peu de chose pour produire, même dans la densité et dans le degré de ténuité des particules réfléchissantes, une variation susceptible d'en déterminer une dans la couleur : aussi cette variation, lorsqu'elle a lieu, est-elle resserrée entre des limites étroites, en sorte qu'elle se fait d'une teinte à une autre qui en est voisine sur le spectre solaire. Dans le cuivre arséniaté, par exemple, on voit, sur des cristaux de la même espèce, le bleu passer au vert, qui lui succède dans l'ordre des couleurs prismatiques, et quelquefois un même cristal est en partie bleu et en partie vert. L'arsenic sulfuré dit *orpi-*

ment, ne diffère point, quant à sa nature, de celui qu'on appelle *réalgar*. Or la couleur du premier est l'orangé, et celle du second est le rouge aurore, c'est-à-dire le mélange de l'orangé et du rouge, qui lui succède immédiatement sur le spectre solaire.

Il en est des substances pierreuses, au moins pour la plupart, tout autrement que de celles dont je viens de parler. Prenons pour exemple le cristal de roche. La lumière que reçoit la surface de ce corps se divise en deux parties, dont l'une est réfléchie par cette même surface, et l'autre est transmise à travers l'épaisseur du corps : or chacune de ces deux parties renferme l'assemblage de tous les rayons qui produit la lumière blanche, et de là vient que la pierre dont il s'agit est sans couleur. Il en est de même de la variété de corindon dite *saphir blanc*, de celle de topaze appelée *goutte d'eau* par les lapidaires portugais, et ainsi de beaucoup d'autres pierres.

D'où proviennent donc ces couleurs plus ou moins vives que présentent une multitude de substances pierreuses ? Elles sont dues à des particules métalliques ordinairement à l'état d'oxide, et quelquefois à l'état d'acide, qui s'étant interposées entre les molécules intégrantes des substances dont il s'agit, les revêtent, pour ainsi dire, de leurs propres couleurs, de manière que la transparence subsiste encore, au moins en grande partie. L'analyse nous a fait connaître les métaux qui font à l'égard de ces substances la fonction de principes colorans. Le corindon emprunte du fer, dans différens degrés d'oxidation, les teintes qui l'ont fait nommer *rubis*, *topaze* et *saphir d'Orient*, suivant qu'il est rouge, jaune ou bleu. Tous les grenats doivent leur couleur à l'oxide du même métal. Le vert de l'émeraude du Pérou et celui de l'amphibole dit *actinote*, proviennent de l'oxide du chrôme. L'acide du même métal colore le spinelle en rouge. L'oxide de manganèse communique sa couleur violette à la tourmaline de Sibérie et à une variété de quarz. L'oxide de nickel est le principe colorant du quarz-prase, etc.

Dans toutes ces pierres, la couleur de l'intérieur est semblable à celle de la surface ; quelquefois cependant les deux couleurs diffèrent l'une de l'autre. Ainsi on trouve des cristaux cubiques de chaux fluatée qui sont violets par réflexion et verdâtres par réfraction. Je donnerai dans la suite l'explication physique de ces sortes de phénomènes, dont la nature offre des exemples jusque parmi les substances métalliques.

Il résulte évidemment de tout ce qui précède, que dans l'emploi des couleurs, comme caractères des minéraux, il y a une distinction importante à faire entre celles qui sont produites par la réflexion immédiate des rayons sur la surface des particules propres, et celles qui proviennent d'un principe étranger aux molécules intégrantes. Dans le premier cas, la couleur doit tenir son rang parmi les caractères spécifiques ; dans le second cas, elle doit être bannie d'entre ces caractères, comme étant l'effet d'une modification variable et fugitive, qui peut même ne pas existe, et sans laquelle la substance n'en serait que plus ce qu'elle doit être, puisqu'elle se trouverait réduite à ce qui constitue essentiellement l'espèce, savoir la forme et la composition de la molécule intégrante.

Plusieurs minéralogistes étrangers voient les choses d'une manière toute différente. Dans les descriptions qu'ils ont données des espèces minérales, ils ont placé le caractère tiré de la couleur en tête de tous ceux qui doivent servir à reconnaître les corps compris dans ces espèces; et la raison qu'ils en donnent est que c'est le caractère qui se présente d'abord à l'observation, celui dont l'œil est frappé, avant qu'on ait touché un minéral. Mais en réfléchissant sur la marche de leurs méthodes, on s'aperçoit aisément qu'ils ont attaché au caractère dont il s'agit une prééminence d'un autre genre que celle qui est indiquée par l'ordre des observations. Pour le prouver, il me suffira de citer quelques-unes des applications qu'ils en ont faites. Le refus de réunir l'émeraude avec le béryl dans une même espèce, est fondé en grande partie sur ce que la couleur de l'émeraude est constamment le vert pur, au lieu que celle du béryl varie entre le vert-jaunâtre, le jaune-verdâtre, le bleu, le jaune de miel, etc. Dira-t-on que le principe colorant de l'émeraude est le chrôme, tandis que celui du béryl est le fer? Mais la tourmaline violette de Sibérie est colorée par le manganèse, tandis que la tourmaline verte du Brésil l'est par le fer ; et cependant tous les minéralogistes s'accordent aujourd'hui sur le rapprochement de ces deux substances dans une seule espèce. Il est donc vrai que l'on s'en est rapporté à la simple indication du coup d'œil, lorsqu'on a fait de la couleur un caractère distinctif entre l'émeraude et le béryl (*) ; et si l'on a cessé de la considérer comme caractère spécifique à l'égard des tourmalines, cela ne prouve autre chose sinon le peu de fixité des principes sur lesquels repose la méthode.

L'abus du caractère se montre d'une manière encore plus frappante dans le choix qui a été fait des noms que portent certaines productions végétales, pour les appliquer à des espèces minérales, parce que les premiers individus de ces espèces qui se sont offerts à l'observation, étaient d'une couleur analogue à celle de ces productions. Telle a été l'origine du nom de *spargelstein* (pierre d'asperge) que le célèbre Werner a donné à la chaux phosphatée d'Espagne, dont les premiers cristaux qui aient été connus sont d'un vert-jaunâtre, comme si la nature eût garanti au savant auteur de la méthode qu'elle n'avait produit aucune autre variété qui fût d'une couleur différente. Or, sans sortir du pays qui a

---

(*) A l'époque où cette distinction a été établie, l'analyse n'avait pas encore fait connaître le principe colorant de l'émeraude.

donné naissance aux cristaux de spargelstein, on y trouve d'autres cristaux orangé-brunâtre, qui appartiennent visiblement à la même espèce, et que la méthode ne peut y réunir, sans se mettre en contradiction avec le caractère spécifique dont le nom est le signe.

Les minéralogistes, dans la vue d'assortir les descriptions des espèces à l'importance du caractère tiré de la couleur, ont distingué une multitude de teintes différentes, qui ont des noms particuliers, qui se rapportent à des termes de comparaison choisis ordinairement parmi les êtres des règnes organiques. Ainsi la couleur verte a pour variétés le vert de pomme, le vert de poireau, le vert de pré, le vert de pistache, le vert d'asperge, le vert d'olive, le vert de serin, etc. ; et tandis que l'échelle du goniomètre se réduit à quatre ou cinq limites vagues, auxquelles répondent l'angle très aigu, l'angle aigu, l'angle droit, l'angle obtus et l'angle très obtus, l'échelle des couleurs a été sous-divisée comme si elle était susceptible de donner des degrés et des minutes de rouge, de bleu, de vert, etc. ; et il en est résulté une nouvelle preuve de cette vérité, qu'à force de prodiguer ses soins et son attention à des détails minutieux, on ne s'en réserve plus pour les choses vraiment importantes, et qu'en s'attachant à chercher la précision où elle n'est pas, on s'interdit l'avantage de la trouver où elle est. Je ne sais ce qu'aurait répondu un partisan des méthodes fondées sur les caractères extérieurs, à celui qui lui aurait de-

mandé son avis sur un de ces spargelstein orangé-
brunâtre dont j'ai parlé il n'y a qu'un instant; mais
je me rappelle qu'un de ces corps ayant été présenté
à un cristallographe pour lequel il était nouveau, et
le goniomètre ayant indiqué $129^{d}\frac{1}{2}$ pour l'incidence
d'une des faces terminales sur le pan adjacent, il
nomma à l'instant la *chaux phosphatée pyramidée*.

Quant aux diversités dont est susceptible le caractère qui se tire des couleurs, il serait superflu d'en
faire l'énumération, parce que nous trouvons à cet
égard, dans l'observation journalière et dans le langage reçu, tout ce que peuvent exiger les besoins de
la science et de sa nomenclature.

Ainsi, pour désigner tel ton de couleur, tantôt on
ajoute un simple adjectif, comme lorsqu'on dit *vert
pur, rouge vif, bleu foncé*, etc.; tantôt on rapporte
la couleur à un terme de comparaison pris parmi des
objets familiers, comme quand on dit *bleu céleste,
jaune de miel, rouge de rose*, etc.; tantôt enfin on
énonce les deux couleurs dont celle que l'on considère paraît participer, et l'on dit par exemple *jaune-
verdâtre*, ou *vert-jaunâtre*, en nommant la couleur
dominante la première.

On aura ainsi des termes généraux, auxquels se
rapporteront les diverses teintes sous lesquelles les
minéraux sont susceptibles de se montrer. Le reste
dépend de l'œil, qui doit s'être exercé à saisir sur
les objets mêmes les nuances qu'on ne peut indiquer d'une manière précise par des termes de com-

paraison qui n'offrent le plus souvent que des à-peu-
près. On ne peut nier l'utilité de cet exercice, pour
donner comme les premiers renseignemens à un minéralogiste qui se demande à lui-même dans quelle
espèce il doit ranger l'objet qui se présente à lui. Par
exemple, la couleur des cristaux d'amphibole qui
portent le nom de *strahlstein*, est en général le vert
plus ou moins foncé, qui, dans les fragmens minces
vus par transparence, approche du vert de l'émeraude du Pérou par une suite de ce que l'oxide de
chrôme est aussi le principe colorant du minéral
dont il s'agit. Lorsque la couleur s'éclaircit, comme
dans les masses fibreuses, c'est en passant au vert-
grisâtre. Dans les cristaux et les aiguilles d'épidote,
le vert, qui de même est souvent obscur, s'affaiblit
par un passage au vert-jaunâtre, qui est sensible
surtout dans les fragmens minces vus par réfraction.
Ici c'est l'oxide de fer qui produit la couleur. La même
teinte de jaunâtre reparaît à la surface des gros cristaux d'épidote que l'on trouve à Arendal, où elle
est accompagnée d'un éclat qui, sous certains
aspects, semble être demi-métallique. L'observation
de ces différences entre les nuances de la couleur
verte qui est commune aux deux espèces, laisse dans
l'esprit du minéralogiste une impression qui se ré-
veille comme d'elle-même à la présence des objets
qui l'ont fait naître, ou de ceux qui leur ressemblent.
Mais pour saisir ces différences, il n'a pas eu besoin
d'embarrasser sa mémoire d'une nomenclature si com-

pliquée. Il lui a suffi d'exercer ce qu'on pourrait appeler *la mémoire des yeux*.

2. *Couleurs mobiles.*

On dit d'un corps dont les couleurs semblent se mouvoir à mesure qu'on fait varier son aspect, qu'il est

Chatoyant, lorsqu'il renvoie des reflets soit blanchâtres, soit d'une couleur particulière, qui semblent flotter et se jouer dans son intérieur à mesure qu'on change sa position, comme ceux qui ornent la surface des étoffes moirées. Le mot de *chatoyant* fait allusion aux yeux du chat qui brillent dans l'obscurité : quarz chatoyant, feldspath nacré ;

Irisé, lorsqu'il sort de sa surface ou de son intérieur des reflets diversement colorés, dont l'effet est semblable à celui de l'iris ou de l'arc-en-ciel. Je ferai voir dans la suite que ces reflets sont produits par une substance très atténuée interposée dans la matière propre du corps, ou adhérente à sa surface : quarz-résinite opalin ; feldspath opalin.

** *Couleurs des particules détachées de la masse.*

1. *Couleurs de la râpure.*

La couleur de la poussière que l'on détache d'un corps soit en le limant, soit en le broyant, s'appelle en général

Similaire, lorsqu'elle est semblable à celle de la masse, ou qu'elle n'en diffère que par le ton. La poussière de l'argent antimonié sulfuré est d'un rouge un peu obscur; celle du cuivre oxidulé est d'un rouge vif; celle du fer phosphaté est d'un bleu un peu pâle; celle du fer oxidulé est noire, le brillant métallique a seulement disparu, etc.;

Dissimilaire, lorsqu'elle diffère sensiblement de celle de la masse. Ainsi le rouge aurore, qui est la couleur du plomb phosphaté en masse, passe au jaune-orangé par la trituration; le gris métallique du fer oligiste passe au noir mêlé de rougeâtre; le jaune de bronze du fer sulfuré passe au noir verdâtre; le blanc métallique de l'antimoine natif passe au gris-cendré, etc.

J'ai cité de préférence des cas où le caractère tiré de la couleur de la râpure peut être employé avec avantage. La plupart des substances transparentes, surtout si elles sont colorées par des particules qui leur soient étrangères, ne donnent qu'une poussière blanche ou grisâtre, dans laquelle l'effet du principe colorant a disparu. Le caractère alors devient insignifiant, et ne mérite pas d'être cité.

2. *Couleurs de la tachure.*

Ce genre de caractère est limité à quelques substances, qui tachent les corps sur lesquels on les passe avec frottement. Ordinairement la tache est d'une couleur analogue à celle de la masse. Tout le monde sait que c'est le cas de la craie. Le fer oxidulé fuligineux tache les doigts en noir par un léger frottement. Le manganèse oxidé, surtout celui qui est peu pesant, produit une tache d'un noir brunâtre. Le graphite, vulgairement *crayon des dessinateurs*, laisse sur le papier des traces d'un gris métallique; il en est de même du molybdène sulfuré; mais si l'on substitue la porcelaine au papier, la trace du molybdène est verdâtre, tandis que celle du graphite conserve la même couleur; ce qui fournit un caractère distinctif entre ces deux minéraux, qui ont de l'analogie par leur aspect.

c. *Éclat.*

La diversité des tissus que les surfaces de différens minéraux présentent à la lumière, occasionne dans les rayons qu'elles réfléchissent des modifications particulières dont se ressentent les impressions que font ces rayons sur l'organe de la vue. On a désigné en général les modifications dont il s'agit par le nom d'*éclat*.

Si l'on se borne à considérer l'éclat relativement à son intensité, on se sert des mots *vif*, *très vif*, *médiocrement vif*, qui sont familiers à tout le monde.

On appelle *subluisant* un corps qui n'a qu'un très léger degré d'éclat ; le quarz-agate pyromaque.

Si l'éclat est absolument nul, le corps prend le nom de *terne* : le jaspe.

L'éclat considéré relativement à ses qualités s'appelle

Ordinaire, lorsqu'il n'a aucun caractère particulier : tel est celui du verre, du quarz dit *cristal de roche* ;

Métallique, lorsqu'il offre l'aspect désigné par ce terme : l'or natif, l'argent natif, l'antimoine natif ;

Demi-métallique, lorsqu'il ne présente le même aspect que dans un degré moyen : le schéelin ferruginé ;

Métalloïde, lorsque le corps est une substance pierreuse, qui n'a que l'apparence du brillant propre aux métaux. On distingue ce faux éclat métallique du véritable, en ce que celui-ci persiste dans la trace d'une pointe d'acier que l'on a passée avec frottement sur la surface du corps, au lieu que l'autre disparaît pour faire place à une couleur blanche ou grisâtre : le mica, la diallage dite *métalloïde* ;

Submétalloïde, ou n'ayant qu'une faible apparence de brillant métallique : une variété de diallage ;

Adamantin, lorsqu'ayant beaucoup de vivacité, il se rapproche de celui d'une lame d'acier poli, à mesure qu'on incline le corps sous un certain aspect, jusqu'à ce que la force de la réflexion ait atteint son maximum : le diamant poli a offert le type de cet effet de lumière ; on le retrouve dans plusieurs zircons, et dans quelques morceaux de plomb carbonaté ;

Nacré ou *perlé*, lorsqu'il tire sur le luisant argentin de la perle : la stilbite, la chaux sulfatée, le mercure muriaté ;

Gras, lorsque le corps qui le présente semble avoir été frotté avec une matière grasse : le quarz gras, le schéelin ferruginé ;

Soyeux, lorsqu'il a le luisant de la soie, et qu'en même temps le tissu est fibreux : la chaux sulfatée.

Je citerai l'éclat parmi les caractères spécifiques de certaines espèces où il conserve assez généralement la même qualité dans les divers individus. Telle est entre autres la stilbite, dont l'éclat nacré (*) perce à travers les variations que subit la couleur, qui est tantôt blanche, comme dans les cristaux de Féroë ; tantôt d'un rouge obscur, comme dans ceux de Fassa en Tyrol ; tantôt brune, comme dans ceux d'Arendal en Norwége. On pourrait comparer les diverses teintes qu'un même minéral est susceptible de présenter, aux différens sons que rend un instrument de musique, et l'éclat au timbre ou à la qualité du son, qui est mâle, ou perçant, ou gracieux, ou velouté, suivant l'espèce d'instrument que l'on touche, quel que soit d'ailleurs le ton ou quelle que soit la phrase musicale qu'il fait entendre.

(*) C'est même cet éclat qui m'a suggéré le nom de *stilbite*, c'est-à-dire *corps brillant*.

d. *Double réfraction.*

1. *Sa notion.*

Lorsque la lumière tombe sur la surface d'une masse d'eau ou de verre, tous les rayons dont est composée la portion de cette lumière qui pénètre l'une ou l'autre masse, se détournent à la fois par l'effet de la réfraction, de manière qu'ils continuent de se réunir en un seul faisceau. Mais un grand nombre de minéraux ont la propriété de solliciter la portion de lumière qui les pénètre à se sous-diviser en deux faisceaux, qui suivent deux routes différentes; et on dit alors que *la réfraction est double.*

L'un des deux faisceaux, que nous appellerons, pour abréger, *rayon ordinaire*, se réfracte suivant la loi commune à tous les corps. L'autre, que nous appellerons *rayon extraordinaire*, est soumis dans sa réfraction à une loi particulière qui a été découverte par Huyghens, et dont le développement appartient à la Physique (*).

(*) Newton et tous les physiciens qui ont suivi Huyghens, avaient rejeté cette loi, parce qu'elle était enveloppée dans le système de l'émission de la lumière par ondulations, que l'on jugeait inadmissible. Je l'avais moi-même écartée, et je lui avais substitué, comme approximative, une autre loi qui effectivement la touchait de près. M. Malus s'est assuré,

Si l'on regarde un objet à travers deux faces opposées de l'un des corps dont il s'agit, l'image de
cet objet paraîtra doublée, posé certaines circonstances que j'indiquerai bientôt. Il arrive alors que
parmi les rayons que chaque point de l'objet envoie vers le corps, dans tous les sens imaginables, il y
en a toujours deux qui, au moment où ils pénètrent
le corps, se sous-divisent de manière que le rayon
ordinaire qui provient de l'un, et le rayon extraordinaire fourni par l'autre, après être sortis du corps,
convergent vers l'œil, et lui font voir deux images
du point d'où ils sont partis, situées sur les nouvelles directions qu'ils ont prises en repassant dans
l'air.

---

par des expériences très exactes, de la justesse de la loi dont
il s'agit, ce qui l'a conduit à une suite de recherches qui
lui sont particulières, à l'aide desquelles il a découvert une
multitude de propriétés extrêmement remarquables de la
lumière, qui ont lieu soit dans les corps susceptibles de la
double réfraction, soit dans ceux où elle est simple; en
sorte que ces propriétés servent même à établir une dépendance mutuelle entre les phénomènes relatifs aux deux espèces de corps. M. Malus a consigné les résultats de son
travail dans un ouvrage ayant pour titre, *Théorie de la
double réfraction de la lumière*, Paris, 1810, et qui offre à
la fois un monument de son génie, et un gage de ce qu'il
promettait encore pour l'avenir, si une mort prématurée
n'était venue l'enlever à la science, qu'il cultivait d'une
manière si distinguée.

2. *Conditions requises pour que les images soient doublées.*

La plupart des minéraux qui jouissent de la double réfraction n'offrent deux images d'un même objet que quand les deux faces à travers lesquelles on regarde cet objet, et que nous appellerons *faces réfringentes*, font entre elles un angle qui porte le nom *d'angle réfringent*. Je ne connais jusqu'ici que la chaux carbonatée et le soufre qui montrent distinctement la double image des objets vus à travers deux faces parallèles.

3. *Manière de faire les observations.*

Les deux substances minérales qui se prêtent le plus facilement à l'observation de la double réfraction, sont celles dont je viens de parler ; savoir, la chaux carbonatée et le soufre. Si l'on place, par exemple, un rhomboïde de chaux carbonatée sur un papier marqué d'un point d'encre, de manière que ce point soit compris dans l'espace couvert par la base inférieure du rhomboïde, on verra deux images d'un même point, dont l'une sera plus éloignée que l'autre de la base supérieure. Je me borne ici à cette indication, parce que je me propose de revenir sur ce sujet dans l'article relatif à la chaux carbonatée, et d'y décrire plusieurs phénomènes intéressans que présentent les rhomboïdes de cette substance, et dont je donnerai l'explication physique. J'indiquerai en même temps un moyen très ingénieux, imaginé par M. Arago, pour reconnaître si une substance minérale dont on n'a à sa disposition qu'une lame très mince, jouit de la double réfraction en combinant l'effet de cette lame avec celui de deux rhomboïdes de chaux carbonatée.

Lorsque l'on se sert des autres corps pour observer la double réfraction, les objets sont toujours à une certaine distance de ces corps. Pour citer un exemple, je supposerai que l'on ait entre les mains un cristal tel que *cs* (fig. 3, pl. 2) de quarz hyalin prismé, dont les pans soient lisses et exempts des cannelures qui souvent sillonnent transversalement ces parties. L'axe du prisme étant situé verticalement, comme le représente la figure, on appliquera contre l'œil une de ses faces terminales telle que *gcb* ; on tiendra en même temps de l'autre main une épingle dirigée horizontalement, que l'on présentera entre le cristal et la fenêtre, et que l'on regardera à travers la face *gcb* et le pan *fkmn*, qui est l'opposé du pan *gbdl* adjacent à la face *gcb*. En faisant mouvoir l'épingle de bas en haut, on parviendra à une position sous laquelle on en verra deux images situées l'une au-dessus de l'autre, et irisées.

Il est rare que l'on puisse observer le même phénomène en laissant les corps dans leur état naturel ; le plus souvent ils ont besoin d'avoir été préparés à l'aide de la taille. Ceux qu'on nomme *pierres gemmes*, et qui ont passé par la main de l'art, deviennent par là même susceptibles d'offrir l'effet de la double réfraction. Avec un peu d'habitude, on parviendra à se défendre de l'illusion que tend à produire la multiplicité des facettes.

Parmi les diverses images de l'épingle, toujours située horizontalement, qui se montrent en différens sens, on en choisit une à volonté, et l'on fait tourner la pierre jusqu'à ce que cette image soit rejetée de bas en haut par la réfraction, auquel cas elle paraît double, de manière qu'elle se répète au-dessus d'elle-même, comme dans le cas précédent. A mesure qu'on éloigne l'épingle de la pierre, les deux images s'écartent de plus en plus l'une de l'autre ; et lorsque la double réfraction n'existe qu'à un faible degré, les deux images, d'abord confondues en une seule, ne commencent à se séparer que quand on a augmenté jusqu'à un certain terme la distance entre l'épingle et la pierre. C'est le cas du corindon hyalin et de l'émeraude.

Si, au moment où les deux images sont situées horizontalement, on fait tourner l'épingle jusqu'à ce qu'elle soit devenue perpendiculaire à sa première position, on verra les deux images se rapprocher par degrés jusqu'à ce qu'elles coïncident sur une même ligne, de manière cependant que l'une des têtes sera dépassée par l'autre.

Voici un autre procédé que j'ai employé avec avantage. Vous placez une bougie allumée à une certaine distance. Vous prenez ensuite une carte per-

cée d'un petit trou d'épingle, et vous l'appliquez
sur une des faces de la pierre que vous voulez soumettre à l'expérience, de manière que le trou cor-
responde à un des points de cette face. Puis, ayant
approché de l'œil la face opposée, vous cherchez
la position propre à vous faire apercevoir la flamme
de la bougie. Vous avez alors les deux images nettes
et bien prononcées, parce que l'effet du trou d'épingle est de détruire l'espèce d'irradiation qui offusque
les images lorsqu'on laisse la pierre à découvert.

4. *Cas où les images ne sont pas doublées.*

La distance entre les deux images produite par la
double réfraction, augmente ou diminue en général,
suivant que l'angle réfringent est plus ou moins ouvert. Mais il y a une autre cause de variation qui
se combine avec la précédente, et qui dépend de
la position des surfaces réfringentes, relativement à
l'axe de la forme primitive du corps soumis à l'expérience ; et telle est l'influence de cette cause, qu'un
même corps, sous deux corps réfringens égaux, différemment situés, peut donner des distances sensiblement inégales entre les images d'un même objet. J'ai même reconnu qu'il existe des limites où
l'effet de la double réfraction devient nul, c'est-à-
dire qu'alors les deux images se confondent en une
seule. Il arrive toujours, en pareil cas, que l'une des
deux faces réfringentes est perpendiculaire à l'axe

du cristal, ou coïncide avec cet axe, en sorte que
les résultats des observations se rapportent à deux
limites prises dans le mécanisme de la structure. La
limite relative à chaque cas particulier dépend de
l'espèce à laquelle appartient le cristal que l'on a
entre les mains.

Il est rare que les deux faces réfringentes désignées n'existent pas naturellement sur quelques-unes
des variétés produites immédiatement par la cristallisation, en sorte que les positions et les inclinaisons
mutuelles des mêmes faces sont déterminées d'avance
par la théorie. Les variétés dont il s'agit offrent ainsi,
comme les types naturels, des solides destinés à l'observation des deux espèces de réfraction.

Pour citer des exemples, je donnerai la préférence
aux cristaux qui dérivent du rhomboïde primitif de
la chaux carbonatée, parce que les effets des faces
réfringentes dont j'ai parlé s'y présentent avec des
caractères qui les font ressortir parmi ceux que l'on
observe dans les autres substances.

Considérons le prisme hexaèdre *hd* (fig. 4, pl. 2),
qui appartient à l'une des variétés de cette espèce,
et bornons-nous à une seule coupe *splu*, laquelle sera
parallèle à la face correspondante du rhomboïde. Si
l'on regarde une épingle à travers le trapèze *splu*
et le pan *abrk* opposé à celui qui est adjacent à ce
trapèze (*), l'image de l'épingle sera rejetée très haut

(*) Nous substituons ici le pan dont il s'agit à une face

par la réfraction qui sera double; en sorte que les deux images seront à une distance que j'ai estimée par aperçu à peu près égale à 25 centimètres, environ 2 pouces. L'angle réfringent est de 45^d.

Supposons ensuite que l'on ait coupé le rhomboïde primitif représenté (fig. 5) par un plan *mnr* (fig. 6) perpendiculaire à l'axe, et que l'on regarde l'épingle à travers ce plan, de manière que le rayon visuel lui soit perpendiculaire, et que son prolongement passe par l'épingle, l'image alors sera simple ; mais si le rayon visuel s'écarte de sa position, en s'inclinant d'un côté ou de l'autre, l'œil verra deux images.

L'effet sera le même si le rhomboïde a été coupé par un second plan (fig. 7) parallèle au premier ; c'est-à-dire que l'image sera simple ou double sous les mêmes conditions que dans le cas précédent, relativement à la direction du rayon visuel.

Lorsqu'on se sert du premier rhomboïde (fig. 6), et que l'image est simple, le rayon réfracté qui est entré dans ce rhomboïde, perpendiculairement au plan *mnr*, faisant des angles égaux avec les trois faces *amnbd*, *grnbx* et *amrgo*, et avec celles qui leur sont parallèles, n'est pas plus sollicité à se rejeter d'un côté que de l'autre ; en sorte qu'il reste sur la direc-

---

qui coïncide avec l'axe du cristal, ce qui ne change rien à l'observation, puisque cette face est censée lui être parallèle. Nous en userons de même dans les cas suivans.

tion de l'axe ; et repassant dans l'air par une des faces inférieures, se réfracte suivant la loi ordinaire.

Comparons maintenant les effets qui viennent d'être décrits avec leurs analogues dans un cristal de quarz. La forme ordinaire de ce minéral est un prisme hexaèdre régulier (fig. 8), terminé par deux pyramides droites du même nombre de faces. Trois de ces faces, prises alternativement vers chaque sommet, telles que *cbd*, *fbg*, *abh*, et celles qui leur sont parallèles dans le sommet inférieur, appartiennent à un rhomboïde qui est la forme primitive, en sorte que si l'on regarde une épingle à travers la face P prise pour exemple, et le pan *hgry* situé du côté opposé, les deux faces réfringentes feront respectivement la même fonction que les faces *psul*, *abrk*, sur le cristal de chaux carbonatée que nous avons considéré précédemment. On verra deux images de l'épingle comme à travers ces dernières faces, excepté qu'elles seront beaucoup moins écartées l'une de l'autre (*). L'angle réfringent, dans ce cas, est de $38^d 20'$.

Si l'on continue de prendre la face P pour une des faces réfringentes, et que l'on substitue au pan *hgry* une face artificielle *lmnory* (fig. 9) perpendiculaire à

____

(*) L'effet serait le même si l'on employait, comme faces réfringentes, les triangles *dbf*, *abe*, qui alternent avec les précédens, en les combinant avec les pans qui leur correspondent du côté opposé. La structure du cristal se prête à cette substitution.

l'axe, l'image sera simple, et cela même sous toutes les directions du rayon visuel, en quoi cette observation différera de celle qui lui correspond, lorsqu'on se sert d'un cristal de chaux carbonatée.

Je crois devoir prévenir ici une cause d'illusion qui existe dans certains cristaux de quarz, et qui se retrouve dans plusieurs de ceux qui appartiennent à d'autres substances. Elle dépend des petits défauts de continuité connus sous le nom de *glaces*, et des autres accidens qui interceptent les rayons ou dérangent leur marche, et dont l'effet, dans ce dernier cas, est quelquefois de faire paraître la réfraction double lorsqu'elle est simple. Mais les fausses images produites par cette cause sont beaucoup plus faibles que les véritables. On les reconnaît encore à ce qu'elles changent de position à l'égard de ces dernières, en se montrant tantôt au-dessus, tantôt au-dessous d'elles, à mesure que l'on incline la pierre dans un sens ou dans l'autre, et il y a tel degré d'inclinaison qui les fait disparaître entièrement. Mais le cristal qui a servi aux observations précédentes est entièrement exempt de ces imperfections; sa transparence égale celle de l'eau la plus limpide, et rien n'altère l'unité de l'image à travers deux faces dont l'une est perpendiculaire à l'axe.

L'exemple suivant nous sera fourni par l'émeraude, et je prendrai, pour type du sujet des observations, un cristal de la variété que je nomme *annulaire*, et que représente la figure 10, pl. 3. Sa forme primitive est le prisme hexaèdre régulier (fig. 11) qui résulte du prolongement des faces P, M, M, etc. Mais ce prisme est ici modifié par des facettes secondaires t, t', qui remplacent les arêtes du contour de la base. La réfraction suit la même marche que dans le quarz; l'image est simple à travers une des facettes secondaires telle que t, et la base *ursxyz* opposée à P. Elle est double à travers la même face et le pan *onsr* situé du côté opposé. Dans le premier cas, l'angle réfringent est de 30^d, et dans le deuxième, il est de 60^d. Mais l'émeraude est, parmi les substances minérales que nous avons soumises à l'observation, celle qui donne le *minimum* de double réfraction. Les deux images ne commencent à être distinctes que quand l'épingle est éloignée du cristal d'environ 5 décimètres (1 pied $\frac{1}{2}$). Nous avons employé à nos observations des cristaux diaphanes d'émeraude dite *béryl*, qui venaient de Sibérie, et des morceaux taillés d'une transparence parfaite.

La substance à laquelle nous allons passer, et qui est la baryte sulfatée, a pour forme primitive un prisme droit rhomboïdal Aa' (fig. 12), dans lequel la plus grande inclinaison des pans M, M est de 101^d 32$'$.

Le cas où l'image est double existe naturellement dans une variété que je nomme *apophane*, et que représente la fig. 13. Les angles solides obtus A, A$'$ (fig. 12) des bases y sont remplacés par des facettes secondaires d, d' (fig. 13), d'une figure triangulaire. En regardant l'épingle à travers une de ces facettes telle que *d* et la base opposée à P, auquel cas l'angle réfringent est de $39^d 11'$, on voit très distinctement deux images parallèles à la grande diagonale E, E' (fig. 12). On les verrait également dans une direction parallèle à la petite diagonale A, A', si on les regardait à travers une facette qui interceptât l'un des angles solides E, E', et la base opposée à P. On connaît une autre variété de baryte sulfatée, dont la forme se prête à cette observation.

A l'égard des faces réfringentes qui donnent les images simples, il y a ici une distinction à faire, fondée sur ce que, dans ce cas, une des faces dont il s'agit peut coïncider avec le plan qui passe par les grandes diagonales EE' et *ee'*, ou avec celui qui passe par les petites diagonales AA' et *aa'*. Il se présente donc ici deux observations, dans chacune desquelles le plan mené par une des diagonales se combine avec une des faces latérales M, M.

L'une de ces observations peut être faite à l'aide de la variété que je nomme *rétrécie*, et qui offre deux facettes telles que *s* (fig. 14), parallèles au plan qui coïncide avec la grande diagonale EE' (fig. 12). On peut employer à la seconde observation une autre variété appelée *raccourcie* (fig. 15), dans laquelle la facette *k* et son opposée sont au contraire situées parallèlement à la petite diagonale. Or c'est la première variété qui donne l'image simple, lorsqu'on regarde à travers un des pans M (fig. 14) et la facette opposée à *s*, c'est-à-dire parallèle au plan qui passe par les grandes diagonales ; l'angle réfringent est alors de 50^d $46'$. Si l'on avait commencé par se servir de l'autre variété, la réfraction aurait été double, et l'on en aurait conclu que, pour la voir simple, il fallait substituer au plan dont nous venons de parler l'un de ceux qui coïncident avec les faces k (fig. 15).

Il est aisé de se procurer des corps à l'aide desquels on puisse vérifier les observations précédentes, en profitant de la grande facilité avec laquelle les masses lamelleuses de baryte sulfatée se prêtent à la division mécanique pour en extraire le prisme rhomboïdal qui offre la forme primitive ; après quoi on fera naître sur ce prisme des facettes artificielles qui aient la même relation avec ce prisme que celles qui existent sur les cristaux naturels.

Relativement aux substances douées de la double réfraction, dont la forme primitive est un octaèdre dans lequel la base commune des deux pyramides dont il est l'assemblage, est, suivant les espèces, un carré, un rectangle, ou un rhombe, il arrive souvent que ces deux pyramides sont séparées par un prisme intermédiaire, produit en vertu d'une loi de décroissement, ou que l'octaèdre lui-même, par une suite de l'alongement qu'il a subi dans un certain sens, se présente sous une forme prismatique. Dans l'une et l'autre de ces circonstances, on peut simplifier et faciliter la détermination de l'axe de double réfraction, en substituant à l'octaèdre le prisme qui en dérive.

Dans les exemples précédens, j'ai fait dépendre

cette détermination de la condition que l'œil voie les images des objets sensiblement simples à travers deux faces inclinées entre elles, dont l'une soit perpendiculaire ou parallèle à l'axe du cristal qui est le sujet de l'observation. La ligne qui tombe perpendiculairement sur cette dernière face, est l'*axe de double réfraction*; et l'on nomme *section principale* le plan qui passe par cet axe perpendiculairement à la même face. De plus j'ai dit que les images restaient sensiblement simples, sous toutes les directions du rayon visuel, à moins que le cristal n'appartînt à la chaux carbonatée.

La méthode employée par les physiciens pour déterminer l'axe de double réfraction, diffère de la mienne, 1°. en ce qu'au lieu de la face inclinée à celle qui est parallèle ou perpendiculaire à l'axe du cristal, on en suppose une autre située parallèlement à cette dernière; 2°. en ce qu'un rayon dirigé vers les deux faces dont il s'agit, ne reste simple, en entrant par celle qui se présente à lui, qu'autant qu'il lui est perpendiculaire. Il paraîtrait en résulter que l'œil ne pourrait voir les images simples à travers les deux faces réfringentes dans le cas du parallélisme dont nous venons de parler, qu'autant que le rayon visuel leur serait perpendiculaire. A plus forte raison serait-il nécessaire, dans le cas de l'inclinaison, qu'il eût la même direction relativement à celle qui serait parallèle ou perpendiculaire à l'axe du cristal. Or nous avons vu que notre méthode n'exigeait pas que cette condition fût remplie, si ce n'est à l'égard d'un cristal de chaux carbonatée.

On concilierait tout, en admettant que, dans le cas où les images paraissent simples, le rayon réfracté qui les donne se sous-divise réellement en pénétrant le cristal, mais d'une si petite quantité, qu'elle ne pourrait être saisie que par des observations très précises ; mais cela n'empêcherait pas que nous n'eussions rempli notre but, en faisant dépendre la détermination de l'axe de double réfraction d'une distinction qui s'offre comme d'elle-même entre deux réfractions, dont l'une est simple au jugement de l'œil, et l'autre évidemment double.

5. *Minéraux dont la réfraction est simple dans tous les cas.*

Dans les substances dont j'ai parlé précédemment, la limite à laquelle l'effet de la réfraction extraordinaire s'évanouit, n'est que conditionnelle : elle tient à la manière dont les faces réfringentes sont situées à l'égard de l'axe. Mais j'ai reconnu que le phénomène avait aussi une limite absolue et indépendante des positions des faces réfringentes : elle a lieu dans tous les minéraux dont les formes sont elles-mêmes les limites des autres formes. Tels sont le cube, l'octaèdre régulier, et le dodécaèdre rhomboïdal, qui est lié à l'un et à l'autre des premiers, par des passages dépendans des lois les plus ordinaires de la structure. Ainsi la forme primitive de la soude muriatée étant le cube, celle du spinelle et du diamant étant l'octaèdre régulier, et celle du grenat ainsi que du zinc sulfuré étant le dodécaèdre rhomboïdal, tous ces minéraux donnent des images simples des objets vus à travers deux de leurs faces opposées, même de celles que l'art a fait naître sous différentes inclinaisons. Chacune des formes dont il s'agit est commune à des minéraux de différentes espèces, et il y a tout lieu de croire que la propriété de donner des images simples est générale pour toutes; mais il n'est pas prouvé qu'elle ne soit pas susceptible d'exister aussi dans quelques – unes des formes qui ne sont pas des limites. Je citerai dans le cours de cet ouvrage quelques observations qui ne paraissent laisser aucun doute à cet égard.

6. *Sous-division des corps naturels, déduite de la double réfraction.*

Les effets de la double réfraction que nous ont offerts des corps cités précédemment, peuvent déja faire juger de la latitude que parcourt cette propriété en allant d'une espèce à l'autre. Je vais en citer de nouveaux exemples qui, joints aux premiers, serviront à donner une idée de la gradation que suit cette propriété considérée dans l'ensemble des corps naturels. La substance qui paraît la posséder au plus haut degré est le zircon, vulgairement appelé *jargon de Ceylan.* Ayant détaché de l'un de ses cristaux le prisme à base carrée qui en faisait partie, j'ai fait naître une facette artificielle à la place d'une des arêtes au contour de sa base supérieure. Les images des barreaux d'une fenêtre vus à travers cette facette et le pan situé du côté opposé, ont été fortement doublées à la distance de 2 mètres (6 pieds). L'angle réfringent n'était que de 21^d.

La pierre précieuse dite *péridot* (chrysolite des Allemands) est, après le zircon, une de celles sur lesquelles la même propriété agit avec le plus d'énergie. Sa forme primitive est un prisme à base rectangle qui, dans le cristal employé à nos observations, était terminé par une pyramide droite quadrangulaire. L'une des deux faces réfringentes était une face de pyramide qui naissait sur un des grands côtés de la base; l'autre était le pan opposé. L'écartement des images des mêmes barreaux a été à peu près le même que dans l'expérience faite avec le zircon; mais j'étais placé à la distance de 3 mètres, et l'angle réfringent était de 38^d 20'.

Vient ensuite la variété de pyroxène dite *diopside*, qui a pour forme primitive un prisme rhomboïdal oblique (représenté fig. 16), dans lequel l'inclinaison mutuelle des pans M, M est de 87^d 42'; et celle de la base P sur l'arête adjacente H est de 106^d 6'. J'ai regardé les mêmes barreaux à travers une facette triangulaire artificielle *orl* (fig. 17), qui interceptait l'angle solide *b* au contour de la base, et à travers une face naturelle *stux*, qui remplaçait l'arête *df*, située du côté opposé, parallèlement à une autre que la cristallisation avait produite à la place de l'arête antérieure H, ainsi que l'exigeait la symétrie. Les images ont présenté à peu près le même aspect à une égale distance. L'angle réfringent était de 36^d à peu près.

En suivant la gradation, on arrive à la topaze et au quarz, dont la réfraction est sensiblement moins forte que celle des substances précédentes. J'ai parlé de celle de l'émeraude, qui est peut-être la plus faible de toutes, et dont celle du corindon est voisine. La forme primitive de celui-ci est un rhomboïde un peu aigu, dans lequel l'inclinaison des deux faces situées vers un même sommet, est de 86^d $38'$. Ici nous étions obligés de prendre une épingle pour objet de la vision. Les deux faces réfringentes avaient les mêmes positions respectives que les faces P et *hgry* (fig. 8) du cristal de quarz employé à l'une des observations que nous avons citées plus haut. Mais il fallait écarter l'épingle de toute la longueur du bras pour apercevoir la distinction des images.

La lumière, en traversant les portions de cristaux comprises entre les deux faces réfringentes, se décompose, comme dans l'expérience du prisme, en rayons de diverses couleurs qui donnent aux images un aspect irisé. Lorsque la double réfraction est très forte, comme dans le zircon, on peut employer, comme objet, la flamme d'une bougie. La lumière qui en émane avive les couleurs que la distance entre les images fait mieux ressortir, et l'expérience devient susceptible d'être vue avec intérêt, même par ceux à qui la Physique est étrangère.

7. *Usages de la double réfraction, pour la distinction des minéraux.*

Il serait difficile de trouver un caractère plus décisif que celui qui se tire de la double réfraction, parce qu'il procède du fond et de l'essence même des substances qui le présentent. Les substances qui se prêtent le mieux à l'application de ce caractère sont, comme je l'ai dit, celles qui ont subi le travail de l'art. Ainsi, on évitera de confondre avec le spinelle, qui n'a qu'une seule réfraction, la topaze rouge du Brésil et la tourmaline rouge de Sibérie, que l'on taille dans le pays, et dans lesquelles la réfraction est double. On distinguera encore la topaze blanche, dite *goutte d'eau*, du diamant, dont elle approche quelquefois par la vivacité de ses reflets, mais dont elle diffère par sa double réfraction. On ne prendra point un grenat orangé-brunâtre pour pour un zircon dit *hyacinthe*, parce que le premier donne des images simples, tandis qu'avec l'autre on les voit doubles; et leur écartement même est si sensible, que sa grandeur suffirait seule pour empêcher de confondre les zircons jaunes dits *jargons de Ceylan*, avec certaines topazes ; car, quoique les expériences ne puissent être comparatives, parce que les circonstances dont j'ai parlé, et d'où dépend la force de la double réfraction, ne sont pas les mêmes de part et d'autre, jamais cependant la topaze n'est susceptible, comme le zircon, de rendre distinctes les images des objets qui ont une certaine largeur, comme les barreaux d'une fenêtre. Ici, l'intensité avec laquelle agit le phénomène équivaut à un caractère exclusif.

Dans tous les cas de ce genre, il est heureux de pouvoir suppléer à la disparition des formes cristallines, et lire en quelque sorte le nom d'une pierre tracé par la réfraction dans son intérieur, lorsque ses dehors ne disent plus rien à l'œil.

J'indiquerai dans la suite d'autres caractères qui, combinés avec celui-ci, peuvent servir à distinguer les pierres fines taillées, dont l'étude ne doit pas être étrangère au minéralogiste. Leur connaissance peut lui servir à faire éviter aux personnes qui le consultent, des méprises préjudiciables. C'est une des circonstances qui prouvent que les sciences qu'on a quelquefois accusées de trop se livrer à des spéculations stériles, ont des côtés intéressans pour la société.

c. *Phosphorescence.*

L'ensemble des corps qui ont la propriété de pouvoir luire dans les ténèbres, peut être divisé en quatre classes. Ceux de la première la manifestent lorsqu'on les chauffe; ceux de la seconde, lorsqu'a-près avoir été présentés quelque temps à la lumière, on les porte dans l'obscurité; ceux de la troisième, lorsqu'on leur fait subir l'action du frottement; ceux de la quatrième deviennent spontanément lumineux par une suite de leur nature ou de leur état parti-culier (*). Cette dernière propriété, qui a lieu dans certains bois pourris et dans les écailles de certains poissons, n'appartient pas à la Minéralogie.

Il n'y a guère de minéraux qui ne luisent plus ou moins sensiblement dans l'obscurité, lorsqu'on jette leur poussière sur une pelle rougie au feu; mais on peut limiter l'effet de ce caractère en répandant sur un charbon allumé la poussière du minéral qu'on veut éprouver. Dans ce cas, la phosphorescence, qui est très marquée avec tel corps, devient insensible lorsqu'on emploie tel autre corps.

Parmi les minéraux susceptibles de ce genre de phos-phorescence, se rangent la chaux fluatée, la chaux phosphatée, surtout la variété en masses compactes de l'Estramadure, et quelques autres. Mais, en gé-néral, ce caractère mérite peu de confiance, parce qu'il est sujet à des exceptions dans les corps d'une

---

(*) Voyez un Mémoire de M. Dessaignes, qui a été cou-ronné par l'Institut à la séance du 5 avril 1809, et qui est remarquable surtout par un grand nombre de faits intéres-sans dont la découverte est due à l'auteur.

même espèce , et qu'il peut dépendre de l'interposition d'une matière étrangére qui communique au composé la phosphorescence dont elle jouit par elle-même, comme cela a lieu dans la variété d'amphibole nommée *trémolithe*.

La phosphorescence qui se développe par l'exposition à la lumière du jour , est dans le cas d'être citée plutôt comme effet physique que comme caractère distinctif. Elle a été reconnue dans plusieurs pierres , et en particulier dans le diamant. Elle est très marquée dans la baryte sulfatée, qui a été calcinée, ainsi que je l'expliquerai à l'article de ce minéral, en parlant de ce qu'on a appelé *phosphore de Bologne*.

La phosphorescence produite par le frottement a lieu dans les morceaux de quarz, surtout de celui qu'on appelle *quarz gras*, que l'on fait agir l'un sur l'autre. Le frottement d'un corps dur la fait naître dans la variété de chaux carbonatée magnésifère appelée *dolomie*.

Certains morceaux de zinc sulfuré ou de blende sont doués pour ainsi dire d'une si grande irritabilité à cet égard , qu'il suffit de passer sur leur surface la pointe d'un cure-dent, ou même un petit morceau de papier roulé, pour les voir luire dans l'obscurité.

4. *Impression sur le tact.*

On éprouve ce caractère en passant un doigt sur la surface des corps, ou sur la poussière obtenue par leur trituration, et l'on dit de l'une et l'autre qu'elle est

Onctueuse, lorsqu'elle produit un effet analogue à celui d'un corps gras : le talc nacré, la pierre dont on fait les magots de la Chine ;

Douce, lorsqu'elle glisse sous le doigt, sans produire l'effet d'un corps gras : le mica, l'asbeste flexible ;

Aride, lorsqu'elle a une certaine âpreté : le feldspath décomposé, dit *Kaolin*.

On peut rapporter à ce caractère l'effet que l'on a appelé *happement à la langue*. Il consiste dans l'adhérence que certains corps placés sur l'extrémité de la langue contractent avec elle, en sorte qu'on éprouve une petite résistance lorsqu'on veut les en séparer. Cet effet provient de la faculté qu'a le corps d'absorber la salive qui humecte la langue, et de se mettre par là en contact plus immédiat avec cet organe. Si l'on pose avec le bout du doigt un peu d'eau sur un de ces mêmes corps, on remarquera qu'il s'en imbibe en un instant, et cette épreuve pourra tenir lieu de l'autre. L'effet dont il s'agit est très marqué dans l'argile schistoïde qui sert d'enveloppe à la variété de quarz appelée *ménilite*. M. Werner lui a donné le nom de *klebschiefer*, *schiste happant*.

5. *Odeur.*

Très peu de minéraux sont odorans dans leur état naturel. L'odeur que quelques-uns sont susceptibles de répandre, peut être développée par un des trois moyens suivans.

1. L'expiration, en faisant tomber la vapeur de l'haleine sur la surface du corps : odeur argileuse de la pinite;

2. Par le frottement : odeur fétide de la chaux carbonatée dite *pierre de porc*;

3. Par l'action du feu : odeur bitumineuse de la houille, aromatique du succin, sulfureuse du fer sulfuré, de l'antimoine sulfuré : odeur d'ail des corps qui renferment de l'arsenic, comme le fer arsenical, le cobalt arsenical, etc.

6. *Saveur.*

Ce caractère se rapporte aux substances minérales solubles connues sous le nom de *sels*.

La saveur est, suivant le corps qu'on éprouve,

Salée : la soude muriatée, ou le sel commun,

Astringente : le fer sulfaté,

Douceâtre : l'alumine sulfatée,

Fraîche : la potasse nitratée,

Amère : la magnésie sulfatée,

Urineuse : l'ammoniaque muriatée (*).

(*) Les minéralogistes étrangers qui ont épuisé tous les

7. *Électricité.*

a. *Diverses manières d'électriser les corps.*

L'électricité doit son origine à une substance minérale, puisque les premiers indices qu'elle ait offerts de son existence ont été les attractions et répulsions que le succin, après avoir été frotté, exerçait sur des corps légers. Les appareils employés aux expériences qui servent à la développer ne sont autre chose, pour la plupart, que des substances minérales diversement élaborées. Mais la Minéralogie ne se borne pas à servir utilement cette branche de Physique en lui fournissant ses agens les plus puissans. Parmi les corps qui lui appartiennent, il en est plusieurs qui, en restant dans l'état naturel, produisent des phénomènes doublement intéressans,

moyens de faire concourir nos organes à la distinction des minéraux, rangent le son parmi les caractères qui peuvent les faire reconnaître. Le seul corps qui me paraisse mériter d'être cité, sous ce rapport, est l'espèce de roche à laquelle ils ont donné le nom de *klingstein, pierre sonore*, et qui, étant réduite en plaques minces et frappée par un corps dur, rend des sons dont le degré est quelquefois appréciable. Ils ont aussi admis, comme caractère, la sensation plus ou moins marquée de froid que l'on éprouve en touchant un minéral. Mais les doigts des divers individus, ou même ceux de chaque individu à des jours différens, me paraissent des thermomètres trop peu comparables pour être employés à ce genre d'expériences.

soit en eux-mêmes, soit par l'utilité des caractères distinctifs qui en résultent.

Les effets de la vertu électrique peuvent se manifester dans quatre circonstances différentes : 1° lorsque l'on a frotté le corps soumis à l'expérience avec un autre corps, tel qu'un morceau de drap, ou, dans certains cas, lorsqu'on s'est borné à le presser entre deux doigts ; 2° lorsqu'on a mis le corps en communication avec un autre déjà électrisé ; 3° lorsqu'on lui a fait subir l'action de la chaleur : cette manière de faire naître la vertu électrique est limitée jusqu'ici au règne minéral ; 4° lorsqu'on l'a mis simplement en contact avec un autre corps d'une nature différente : cette espèce d'électricité, que l'on a appelée *électricité galvanique,* n'entre point parmi les caractères des minéraux.

b. *Notion des deux espèces d'électricité.*

La diversité des actions que les corps exercent les uns sur les autres dans les circonstances qui viennent d'être indiquées, a donné lieu à la distinction de deux espèces d'électricité, l'une que Franklin appelait *positive* et que nous nommons *vitrée,* parce qu'elle est produite par le frottement du verre et des corps que leur aspect vitreux rapproche de cette substance, comme le quarz, la topaze, l'émeraude, etc. ; l'autre que le même physicien appelait *négative* et que nous nommons *résineuse ;* c'est celle qui est excitée par le frottement de la résine et des corps qui ont une certaine analogie avec elle, en raison de la facilité avec laquelle ils brûlent, et de l'odeur que développe leur combustion. Ces deux espèces d'électricité manifestent des forces opposées, en sorte que deux corps sollicités par la même espèce d'électricité, soit vitrée, soit résineuse, se repoussent, et qu'il y a attraction entre un corps qui a reçu l'électricité vitrée et un corps électrisé résineusement.

On a nommé *corps conducteurs* ceux qui transmettent plus ou moins facilement le fluide électrique aux autres corps du même genre en contact avec eux, tels sont les métaux ; et l'on a appelé *corps non conducteurs* ou *corps isolans* ceux qui retiennent le fluide électrique comme engagé dans leurs pores, sans lui permettre de se répandre sur les corps environnans.

Dans la théorie que j'ai adoptée, on considère le fluide électrique comme étant composé de deux fluides distincts, qui n'agissent que quand ils sont dégagés de leur combinaison, et dont l'un, qui est le *fluide vitré*, produit tous les effets que Franklin faisait dépendre de l'électricité positive ; et l'autre, qui est le *fluide résineux*, ceux qu'il attribuait à l'électricité négative. Lorsque je traiterai de la tourmaline, je reviendrai avec plus de détail sur cette hypothèse, et j'exposerai les raisons qui doivent la faire préférer à l'autre, comme offrant une manière plus heureuse de concevoir et d'expliquer les phénomènes.

c. *Action du frottement.*

On emploie le frottement pour reconnaître si une substance est isolante, ou si elle est conductrice de l'électricité. Il suffit pour cela de la ténir entre les doigts, en même temps qu'on la frotte, puis on la présente à une petite aiguille mn (fig. 3, pl. 1) d'argent ou de cuivre, mobile sur son pivot. Si la substance est isolante, le fluide qu'elle a développé par le frottement restant engagé dans ses pores manifeste son action par l'attraction qu'il exerce sur l'aiguille. Si, au contraire, la substance est conductrice de l'électricité, à mesure que le frottement produit à sa surface un dégagement de fluide électrique, elle transmet ce fluide aux doigts et de là aux corps environnans, en sorte que quand on la présente ensuite à la petite aiguille, celle-ci reste immobile. L'électricité que le frottement fait naître dans certains corps est si faible, que pour la mettre en action, on est obligé d'approcher le corps, jusqu'au contact, d'un des globules qui terminent l'aiguille. Lorsqu'ensuite on ramène ce corps en sens contraire, le globule l'accompagne en restant appliqué à sa surface.

Deux substances isolantes se constituent, par leur frottement mutuel, dans deux états différens d'électricité, et les circonstances qui déterminent chacune d'elles à acquérir de préférence telle espèce d'électricité, dépendent de certaines causes qu'il n'est pas toujours facile de démêler. Celles dans lesquelles le caractère vitreux est nettement prononcé, comme le cristal de roche et les pierres gemmes, acquièrent presque toujours l'électricité vitrée, quel que soit le frottoir que l'on emploie. D'une autre part, la résine, le soufre, le bitume, acquièrent l'électricité résineuse par le frottement d'une matière isolante quelconque. Mais il y a ici une restriction à faire, au moins par rapport aux substances vitreuses, qui ne manifestent l'électricité vitrée, après qu'elles ont été frottées, qu'autant que leur surface est lisse et polie. Ainsi le verre qui a été dépoli s'électrise résineusement par le frottement des mêmes substances qui auparavant lui communiquaient l'électricité vitrée. En général, toutes choses égales d'ailleurs, les substances qui ont leur surface hérissée d'aspérités, paraissent avoir une tendance plus marquée vers l'électricité résineuse.

Parmi les corps métalliques isolés, que l'on frotte avec une substance d'une nature déterminée, telle qu'un morceau de drap, les uns, comme le zinc et le bismuth, acquièrent l'électricité vitrée, et les autres, comme l'étain et l'antimoine, acquièrent l'électricité résineuse. Nous citons de préférence ces métaux, comme étant de ceux qui donnent le plus constamment le même résultat : car on observe, dans les expériences de ce genre, des anomalies singulières, en sorte que tel morceau de métal, placé dans les mêmes circonstances, acquiert quelquefois une électricité différente de celle qu'il avait d'abord manifestée.

La même diversité a lieu par rapport à certains corps isolans. Quelquefois aussi le frottement fait naître constamment une espèce d'électricité dans tel morceau d'une substance, et en détermine constamment une différente dans un autre morceau d'ailleurs semblable au premier. Je ne connais aucun corps dans lequel ce genre d'anomalie tienne à des nuances aussi délicates et aussi imperceptibles que dans le minéral appelé *disthène* (qui a deux vertus). Parmi les divers cristaux de ce minéral, les uns acquièrent toujours l'électricité résineuse, à l'aide du frottement, et les autres l'électricité vitrée ; et dans quelques-uns, les deux espèces d'électricité contrastent entre elles sur deux faces opposées, sans que ni l'œil ni le tact puissent saisir, dans l'éclat et le poli des faces, la plus légère indication de cette différence d'états.

d. *De l'électricité produite par la pression.*

Une circonstance heureuse a voulu que la première des substances minérales qui se soit présentée à l'action de l'espèce d'électricité dont nous allons nous occuper, ait été celle qui, par l'énergie de ses effets, ait mérité d'obtenir le premier rang parmi elles. Cette substance est la chaux carbonatée transparente, dite *spath d'Islande*. Elle possède à un si haut degré ce qu'on pourrait appeler *l'irritabilité électrique*, que si l'on prend d'une main un rhomboïde de ce spath, par deux de ses arêtes opposées, et qu'ayant touché, même légèrement, deux de ses faces parallèles, avec deux doigts de l'autre main, on l'approche de la petite aiguille d'épreuve, il exercera sur elle une attraction sensible. Si l'on substitue la pression au contact, qui n'est, pour ainsi dire, qu'une pression très mitigée, il est évident que l'on obtiendra des effets plus marqués. L'électricité acquise à l'aide de l'un ou de l'autre de ces moyens est celle que l'on appelle vitrée. La même substance est aussi très électrique par le frottement.

J'ai retrouvé dans diverses substances la propriété de devenir électriques à l'aide de la pression ; mais c'est le spath d'Islande qui jusqu'ici en a offert le maximum. En général, le succès des expériences dépend du degré de pureté et de transparence des corps que l'on éprouve. Ces corps sont surtout de ceux qui sont susceptibles d'être réduits, par la division mécanique, en lames planes et unies. On peut aussi employer ceux qui ont été mis sous la même forme par le travail de l'art. Du nombre des premiers sont la topaze, surtout celle qui est incolore, l'euclase, l'arragonite, la chaux fluatée et le plomb carbonaté. Les morceaux de quarz hyalin que j'ai employés avaient été travaillés. Tous ces corps acquièrent l'électricité vitrée, à l'aide du frottement, comme de la pression. La baryte sulfatée et la chaux sulfatée résistent à l'action de cette dernière force.

Parmi les corps dans lesquels le frottement fait naître l'électricité résineuse, il en est aussi qui, pour l'acquérir, n'ont besoin que d'être pressés. Tel est entre autres le minéral connu sous le nom de *bitume élastique*, lorsqu'en le coupant on l'a mis sous la forme convenable pour l'expérience.

e. *Moyens de déterminer l'espèce d'électricité acquise à l'aide du frottement ou de la pression.*

J'ai imaginé récemment pour ces sortes d'expériences de petits instrumens fort simples et susceptibles d'être employés avec d'autant plus de succès à l'observation des phénomènes électriques, qu'ils empruntent un surcroît de force de leur construction et du choix des matières dont ils sont composés.

La pièce principale du premier est une aiguille *gf* (fig. 4, pl. 1) d'argent ou de laiton, terminée d'un côté par un globule *f* de même métal, et du côté opposé par un petit barreau ou par une lame étroite *a* de spath d'Islande transparent, que l'on y a fixée avec de la cire ou autrement. Cette aiguille est garnie en son milieu d'une chape *h* de cristal de roche, au moyen de laquelle elle fait l'office d'un levier qui se meut sur la pointe d'un pivot d'acier, dont le support est un bâton *ln* de gomme laque ou de cire d'Espagne, que l'on a aplani par le bas, après l'avoir fait chauffer de manière qu'il puisse se tenir debout. Le bras de levier *fr* porte un petit curseur *d*, que l'on fait avancer ou reculer à volonté, pour rétablir l'équilibre au besoin.

Lorsqu'on veut mettre cet appareil en action, on prend le levier de la main droite par l'extrémité située vers *f*, et on presse le barreau entre deux doigts de la main gauche, puis on remet le levier sur son pivot. Le barreau de spath doit être tellement tourné, que deux de ses faces latérales opposées soient situées verticalement. Je nommerai cet appareil *électroscope vitré*, du nom de l'espèce d'électricité que la pression y a fait naître.

Le second appareil diffère du précédent en ce que le levier *gf* s'y trouve remplacé par une simple aiguille *os* d'argent ou de cuivre (fig. 5), ayant deux globules fixés à ses extrémités, et dont la chape *hx* doit être faite du même métal. Pour mettre cet appareil à l'état d'électricité résineuse, ainsi que l'exige sa destination, on frotte, à plusieurs reprises, sur un morceau de laine ou de drap, un bâton de cire d'Espagne, ou un fragment de succin, puis on l'approche jusqu'au contact d'un des globules de l'aiguille, qui est aussitôt fortement repoussée, et là se termine l'opération. L'appareil qui vient d'être décrit portera le nom d'*électroscope résineux*.

Le troisième appareil consiste dans une petite aiguille de cuivre ou d'argent analogue à celle qui est représentée fig. 3, et dont la chape est faite de cristal de roche, et se meut sur la pointe d'un support de même métal. On peut, à volonté, mettre cette aiguille dans l'état d'électricité vitrée ou résineuse, qu'elle conserve pendant quelque temps, à l'aide de sa chape, qui a la propriété isolante. La concavité de cette chape oppose une nouvelle résistance à l'effort du fluide dont on a chargé l'aiguille, pour s'y introduire et pénétrer jusqu'à la pointe du support, puisqu'en supposant qu'il y fût entré, il n'y resterait pas. De là le nom d'*aiguille isolée* que je donne à cet appareil.

Veut-on maintenant communiquer à l'aiguille l'électricité résineuse, on touche un des globules qui la terminent avec un morceau de cire d'Espagne ou de succin, que l'on a frotté comme dans le cas du second appareil; mais nous devons ici observer que quelquefois un seul contact ne suffit pas pour produire la répulsion, qui est le signe de la vertu résineuse acquise par l'aiguille, mais qu'il est nécessaire de faire glisser à deux ou trois reprises le succin ou la cire d'Espagne sur la surface du globule. On s'éloigne ensuite à une petite distance de l'un ou l'autre globule; et si l'on voit reculer celui-ci, on est assuré que l'opération a réussi.

Supposons au contraire qu'on veuille faire acquérir à l'aiguille l'électricité vitrée. C'est encore au moyen d'un bâton de cire à cacheter ou d'un morceau de succin électrisé par le frottement, que l'on y parvient, mais en lui assignant un rôle différent. Ayant pris entre deux doigts d'une main un des globules qui terminent l'aiguille, en maintenant celle-ci dans sa position horizontale, on prend de l'autre main le succin ou le bâton de cire d'Espagne, et on le fait avancer vis-à-vis de l'autre globule, jusqu'à la distance de quelques millimètres, de manière que le centre de la partie frottée soit sur la direction prolongée de l'aiguille. On laisse les choses dans cet état pendant environ une minute, puis on retire d'abord les doigts qui étaient en contact avec le premier globule, et ensuite le succin ou la cire d'Espagne, en mettant un petit intervalle entre les deux mouvemens. L'aiguille alors se trouve électrisée vitreusement.

Je ferai ici une observation qui ne me paraît pas indifférente. On sait qu'un corps qui est dans l'état naturel agit par attraction sur un corps électrisé, quelle que soit l'espèce d'électricité qui sollicite ce corps; j'en donnerai la raison lorsque je traiterai de la tourmaline. Cela posé, il pourrait arriver que le corps qu'on présenterait à l'action de l'électroscope vitré, ayant acquis d'abord l'électricité vitrée, l'eût perdue et fût rentré dans l'état naturel; et comme alors il y aurait attraction, on en conclurait faussement que le corps était électrisé résineusement Pour lever toute équivoque, il faut premièrement présenter le corps à une aiguille non isolée; si elle est attirée, on sera certain que ce corps est dans l'état électrique, en sorte que s'il attire ensuite l'électroscope vitré, cette attraction indiquera dans le même corps l'existence d'une électricité résineuse. Quant à la répulsion, elle indique dès le premier instant que le corps qu'on présente à l'aiguille est électrisé vitreusement, puisque ce corps produirait l'effet contraire, s'il était dans l'état naturel.

Il est quelquefois utile de déterminer l'espèce d'électricité qu'un corps a acquise à l'aide du frottement. On connaît, par exemple, une substance des États-Unis, qui porte le nom de *magnésie hydratée*, et qui a une grande analogie d'aspect avec le talc nacré. Mais si l'on isole une lame de cette substance, et qu'après l'avoir frottée on la présente à l'électroscope vitré, elle le repoussera, par une suite de ce qu'elle aura reçu l'électricité vitrée, tandis que dans le même cas le talc qui se trouve électrisé résineusement agit sur l'aiguille par attraction. Le frottement du molybdène sulfuré fait naître dans la cire d'Espagne ou dans la résine l'électricité vitrée, c'est-à-dire qu'il détermine dans chacun de ces corps un état opposé à celui qui aurait lieu par le frottement d'une substance ordinaire. La cire et la résine repoussent dans ce cas l'aiguille électrisée, tandis que le graphite, appelé vulgairement *plombagine*, dont l'aspect approche de celui du molybdène, employé de la même manière, ne produit dans la cire ou dans la résine aucune vertu électrique, en sorte que si l'on présente l'une ou l'autre à une aiguille non isolée, celle-ci reste immobile.

f. *Faculté conservatrice de l'Électricité.*

On peut employer avec avantage le simple frottement, pour comparer divers minéraux, relativement à la faculté de persister plus ou moins long-temps dans l'état électrique où il les a mis, et que j'appelle *faculté conservatrice de l'électricité.* A la rigueur cette faculté varie d'un corps à l'autre par une gradation de nuances. Cependant, en suivant de près cette gradation, on s'aperçoit que ses différens termes tendent vers certaines limites d'après lesquelles on peut partager l'ensemble des corps naturels en trois classes, relativement à ce qui arrive lorsqu'après les avoir frottés, on les met en contact avec des corps conducteurs. La première comprend les corps qui possèdent à un haut degré la faculté dont il s'agit, c'est-à-dire qui, dans le premier instant du contact, ne cèdent aux corps conducteurs qu'une quantité ou légère, ou même insensible de leur fluide, et ne le perdent ensuite qu'au bout d'un temps considérable, lors même qu'on les laisse en communication avec les corps environnans : tels sont le spath d'Islande et la topaze incolore. Je range dans la seconde classe les corps qui possèdent à un degré moyen la faculté conservatrice. Ce sont ceux qui cèdent dans le cas dont j'ai parlé, une quantité notable de leur fluide, que j'appelle leur *fluide excédant,* et ne perdent le reste que lentement, mais en moins de temps que ceux de la première classe, toujours dans l'hypothèse où ils seraient mis en communication avec les corps environnans : tel est le succin. Les corps qui appartiennent à la troisième classe sont ceux qui possèdent à un faible degré la faculté conservatrice, ou qui cèdent, dès le premier contact, une partie plus ou moins considérable de leur fluide, et ne conservent le reste que pendant peu de temps : tel est le cristal de roche.

Il est facile de vérifier, à l'aide de l'expérience, les effets qui ont lieu dans le premier instant. On peut employer dans cette vue, l'électroscope résineux que représente la fig. 5, en laissant dans l'état naturel l'aiguille métallique qui en fait partie. On prend une topaze incolore entre les doigts : on la frotte et l'on touche à plusieurs reprises avec la partie de la surface qui a subi le frottement, un des globules qui terminent l'aiguille, après quoi on la fait mouvoir jusqu'à une distance sensible du même globule, qui est aussitôt attiré, comme si la topaze lui était présentée pour la première fois ; d'où il faut conclure qu'elle n'a cédé à l'aiguille aucune quantité appréciable de son fluide ; et ce qui le prouve encore mieux, c'est que si l'on approche un doigt de l'aiguille, elle ne fera aucun mouvement pour se porter vers lui, ou si elle en fait un, il sera presque imperceptible (*).

____

(*) Cette expérience ne réussit complètement que par un temps sec.

Maintenant, si l'on substitue à la topaze un bâton de cire d'Espagne, en opérant de la même manière, la petite aiguille sera fortement repoussée, parce que le bâton de cire lui aura cédé une quantité notable de fluide excédant, et c'est même par ce moyen que l'on fait passer l'aiguille de l'état naturel à celui d'électricité résineuse, ainsi que nous l'avons dit plus haut. Le même effet aura lieu avec un morceau de cristal de roche, ou avec une lame de verre.

J'ai maintenant à considérer ce qui se passe dans les instans suivans, jusqu'à ce que les corps aient entièrement perdu leur vertu électrique. Pendant cet intervalle, je les laisse en contact avec un corps métallique, qui est lui-même en communication avec les corps environnans ; ce qui me donne une mesure appréciable, jusqu'à un certain point, de la résistance que les corps soumis à l'expérience opposent à l'effort que font leurs molécules pour s'échapper à l'aide de leur force répulsive mutuelle. Je me bornerai à deux exemples relatifs à la première classe, dont le premier m'a été offert par une grande lame détachée, à l'aide de la division mécanique, d'un cristal de topaze incolore du Brésil, dont chaque dimension était à peu près de 35 millimètres (environ 15 lignes ½). Je l'avais appliquée, par la surface qui avait été frottée, sur une lame de cuivre, d'où pendait une chaîne de laiton, qui était en communication avec les corps environnans. Ce n'est qu'après un intervalle d'environ 145 heures, qu'elle a cessé de donner des signes d'électricité. L'expérience a été faite au milieu d'un air sec. J'ai placé dans des circonstances semblables, des rhomboïdes de spath d'Islande, et leur vertu ne s'est éteinte qu'au bout de plusieurs jours. L'un deux l'a conservée pendant onze jours, par un temps favorable.

La résistance des mêmes rhomboïdes à l'action d'un air humide, n'est pas moins remarquable. Le 20 décembre de l'année 1819, jour où il régnait une humidité dont il y a peu d'exemples, l'électroscope vitré que j'ai décrit plus haut, ayant été porté sur un escalier où tout ce qu'on voyait portait l'empreinte d'un air surchargé de vapeur aqueuse, le petit barreau de spath, qui en est la pièce principale, devint très sensiblement électrique à l'aide de la pression, et ce ne fut qu'au bout de deux heures que ses effets disparurent.

Quelques jours après, M. de Monteiro, savant portugais, également distingué par la diversité et par l'étendue de ses connaissances, dans un moment où je jouissais de l'avantage de le posséder chez moi, me suggéra l'idée de plonger dans l'eau un rhomboïde du même spath, après l'avoir électrisé par le frottement. L'immersion ne lui fit perdre qu'une petite partie de sa vertu, ainsi qu'il fut facile d'en juger, lorsqu'après l'avoir retiré, nous le vîmes exercer encore une attraction très sensible sur une aiguille non isolée dont on l'approcha. Nous remarquâmes que sa surface était restée sèche pendant l'immersion, ex-

cepté que la partie qui était sortie de l'eau la dernière
en avait enlevé une goutte qui y restait suspendue.
Nous avons répété plusieurs fois cette expérience avec
le même succès, en employant la pression pour
électriser le rhomboïde, avant de le plonger dans l'eau.
C'est par une suite de cette espèce d'indifférence
pour ce liquide, que le spath, quand il est environné
d'un air humide, dont les appareils ordinaires éprouvent souvent, dès le premier instant, l'influence nui-
sible, la vapeur n'agit sur lui qu'avec beaucoup de
lenteur, et ne parvient à lui enlever sa vertu qu'en la
minant, pour ainsi dire, insensiblement. Nous avons
éprouvé d'autres substances du nombre de celles qui
possèdent aussi, quoiqu'à un moindre degré, la propriété d'acquérir la vertu électrique par la pression,
telles que la chaux fluatée et l'euclase, et nous avons
observé que l'eau dans laquelle on les avait plongées,
n'avait eu également aucune tendance pour adhérer
à leur surface, en sorte qu'elles continuaient d'attirer une aiguille non isolée.

Parmi les corps de la troisième classe, le quarz est du
nombre de ceux qui ont le moins d'aptitude pour la
faculté conservatrice. La durée de ses effets y va rarement au-delà d'un quart d'heure, dans les temps secs.
J'ai été surpris de voir le diamant se ranger auprès
de ce corps, sous le rapport de la même propriété.
L'action d'un air humide la rend beaucoup plus fugitive. J'ai trouvé des morceaux de quarz incolore,
qui joignaient un poli vif à une belle transparence,

et qui, dans le cas dont je viens de parler, après avoir
subi un frottement long-temps prolongé, ne donnaient aucun signe d'électricité. C'était, pour ainsi
dire, le zéro absolu de la faculté conservatrice.

8. *Électricité acquise par l'intermède de la chaleur.*

C'est dans le nombre des minéraux isolans qu'on
en trouve plusieurs qui ont la propriété de s'électriser par la simple action de la chaleur. Et ce qui n'est
pas moins remarquable, c'est que cette action, bien
différente du frottement qui s'exerce d'une manière
uniforme sur tous les points de la surface, pour les
mettre dans le même état, pénètre dans le mécanisme intime de la structure, pour y développer
à la fois les deux espèces d'électricité, en sorte que
le corps acquiert deux pôles, dont l'un est à l'état
vitré et l'autre à l'état résineux.

Lorsqu'on veut faire subir à l'un des corps dont il
s'agit l'action de la chaleur, on le place entre les
extrémités des deux branches d'une pince d'acier,
dont la partie inférieure est engagée dans un man-
che de bois. Les branches sont traversées par une
vis, que l'on fait tourner pour les rapprocher, jusqu'à ce que le corps ait pris une position fixe. On
présente ce corps à une petite distance d'un charbon
allumé, ou bien on allume de l'alcohol, et l'on fait
tourner le corps autour de la flamme, en évitant de
le mettre en contact avec elle, pour le préserver
d'une rupture.

Il arrive quelquefois qu'un petit fragment détaché d'un corps qui a un certain volume, surtout s'il porte l'empreinte d'une cristallisation confuse, se prête beaucoup plus facilement à l'action de la chaleur, pour le rendre électrique, que ne ferait la masse entière. La théorie indique la raison de cette différence.

Si l'on expose une tourmaline ou tout autre corps qui partage la propriété que nous considérons ici, à l'action d'une chaleur croissante, comme celle d'un charbon, ou de la flamme de l'alcohol, il y aura un terme où le corps cessera de donner des signes de vertu électrique. Dans ce cas, on est obligé, après l'avoir retiré, de le laisser revenir de lui-même à la température convenable, pour qu'il agisse sur les autres corps qu'on lui présente; mais la vertu polaire ne s'arrête pas au terme que l'expérience paraît indiquer lorsque le refroidissement a eu lieu; et il existe dans l'abaissement de la température un autre terme, où la même vertu reparaît avec des caractères qui la distinguent de la première. Mes observations, relativement à ce retour de l'action électrique, ont été faites d'abord sur des cristaux de zinc oxidé de Limbourg, aux environs d'Aix-la-Chapelle, et sur des morceaux de la variété aciculaire du même minéral que l'on trouve dans le Brisgau. J'avais déjà annoncé que ce minéral n'avait pas besoin d'être chauffé pour donner des signes de la vertu électrique, et j'avais même observé qu'il la manifestait encore par un froid de 6^d au-dessous du zéro du thermomètre de Réaumur : c'est à l'occasion de celui qui a régné pendant l'hiver de 1819, que j'ai repris mes expériences. Ayant placé un petit morceau du minéral dont il s'agit, sur une fenêtre où était un thermomètre qui indiquait onze degrés au-dessous du zéro, et l'y ayant laissé quelques instans, je remarquai qu'il agissait encore très sensiblement sur l'aiguille non isolée. Je déterminai ses pôles, et l'ayant porté dans une chambre où le thermomètre marquait quatre degrés au-dessus du zéro, je continuai de le soumettre à l'expérience, et je vis son action polaire s'affaiblir progressivement et finir par devenir nulle. Je l'approchai par degrés d'une cheminée où l'on avait allumé du feu, jusqu'à ce qu'il n'en fût plus éloigné que d'environ un mètre. Bientôt les actions de ses pôles se renouvelèrent, mais *en sens inverse* de celui qui avait eu lieu dans l'expérience précédente.

J'ai vérifié ces résultats sur des cristaux d'une espèce différente, et en particulier sur ceux qui appartiennent à la tourmaline. Je donne en général le nom d'*électricité ordinaire* à celle qui est produite par la chaleur du feu, et j'appelle *électricité extraordinaire* celle qui naît spontanément pendant l'abaissement de la même température. Il arrive quelquefois qu'au moment où l'électricité extraordinaire est près de se montrer, les deux pôles sont à la fois vitrés ou résineux, parce que l'un est en retard dans son passage à l'état opposé ; mais il finit toujours par y arriver.

J'ai observé que le degré auquel répond le point neutre qui fait la séparation des deux électricités, variait suivant les saisons, en sorte qu'il s'élevait ou s'abaissait à mesure que la chaleur de l'atmosphère augmentait ou diminuait ; mais dans le cas même de sa plus grande élévation, je l'ai toujours trouvé beaucoup au-dessous de celui qui se déduit de l'indication d'Æpinus, d'après laquelle la tourmaline ne deviendrait électrique qu'à une température comprise entre le 30° et le 80° degré de Réaumur. Dans toutes celles que j'ai soumises à l'expérience, le degré auquel l'électricité extraordinaire a disparu, s'est trouvé le plus ordinairement au-dessus du zéro du thermomètre.

Le zinc oxidé est ici dans un cas tout particulier. Nous avons vu qu'il donnait encore des signes marqués de cette espèce d'électricité à une température de 11 degrés au-dessous du zéro de Réaumur. On ne peut savoir ce qui serait arrivé dans le cas où l'abaissement de la température aurait continué, et si, comme il y a lieu de le croire, la vertu électrique, après s'être affaiblie graduellement, se serait éteinte à un certain terme qui aurait donné le zéro absolu de cette vertu. Nous nous trouvons ici dans un cas semblable à celui où nous étions, à l'égard du mercure, avant que le degré de froid auquel répond sa congélation fût connu.

b. *Corrélation entre les formes des cristaux électriques par la chaleur, et les forces contraires de leurs pôles.*

L'étude que j'ai faite des phénomènes qui nous occupent, m'a conduit à des observations qui semblent prouver que pendant la formation des corps qui produisent ces phénomènes, les deux fluides exerçaient sur les lois de la structure des influences opposées qui ont laissé leur empreinte sur la forme cristalline. Nous avons vu qu'en général les parties qui se correspondent sur les cristaux sont semblables par le nombre, par les figures et par la disposition respective de leurs faces. Mais les cristaux électriques, par la chaleur, dérogent à cet ordre symétrique, en ce qu'une des parties dans lesquelles résident les deux fluides offrent des résultats de décroissemens qui ne se répètent pas dans la partie opposée. Je me bornerai ici à un seul exemple, que je tirerai de la tourmaline dissimilaire que représente la fig. 18, planche 3. Sa forme est celle d'un prisme à neuf pans, terminé inférieurement par trois faces p', p', p' parallèles à celles qui ont la même position sur le rhomboïde primitif (fig. 19), et supérieurement par trois faces P, P, P (fig. 18), qui sont les analogues des précédentes, séparées par trois autres faces n, n, n. Il existe ici un double défaut de similitude. Parmi les pans du prisme, il y en a six, savoir, s, s, etc., qui résultent du décroissement D (fig. 19); les trois autres, tels que *l* (fig. 18), proviennent du décroissement *e* (fig. 19), qui ne s'est pas répété sur les angles intermédiaires E, E, quoique ceux-ci soient identiques avec les premiers. De plus, les faces *n*, *n* (fig. 18) produites en vertu du décroissement B (fig. 19) n'ont point d'analogues du côté opposé. C'est le sommet à six faces qui est le siége de l'électricité vitrée, et le sommet à trois faces qui est celui de l'électricité résineuse, comme si l'influence du fluide qui exerce cette électricité eût rendu nulle la tendance de la cristallisation vers la répétition des deux lois qui ont agi, l'une sur les angles inférieurs, l'autre sur les bords supérieurs des faces P. J'aurai occasion, dans la suite de ce traité, de citer d'autres exemples du même genre, parmi lesquels le plus remarquable est celui que présente la magnésie boratée, dont le noyau est un cube, c'est-à-dire une forme qui, à raison de sa grande régularité, semblait être moins susceptible que les autres d'un défaut d'harmonie dans les décroissemens qui la modifient.

On sent bien que ces différences de configuration, dans des parties semblablement situées, ne peuvent être regardées comme des exceptions à la loi de symétrie, parce qu'elles dépendent d'une cause particulière qui a dérangé la cristallisation de la marche qu'elle suivrait, si elle restait abandonnée à elle-même. On peut emprunter ici une comparaison d'une aiguille d'acier, qui, avant d'être aimantée, est dans une position parfaitement horizontale sur son pivot; et après avoir reçu le magnétisme, s'incline vers l'horizon par une de ses extrémités. On n'en conclura pas que la loi de l'équilibre soit ici en défaut.

i. *Nouvel appareil préférable aux autres pour les expériences.*

Pour déterminer les pôles d'un corps électrisé par la chaleur, on peut se servir des deux électroscopes vitré et résineux dont j'ai donné plus haut la description. Si c'est le pôle vitré que l'on présente, il agira par répulsion sur l'électroscope de même nom et par attraction sur le résineux. Le pôle de ce dernier nom sera indiqué par les effets inverses des précédens.

Si l'on a une seconde tourmaline semblable à la précédente, on peut, à l'aide d'un appareil très simple, faire concourir leurs actions mutuelles au développement de leurs propriétés. Comme les deux fluides qui composaient le fluide naturel de ces corps, avant l'expérience, restent engagés dans leurs pores, après s'être démêlés l'un de l'autre par l'action de la chaleur, ainsi que je l'expliquerai à l'article de la tourmaline, ils sont à l'abri de toute influence extérieure; et l'état électrique des corps se maintient au milieu de l'air le plus humide. Je ne sais même s'il n'y a pas quelque chose de plus piquant dans ces expériences qui ramènent les fonctions des corps électriques par la chaleur à celles des aimans, avec lesquels ils ont une si grande analogie, soit par leur double vertu polaire, soit par la loi à laquelle est soumise la distribution des deux fluides dans leur intérieur.

L'appareil destiné pour ces expériences se compose essentiellement de deux pièces; l'une est une tige d'argent ab (fig. 6, pl. 1), fixée sur une rondelle cc' de même métal, et terminée supérieurement par une pointe d'acier très aiguë ag. L'autre pièce consiste principalement dans une lame rectangulaire d'argent hk, relevée en équerre à ses deux extrémités, où l'on a pratiqué des échancrures o, r. Cette lame est percée en son milieu d'un trou circulaire, pour recevoir une petite chape x de cristal de roche ou d'agate, qui est maintenue par un cercle d'argent au moyen de deux vis s, z. L'aiguille ag fait l'office d'un pivot qui entre dans une petite ouverture pratiquée en dessous de la chape. Vers les extrémités de la surface inférieure de la lame hk, sont attachés deux fils d'argent pi, uy, dirigés un peu obliquement à cette surface, et terminés par deux globules i, y de même métal. Ces globules sont destinés à faire descendre le centre de gravité de l'ensemble, de manière que la lame reste toujours soutenue pendant son mouvement de rotation.

Supposons maintenant que l'on veuille détermi-

ner les deux espèces d'électricité qui sollicitent les
pôles d'une tourmaline. Les cristaux de ce minéral
qu'on trouve en Espagne sont très propres à ce genre
d'expériences par leur forme mince et alongée. Après
avoir fait chauffer celui que l'on aura choisi, on le
placera dans l'échancrure *hk*, et on présentera successivement à une petite distance de ses extrémités
un autre corps que l'on aura électrisé en le frottant.
Si ce corps est, par exemple , un morceau de succin ou un bâton de cire d'Espagne, le pôle de la
tourmaline qu'il repoussera sera le pôle résineux de
cette pierre, et celui sur lequel il agira par attraction sera le pôle vitré. Dans le cas où l'on em-
ploierait une topaze électrisée par le frottement , la
répulsion indiquerait le pôle vitré de la tourmaline,
et l'attraction son pôle résineux.

Il suffit d'avoir ainsi une tourmaline dont les pôles
soient connus, pour qu'elle puisse servir comme de
terme de comparaison à tous les corps de la même
espèce ou d'espèce différente qui partagent la propriété dont il s'agit, quelles que soient d'ailleurs les
formes et les dimensions de ces corps. Après avoir
fait chauffer celui que l'on veut éprouver, on l'approche successivement par ses parties opposées de
l'un ou l'autre des pôles de la tourmaline, et la conséquence du résultat s'offre comme d'elle-même ,
d'après le principe commun à l'électricité et au
magnétisme, que les pôles sollicités par des fluides
homogènes se repoussent , et que ceux dans lesquels

des fluides hétérogènes résident s'attirent. La grande
mobilité de l'appareil, et la faculté qu'ont les tourmalines de conserver leur vertu électrique pendant un
temps plus ou moins considérable, sont deux circonstances favorables au succès des expériences.

La propriété de devenir électrique par la chaleur
n'est pas inhérente à la nature intime des corps qui
en jouissent. La tourmaline m'a paru être l'espèce
où elle s'étend le plus généralement sur les individus trouvés dans divers pays. Mais la mésotype du
département du Puy-de-Dôme n'offre aucun indice
de la propriété dont il s'agit, tandis que celle de
Féroë la manifeste d'une manière sensible. On rencontre même des exceptions parmi des cristaux dont
la formation a été simultanée, tels que ceux qui
appartiennent à la topaze de Saxe. J'ai déjà quelques observations qui semblent prouver que les cristaux non électriques rentrent dans la loi de symétrie par la similitude de leurs parties opposées. Mais
quoique la chose soit dès maintenant très probable,
la rareté des formes complètes ne m'a pas permis de
suivre aussi loin que je l'aurais désiré l'indication
de la théorie.

La propriété que nous considérons ici, partout
où elle existe, fait d'autant mieux ressortir les corps
qui la manifestent, qu'elle est limitée à un petit
nombre d'espèces. Le défaut de transparence et de
poli ne l'empêche pas d'agir, et elle persiste dans
les produits de la cristallisation confuse et dans les

masses aciculaires et fibreuses, dont l'aspect vague expose l'observateur à se méprendre sur l'espèce à laquelle il doit rapporter le corps qu'il a entre les mains. Ses usages s'étendent aux pierres fines qui ont été taillées, et parmi lesquelles elle peut servir à distinguer les topazes rouges et jaunes du spinelle et de certaines variétés de corindon et de grenat. Elle a de plus cet avantage, que les expériences dont elle est le sujet n'exigent qu'un appareil très simple, et que la manière de les faire n'a pas besoin d'être étudiée.

k. Communication avec un corps conducteur électrisé.

Ce genre d'épreuve n'est presque d'aucun usage en Minéralogie. Je l'ai indiqué parmi les caractères du quarz-jaspe, où il n'a pas même lieu généralement pour toutes les variétés, mais seulement pour celles qui renferment une certaine quantité de fer. Si l'on place un morceau de l'une de ces variétés sur un isoloir qui soit en contact avec le conducteur d'une machine électrique dont le plateau est en mouvement, et qu'on approche le doigt ou un excitateur du morceau dont il s'agit, celui-ci donnera des étincelles, ce que ne ferait pas le quarz-agate.

8. *Magnétisme.*

Quoique l'expérience ait fait connaître que le nickel et le cobalt partagent avec le fer la propriété magnétique, comme cependant la nature jusqu'ici ne nous a point offert les premiers dans l'état où ils seraient susceptibles de manifester cette propriété, toutes les épreuves dont elle est le sujet ont pour but de déceler la présence du fer dans les divers corps qui le renferment.

On distingue, en général, deux variétés du magnétisme ; l'une, que l'on peut appeler *magnétisme simple*, et que manifestent les corps qui n'agissent que par attraction sur l'un et l'autre pôle d'une aiguille aimantée ; l'autre, que nous nommons *magnétisme polaire*, et dont jouissent les corps qui, étant présentés successivement par le même point aux deux pôles d'une aiguille aimantée, agissent constamment sur l'un par attraction et sur l'autre par répulsion, quelles que soient les positions que l'on donne à ces corps. Il est nécessaire d'ajouter cette condition, comme on le verra lorsque j'exposerai, à l'article du fer, la théorie des phénomènes magnétiques : autrement toutes les clefs et autres corps fabriqués avec du fer doux pourraient être regardés comme des aimans.

a. *Manière de reconnaître le magnétisme simple.*

On se sert ordinairement, pour ce genre d'épreuves, d'un petit barreau aimanté, coupé carrément, et percé d'un trou qui répond au milieu d'une de ses faces, et qui sert à le mettre en équilibre sur un pivot. Mais je préfère, comme ayant plus de mobilité, une aiguille de bon acier, fortement aimantée, dont la chape soit faite d'agate ou de cristal de roche. Celle que j'emploie et que représente la figure 7, pl. 1, a la figure d'un losange, et sa longueur est de 94 millimètres $\frac{1}{2}$, environ 3 pouces 6 lignes. La tige qui lui sert de support est terminée par une pointe d'acier très déliée.

Lorsque le morceau qu'on éprouve appartient au fer natif, ou à une combinaison de ce métal avec une quantité d'oxigène qui ne lui enlève pas son éclat métallique, il agit immédiatement sur l'aiguille aimantée. Cette action est assez ordinairement attractive à l'égard de l'un et l'autre pôle de l'aiguille. Lorsque l'attraction a lieu d'un côté et la répulsion de l'autre, le phénomène rentre dans un second cas dont je parlerai bientôt.

La même action se retrouve dans des corps où le fer n'entre que comme principe accidentel. De ce nombre sont les grenats, qui, en général, renferment une quantité considérable de fer, dont le rapport va jusqu'aux $\frac{2}{3}$ de la masse, même dans ceux qui sont les plus transparens. Saussure paraît être le premier qui ait observé le magnétisme de ces corps (*). Plusieurs espèces de roches, telles que les basaltes, les serpentines, les aphanites qui sont pour les minéralogistes étrangers des grünstein où le feldspath intimement mêlé à l'amphibole a disparu, renferment aussi des parcelles souvent imperceptibles de

---

(*) Voyages dans les Alpes, n° 84.

fer, dont la présence est décélée par l'action que ces roches exercent sur l'aiguille aimantée.

Mais si le morceau que l'on veut éprouver est du fer oxidé brun ou jaunâtre, ou si le fer y est combiné avec quelque autre principe qui s'oppose à l'exercice de son magnétisme, comme dans les espèces nommées *fer sulfuré*, *fer arsénical*, *fer phosphaté*, il suffit de faire chauffer pendant un instant un petit fragment détaché de la masse, pour le rendre magnétique, et ordinairement l'on n'a besoin que d'employer la chaleur produite par la flamme d'une bougie.

b. *Moyen d'augmenter considérablement la sensibilité de l'aiguille.*

Ce moyen, qui consiste à combiner l'action d'un barreau aimanté avec celle de l'aiguille, est si simple, qu'il n'exigerait que peu de détails pour être bien conçu, si je ne l'envisageais que sous le rapport de la pratique; mais l'expérience dont il dépend a besoin d'être méditée, lorsqu'on veut se faire une juste idée de la manière d'agir des différentes forces qui concourent à l'effet qu'on se propose d'obtenir; et j'ai d'autant plus lieu de croire qu'on me saura gré des développemens que je vais donner à l'exposé de ce moyen, qu'il renferme une nouvelle application de la théorie du magnétisme.

Pour me rendre plus clair, je me bornerai d'abord

à la considération des forces qui maintiennent l'aiguille dans le plan de son méridien magnétique. Je
suppose ici cette aiguille située dans notre climat,
où elle est plus voisine du pôle boréal du globe terrestre que de son pôle austral. Le fluide qui réside
dans le premier agit par attraction sur le pôle austral (*) de l'aiguille, et, par répulsion, sur son pôle
boréal. C'est le contraire par rapport au pôle austral
du globe; son action sur le pôle boréal de l'aiguille
est attractive, et celle qu'il exerce sur le pôle austral est répulsive. Mais parce qu'il agit de plus loin,
nous pouvons nous figurer l'aiguille comme étant
uniquement sollicitée par la force du pôle boréal du
globe, en raison de l'excès de cette force sur celle
de l'autre pôle.

Concevons maintenant que l'aiguille s'écarte un
peu du plan de son méridien magnétique: sa force
directrice (**) agira aussitôt pour l'y ramener. Con-

(*) Je rappellerai ici que l'extrémité de l'aiguille qui
regarde le nord, lorsque cette aiguille est dans le plan de
son méridien magnétique, doit porter le nom de *pôle austral*, et l'extrémité opposée celui de *pôle boréal*. Voyez le
Traité élémentaire de Physique, t. II, p. 5*.

(**) On entend par *force directrice* celle qui agit perpendiculairement sur l'aiguille dérangée du plan de son
méridien, pour la ramener à ce plan. On suppose cette force
appliquée à un point situé entre le milieu de l'aiguille et
l'extrémité qui regarde le pôle dont elle est plus voisine
lorsqu'elle est abandonnée à elle-même. M. Coulomb a prouvé

cevons de plus que cette déviation de l'aiguille ait été produite par l'action d'une petite quantité de fer contenue dans un corps que l'on aurait placé très près du centre d'action australe de l'aiguille : il faudra que la première action soit égale à celle de la force directrice qui dans ce moment sollicite l'aiguille, plus à la petite résistance qui a nécessairement lieu au point de suspension de l'aiguille. Or il peut bien arriver que la quantité de fer contenue dans le corps soumis à l'expérience, soit si légère, ou tellement chargée d'oxigène, que son action soit inférieure à la somme des deux actions, dont l'une serait produite par la résistance que j'ai indiquée, et l'autre par la force directrice de l'aiguille écartée sous un angle un peu sensible de son méridien magnétique ; et, dans cette hypothèse, l'aiguille restera immobile.

En réfléchissant sur ces effets, j'ai conçu l'idée de diminuer tellement la force qui s'oppose au mouvement de rotation de l'aiguille, qu'elle fût incapable de dérober celle-ci à l'action de quelques particules de fer ; qui, dans une expérience faite à l'ordinaire, n'auraient sur elle qu'une influence censée nulle. Pour y parvenir, je dispose d'abord à une certaine distance de l'aiguille et au même niveau, d'un côté ou de l'autre, par exemple vers le midi, un barreau aimanté,

---

que la force directrice est proportionnelle au sinus de l'angle que fait l'aiguille écartée de sa direction naturelle avec cette même direction.

dont la direction soit, autant qu'il est possible, sur le prolongement de celle de l'aiguille, et dont les pôles soient renversés à l'égard des siens (*). Je fais avancer ensuite doucement le barreau vers l'aiguille. Pendant ce mouvement, le pôle boréal du barreau, qui maintenant est le plus voisin de l'aiguille, agira par attraction sur le pôle austral de celle-ci, et, par répulsion, sur son pôle boréal, en sorte que les deux actions conspireront pour faire tourner l'aiguille dans un sens ou dans l'autre (voyez fig. 8. pl. 1) (**). Le pôle austral du barreau exercera des actions contraires sur les deux pôles de l'aiguille; mais comme elles partaient de plus loin, le pôle boréal pourra être considéré comme agissant seul avec des forces proportionnelles à la différence entre ses actions et celles de l'autre pôle. De plus, comme les forces dont il s'agit concourent à faire tourner l'aiguille dans un même sens, nous pouvons les supposer appliquées à un même pôle de l'aiguille, par exemple au pôle aus-

---

(*) Pour garantir l'aiguille des agitations de l'air, je la place avec son support au fond d'une cage de verre, de forme carrée, ouverte par le haut, dans laquelle j'introduis les corps que je veux soumettre à l'expérience, en les tenant attachés à l'extrémité d'un petit cylindre de cire.

(**) On ne peut supposer que les centres d'action du barreau et de l'aiguille restent si exactement sur une même direction, que l'aiguille soit simplement poussée vers le nord, sans prendre aucun mouvement de rotation. Ce cas d'équilibre n'est qu'idéal.

tral, en augmentant convenablement par la pensée celle qui attire ce pôle.

Concevons l'aiguille arrivée au point où sa nouvelle direction ferait un angle de 10^d avec le méridien magnétique, et faisons abstraction de la petite résistance qui a lieu au point de suspension. A ce terme la force directrice de l'aiguille sera en équilibre avec la force attractive du barreau. Si l'on continue de faire avancer celui-ci vers l'aiguille, l'attraction qu'il exerce sur son pôle austral s'accroîtra à raison d'une moindre distance, et en même temps la force directrice de l'aiguille augmentera, par une suite de ce que cette aiguille fera un plus grand angle avec son méridien magnétique ; mais l'augmentation dont il s'agit aura lieu par des degrés dont les différences iront en décroissant (*). Enfin, lorsque l'aiguille sera parvenue à une direction perpendiculaire sur le méridien magnétique, la force directrice aura atteint son *maximum*. Jusqu'alors l'aiguille restait immobile toutes les fois que l'on arrêtait le mouvement progressif du barreau, par une suite de l'équilibre entre les deux forces contraires qui la sollicitaient.

(*) C'est une conséquence de ce que, quand les arcs qui mesurent les quantités dont l'aiguille s'écarte du plan de son méridien, augmentent par des différences égales, les sinus correspondans, qui, comme je l'ai dit, mesurent les forces directrices, diffèrent de moins en moins les uns des autres, en sorte qu'aux approches de l'angle droit, ils sont presque égaux.

Mais au-delà du terme auquel répond le *maximum*
de la force directrice, si l'on fait faire au barreau un
nouveau mouvement vers l'aiguille, l'attraction qu'il
exerce sur elle s'accroîtra encore, et l'aiguille étant
forcée de prendre une position inclinée en sens contraire à l'égard du méridien magnétique, sa force
directrice diminuera ; en sorte que, l'équilibre ne
pouvant plus s'établir, l'aiguille continuera de tourner pendant que le barreau restera immobile, jusqu'à ce qu'elle se retrouve dans le plan de son méridien magnétique, avec cette différence que sa
position sera renversée, à l'égard de celle qu'elle
avait naturellement avant l'expérience.

Le moment le plus favorable pour présenter un
corps qui renfermerait une petite quantité de fer à
l'un des pôles de l'aiguille, par exemple au pôle austral, en le plaçant du côté du barreau, paraîtrait
être celui où la position de l'aiguille serait exactement perpendiculaire sur le méridien magnétique,
ainsi que le représente la figure 8, pl. 1. Car on conçoit que, dans ce cas, où la force directrice tend à
diminuer, pour le peu que l'aiguille poursuive son
mouvement de rotation, une très petite force peut
suffire pour la déranger dans le sens de ce mouvement (*). Mais comme il serait difficile d'arrêter le

---

(*) Il m'est arrivé quelquefois de saisir cette position,
et lorsque je présentais à l'aiguille un corps qui ne contenait qu'une très légère quantité de fer, en le plaçant du

barreau précisément au terme où la plus légère impulsion qu'on lui donnerait ensuite vers l'aiguille déterminerait le retour de celle-ci au plan du méridien magnétique, il suffira que la position de l'aiguille soit très voisine de ce terme, en restant un peu en-deçà : on placera alors le corps destiné pour l'expérience près du bord de l'aiguille qui regarde le barreau, vis-à-vis le centre d'action situé dans la partie qui fait un angle obtus avec la direction de ce barreau. De cette manière, l'attraction du corps sur le pôle auquel on le présente, conspire avec la tendance de ce pôle à s'approcher du barreau pour continuer son mouvement de rotation (*).

Cette manière d'opérer, que j'appelle *méthode du double magnétisme*, donne une grande extension au caractère qui se tire de l'action sur l'aiguille aiman-

---

côté où l'aiguille avait une tendance à continuer de tourner, elle achevait de décrire une demi-circonférence.

(*) Si l'on présentait le corps au centre d'action situé de l'autre côté, son attraction perdrait de sa force, parce qu'elle serait contrariée par la tendance qu'aurait le centre d'action à s'écarter du corps, dans le cas où l'aiguille achèverait sa rotation. A la vérité, la force directrice qui sollicite ce centre diminuerait en même temps, au lieu que, du premier côté, elle tend à augmenter, jusqu'à ce qu'elle soit arrivée à son *maximum*. Mais comme ses variations sont alors presque insensibles, il en résulte que, tout compensé, on gagne à placer le corps dans la position que j'ai indiquée de préférence.

tée. Elle m'a fait reconnaître les effets de cette action dans une multitude de corps où ils étaient nuls quand l'expérience se faisait à l'ordinaire : tels sont, parmi les mines de fer, certains morceaux où ce métal est à l'état d'oxide jaune pulvérulent. Le même résultat a eu lieu avec des corps dans lesquels le fer est à l'état de principe colorant, tels que le péridot et le grenat verdâtre dont M. Werner a fait une espèce particulière sous le nom de *grossular*. En traitant des substances qui sont susceptibles des applications de cette méthode, j'indiquerai celles dont elle peut servir à les faire distinguer ; et cet avantage sera surtout sensible à l'égard de certaines pierres du nombre de celles qu'on appelle *gemmes*, lorsqu'elles sont dans l'état où leurs formes naturelles ont disparu pour faire place aux formes arbitraires que le travail du lapidaire leur a prêtées.

c. *Manière de reconnaître le magnétisme polaire.*

Si l'on présente un aimant d'une faible vertu à l'action d'une aiguille fortement aimantée, par un pôle qui soit du même nom que celui de l'aiguille qui est tournée vers lui, il pourra arriver que l'action de ce dernier détruise celle du faible aimant, et y substitue l'action contraire, auquel cas la répulsion qui aurait eu lieu si l'aimant était resté dans l'état primitif, se changera en attraction. J'exposerai la cause de ce changement lorsque je traiterai de la théorie du magnétisme : or le résultat dont il s'agit tend à faire regarder un corps qui serait réellement doué du magnétisme polaire comme n'étant susceptible que du magnétisme simple. On préviendra la méprise en se servant d'une aiguille faiblement aimantée, qui ne puisse exercer une force perturbatrice sur le magnétisme du corps que l'on expose à son action.

En procédant de cette manière, j'ai reconnu que la plupart des cristaux de fer, ou même les morceaux amorphes de ce métal, engagés dans le sein de la terre, pourvu qu'ils ne soient pas trop oxidés, sont de véritables aimans. Ce résultat avait échappé en grande partie à l'attention des minéralogistes, parce que le moyen qu'ils avaient jugé le plus propre à le constater, savoir l'action d'une forte aiguille magnétique, était précisément celui qu'il fallait écarter pour le remplacer par l'action d'une aiguille qui n'eût qu'un léger degré de vertu. Celle dont je me sers est semblable aux aiguilles de boussole, faites d'un simple fil d'acier, terminé d'un côté par un petit cercle.

CARACTÈRES CHIMIQUES.

Usage du chalumeau.

Le plus simple de tous les instrumens de ce genre consiste dans un tube de verre ou de métal recourbé vers une de ses extrémités, et dont l'orifice situé du même côté a été rétréci de manière à n'avoir que le diamètre d'une épingle ordinaire. Dans une partie des chalumeaux, le tube a un renflement situé en dessous de sa courbure, et destiné à retenir l'humidité de l'haleine. Le courant d'air qui sort du tube est dirigé sur la flamme d'une bougie, que l'on doit préférer à celle d'une chandelle, et détermine cette flamme à s'alonger dans le sens latéral en forme de dard, dont la pointe est d'une couleur bleue. C'est à l'endroit de cette pointe que l'intensité de la chaleur est la plus forte.

Pour soutenir les fragmens des substances que l'on veut éprouver, on se sert ordinairement d'une pince de platine, ou dont les branches sont au moins terminées par des pointes de ce métal. On emploie aussi au même usage un charbon dans lequel on pratique une fossette destinée à recevoir le fragment (*). Nous supposerons d'abord que les minéraux

---

(*) Un corps, toutes choses égales d'ailleurs, se prête plus facilement à l'action du calorique pour y produire une altération, par exemple pour le fondre, lorsque, le fragment étant très petit, la chaleur y est plus concentrée, et lorsque le support, étant très délié et peu susceptible de conduire le calorique, ne dérobe au fragment que la plus petite quantité possible de celui qu'il reçoit du jet de flamme. Cette dernière condition n'est pas remplie lorsqu'on soutient le fragment à l'aide d'un corps métallique tel que la pince. Il en résulte que l'adoption de cet instrument détermine une sorte de limite à laquelle s'arrête le caractère tiré de la fu-

à éprouver soient exposés seuls, et sans le secours
d'aucune matière étrangère, à la chaleur du jet de
flamme.

Action sur les substances acidifères et pierreuses.

Parmi les fragmens détachés de ces diverses substances, les uns sont infusibles, même lorsqu'on les
place à l'extrémité du dard de flamme (le corindon);
d'autres se fondent complètement (le feldspath);
quelques-uns sont fusibles seulement vers les bords
et les angles, qui s'émoussent et s'arrondissent (certaines variétés de talc).

Le résultat de la fusion donne, suivant les différentes natures des corps, un verre (l'amphibole noir),
un émail (le feldspath), une scorie, c'est-à-dire un

---

sibilité, et commence celui qui appartient aux substances infusibles ou censées telles. Le célèbre Saussure avait imaginé
un moyen qui faisait disparaître cette limite ; c'était d'employer pour support un filet de disthène, qui est un minéral
très réfractaire et un mauvais conducteur du calorique. A
l'aide de ce moyen, il était parvenu à fondre même le cristal de roche, en opérant sur une très petite aiguille détachée d'un morceau de ce minéral (Journal de Physique.
Juillet 1794, p. 16.). Cependant l'usage de ce moyen souffre
des exceptions à l'égard de certaines substances qui, agissant
sur les principes composans du disthène, le décomposent,
auquel cas le fragment et son support se servent réciproquement de fondans. On peut lire dans le Mémoire même la

corps caverneux et irréductible en globule (le talc
chlorite); une fritte, et, dans ce cas, la fusion est imparfaite, en sorte qu'un des principes en subit l'effet, tandis qu'un autre reste infusible, ce qui permet
de les discerner; ce résultat a lieu dans certaines
roches d'apparence homogène.

La fusion en verre ou en émail peut se faire avec
bouillonnement, et alors le fragment, après qu'on
l'aura retiré de la flamme, sera rempli de bulles
(la mésotype); ou avec boursoufflement, ce qui pro-
duira dans le fragment une augmentation considérable de volume (la meïonite).

Le premier degré de chaleur peut produire un
effet particulier sur un fragment qui finira par se
fondre ou par être dénaturé d'une manière quelconque : telle est la décrépitation. Lorsque les particules

---

manière dont Saussure paraît à cet inconvénient, en fixant
le fragment sur un support de la même espèce que lui.

On a objecté que le moyen dont je viens de parler faisait
tomber dans le vague un caractère qu'on avait regardé jusqu'alors comme utile pour la distinction des minéraux,
savoir celui qui dépend de leur sous-division en corps fusibles et en corps infusibles. Il ne reste plus alors que les diversités dans les produits de la fusion que l'on fait subir aux
différens minéraux. Au reste, quel que soit le choix du support destiné à l'usage dont il s'agit ici, ce qui vient d'être
dit prouve au moins la nécessité d'indiquer celui qui a été
employé, lorsqu'on cite des résultats d'expériences faites à
l'aide du chalumeau.

se séparent avec une sorte d'explosion (la baryte sulfatée); dans ce cas il faut faire subir au fragment une chaleur lente et graduée, en l'avançant et en le retirant à plusieurs reprises, pour le préserver de la rupture qu'occasionnerait une accumulation rapide du calorique entre ses parties : l'exfoliation, lorsque les lames du fragment s'écartent l'une de l'autre en même temps qu'elles blanchissent (la chaux sulfatée, la stilbite).

Le fragment peut perdre sa couleur, sans subir d'autre altération (le zircon brun). Quelquefois il la perd pendant la fusion (la tourmaline noire).

Action sur les substances combustibles non métalliques.

Les divers résultats que présente la combustion de ces substances, par l'intermède du chalumeau, tiennent un rang parmi leurs caractères spécifiques les plus importans. La combustion peut se faire avec résidu, comme celle de la houille, ou sans résidu, comme celle du bitume solide. Elle peut avoir lieu facilement, comme encore celle de la houille, ou avec difficulté, comme celle de l'anthracite. Elle peut être accompagnée de volatilisation, comme celle du graphite, etc.

Action sur les substances métalliques.

C'est surtout à l'égard des corps de cette classe que l'emploi du chalumeau fournit des caractères avantageux, soit à raison des effets remarquables que produit l'altération de ces corps, soit parce qu'il arrive souvent que l'action du calorique sépare les divers principes dont ils sont souvent composés, et les met dans un état qui permet de les reconnaître.

Parmi les substances métalliques, les unes sont fusibles (l'or, l'argent, l'antimoine natifs, l'antimoine sulfuré), les autres sont infusibles (le platine, l'étain oxidé, le schéelin ferruginé); la fusion du plomb phosphaté convertit ce minéral en un globule chargé de facettes, qui est le résultat d'une véritable cristallisation.

Un autre effet que subissent certaines substances métalliques par l'action du chalumeau, est la volatilisation. Dans le mercure sulfuré et le mercure muriaté, elle a lieu immédiatement; dans l'antimoine natif elle est précédée par la fusion.

On appelle *réduction* une opération qui enlève à un métal soit l'oxigène, soit d'autres principes dont la combinaison avec ce métal masquait ses propriétés, en sorte qu'il reparaît avec le brillant qui lui est propre. Plusieurs des métaux qui se trouvent dans l'un ou l'autre des cas précédens, sont réduits par l'action du chalumeau : le plomb oxidé, le bismuth oxidé, le plomb carbonaté, le plomb sulfaté. Il est à remarquer que les métaux s'oxident lorsqu'on les présente à la pointe du dard de flamme, et que quand on veut réduire un métal oxidé, on doit le placer au contraire dans la partie moyenne de la flamme, parce que c'est l'endroit où, étant moins pure, elle contient des particules charbonneuses, qui, en brûlant aux dépens d'une partie de l'oxigène uni au métal, facilitent le dégagement de ce principe. C'est pour la même raison que plusieurs minéralogistes emploient un charbon comme support du métal à réduire.

La réduction sert quelquefois à reconnaître, indépendamment du métal qui en est le sujet, les principes qui étaient combinés avec lui. C'est pour ainsi dire une analyse en raccourci du composé. Quand c'est l'argent antimonial qui est le sujet de l'expérience, l'argent est réduit, et l'antimoine, en se volatilisant, laisse sur l'extrémité de la pince un enduit d'une couleur blanche produite par son oxide, et qui décèle sa présence. Dans le cas même où la réduction est imparfaite, elle peut encore offrir des indices des principes composans. Si c'est, par exemple, le fer sulfuré qui soit exposé à l'action du chalumeau, le fer, quoiqu'il reste à l'état d'oxide, devient susceptible d'attirer l'aiguille aimantée, et l'on reconnaît le soufre à l'odeur sulfureuse de la vapeur qui se dégage. Si c'est le fer arsenical, le fer est de même amené à l'état de magnétisme, et l'odeur d'ail de la vapeur indique l'arsenic.

Plusieurs substances métalliques ont la propriété de donner une couleur particulière à la flamme en contact avec elles : le cuivre carbonaté vert lui fait prendre une teinte de sa couleur; le cuivre muriaté la colore à la fois en bleu et en vert.

J'observerai, en terminant cet article, que, dans plusieurs des cas que j'ai cités, on peut se passer du chalumeau, et laisser agir la flamme par sa propre activité. On parviendra ainsi également à décomposer le fer sulfuré en fer magnétique et en vapeur sulfureuse. On obtiendra la réduction du plomb sulfaté, etc.

Action des fondans.

La résistance que certains corps opposent à la fusion, provient de ce que la force élastique du calorique interposé entre leurs molécules, n'est pas assez grande pour rompre leur union et les écarter les unes des autres. Mais si l'on mêle avec un corps A infusible par lui-même un second corps B, qui, ayant de l'affinité pour le corps A, cède facilement à la fusion, et qu'on soumette le mélange à l'action de la chaleur, les molécules du corps B, en même temps qu'elles s'écarteront les unes des autres, attireront à elles celles du corps A; et cette attraction se joignant à l'effort que faisait le calorique pour séparer ces dernières, le concours des deux forces déterminera la séparation totale dans laquelle consiste la fusion.

Telle est la manière d'agir des substances que l'on a appelées *fondans*. Suivant que la fusion d'un corps peut s'opérer immédiatement, ou a besoin d'être aidée par l'action d'un fondant, on dit de ce corps qu'il est *fusible sans addition* ou *avec addition*. J'aurai l'occasion de citer dans le cours de ce Traité plusieurs espèces de fondans. Je me bornerai ici à parler de la soude boratée, vulgairement *borax*, qui est le plus usité, et je ne parlerai que de ses effets sur les substances métalliques.

Avant de faire concourir le borax aux expériences, on le réduit par la fusion en un globule vitreux, en employant un charbon comme support, à moins que l'on n'ait du verre de borax tout préparé. On fait subir à un fragment détaché de ce verre ou au globule, en conservant le même support, une seconde fusion pendant laquelle on y introduit un petit fragment de la substance à éprouver, et l'on continue de faire agir le chalumeau.

Plusieurs substances métalliques infusibles sans addition, telles que le cobalt, le manganèse oxidé, le titane anatase, deviennent fusibles par ce moyen, et le globule prend ordinairement une couleur qui varie selon la nature des substances. Elle est bleue, si c'est le cobalt; elle est violette, si c'est le manganèse. Le titane anatase produit successivement le vert, le rouge brunâtre et le bleu foncé, suivant les divers degrés d'intensité de la chaleur. Plusieurs espèces de fer, et en particulier le fer oxidulé, donnent au globule une couleur verte qui disparaît par le refroidissement.

On peut consulter sur les usages du chalumeau, pour reconnaître les substances minérales, un mémoire fait avec beaucoup de soin par le célèbre Hausmann, dont la traduction a été insérée dans le 29ème volume du Journal des Mines, n° 169, p. 61 et suivantes ; et le Traité du Chalumeau, que vient de publier M. Berzelius, et dont j'ai extrait les principaux caractères chimiques que l'on trouvera cités dans cet ouvrage.

Action des acides.

Les résultats d'expériences qui feront le sujet de cet article, seront choisis parmi ceux qui dépendent des actions de trois acides, savoir l'acide nitrique, l'acide sulfurique et l'acide muriatique. Comme ordinairement une petite quantité de celui qu'on emploie suffit au succès des expériences, un verre de montre peut servir de vase.

La propriété de se dissoudre avec effervescence dans un acide, indique en général un carbonate. L'acide nitrique est celui qu'on destine le plus communément à ce genre d'expériences. Tantôt la dissolution s'opère promptement et est accompagnée d'une vive effervescence (la chaux carbonatée, le plomb carbonaté), tantôt elle s'opère lentement et exige, pour être sensible à l'œil, que le corps ait été d'abord réduit en poussière (la chaux carbonatée ferro-manganésifère).

Cependant l'effervescence peut tenir à une cause différente. Celle que produit le cuivre oxidulé dans le même acide dépend de ce que cette substance le décompose, pour satisfaire sa tendance à s'emparer d'une nouvelle quantité d'oxigène, et alors l'effervescence est due à un dégagement de gaz nitreux; mais elle n'aura pas lieu si l'on emploie, dans le même cas, l'acide muriatique, qui n'est pas susceptible d'être décomposé par le cuivre oxidulé.

Le même acide dissout paisiblement et sans effervescence les fragmens de divers minéraux (la chaux phosphatée, le cuivre muriaté, le cuivre phosphaté, le manganèse phosphaté).

D'autres minéraux soumis à la même épreuve se résolvent en gelée (la mésotype, la gadolinite, le zinc oxidé).

L'action de la chaleur accélère le résultat de l'opération, et devient même quelquefois nécessaire pour l'obtenir. Dans l'un et l'autre cas, on substitue au verre de montre une petite cuiller de platine, ou un creuset du même métal, lorsqu'on est dans le cas d'employer une plus grande quantité d'acide que celle qui est suffisante dans les expériences ordinaires.

Assez souvent la dissolution est complète (la chaux carbonatée, l'arragonite). Dans certains cas, elle laisse un résidu (la chaux carbonatée quarzifère inverse). Quelquefois l'altération se borne à faire

disparaître la couleur du minéral, qui reste insolu-
ble, et en même temps l'acide conserve sa limpidité
(le cuivre phosphaté). Dans d'autres circonstances
le minéral, à mesure qu'il se dissout, communique sa
couleur à l'acide (le cuivre carbonaté vert). Il peut
arriver encore que l'action de l'acide change la couleur naturelle du minéral. Si l'on verse une goutte
d'acide nitrique sur la chaux carbonatée manganésifère perlée, l'endroit humecté par cet acide prend
une couleur brune.

La dissolution d'un minéral est quelquefois accompagnée d'une odeur particulière. Le zinc sulfuré mis
dans l'acide sulfurique en dégage une très forte de
gaz hydrogène sulfuré.

Le même acide fournit un caractère avantageux
pour reconnaître la chaux fluatée, dont il dégage une
vapeur d'acide fluorique qui corrode le verre. J'indiquerai, en parlant de ce minéral, un procédé facile
pour vérifier le caractère dont il s'agit.

Liqueurs alkalines.

Parmi ces liqueurs, l'ammoniaque est d'un grand
usage, pour reconnaître la présence du cuivre à la
belle couleur bleue que ce métal lui communique.
Elle a lieu immédiatement par l'injection de la poussière du cuivre carbonaté vert et du cuivre muriaté,
avec cette différence que le dernier produit un effet
plus prompt et plus marqué. Lorsque l'acide nitrique

dans lequel on a mis un fragment de cuivre gris a pris une teinte verdâtre, quelques gouttes d'ammoniaque versées dans la dissolution changent cette couleur en bleu foncé.

On emploie le sulfure ammoniacal comme caractère distinctif entre le plomb carbonaté bacillaire, et la variété de baryte sulfatée qui porte le même nom. La surface du premier se couvre d'un enduit métallique de plomb sulfuré, à l'instant où on l'expose à la vapeur du sulfure, tandis que celle de la baryte sulfatée ne subit aucune altération.

J'ajouterai ici une observation générale sur les caractères chimiques. Elle consiste en ce que leurs effets sont susceptibles d'anomalies, par une suite des mêmes causes qui font varier les résultats des analyses à l'égard des substances dans lesquelles on observe ces anomalies. Ainsi, la chaux carbonatée magnésifère qui entre accidentellement dans la composition de la variété d'amphibole dite *trémolithe*, produit dans l'acide nitrique où l'on a mis un fragment de ce minéral, une effervescence qui n'aurait pas lieu s'il était pur. Au contraire, la chaux carbonatée ferrifère des environs de Salzbourg, où le fer n'est évidemment qu'un principe accidentel, reste dans l'acide nitrique, sans même y éprouver une dissolution. Les caractères physiques subissent des variations analogues qui dépendent des mêmes causes. Mais il est difficile qu'en les consultant successivement, et en faisant concourir les premiers aux mêmes recherches, on n'en rencontre pas quelques-uns qui dissipent l'incertitude que les autres tendent à faire naître.

Aussi ces deux ordres de caractères, malgré les variations dont je viens de parler, me paraissent-ils mériter la préférence sur ceux qu'on nomme *extérieurs*, et qui se manifestent d'après le seul témoignage de nos sens. Les premiers nous servent à interroger les minéraux, et à en tirer des indications qui naissent du fond même des substances et de leurs propriétés les plus intimes. Les seconds nous aident seulement à étudier leur physionomie. Les indications des premiers peuvent se rectifier l'une par l'autre. La difficulté qu'on éprouve à fondre le minéral auquel on a donné le nom de *sibérite*, n'annonce pas une tourmaline; mais la propriété qu'il a de devenir électrique par la chaleur, fournit le correctif. Au contraire l'impression que produisent les caractères extérieurs, étant le résultat de leur ensemble, ne laisse à l'observateur aucun moyen de sortir de l'erreur dans laquelle ils l'auraient entraîné.

Je sais qu'on ne peut trop engager ceux qui étudient la Minéralogie à voir beaucoup, et à perfectionner, par une observation assidue, cette sorte de tact à l'aide duquel nous démêlons dans les dehors d'un minéral des rapports ou des différences qui échappent à des yeux peu exercés. Mais il y a ici deux dangers à éviter; l'un est de se hâter de conclure, d'après la seule ressemblance d'aspect, l'identité de ce qu'on voit avec ce qu'on a vu; l'autre est d'ériger du premier coup un objet en espèce nouvelle parce qu'il ne ressemble à rien de ce qu'on a vu. J'aurai occasion de citer, dans le cours de cet ouvrage, plusieurs exemples des rapprochemens vicieux auxquels ces jugemens précipités ont donné lieu, et des fausses lignes de séparation qu'ils ont fait tracer.

I. *TABLE des pesanteurs spécifiques des minéraux, rapportées à celle de l'eau distillée, à 14^d de Réaumur, prise pour unité* (*).

20,98. Platine fondu, purifié et écroui.

19,50. Iridium osmié.

19,2581. Or fondu et purifié.

15,6017. Platine natif granuliforme.

13,5681. Mercure natif.

11,3523. Plomb fondu et purifié.

10,4743. Argent fondu et purifié.

9,8227. Bismuth fondu.

9,4406. Argent antimonial.

9,2301. Mercure oxidé rouge.

9,0202. Bismuth natif.

9. Nickel fondu et purifié.

8,8785. Cuivre rouge passé à la filière.

8,5844. Cuivre natif de Sibérie.

8,5384. Cobalt fondu et purifié.

7,788. Fer forgé.

(*) On a ajouté les pesanteurs spécifiques des substances métalliques fondues et purifiées.

7,788.   Cuivre rouge fondu.

7,7207. Cobalt arsenical.

7,5873. Plomb sulfuré cristallisé.

7,5.   Urane oxidulé.

7,44.   Fer natif volcanique.

7,3333.   Schéelin ferruginé.

7,2914.   Étain fondu et purifié.

7,2070.   Fer fondu.

7,1908.   Zinc fondu.

7,1195.   Schéelin ferruginé.

6,9411.   Plomb phosphaté prismatique vert du Brisgau.

6,9348.   Étain oxidé rougeâtre.

6,9099.   Argent sulfuré.

6,909.   Plomb phosphaté prismatique jaunâtre d'Huelgoët.

6,9022.   Mercure sulfuré rouge d'Almaden.

6,9009.   Étain oxidé noirâtre.

6,85.   Manganèse purifié.

6,7021.   Antimoine fondu, purifié.

6,6481.   Nickel arsenical.

6,6086.   *Idem.*

6,5585.   Plomb carbonaté.

6,5304.   Urane oxidulé.

6,5223.   Fer arsenical.

6,4509.   Cobalt gris.

6,0717.   Plomb carbonaté.

6,0665.   Schéelin calcaire.

6,0466.   Plomb arsenié *ou* arseniaté.

6,0269.   Plomb chromaté.

5,7633.   Arsenic fondu.

5,7249.   Arsenic natif.

5,706.   Arsenic oxidé.

5,6.   Argent muriaté.

5,5.   Antimoine oxidé blanc.

5,5886. Argent antimonié sulfuré.

5,5637. *Idem.*

5,5o. Tantale oxidé yttrifère.

5,486. Plomb molybdaté.

5,4. Cuivre oxidulé.

5,338. Cuivre sulfuré.

5,218. Fer oligiste des volcans.

5,0116. Fer oligiste.

5. Arsenic oxidé.

4,9394. Fer oxidulé primitif.

4,8983. Fer oxidé hématite.

4,8648. Cuivre gris.

4,81. Cuivre sulfuré.

4,8. Cérium oxidé rouge.

4,7563. Manganèse oxidé.

4,7491. Fer sulfuré cristallisé.

4,7488. Argent muriaté.

4,7385. Molybdène sulfuré.

4,7. Cérium fluaté.

4,69. Spinelle zincifère.

4,5547. Manganèse oxidé métalloïde.

4,5165. Antimoine sulfuré.

4,5. Zinc carbonaté.

4,4712. Baryte sulfatée cristallisée.

4,4228. *Idem.*

4,4161. Zircon.

4,3858. *Idem.*

4,3711. Bismuth natif arsenifère.

4,36. Bismuth oxidé.

4,35. Étain sulfuré.

4,3154. Cuivre pyriteux.

4,3o. Cuivre arséniaté octaèdre aigu.

4,2984. Baryte sulfatée concrétionnée.

4,2919. Baryte carbonatée.

4,2833. Corindon hyalin rouge.

4,2491. Manganèse oxidé métalloïde.

4,2469. Titane oxidé de France.

4,2437. Fer oxidulé amorphe.

4,1888. Grenat de Bohême.

4,1665. Zinc sulfuré.

4,15.   Cérium oxidé yttrifère.

4,1327. Antimoine sulfuré.

4,1165. Manganèse oxidé amorphe.

4,1025. Titane oxidé de Hongrie.

4,1006. Fer sulfuré blanc radié.

4,0769. Corindon hyalin bleu de France.

4,07.   Cuivre phosphaté.

4,0643. Antimoine fondu, vulgairement antimoine cru.

4,0627. Grenat dodécaèdre.

4,06.   Fer calcaréo-siliceux.

4,0497. Gadolinite.

4,0326. Fer chromaté.

4,0106. Corindon hyalin jaune.

4.   Grenat violet dit *Syrien*.

4.   Corindon granulaire ferrifère, vulgairement émeril.

4.   Cobalt arseniaté.

3,9941. Corindon bleu.

3,9911. Corindon limpide.

3,9581. Strontiane sulfatée cristallisée de Sicile.

3,8732. Corindon harmophane.

3,8571. Titane anatase.

3,7961. Cymophane.

3,7931. Spinelle noir (Pléonaste).

3,76.   Spinelle.

3,7076. Manganèse hydraté.

3,675. Strontiane carbonatée.

3,672. Chaux carbonatée ferrifère.
3,6583. Strontiane carbonatée.
3,6511. Grenat verdâtre de Sibérie.
3,6458. Spinelle.
3,6412. Cuivre carbonaté vert concrétionné.
3,6082. Cuivre carbonaté bleu.
3,6063. Wernérite.
3,6. Essonite.
3,5827. Strontiane sulfatée fibreuse.
3,5731. Fer oxidé hématite.
3,5718. Cuivre carbonaté vert soyeux.
3,564. Topaze de Saxe.
3,5535. Topaze limpide.
3,55. Diamant orangé.
3,5489. Topaze bleu-verdâtre.
3,5365. Topaze du Brésil.
3,5311. Topaze rouge.
3,531. Diamant rose.
3,5236. Zinc oxidé cristallisé.
3,5212. Diamant limpide.
3,517. Disthène.
3,5145. Topaze cylindroïde (Pycnite).
3,51. Titane calcaréo-siliceux.
3,5. Cérium oxidé noir (Allanite).
3,5. Helvin.
3,4771. Fer oxidé noirâtre.
3,4529. Épidote.
3,4522. Arsenic sulfuré jaune.
3,4444. Diamant du Brésil.
3,4402. Fer sulfuré blanc.
3,44. Aplome.
3,4285. Péridot.
3,409. Idocrase du Vésuve.

3,38.   Hypersthène.
3,3636.   Tourmaline.
3,3384.   Arsenic sulfuré rouge.
3,3333.   Amphibole vert (Actinote).
3,3.   Cuivre dioptase.
3,3.   Anthophyllite.
3,2956.   Axinite violette.
3,2861.   Staurotide.
3,2741.   Néphéline.
3,25.   Amphibole.
3,2265.   Pyroxène.
3,22.   Diaspore.
3,2133.   Axinite verte.
3,2.   Amphibole fibreux (Grammatite).
3,2.   Chaux phosphatée dite *apatite*.
3,1911.   Chaux fluatée rouge.
3,190.   Triphane.
3,16.   Feldspath apyre.
3,1555.   Chaux fluatée limpide.
3,1555.   Tourmaline verte.
3,14.   Condrodite.
3,1372.   Titane calcaréo-siliceux.
3,1307.   Tourmaline bleue.
3,1212.   Urane oxidé jaune.
3,0989.   Chaux phosphatée dite *chrysolithe*.
3,0926.   Tourmaline noire.
3,0882.   Idocrase de Sibérie.
3,0863.   Tourmaline brune d'Espagne.
3,08.   Fer muriaté.
3,0625.   Euclase.
3,0541.   Tourmaline brune de Ceylan.
3,0534.   Arsenic natif tuberculeux.
3.   Diallage.

3.   Haüyne.

3.   Fer arseniaté.

2,9958. Asbeste roide.

2,9904. Fer oxidé graphique.

2,98.   Gehlénite.

2,98.   Chaux boratée silicense.

2,949.   Alumine fluatée alkaline.

2,9454. Lazulite de Sibérie.

2,9444. Macle.

2,9342. Mica noir.

2,9267. Arragonite cristallisé.

2,9257. Amphibole blanc (Trémolithe).

2,9.   Magnésie carbonatée.

2,9.   Pinite.

2,8729. Talc stéatite ollaire.

2,8378. Chaux carbonatée ferro-manganésifère perlée.

2,8376. Chaux carbonatée lamellaire dite *marbre de Paros*.

2,82.   Gieseckite.

2,8160. Quarz-jaspe onyx.

2,8110. Chaux carbonatée concrétionnée.

2,8.   Wollastonite.

2,8.   Cuivre arseniaté octaèdre obtus.

2,7917. Mica foliacé.

2,7902. Talc stéatite compacte.

2,7755. Emeraude verte.

2,7517. Alumine sous-sulfatée alkaline.

2,75.   Cuivre hydraté silicifère.

2,7227. Emeraude vert-jaunâtre dite *béril*.

2,7182. Chaux carbonatée cristallisée.

2,7176. Chabasie.

2,7168. Chaux carbonatée saccaroïde.

2,7151. Chaux carbonatée limpide.

2,7101. Quarz-jaspe jaune.

MINER. T. I.   16

2,7045. Feldspath vert.

2,7044. Mica blanc.

2,6969. Prehnite du Cap.

2,6925. Feldspath opalin.

2,6747. Arragonite coralloïde.

2,6701. Quarz hyalin rose.

2,6695. Quarz résinite rouge.

2,6689. Talc écailleux.

2,6645. Quarz-agate calcédoine.

2,6612. Quarz-jaspe rouge.

2,66. –Triclasite.

2,6546. Mica jaune.

2,6542. Quarz hyalin jaune.

2,6535. Quarz hyalin violet.

2,653. Quarz hyalin limpide.

2,65. Méionite.

2,6459. Quarz hyalin gras.

2,64. Chaux arseniatée.

2,6305. Dipyre.

2,6207. Chaux carbonatée fétide.

2,615. Quarz-agate calcédoine.

2,6137. Quarz-agate cornaline.

2,6111. Chaux carbonatée quarziféré cristallisée.

2,6097. Prehnite de France.

2,6025. Quarz-agate sardoine.

2,6. Cordiérite.

2,6. Fer phosphaté.

2,5941. Quarz-agate pyromaque.

2,5813. Quarz hyalin bleu.

2,5805. Quarz-agate prase.

2,5782. Feldspath nacré.

2,5779. Asbeste flexible.

2,566. Magnésie boratée.

2,5644. Feldspath limpide.
2,55.   Pétalite.
2,5.   Stilbite.
2,4775. Arsenic oxidé blanc.
2,4684. Amphigène.
2,4378. Feldspath rougeâtre.
2,37,   Apophyllite.
2,3333. Harmotome.
2,3239. Chaux carbonatée fistulaire.
2,3191. Quarz résinite noirâtre.
2,3117. Chaux sulfatée cristallisée.
2,3108. Chaux sulfatée compacte.
2,3057. Chaux sulfatée fibreuse.
2,3.   Laumonite.
2,2950. Quarz résinite hydrophane.
2,29.   Sodalite.
2,2456. Graphite d'Allemagne.
2,22.   Cobalt oxidé noir.
2,13.   Magnésie hydratée.
2,1140. Quarz résinite opalin.
2,096.   Soude nitratée.
2,0891. Graphite d'Angleterre.
2,0833. Mésotype.
2,0499. Quarz résinite noir.
2,0332. Soufre natif.
2.   Analcime.
1,88.   Allophane.
1,8.   Anthracite.
1,7.   Alumine sous-sulfatée.
1,666.   Mellite.
1,3292. Houille compacte.
1,259.   Jayet.
1,1044. Bitume solide.

1,078. Succin.
0,9933. Asbeste tressé.
0,9088. Asbeste flexible en longs filamens soyeux.
0,8783. Bitume liquide dit *pétrole.*
0,8475. Bitume liquide dit *naphte.*
0,6806. Asbeste tressé.
0,498. Acide boracique.

II. *Sous-division des minéraux, déduite de leurs caractères électriques* (*).

On sait que les minéraux ont la faculté de se constituer à l'aide du frottement dans des états électriques, en rapport nécessaire avec leur véritable essence, et dont la diversité peut servir à accroître les moyens de distinction entre les espèces. J'ai pensé qu'il pourrait ne pas être indifférent de déterminer pour chacun d'eux, par des épreuves directes et précises, la nature et le degré d'énergie de l'électricité qui lui est propre.

Le tome III des Annales du Muséum contient un premier essai de ce genre de travail, dans lequel je m'étais borné à présenter la liste de vingt-trois substances métalliques, avec la simple indication du ca-

---

(*) Cet article est extrait d'un Mémoire inséré dans les Annales des Mines, et rédigé par M. Delafosse, aide-naturaliste pour la Minéralogie, au Jardin du Roi, d'après les expériences que j'ai faites avec sa coopération, et les notes que je lui ai communiquées.

ractère que leur assignait l'électricité. J'ai repris plus récemment le même sujet sous un point de vue général, en y comprenant toutes les espèces du règne inorganique ; et mes observations, qui semblaient faites d'abord pour rester isolées, se sont montrées, dans leur rapprochement, soumises à des lois remarquables qui permettent de lire par avance le résultat de chaque épreuve dans le *facies* même du minéral qui en est l'objet.

Des expériences multipliées et comparées m'ont offert, dans les diverses manières dont les électricités vitrée et résineuse s'unissent aux facultés isolante et conductrice, quatre combinaisons différentes d'après lesquelles on peut sous-diviser l'ensemble des minéraux en autant de classes distinctes, et tellement circonscrites, que le caractère électrique propre à chacune d'elles se rattache à des propriétés physiques communes à toutes les espèces qui la composent. Par une suite de cette liaison, et de la nature même de ces propriétés, qui dépendent de l'action des molécules propres des corps sur le fluide lumineux, la distribution dont il s'agit se rapproche en grande partie de l'ordre méthodique adopté par les minéralogistes. On ne verra peut-être pas sans intérêt, dans cette relation inattendue entre les phénomènes de la lumière et ceux de l'électricité, une correspondance et une association d'effets pour ainsi dire concertées, et qui semblent annoncer entre les causes elles-mêmes quelque lien qui nous échappe, ou déceler du moins dans les substances où elles se montrent une conformité plus étroite et de nouvelles ressemblances.

Les propriétés dont je viens de parler ne s'observent pas constamment dans tous les individus d'une même espèce, et l'on doit s'attendre à rencontrer une variation analogue dans les résultats des épreuves relatives au caractère électrique. Pour citer un exemple, la transparence, l'une des conditions nécessaires au développement de l'électricité vitrée, dont la réunion avec la faculté isolante constitue le caractère propre des espèces de la première classe, existe dans la chaux carbonatée, dite *spath d'Islande* ; mais elle disparaît entièrement dans celle que je nomme *saccharoïde* (marbre statuaire), et dans la variété compacte. Dans le cas de ce genre, la faculté isolante s'affaiblit par degré, à mesure que la substance s'éloigne de son état de perfection, et finit bientôt par devenir nulle. L'électricité vitrée suit une pareille gradation, et, à un certain terme, elle fait place à l'électricité résineuse.

Il en est du caractère électrique, relativement aux variations qu'il éprouve dans une même espèce, comme de tous ceux qui dépendent non-seulement de l'essence des molécules, mais encore de leurs différens modes d'agrégation, et sont surtout influencés par les altérations que produisent les mélanges accidentels. La pesanteur spécifique et la dureté offrent aussi, sous le même rapport, des diversités plus ou moins grandes, à raison des causes particulières qui ont pu resserrer ou relâcher le tissu de la substance. On sait combien les couleurs sont elles-mêmes fugitives et trompeuses, et quelles oscillations la présence de principes étrangers peut faire naître dans les résultats de l'analyse. La forme primitive seule demeure invariable au milieu des nombreuses modifications que subissent les propriétés qui l'accompagnent; et l'importance dont elle est en elle-même s'accroît encore par ce défaut de fixité des autres caractères. Ceux-ci, pour être décisifs, pour devenir vraiment spécifiques, ont besoin d'être ramenés à une sorte de limite qui se rapporte au véritable type de l'espèce, ou à la substance dans son plus grand état de pureté possible. On ne peut donc espérer de rendre précise la détermination du caractère électrique, qu'en écartant, par un choix convenable des morceaux destinés aux expériences, les causes d'altération qui peuvent être inhérentes aux individus, ou en remédiant à celles qui ne sont qu'extérieures et n'attaquent pas la nature intrinsèque du minéral.

Deux causes principales contribuent aux variations qu'éprouve le caractère dont il s'agit. L'une est le changement même de ces propriétés physiques dont nous avons fait connaître l'accord avec les propriétés électriques, comme l'affaiblissement de la transparence, si souvent offusquée, soit par le mélange d'une matière hétérogène interposée accidentellement dans la substance, soit par un dérangement de structure qui occasionne un aspect nébuleux. L'autre cause réside dans le tissu des surfaces, dans la perte du poli, qui seule suffit pour enlever au corps la faculté isolante, s'il en est doué, et y faire naître l'électricité résineuse par l'intermède du frottement. On peut remédier à celle-ci, en diminuant les aspérités et en rétablissant le poli, lorsque l'intérieur du corps n'a subi d'ailleurs aucune altération. Ainsi le quarz et la topaze, qui, à l'état de cristaux limpides, jouissent de la faculté isolante, et manifestent l'électricité vitrée, deviennent conducteurs et s'électrisent résineusement lorsque leur forme est arrondie et leur surface terne et raboteuse. Mais ces fragmens roulés, lorsqu'on leur rend peu à peu le poli, reprennent par degrés les états intermédiaires par lesquels ils avaient passé, et finissent par recouvrer entièrement leurs propriétés primitives avec tout leur éclat entre les mains du lapidaire.

Pour faire les expériences relatives au caractère électrique, j'isole, si cela est nécessaire, le morceau que je veux éprouver, en l'attachant avec de la cire ordinaire à l'extrémité d'un bâton de gomme laque, ou de cire d'Espagne; puis, tenant ce bâton à la main, je passe à plusieurs reprises le fragment sur une étoffe de laine ou sur du drap, et je le présente successivement aux deux électroscopes que j'ai décrits plus haut, et dans lesquels j'ai eu soin de développer d'avance les deux espèces d'électricité. Des expériences aussi délicates exigent, de la part de

celui qui les tente, une attention éclairée et soutenue, à laquelle leur succès est attaché. Je pense qu'on
me saura gré d'indiquer ici les précautions utiles ou
même indispensables pour obtenir le véritable résultat. Il est quelquefois nécessaire de frotter les
corps à différens endroits de la laine ou du drap,
lorsqu'ils éprouvent de la difficulté à s'électriser
malgré leur isolement. Il faut aussi avoir soin de
préférer la répulsion à l'attraction pour reconnaître
l'espèce d'électricité dont le minéral s'est chargé;
car il pourrait arriver que le corps que l'on présente à l'un des appareils désignés plus haut ne se
fût pas électrisé, ou qu'ayant acquis d'abord de la
vertu, il l'eût perdue ensuite et fût rentré dans l'état
naturel; et comme il y aurait attraction, on se croirait en droit d'en inférer que la substance possède
l'électricité opposée à celle qui réside dans l'appareil. Pour se mettre à l'abri de cette cause d'illusion, il faut commencer par présenter le corps à
l'aiguille non isolée; s'il y a attraction, on sera certain qu'il est dans l'état électrique; et s'il attire ensuite l'aiguille électrisée, ce second effet indiquera
dans le même corps l'existence d'une électricité contraire. Quant à la répulsion, elle fait connaître, dès
le premier instant, que le fluide mis en action dans
le minéral est le même que celui de l'appareil, puisque, s'il en était autrement, l'effet tout opposé aurait
lieu. Mais il faut avoir l'attention de la saisir avant
le terme où elle pourrait se changer en attraction,

par suite de l'action qu'exerce l'aiguille sur le fluide naturel du corps soumis à l'épreuve.

Quelquefois même cette action est assez forte pour détruire instantanément l'état électrique que le frottement a fait naître, en sorte qu'on n'aperçoit pas le plus léger indice de répulsion, comme cela est arrivé à l'égard de quelques substances de la première classe, qui ne prennent qu'une faible électricité. J'emploie, pour le cas de ce genre, la petite aiguille d'argent, à chape de cristal de roche, qui est d'une extrême mobilité, et s'électrise aussi faiblement qu'on le désire. Il suffit d'en approcher un minéral chargé d'une très petite quantité de fluide, pour la voir aussitôt se mouvoir dans un sens ou dans l'autre, suivant que ce corps possède l'une ou l'autre électricité.

Je vais maintenant présenter le tableau de mes résultats, conformément à la distribution que j'ai annoncée, en le faisant suivre d'observations relatives aux espèces qui ont offert quelque particularité remarquable.

II. *Tableau du règne minéral, considéré sous le rapport de l'électricité produite par le frottement.*

PREMIÈRE CLASSE.

Substances transparentes et incolores dans leur état de perfection. Leur couleur, lorsqu'elle existe, dépend d'un principe accidentel. Elles ont la faculté isolante, et acquièrent, à l'aide du frottement, l'électricité vitrée.

PREMIER ORDRE.

Electriques aussi par la chaleur.

Magnésie boratée.	Mésotype.
Alumine fluatée siliceuse.	Prehnite.
Axinite.	Zinc oxidé.
Tourmaline.	Titane calcaréo-siliceux.

SECOND ORDRE.

Non électriques par la chaleur.

A. *Acidifères.*

Chaux carbonatée en rhomboïdes primitifs dite *spath* d'Islande.	Arragonite.
	Chaux phosphatée. Variété jaune - verdâtre d'Espagne (Spargelstein, W.).
La même, magnésifère, laminaire, du Saint-Gothard.	Chaux fluatée.

Chaux sulfatée.

Chaux anhydro-sulfatée laminaire, de Bex en Suisse.

Baryte sulfatée.

Baryte carbonatée.

Strontiane sulfatée.

Strontiane carbonatée.

Magnésie sulfatée.

Chaux boratée siliceuse.

Potasse nitratée.

Potasse sulfatée.

Soude muriatée.

Glaubérite.

B. *Non acidifères.*

Quarz hyalin.

Zircon.

Corindon hyalin.

Cymophane.

Spinelle.

Émeraude.

Euclase.

Cordiérite.

Grenat.

Essonite.

Idocrase.

Feldspath.

Apophyllite.

Amphibole. Variétés dites *actinote* et *trémolithe.*

Pyroxène. Variété du Piémont dite *diopside.*

Épidote.

Stilbite.

Analcime.

Néphéline.

Disthène.

Mica.

Macle.

C. *Combustible.*

Diamant.

D. *Métalliques autopsides.*

Plomb carbonaté.

Plomb sulfaté.

Schéelin calcaire.

Zinc carbonaté.

Etain oxidé.

Les espèces suivantes n'ont été placées ici que d'après l'analogie.

Magnésie carbonatée.

Soude boratée.

Soude nitratée.

Ammoniaque muriatée.

Alumine sulfatée alkaline.

Alumine fluatée alkaline.

Wavellite.	Anthophyllite.
Triphane.	Laumonite.
Pétalite.	Sodalite.
Staurotide.	Chabasie.
Hypersthène.	Harmotome.
Wernérite.	Pinite.
Paranthine.	Dipyre.
Diallage.	Asbeste.

Appendice.

Substances dont le caractère propre est l'électricité
résineuse, jointe à l'onctuosité de la surface; elles
jouissent, comme les espèces de la première classe,
de la faculté isolante, lorsqu'elles sont transparentes et incolores (*).

Talc laminaire.	Talc glaphique?
Talc granuleux ?	

SECONDE CLASSE.

Substances douées d'une couleur propre, dépendante de leur nature, ayant la faculté isolante
dans quelque état qu'elles soient, et acquérant, à
l'aide du frottement, l'électricité résineuse; l'anthracite est la seule qu'il soit nécessaire d'isoler
pour qu'elle s'électrise (**).

Soufre.	*a.* Glutineux.
Bitume.	*b.* Solide.

(*) Voyez les observations ci-après.

(**) On a exclu du tableau le jayet, qui offre des traces

c. Elastique.	Succin.
d. Subluisant.	Mellite.
Rétin-asphalte.	Anthracite.

TROISIÈME CLASSE.

Substances essentiellement opaques, douées de l'éclat métallique, ou susceptibles de l'offrir à l'aide du poli, conductrices, et acquérant, lorsqu'elles sont isolées et frottées, les unes l'électricité vitrée, et les autres la résineuse (*).

PREMIER ORDRE.

Electriques vitreusement.

Argent pur.	Cuivre monnayé.
Argent natif.	Zinc pur.
Argent monnayé.	Laiton.
Plomb pur.	Bismuth natif.
Cuivre pur.	Mercure argental.
Cuivre natif.	

SECOND ORDRE.

Electriques résineusement.

A. *Ayant naturellement l'éclat métallique.*

1. *Espèces simples.*

Platine pur.	Palladium.
Platine natif.	Or pur.

---

si visibles de son origine végétale, et la houille, qui semble appartenir plutôt à la Géologie qu'à la Minéralogie proprement dite.

(*) On a compris dans cette classe les principaux métaux

Or natif.
Or monnayé.
Nickel pur.
Fer natif.
Fer forgé.
Étain pur.
Amalgame d'étain et de mer-

cure , dont on enduit les glaces.
Arsenic natif.
Antimoine pur.
Antimoine natif.
Tellure auro-plombifère (or de Nagyag).

2. *Combinaisons de deux métaux.*

Argent antimonial.
Nickel arsenical.

Fer arsenical.

3. *Métaux combinés avec l'oxigène.*

Fer oxidulé.

Manganèse oxidé métalloïde.

4. *Métaux unis à un combustible.*

Argent sulfuré.
Plomb sulfuré.
Cuivre pyriteux.
Cuivre gris (*).
Cuivre sulfuré.
Graphite (Fer carburé).
Fer sulfuré commun.

Fer sulfuré blanc.
Fer sulfuré magnétique.
Étain sulfuré.
Bismuth sulfuré.
Manganèse sulfuré.
Antimoine sulfuré.
Molybdène sulfuré.

5. *Métaux combinés avec un acide.*

Fer chromaté.

---

amenés par l'affinage à l'état de pureté , ainsi que plusieurs alliages employés dans les arts.

(*) Il est probable que cette espèce n'est autre chose qu'un cuivre pyriteux mélangé d'arsenic et d'antimoine.

B. *N'offrant pour l'ordinaire qu'une tendance vers l'éclat métallique, qu'elles acquièrent sensiblement à l'aide du poli.*

Fer oxidé.	Schéelin ferruginé.
Fer calcaréo-siliceux (Yénite) (*).	Tantale oxidé.
	Idem yttrifère.
Cobalt oxidé noir.	Cérium oxidé noir.
Urane oxidulé.	

QUATRIÈME CLASSE.

Substances douées d'une couleur propre, dépendante de leur nature, susceptibles de transparence dans leur état de perfection. La faculté isolante est limitée aux variétés qui se rapprochent de cet état.

PREMIER ORDRE.

Susceptibles d'offrir par réflexion le brillant métallique, et par réflexion et réfraction à la fois une couleur plus ou moins vive. La différence dépend du poli de la surface (**). Toutes acquièrent l'électricité résineuse à l'aide du frottement.

Couleur rouge par transparence.

Argent antimonié sulfuré.	Mercure sulfuré.

(*) On a placé ici l'yénite par un motif semblable à celui qui a fait ranger dans le genre du titane l'espèce qui porte le nom de *calcaréo-siliceux.*

(**) Voyez les observations ci-après.

Cuivre oxidulé.
Fer oligiste.

Arsenic sulfuré.
Titane oxidé.

Couleur bleue par transparence.

Titane anatase.

SECOND ORDRE.

Privées de l'éclat métallique. Presque toutes acquièrent l'électricité résineuse à l'aide du frottement (*).

Mercure muriaté.
Plomb chromaté.
Plomb phosphaté.
Plomb molybdaté.
Cuivre carbonaté vert.
Idem d'une couleur bleue.
Cuivre arseniaté.
Cuivre dioptase.
Cuivre phosphaté.

Cuivre hydraté.
Cuivre sulfaté.
Fer phosphaté.
Fer arseniaté.
Fer sulfaté.
Zinc sulfuré.
Cobalt arseniaté.
Urane oxidé.

Espèces dont la classification est douteuse.

Antimoine oxidé blanc.
Cérium oxidé rouge.

ANNOTATIONS RELATIVES AUX DIFFÉRENTES CLASSES.

PREMIÈRE CLASSE.

J'ai déjà eu l'occasion de remarquer que le caractère électrique sur lequel cette classe est fon-

____

(*) Il ne faut en excepter que le cuivre carbonaté vert, qui assez souvent est isolant et acquiert l'électricité vitrée.

dée , ne s'étendait pas à toutes les variétés d'une même substance. Le passage à l'état résineux a lieu plus ou moins rapidement, suivant la diversité des espèces. Dans celle du disthène, il ne tient, pour ainsi dire , qu'à de simples nuances ; en sorte que de deux cristaux qui possèdent la propriété isolante, et ne présentent qu'une légère différence dans le poli, l'un acquiert l'électricité vitrée , tandis que l'autre manifeste l'électricité résineuse. J'ai même observé ces effets contraires sur les pans opposés d'un cristal de ma collection, et je ne puis assigner d'autre cause à ce résultat singulier, qu'une certaine altération dans la contexture de l'une des surfaces. A l'égard de la chaux carbonatée, la faculté isolante et l'électricité vitrée se montrent encore, mais beaucoup plus faibles, dans des morceaux dont la transparence est offusquée par une teinte de blanchâtre. Un fragment de marbre de Carrare , que j'ai trouvé conducteur, s'électrisait vitreusement lorsque je le frottais sur une face unie et sans aspérités, et résineusement lorsque le frottement agissait sur les parties brutes et raboteuses. Mais un morceau compacte de la même substance, taillé en forme de plaque, et dont les grandes faces avaient reçu un assez beau poli, acquérait sur l'une et l'autre l'électricité résineuse.

Lorsque le passage à l'état résineux n'est occasionné que par la perte du poli, comme dans les corps ordinairement transparens, et qui depuis ont été roulés et arrondis, tantôt la faculté isolante subsiste encore au terme où ce passage a lieu, tantôt la propriété conductrice et l'électricité résineuse paraissent simultanément. Ainsi une topaze roulée et translucide, que l'on tient entre les doigts, donne, à l'aide du frottement, des signes d'électricité résineuse, tandis qu'un cristal de roche roulé, plus translucide encore que la topaze, a besoin d'être isolé pour acquérir de la vertu.

On a pu remarquer, en parcourant la série des espèces de la première classe, qu'elle offre la réunion de tous les minéraux connus susceptibles de s'électriser par la chaleur. Il est heureux de voir l'électricité multiplier ainsi les points de contact entre des substances qu'elle avait déjà si fortement rapprochées, et confirmer par là l'importance dont nous a paru digne la considération des phénomènes auxquels cet agent physique donne naissance.

L'épreuve relative au zinc oxidé demandait une attention particulière, parce que, ce minéral étant habituellement électrique par l'action de la température ordinaire, il fallait éviter de confondre l'effet résultant de cette action avec celui que le frottement fait naître. Pour lever toute équivoque et obtenir séparément ce dernier effet, j'ai fait choix d'un morceau de forme prismatique, qui jouissait des propriétés connues, savoir de manifester à ses extrémités les deux électricités contraires, et cela de manière que la partie intermédiaire était sensiblement dans l'état naturel. Cette partie, ayant été frottée, a donné des signes d'électricité vitrée.

J'ai placé à la fin de la première classe un certain nombre d'espèces, dont le rapprochement avec les autres n'est indiqué que par l'analogie. Mais telle est la force de cette analogie, qu'il ne me paraît pas douteux que ces corps, lorsqu'on les rencontrera dans leur état de perfection, ne se montrent doués des propriétés relatives à la classe dont il s'agit. Cette attente a même été justifiée durant mon travail à l'égard de plusieurs espèces, qui, après avoir résisté pendant quelque temps aux épreuves du caractère, ont fini par rentrer sous ses lois, aussitôt qu'elles se sont offertes à mes observations dans toute leur pureté.

Cette partie du tableau est terminée par un appendice, où sont réunies plusieurs substances qui ont des rapports avec les précédentes, mais qui s'en distinguent par l'onctuosité de leur surface, à laquelle il faut sans doute attribuer le changement de nature qu'on observe dans l'électricité. On pourra par la suite, si leur nombre augmente, en former une sous-division à part ; mais j'ai cru devoir les laisser ici comme en réserve, jusqu'à ce que les découvertes ultérieures aient amené cette nouvelle classification.

SECONDE CLASSE.

Elle est remarquable par la constance et la généralité des caractères qui la déterminent, et qui s'étendent à des variétés dans lesquelles on n'aurait pas soupçonné l'existence de la faculté isolante. Je citerai pour exemple le bitume élastique du Derbishire, qui, malgré son état de flexibilité ou de mollesse, s'électrise d'une manière très sensible par le frottement, lors même qu'on le tient entre les doigts.

TROISIÈME CLASSE.

Parmi les substances de cette classe qui acquièrent l'électricité résineuse à l'aide du frottement, la plupart des sulfures, tels que ceux d'argent, de cuivre, de plomb, etc., se font remarquer par l'énergie de leur vertu. Il semble que ce développement de force soit dû à la présence du soufre, qui joint ici l'action qui lui est propre à celle des métaux qui lui sont associés.

QUATRIÈME CLASSE.

Les substances qui composent le premier ordre, telles que l'argent antimonié sulfuré, le mercure sulfuré, etc., méritent de fixer l'attention par la double propriété qu'elles ont de pouvoir offrir, tantôt le brillant métallique par réflexion, tantôt, par réflexion et par réfraction, une couleur plus ou moins vive, en sorte qu'on peut faire naître à volonté l'une ou l'autre, en variant le poli de la surface. Lorsqu'il est d'une grande vivacité, le corps réunit à l'opacité

le brillant métallique. A mesure que le poli s'affaiblit, le corps devient susceptible d'offrir sous différens aspects ce même éclat, qui seulement est moins
intense, et une couleur ordinairement rouge, qui a
lieu par réflexion et par réfraction à la fois ; et enfin
lorsque le poli est altéré à un certain point, le rouge
se montre seul. La variation dont je viens de parler
est très sensible dans le fer oligiste.

Le brillant métallique a ordinairement une teinte
de bleu. Or, le rouge étant la couleur complémentaire du bleu, l'effet dont il s'agit est du genre de
ceux que produisent différens corps susceptibles de
réfléchir et de réfracter deux couleurs qui sont complémentaires l'une de l'autre. C'est l'analogue de ce
qu'on observe dans le phénomène des anneaux colorés.

L'arsenic sulfuré est dans un cas particulier. Sa
variété rouge, telle qu'on la trouve dans la nature,
est ordinairement dépourvue de l'éclat métallique ;
mais on peut faire naître cet éclat en limant la surface. A l'égard de la variété jaune, dont l'identité
avec la précédente me paraît bien démontrée (*),
l'éclat de sa cassure se rapproche du métallique (**) ;
et d'ailleurs sa différence avec l'autre n'étant qu'accidentelle, l'exception qui en résulterait ne déroge-

---

(*) Voyez les Mémoires du Muséum d'Histoire naturelle,
t. XVI, p. 19 et suiv.

(**) Jameson, *System of Mineralogy*, t. III, p. 534.

rait pas au caractère principal que présente la variété rouge.

J'ai supposé que la couleur proprement dite, vue par transparence dans le titane anatase, était le bleu; c'est en effet d'après cette couleur que les anciens minéralogistes ont appelé *schorl bleu* (*) la substance dont il s'agit.

III. TABLEAU DES FORMES CRISTALLINES.

I. *Substances qui ont une forme primitive commune avec les mêmes dimensions.*

I. CUBE.

Noms des substances.	*Forme de la molécule intégrante.*
Magnésie boratée..............	Cube.
Soude muriatée.............	Cube.
Aplome.....................	Cube.
Amphigène	Tétraèdre irrégulier.
Analcime..................	Cube.
Plomb sulfuré..............	Cube.
Fer oxidé..................	Cube.
Fer sulfuré................	Cube.
Fer arseniaté..............	Cube.
Cobalt arsenical...........	Cube.
Cobalt gris................	Cube.

(*) De l'Isle, Cristallogr., t. II, p. 406.

2. OCTAÈDRE RÉGULIER.

Noms des substances.	*Forme de la molécule intégrante.*
Chaux fluatée..............	Tétraèdre régulier.
Ammoniaque muriatée......	Tétraèdre régulier.
Alumine sulfatée...........	Tétraèdre régulier.
Spinelle	Tétraèdre régulier.
Diamant...................	Tétraèdre régulier.
Cuivre oxidulé.............	Tétraèdre régulier.
Fer oxidulé...............	Tétraèdre régulier.
Fer chromaté.............	Tétraèdre régulier.
Bismuth natif.............	Tétraèdre régulier.
Antimoine natif............	Tétraèdre irrégulier.
Tellure natif..............	Tétraèdre régulier.

3. TÉTRAÈDRE RÉGULIER.

Cuivre pyriteux............	Tétraèdre régulier.
Cuivre gris................	Tétraèdre régulier.

4. DODÉCAÈDRE RHOMBOÏDAL.

Grenat....................	Tétraèdre symétrique.
Helvin....................	Tétraèdre symétrique.
Sodalite..................	Tétraèdre symétrique.
Lazulite..................	Tétraèdre symétrique.
Haüyne...................	Tétraèdre symétrique.
Zinc sulfuré..............	Tétraèdre symétrique.

II. *Substances dont les formes primitives sont seulement du même genre, avec des dimensions respectives particulières pour chacune.*

1. RHOMBOÏDE.

* Obtus.

Noms des substances.	Forme de la molécule intégrante.
Chaux carbonatée.	Rhomboïde.
Baryte carbonatée.	Tétraèdre hémi-symétrique.
Strontiane carbonatée.	Tétraèdre hémi-symétrique.
Soude nitratée.	Rhomboïde.
Quarz.	Tétraèdre hémi-symétrique.
Tourmaline.	Tétraèdre hémi-symétrique.
Chabasie.	Rhomboïde.
Cuivre dioptase.	Rhomboïde.
Argent antimonié sulfuré. . . .	Rhomboïde.
Zinc carbonaté.	Rhomboïde.
Plomb phosphaté.	Tétraèdre hémi-symétrique.

** Aigu.

Alumine sous-sulfatée alkaline.	Rhomboïde.
Potasse sulfatée	Rhomboïde.
Corindon.	Rhomboïde.
Mercure sulfuré.	Rhomboïde.
Fer oligiste.	Rhomboïde.
Fer sulfaté.	Rhomboïde.
Fer oxidulé titané.	Rhomboïde.

2. OCTAÈDRE.

* Symétrique.

Soude sulfatée.	Tétraèdre symétrique.

Noms des substances.	*Forme de la molécule intégrante.*
Zircon.....................	Tétraèdre symétrique.
Harmotome................	Tétraèdre symétrique.
Titane anatase............	Tétraèdre symétrique.
Plomb molybdaté..........	Tétraèdre symétrique.
Mellite...................	Tétraèdre symétrique.
Étain oxidé...............	Tétraèdre symétrique.
Schéelin calcaire..........	Tétraèdre symétrique.

** *Rectangulaire.*

Arragonite................	Tétraèdre hémi-symétrique.
Potasse nitratée...........	Tétraèdre hémi-symétrique.
Wollastonite..............	Tétraèdre hémi-symétrique.
Triphane.................	Tétraèdre hémi-symétrique.
Laumonite...............	Tétraèdre hémi-symétrique.
Macle....................	Tétraèdre hémi-symétrique.
Plomb carbonaté..........	Tétraèdre hémi-symétrique.
Plomb sulfaté............	Tétraèdre hémi-symétrique.
Zinc oxidé...............	Tétraèdre hémi-symétrique.
Cuivre phosphaté.........	Tétraèdre hémi-symétrique.
Fer calcaréo-siliceux........	Tétraèdre hémi-symétrique.

*** *Rhomboïdal.*

Soude carbonatée...........	Tétraèdre irrégulier.
Soufre....................	Tétraèdre irrégulier.
Titane calcaréo-siliceux......	Tétraèdre irrégulier.
Antimoine sulfuré..........	Tétraèdre irrégulier.

**** *Irrégulier.*

Cuivre carbonaté...........	Tétraèdre irrégulier.

3. PRISME QUADRANGULAIRE.

1. PRISME DROIT.

* Symétrique.

Noms des substances.	Forme de la molécule intégrante.
Magnésie sulfatée............	Prisme triangulaire rectangle isocèle.
Magnésie hydratée..........	Prisme quadrangulaire symétrique.
Idocrase..................	Prisme triangulaire rectangle isocèle.
Méionite.................	Prisme quadrangulaire symétrique.
Wernérite................	Prisme quadrangulaire symétrique.
Paranthine...............	Prisme quadrangulaire symétrique.
Apophyllite..............	Prisme quadrangulaire symétrique.
Fer oxalaté..............	Prisme quadrangulaire symétrique.
Urane oxidé.............	Prisme quadrangulaire symétrique.
Titane oxidé............	Prisme triangulaire rectangle isocèle.
Manganèse hydraté........	Prisme quadrangulaire symétrique.

** Rectangulaire.

Chaux anhydro-sulfatée.....	Prisme triangulaire rectangle.
Alumine fluatée alkaline....	Tétraèdre irrégulier.

Noms des substances.	*Forme de la molécule intégrante.*
Cymophane..................	Prisme rectangulaire.
Péridot....................	Prisme rectangulaire.
Stilbite...................	Prisme rectangulaire.
Dipyre....................	Prisme triangulaire rectangle.
Schéelin ferruginé..........	Prisme rectangulaire.

*** *Rhomboïdal.*

Chaux boratée siliceuse......	Prisme rhomboïdal.
Baryte sulfatée.............	Prisme triangulaire rectangle scalène.
Strontiane sulfatée.........	Prisme triangulaire rectangle scalène.
Topaze....................	Tétraèdre hémi-symétrique.
Diaspore..................	Prisme triangulaire rectangle isocèle.
Staurotide................	Prisme triangulaire rectangle isocèle.
Mésotype.................	Prisme triangulaire rectangle isocèle.
Prehnite..................	Prisme rhomboïdal.
Hypersthène..............	Prisme triangulaire rectangle scalène.
Essonite..................	Prisme rhomboïdal.
Anthophyllite.............	Prisme triangulaire rectangle scalène.
Pétalite..................	Prisme triangulaire rectangle isocèle.
Mica.....................	Prisme rhomboïdal.
Talc......................	Prisme rhomboïdal.
Fer arsenical..............	Prisme rhomboïdal.
Fer sulfuré blanc..........	Prisme rhomboïdal.

Noms des substances.	Forme de la molécule intégrante.
Cuivre hydraté.............	Prisme triangulaire rectangle isocèle.
Manganèse oxidé...........	Prisme triangulaire rectangle isocèle.

**** *Irrégulier.*

Chaux sulfatée.............	Prisme quadrangulaire irrégulier.
Épidote...................	Prisme quadrangulaire irrégulier.
Axinite...................	Prisme quadrangulaire irrégulier.

2. PRISME OBLIQUE.

* *Rectangulaire.*

Soude boratée.............	Prisme rectangulaire.
Condrodite................	Prisme oblique triangulaire.
Euclase...................	Prisme oblique triangulaire.
Fer phosphaté.............	Prisme oblique triangulaire.

** *Rhomboïdal.*

Glaubérite................	Prisme rhomboïdal.
Amphibole................	Prisme oblique triangulaire.
Pyroxène.................	Prisme oblique triangulaire.
Gadolinite...............	Prisme rhomboïdal.
Triclasite................	Prisme rhomboïdal.
Plomb chromaté...........	Prisme oblique.
Arsenic sulfuré...........	Prisme oblique.

*** *Irrégulier.*

Feldspath.................	Prisme quadrangulaire irrégulier.

Noms des substances.	*Forme de la molécule intégrante.*
Diallage....................	Prisme triangulaire irrégulier.
Disthène....................	Prisme quadrangulaire irré- gulier.
Cuivre sulfaté..............	Prisme quadrangulaire irré- gulier.

4. PRISME HEXAÈDRE RÉGULIER.

Chaux phosphatée..........	Prisme triangulaire équila- téral.
Émeraude..................	Prisme triangulaire équila- téral.
Cordiérite.................	Prisme triangulaire équila- téral.
Néphéline.................	Prisme triangulaire équila- téral.
Pinite....................	Prisme triangulaire équila- téral.
Molybdène sulfuré..........	Prisme triangulaire équila- téral.
Cuivre sulfuré.............	Prisme triangulaire équila- téral.

III. *Formes qui se retrouvent, comme secondaires, dans différentes espèces.*

I. CUBE.

Noms des substances.	*Formes primitives.*
Chaux fluatée..............	Octaèdre régulier.
Bismuth natif..............	Octaèdre régulier.

2. OCTAÈDRE RÉGULIER.

Noms des substances.	*Formes primitives.*
Soude muriatée............	Cube.
Plomb sulfuré.............	Cube.
Fer sulfuré...............	Cube.
Cobalt arsenical..........	Cube.
Cobalt gris...............	Cube.

3. PRISME HEXAÈDRE RÉGULIER.

Chaux carbonatée..........	Rhomboïde obtus.
Corindon..................	Rhomboïde aigu.
Mica.....................	Prisme droit rhomboïdal.
Talc.....................	Prisme droit rhomboïdal.
Argent antimonié sulfuré....	Rhomboïde obtus.
Plomb phosphaté...........	Rhomboïde obtus.

4. DODÉCAÈDRE RHOMBOÏDAL.

Chaux fluatée.............	Octaèdre régulier.
Aplome...................	Cube.
Fer oxidulé...............	Octaèdre régulier.

5. SOLIDE A 24 TRAPÈZOÏDES ÉGAUX ET SEMBLABLES

Ammoniaque muriatée......	Octaèdre régulier.
Grenat...................	Dodécaèdre rhomboïdal.
Amphigène................	Cube.
Analcime.................	Cube.
Fer sulfuré...............	Cube.

Exposé du plan qui a été adopté pour la description des espèces.

La synonymie qui accompagnera le nom spécifique sera puisée presque entièrement dans les auteurs allemands qui ont adopté la nomenclature du célèbre Werner, que l'on sait être la plus généralement suivie.

La notion que j'ai donnée de l'espèce minéralogique, en faisant dépendre uniquement celle-ci de la forme et de la composition de la molécule intégrante, me suggérait naturellement la marche que je devais suivre dans les descriptions de ces réunions de corps inorganiques, dont chacune est désignée sous ce même nom d'*espèce*. Pour suivre cette indication, j'ai partagé chaque description en trois sections, dont l'une présente les caractères spécifiques, la seconde la série des modifications de forme qui ont été observées dans les différens individus de l'espèce, et la troisième les effets accidentels de l'action de la lumière. Or, c'était surtout le choix des caractères compris dans la première section qu'il importait de ramener à la justesse et à la précision des idées; et, dans cette vue, je suis parti de l'hypothèse où tous les corps qui appartiennent à l'espèce seraient dans leur état de perfection, et où ils jouiraient, sans aucune altération, de toutes les qualités qui dérivent de leur nature.

Dans cette hypothèse, ils se prêteraient tous avec une égale facilité à la division mécanique, et l'on pourrait extraire de chacun d'eux un solide semblable à la forme primitive. Ils auraient tous la même pesanteur spécifique, le même degré de dureté et le même genre d'éclat. Si leur matière composante était susceptible de transparence, ils offriraient tous le phénomène de la réfraction simple ou double, avec la même intensité, toutes choses égales d'ailleurs. Si un seul était coloré, tous les autres partageraient la même couleur, parce qu'elle serait inhérente aux molécules. La même uniformité aurait lieu pour les autres caractères physiques, tels que ceux qui se tirent de l'électricité et du magnétisme, ainsi qu'à l'égard des caractères chimiques.

Les corps dont il s'agit ne pourraient offrir d'autres variations que celles qui modifieraient leurs formes extérieures par une suite des diverses lois de décroissemens qui auraient agi sur leurs lames composantes, sans déranger le mécanisme de la structure.

C'est d'après ces considérations que j'ai restreint les caractères spécifiques dans les limites tracées par la notion même de l'espèce, en sorte que tout ce qui les écarte de ces limites leur est étranger.

Je place au premier rang le caractère géométrique donné par le résultat de la division mécanique, d'où l'on déduit la forme primitive et celle de la molécule intégrante. Cette priorité accordée au caractère dont il s'agit, est fondée sur ce que très souvent il suffit seul pour déterminer l'espèce. Dans le cas contraire, je lui associe un caractère auxiliaire destiné à compléter la détermination de l'espèce. J'indique les incidences mutuelles des faces de la forme primitive, et quelquefois les angles plans que forment entre eux leurs bords, dans les cas où ils offrent quelque particularité remarquable. De plus, lorsque les dimensions respectives de cette même forme n'ont été déterminées qu'à l'aide de la théorie, je les indique en nombres ronds approximatifs, en faveur de ceux auxquels les quantités radicales qui en expriment le rapport exact ne sont pas familières (*), et je rejette ce rapport dans une note, que les géomètres pourront consulter lorsqu'ils voudront avoir les données nécessaires pour appliquer le calcul aux lois de décroissemens d'où dépendent les formes secondaires.

Je mets en tête des caractères physiques la pesanteur spécifique, parce qu'elle peut être évaluée à peu près exactement. Je place au second rang la dureté rapportée à l'une des limites dont j'ai parlé plus haut : viennent ensuite les caractères tirés de l'action de la lumière, parmi lesquels je me borne ordinairement à citer ceux qui ont rapport à la réfraction double ou simple, et à l'éclat. Je n'y ajoute la couleur que dans le cas où elle dépend de la réflexion immédiate

---

(*) Ces nombres ont, de plus, l'avantage de pouvoir servir à exécuter les copies en bois des formes primitives.

des rayons sur les particules du corps. J'indique enfin, lorsqu'il y a lieu, les caractères qui dépendent
de l'électricité et du magnétisme.

Les caractères chimiques se succèdent dans l'ordre
où je les ai déjà exposés; ils consistent dans l'action
de la chaleur, dans celle des acides et dans celle des
liqueurs alcalines.

J'ai placé à leur suite les résultats des analyses
de la substance, faites par les chimistes les plus habiles dans ce genre d'opération. Je termine cette section par le caractère d'élimination, dont le but est
de donner l'exclusion à des variétés qui appartiennent à des espèces différentes, et que l'on pourrait
être tenté de rapporter à celle qui est le sujet de la
description.

La série des variétés qui remplit la seconde section sera sous-divisée d'après le tableau que j'ai présenté plus haut des diverses modifications de forme
et d'aspect dont les minéraux sont susceptibles.

Les cristaux proprement dits qui appartiennent
aux formes que j'appelle *déterminables*, ou bien offrent la forme primitive donnée immédiatement par
la nature, ou bien en dérivent par des lois de décroissemens d'où dépendent les formes secondaires;
et telle est la relation que ces lois établissent entre
ces mêmes formes et celles du noyau et des molécules intégrantes, que si l'on excepte les cas où ce
noyau est du nombre des solides qui sont les limites
des autres, on tenterait en vain d'obtenir des formes

semblables, en partant d'une molécule différente.

Il en résulte que le caractère géométrique, en même temps qu'il persiste dans les positions respectives des joints naturels que l'on peut mettre à découvert par la division mécanique, laisse son empreinte sur les formes extérieures des variétés dont il s'agit, en sorte que pour reconnaître cette empreinte il suffit de mesurer les angles que font entre elles les faces qui terminent ces variétés.

En réunissant les indications de ces angles au signe représentatif et à la projection de la forme cristalline, on a la description exacte de celle-ci.

Lorsqu'elle renferme des propriétés géométriques ou qu'elle offre des caractères de symétrie dignes d'attention, j'ai eu soin de les indiquer de manière à les faire aisément concevoir, sans le secours du calcul.

Pour ramener à un ordre méthodique la disposition des formes déterminables relatives à chaque espèce, je présente d'abord la série des quantités simples qui composent les signes représentatifs de celles qui ont été observées. Je range ensuite les noms de ces formes, avec leurs signes représentatifs, selon les combinaisons des quantités prises deux à deux, trois à trois, etc. De cette manière, lorsqu'il surviendra une variété jusqu'alors inconnue, sa place sera pour ainsi dire marquée d'avance, d'après la combinaison à laquelle répond son signe représentatif.

Quant aux mesures des angles, on les trouvera sur

un tableau général, mis en regard des projections, dans l'atlas destiné pour ces dernières. Les faces qui résultent d'une même loi de décroissement sont désignées par une même lettre, soit sur chaque projection, soit sur les différentes projections dans lesquelles ces faces se répètent. Cette uniformité fournit un moyen simple d'ordonner le tableau des mesures d'angles, de manière que l'observateur puisse y trouver d'un coup d'œil l'incidence de deux faces voisines sur une variété quelconque. Le tableau offre d'abord les lettres majuscules qui appartiennent aux faces primitives, ensuite les petites lettres qui se rapportent aux faces produites par des décroissemens, le tout disposé par combinaisons binaires, d'après l'ordre alphabétique, avec l'indication de l'angle que font entre elles les deux faces relatives à cette combinaison.

Si l'une des deux lettres est majuscule, on la cherchera au commencement du tableau, et le rang qu'occupe l'autre dans l'ordre alphabétique sera trouver l'incidence respective des deux faces. Si ce sont deux petites lettres, on prendra celle qui est la plus voisine de la lettre a, et, l'ayant trouvée sur le tableau, on se conduira, par rapport à l'autre lettre, comme dans le cas précédent. J'ai calculé les incidences d'une même face sur toutes ses adjacentes, ou au moins sur plusieurs d'entre elles, afin que, dans le cas où l'une ne se prêterait pas à des mesures exactes, les autres se présentassent pour y suppléer.

Parmi les variétés qui appartiennent à diverses espèces de minéraux, telles que la chaux carbonatée, la chaux sulfatée, la chaux fluatée, la topaze, le quarz, l'apophyllite, etc., on en trouve plusieurs qui, par leurs formes, se rapportent à celles dont je viens de parler, et dans lesquelles les caractères spécifiques ont atteint le degré déterminé par la nature du minéral, sans qu'aucune modification accidentelle soit venue se mêler parmi eux. Ces variétés sont comme l'élite des corps qu'embrasse l'espèce considérée dans toute son étendue; elles seules en présentent le tableau fidèle.

La série se continue par les variétés indéterminables, dont plusieurs offrent encore des vestiges plus ou moins apparens du caractère géométrique, qui ensuite s'efface peu à peu, et finit par disparaître dans les masses compactes. Mais les caractères physiques et chimiques se présentent pour confirmer ses indications, ou pour suppléer, au moins en partie, à son absence. On peut leur en associer d'autres, choisis parmi ceux qui se tirent de l'aspect, en faisant suivre les noms des variétés par des phrases descriptives, propres à les désigner sous les traits qui marquent le plus dans leur physionomie. Ainsi, pour peindre la variété granuliforme de pyroxène, dont on a fait une espèce sous le nom de *coccolithe*, la description dira qu'on la trouve en masses composées de grains d'un vert noirâtre qui passe au vert clair, facilement séparables, chargés d'enfoncemens et de cavités, et dont plusieurs présentent l'apparence d'une forme polyédrique oblitérée. La chaux fluatée compacte sera caractérisée par la finesse de sa pâte, qui est plus ou moins translucide; par sa cassure unie, ordinairement un peu écailleuse; par l'éclat gras de certaines parties qui tendent vers le tissu lamelleux, et par des teintes de blanc verdâtre, de gris bleuâtre et de violâtre qui diversifient sa surface, et qui semblent offrir des traces du coloris dont celle des cristaux de ce minéral est communément ornée.

Lorsque les variétés relatives à une espèce sont nombreuses, et tellement diversifiées, que si l'on prend dans la série certains termes un peu éloignés entre eux, on trouve qu'ils diffèrent sensiblement les uns des autres par des caractères tirés du tissu ou de quelqu'autre modification variable; dans ce cas, pour aider l'observateur à se reconnaître, on partage l'espèce en plusieurs portions de série, que l'on appelle *sous-espèces*. Cette sous-division ne peut être nette qu'à l'égard des individus situés vers les milieux des portions de série, qui se confondent par leurs extrémités, en sorte qu'il y a un peu d'arbitraire dans la répartition des termes voisins de ces endroits. Mais cet inconvénient est racheté par l'avantage de trouver des points de repos dans un ensemble capable de surcharger l'esprit, si l'on était réduit à en parcourir tous les détails sans s'arrêter. Au reste, il arrive rarement que l'on soit forcé de recourir à ce moyen de faciliter l'étude de l'espèce, lorsque l'ordre qui règne dans la distribution des variétés est propre par lui-même à guider l'observateur sans le fatiguer.

Les effets accidentels de l'action de la lumière, qui se rapportent à la troisième section, ne constituent pas proprement des variétés, puisqu'ils tiennent à des modifications qui ont besoin d'un sujet pour exister. Il en résulte qu'une forme quelconque peut offrir successivement tous les degrés de transparence et toutes les variétés de couleur ; et réciproquement chaque couleur et chaque degré de transparence peuvent s'allier avec toutes les formes. Mais il n'était pas nécessaire de surcharger la méthode de toutes ces combinaisons, il suffisait qu'elle en offrît les élémens ; et ainsi la partie de la description qui concerne, par exemple, les couleurs, se réduit à une suite d'épithètes, telles que *rouge*, *jaune*, *orangé brunâtre*, *bleu verdâtre*, parmi lesquelles l'observateur qui aurait un individu à décrire ou à placer, avec une étiquette, dans sa collection, pourra choisir celle qui doit être ajoutée au nom de cet individu.

La phosphorescence, lorsqu'elle a lieu, est indiquée à la suite des couleurs, ainsi que le moyen qui sert à la développer.

Dans le cas où certaines variétés d'un minéral diffèrent sensiblement des autres par un mélange de quelque matière étrangère, j'en fais ordinairement le sujet d'un appendice que je place à la suite de la description de l'espèce (l'épidote manganésifère, le grenat ferrifère).

Lorsque le nom spécifique que j'ai adopté a été appliqué à des espèces différentes, d'après une ressemblance trompeuse, comme celle de la couleur, ce qui a eu lieu surtout à l'égard des corps que les artistes travaillent comme objets d'utilité ou d'agrément, j'indique ces doubles emplois dans un tableau particulier; et j'espère qu'on me saura gré du travail fastidieux que j'ai été obligé d'entreprendre pour débrouiller la confusion qui naissait de ces communications d'un même nom à des substances si peu faites pour être associées les unes aux autres.

Objets dont l'exposé est destiné à compléter la description des espèces.

Après avoir fait connaître une substance minérale, telle qu'elle est en elle-même, par une description puisée uniquement dans les caractères qui lui sont inhérens, il reste à la présenter sous les autres points de vue dont la considération peut répandre de l'intérêt sur elle.

Le premier est relatif à ses gissemens, ou au rôle qu'elle joue dans la nature. Pour en donner une idée qui soit propre à le graver dans l'esprit, je suivrai l'ordre méthodique prescrit par le tableau que je vais tracer des diverses circonstances géologiques dans lesquelles un même minéral peut se rencontrer. J'entends par *relations géologiques* d'un minéral les différentes manières d'être qui déterminent ses rapports avec la structure du globe. On en distingue six, dont chacune a lieu dans l'une des circonstances suivantes :

1°. Lorsque le minéral constitue des roches simples : tel est le quarz en masses considérables : quarz fels ;

2°. Lorsqu'il entre comme principe essentiel dans la composition d'une roche : tel est le feldspath dans le granite ;

3°. Lorsqu'il n'y intervient qu'accidentellement : telle est la tourmaline dans le granite ;

4°. Lorsqu'il appartient à la formation accidentelle des filons ou des grands amas (stockwerke) auxquels on attribue la même origine (*). Je me conforme ici à l'opinion de M. Werner, qui a été adoptée par un grand nombre de géologues, et d'après laquelle l'espace qu'occupent les filons a été produit par l'écartement des masses dont les montagnes sont composées, en sorte que les fentes auxquelles cet écartement a donné naissance, ont été remplies dans la suite par les matières qui les occupent maintenant.

Dans le cas dont il s'agit, ou bien le minéral

(*) On regarde, en général, les gîtes occupés par ces masses comme un assemblage de fentes courtes et étroites, dirigées dans tous les sens, et tellement rapprochées qu'elles présentent l'aspect d'une cavité unique. Journal des Mines, n° 18, p. 89, note I.

compose seul la matière du filon, ce qui est rare; ou il en est la partie principale , et alors il est ordinairement d'une nature métallique ; ou il s'associe à cette même partie, ce qui a lieu fréquemment à l'égard des substances pierreuses.

5°. Lorsqu'il a été produit par l'infiltration dans des cavités qui proviennent d'une interruption de continuité qu'a subie la matière de la masse environnante pendant sa formation. Ces cavités sont ordinairement garnies de concrétions, et quelquefois de cristaux réguliers réunis en groupes.

6°. Lorsqu'il compose seul ou en partie une masse qui ne se rattache à rien de déterminé , et n'occupe point un rang parmi les espèces géologiques : telles sont les substances qui adhèrent à des masses d'un trop petit volume pour pouvoir être considérées comme faisant partie de la structure du globe. Je donne à ces sortes de masses le nom de *masses accidentelles*.

Un autre genre de relations que j'appelle *relations de rencontre*, est celui qui existe entre un minéral et ceux d'une espèce différente, auxquels il s'associe dans un même gîte. Ces sortes d'alliances ont quelquefois lieu de préférence entre certains minéraux : ainsi le zinc accompagne presque toujours le plomb sulfuré.

Je ne me suis point borné, comme on le fait ordinairement , à dire que telle substance se rencontre accidentellement dans telle ou telle roche; mais j'ai indiqué autant qu'il m'a été possible, d'après l'observation des morceaux de ma collection, les variétés principales, en désignant celle que renferme chaque roche dans tel pays. Par exemple, les tourmalines *sexdécimales* d'un vert clair et les *isogones* blanchâtres sont renfermées dans la dolomie du Saint-Gothard, etc.

Un autre point de vue qui se rapporte à la philosophie de la science, est celui qui nous montre le minéral d'abord comme égaré dans la méthode, par une suite des fausses opinions que les minéralogistes en ont conçues, jusqu'à l'époque où un résultat définitif l'a fixé sans retour, soit dans une place séparée, soit parmi les variétés d'une espèce déjà connue. Plusieurs minéraux offriront des exemples de ces passages de l'erreur à la vérité.

Vient ensuite l'explication des phénomènes que présente le minéral lorsqu'il jouit de quelque propriété intéressante.

De là je passe aux applications qu'on a faites du minéral, soit à l'art de guérir, soit aux arts mécaniques, en restreignant l'indication des procédés employés par les artistes à ce qui suffit pour faire concevoir, en général, comment le minéral acquiert les qualités qui le rendent propre à nos usages. On me saura d'autant plus de gré de n'avoir pas omis le premier des deux objets dont je viens de parler,

que les détails qui le concernent m'ont été fournis
par M. Hallé, qu'il suffit de nommer.

*Considérations en faveur de la manière précé-
dente de décrire les espèces.*

Qu'on me permette de revenir sur la partie minéralogique de la description des espèces minérales,
pour remarquer que la marche qu'elle indique est
précisément l'inverse de celle qui a été suivie relativement au même objet par M. Werner et par les
auteurs qui ont adopté ses principes. Elle en diffère
encore plus sensiblement par les moyens employés
pour déterminer les caractères énoncés dans les
descriptions. Le parallèle que je vais faire des deux
marches mettra ceux qui voudront bien le lire attentivement, à portée de juger si je ne me suis point
abusé en m'écartant si visiblement du plan que
s'est tracé le savant illustre dont la méthode a été
sanctionnée par la réunion de tant de juges éclairés
qui lui ont accordé leurs suffrages, et de tant d'élèves
fiers d'avoir puisé dans ses leçons les connaissances
qui les distinguent.

Les sous-espèces ont été multipliées dans cette
méthode, et la première est constamment celle à
laquelle appartiennent les variétés qui présentent le
minéral sous l'aspect que l'on désigne par le mot de
compacte, qui est en même temps celui où il s'é-
loigne le plus de l'état de perfection, et où les ca-

ractères les plus décisifs pour le faire reconnaître
ont disparu. Lorsqu'il n'y a point de sous-espèce,
l'indication du minéral en masse précède toujours
celle des formes régulières.

On pourrait donc dire que les variétés dont il
s'agit sont celles qui, étant le plus abondamment
répandues dans la nature, méritent par cela seul
d'occuper le premier rang dans la description. Mais
en faisant réflexion que ce sont des fragmens détachés des grandes masses qui ont appris à l'auteur
tout ce qu'il a dit dans sa description, il m'a semblé
que donner la priorité à ces masses, ce serait en
quelque sorte voir la Minéralogie avec les yeux du
géologue, et transporter à de simples modifications
d'un minéral une considération qui n'est applicable
qu'à la base d'une roche.

Dans la même méthode, les descriptions des espèces commencent toujours par l'énumération des
diverses couleurs que présentent les variétés observées. J'ai exposé ailleurs les raisons qui m'avaient
engagé à terminer, au contraire, les descriptions par
l'indication de ces modifications variables et fugitives. J'ajoute qu'elles ont besoin, pour exister,
d'un sujet dont la surface leur serve comme de
fond, et qui, par cela seul, doit déjà avoir été décrit. Tout ce que la partie de la description relative
aux couleurs apprend à celui qui tient un individu
de l'espèce, c'est que, parmi les couleurs dont il
s'agit, le vert d'olive est, par exemple, celui qui

doit être ajouté sur l'étiquette au nom spécifique. Mais ce dernier était censé être connu d'avance.

Pour décrire les formes cristallines qui viennent après les masses, l'auteur les ramène à une forme plus simple, dont elles portent l'empreinte, et dont il les fait dériver, en la supposant tronquée ou biselée dans certaines parties. Si les faces qui naissent de la troncature ou du bisellement se réunissent en un point commun, il en résulte ce qu'on appelle le *pointement*.

Je prendrai pour exemple une variété de chaux carbonatée que j'ai déjà citée, et dont la forme réunit les pans du prisme hexaèdre régulier avec les faces de deux pyramides droites appliquées sur les bases du prisme. Trois de ces faces situées alternativement sur chaque pyramide, sont primitives, et les trois autres sont le résultat du décroissement sur les angles inférieurs, qui, dans le cas où il atteindrait sa limite, produirait un rhomboïde secondaire semblable au noyau. J'appelle cette variété *chaux carbonatée trihexaèdre*.

Dans une description faite d'après la méthode de M. Werner, cette forme serait indiquée comme étant celle d'un *prisme à six pans*, *portant à chaque extrémité un pointement à six faces placé sur les bords latéraux*. Ici le prisme hexaèdre est, comme on le voit, la forme fondamentale. S'il s'agissait du dodécaèdre métastatique, ce serait la pyramide; et la description indiquerait *deux pyra-*

mides réunies par leurs faces à jointure obli-
que (*).

Ces sortes d'indications suffisent pour donner une idée générale des formes auxquelles elles se rapportent. Elles ont de plus l'avantage d'être claires, pourvu que les formes n'excèdent pas un certain degré de simplicité; et aussi le célèbre auteur de la méthode s'est-il borné à ces dernières. Car si l'on entreprenait de décrire, à l'aide du même langage, quelqu'une de ces variétés qui résultent de la combinaison de cinq ou six lois de décroissement, il serait impossible de se reconnaître au milieu de la complication qu'entraînerait dans la description cette multiplicité de facettes comme entrelacées les unes dans les autres, ou se succédant par étages, et dont le seul aspect est fait pour déconcerter l'œil de l'observateur qui n'a pas le fil de la théorie pour se tirer de ce dédale.

Mais j'oserai dire que le grand défaut des descriptions dont il s'agit est d'isoler les formes qui en sont les sujets, de manière à faire disparaître le lien qui les unit soit entre elles, soit avec une forme primitive commune. Un autre inconvénient est celui de n'indiquer aucune mesure d'angle, en sorte que la forme prismatique terminée par une double pyramide droite, étant commune à plusieurs espèces très différentes,

---

(*) Traité élémentaire de Minéralogie, suivant les principes du professeur Werner, par Brochant, p. 538.

l'observateur qui fait usage de la méthode, lit sans le savoir la description d'une variété de quarz, celle d'une variété de chaux phosphatée ou de baryte carbonatée, etc., tandis qu'il s'imagine ne lire que celle d'une variété de chaux carbonatée.

Supposons maintenant que l'on remette à celui qui a étudié la méthode fondée sur la géométrie des cristaux, non pas un individu pris dans la nature et appartenant à la variété de chaux carbonatée dont il s'agit, mais simplement un solide exécuté en bois, qui représente exactement cette variété; il n'aura besoin que de mesurer un des angles de 120^d que font entre eux les pans du prisme, et un des angles de 135^d que font les faces des pyramides avec les pans adjacens, pour nommer la chaux *carbonatée trihexaèdre*. Supposons au contraire que l'observateur dont je parle ait sous les yeux seulement le signe représentatif de la même variété, et qu'il connaisse d'ailleurs la forme primitive à laquelle elle se rapporte; il sera en état, d'après ces données, de mettre en projection la variété indiquée, c'est-à-dire de tracer le portrait fidèle d'un être qu'il pourra n'avoir jamais vu. J'ai cru devoir citer ces exemples, parce qu'ils me paraissent propres à faire ressortir les avantages de cette dépendance nécessaire qu'établissent entre les variétés de chaque espèce et leur forme primitive commune les principes de la méthode que j'ai adoptée.

A la suite des formes, M. Werner énonce le genre

d'éclat que présente la surface, et de là il passe au clivage, qui répond à ce que j'appelle *division mécanique*. La place qu'occupe ce résultat d'observation paraît dépendre du principe qui prescrit de ranger les différens caractères dans l'ordre où ils s'offrent successivement à nos sens, en sorte que la priorité est accordée à ceux qui frappent les yeux, et que le second rang est pour ceux dont la vérification exige le concours des autres organes. Le clivage est tantôt double et tantôt triple, et l'on se borne à indiquer si les faces qu'il met à découvert sont perpendiculaires ou inclinées entre elles.

C'est ici le véritable point de séparation entre les deux méthodes, celui d'où procèdent les nombreuses divergences qui existent entre elles, relativement à la distinction des espèces et à leur distribution. Tandis qu'une des méthodes le rejette vers la fin de la description, et l'énonce comme s'il n'y avait point de milieu entre la position à angle droit et la position inclinée des joints naturels, l'autre lui donne le premier rang comme à celui d'où dérive la forme primitive qui souvent suffit pour déterminer l'espèce; et un seul degré de différence bien constaté entre les angles que feraient entre elles les faces de clivage relatives à deux formes du même genre, serait regardé par l'auteur comme une preuve évidente que les corps auxquels appartiennent ces formes constituent deux espèces distinctes.

La figure des fragmens vient naturellement se placer après le clivage. Lorsqu'il se fait avec une grande netteté comme celui de la chaux carbonatée, la description indique l'espèce de solide qui en résulte. Dans le cas présent, elle fait connaître que les fragmens sont rhomboïdaux, en quoi elle manque déjà de précision. Mais c'est bien autre chose lorsque le corps ne se prête que difficilement à la division mécanique. L'indication dans ce cas se réduit à dire que les fragmens sont indéterminés, en ajoutant *à bords obtus* ou *à bords aigus*; en sorte que les résultats de la division de presque toutes les substances minérales à l'aide de la simple percussion, sans en excepter l'argile, la marne et les autres matières terreuses qui tiennent leur rang parmi les espèces, conduisent à l'un ou à l'autre des deux caractères vagues donnés par l'angle obtus et par l'angle aigu.

Cependant, si, au lieu de briser au hasard un minéral pris parmi ceux qui constituent de véritables espèces, on observe attentivement les positions de ses joints naturels en éclairant fortement les fractures, comme je l'ai expliqué plus haut, on déduit de ces mêmes positions combinées avec celles des faces naturelles une forme primitive dont la sousdivision, faite géométriquement, conduit à ces petits solides qui représentent les molécules intégrantes, c'est-à-dire que l'on a les figures exactes des particules dont les fragmens grossiers sont les assemblages. Voilà, selon moi, le véritable usage des fractures; et la percussion qui ne produit d'autre effet que de briser, doit être réservée pour vérifier le caractère qui se tire de la dureté.

L'énoncé de ce dernier et de celui qui dérive de la pesanteur spécifique, termine ordinairement la description. On rapporte l'un et l'autre à certains termes généraux, tels que ceux de *très dur*, de *demi-dur*, de *tendre*, pour le premier; et ceux de *très pesant*, de *pesant*, de *médiocrement pesant* et de *léger*, pour le second. On cite, à la vérité, le nombre qui répond à la pesanteur spécifique prise à l'aide de la balance hydrostatique, mais seulement comme résultat d'expérience, comme une limite dont la main exercée de l'observateur donne une approximation suffisante par la pression qu'exerce sur elle un morceau de minéral, dont son œil mesure en même temps le volume.

La conséquence qui me paraît découler nécessairement de ce que je viens de dire, est que, parmi tous les caractères indiqués dans une description du genre de celles dont il s'agit, il n'y en a absolument aucun qui puisse être regardé comme vraiment spécifique, aucun qui serve de point de ralliement aux différentes variétés que parcourt la description, et qui les distingue nettement des variétés relatives à telle autre espèce. On serait plutôt tenté de croire que, antérieurement à toute description, l'auteur avait circonscrit l'espèce dans ses limites à l'aide de ce tact fin et délicat qui n'appartient qu'à lui, en sorte que tous ces corps déjà liés entre eux dans les impressions qu'ils avaient produites sur ses organes, ne lui avaient laissé que le soin de les peindre à l'aide du langage dont il est le créateur.

On a vu combien je suis loin d'avoir suivi la même route. J'ai commencé par écarter les modifications accidentelles et variables qui, étant susceptibles de se prêter à la manière de voir de l'observateur, lui donnent, pour ainsi dire, la faculté de composer avec ses yeux, et dont il ne peut tirer que des inductions de convenance, qui n'emportent jamais la conviction avec elles. Je suis parti de ce qu'il y a de fixe et de constant dans les minéraux, et je me suis efforcé de mettre dans les déterminations que j'en ai déduites cette précision qui ne nous laisse les maîtres ni de lui résister, ni de lui refuser notre confiance, parce que l'empire qu'elle exerce est fondé sur l'évidence qu'elle imprime à tout ce qu'elle touche.

Ce n'est pas que les déterminations dont il s'agit soient toujours fixées sans retour ; mais lorsque cela n'a pas lieu, c'est parce que l'imperfection des objets n'a pas permis d'y appliquer assez exactement des principes certains en eux-mêmes. Il vient un moment où, mieux secondé par l'observation, on rectifie ses premiers résultats en se servant des mêmes principes ; et les corrections, loin de faire naître des préjugés contre eux, en deviennent la meilleure apologie.

Nous allons maintenant passer à la distribution méthodique et à la description des espèces minéralogiques. En énonçant les propriétés géométriques relatives à chacune d'elles, on a eu soin d'indiquer en même temps les endroits de la Cristallographie où ces propriétés ont été développées et démontrées à l'aide du calcul. De cette manière, les deux ouvrages se prêteront continuellement un mutuel secours; et, en réunissant les résultats des théories renfermées dans l'un, à la partie descriptive de l'autre, on aura le tableau complet de l'espèce.

DISTRIBUTION

MÉTHODIQUE (*)

ET DESCRIPTION

DES ESPÈCES MINÉRALOGIQUES.

PREMIÈRE CLASSE.

ACIDES LIBRES.

Cette classe ne renferme que deux espèces, savoir, l'acide sulfurique et l'acide boracique ; ce sont les seuls acides connus et existans dans la nature qui soient susceptibles de prendre l'état concret.

PREMIÈRE ESPÈCE.

ACIDE SULFURIQUE.

Cet acide, qui est le résultat de la combustion rapide du soufre, exige un froid de 4 ou 5 degrés au-dessous du zéro de Réaumur, pour se congeler ;

(*) On retrouvera cette même distribution réduite en tableau dans le volume des planches.

et alors il cristallise en prismes à six pans, terminés par des pyramides du même nombre de faces.

Sa saveur est très énergique, et il agit sur la langue comme un corps brûlant.

Lorsqu'il est à l'état liquide, qui est son état ordinaire, si l'on y plonge une matière végétale, une allumette par exemple, elle noircit et se charbonne à l'instant.

Sa pesanteur spécifique, dans l'état de concentration, est de 1,85, suivant Klaproth.

Il est composé, sur 100 parties, de 40,14 de soufre et de 59,86 d'oxigène (Berzelius).

Cet acide a été trouvé libre dans la nature, par Baldassari, dans une grotte située près de Sienne en Toscane, dont les environs abondent en fer sulfuré, qui, en se décomposant, a donné naissance au même acide. Il y imprègne des concrétions de chaux sulfatée, suspendues aux voûtes de la grotte. Plusieurs autres naturalistes en ont trouvé dans diverses cavernes, où il suintait également à travers la voûte avec l'eau dont il était mêlé. M. Leschenaud, dont le voyage aux Indes a été si intéressant pour le progrès de l'Histoire naturelle, a rapporté de l'acide sulfurique qu'il avait puisé dans l'intérieur du mont Idienne. M. Vauquelin, qui a soumis cet acide à un examen chimique, a trouvé qu'il était mélangé de sulfate d'alumine, de sulfate de soude, et d'acide muriatique, mais en petite quantité.

SECONDE ESPÈCE.

ACIDE BORACIQUE. (*Acide borique des chimistes.*)

Cet acide forme des dépôts tantôt mamelonnés, tantôt hérissés de petites saillies d'une couleur blanche ou jaunâtre, jointe à un éclat légèrement nacré. Leurs fractures, vues à la loupe, présentent une multitude de petites lames brillantes; leur surface est onctueuse au toucher. Un fragment présenté à la flamme d'une bougie, se fond en bouillonnant, et se convertit en un globule vitreux qui, sans avoir besoin d'être isolé, acquiert l'électricité résineuse à l'aide du frottement. La pesanteur spécifique de l'acide boracique est de 1,48. Il est composé de 74,17 d'oxigène sur 100 parties, et de 25,83 de bore (Berzelius).

On trouve l'acide boracique en Italie, dans les Lagoni, qui sont de petits lacs ou amas d'eau peu considérables. Le nom de *sassolin*, que Reuss lui a donné, dérive de celui de Sasso, ville du comté de Sienne, près de laquelle est une source d'eau chaude dont les bords sont couverts de petites masses ou de concrétions du même acide. On en a découvert aussi parmi les produits volcaniques des îles Lipari, où il forme des masses lamellaires accompagnées de soufre. M. Lucas a eu l'occasion de l'observer dans l'intérieur du cratère de Vulcano, pendant le voyage intéressant qu'il a fait en 1819 et 1820. Il en a rapporté de fort beaux échantillons, à tissu vibreux et écailleux, en partie d'une couleur blanche éclatante, et en partie colorés en jaune par le soufre.

SECONDE CLASSE.

SUBSTANCES MÉTALLIQUES HÉTÉROPSIDES.

Elles sont naturellement privées de l'éclat métallique. Aucune n'est réductible par le charbon.

PREMIER GENRE.

CHAUX. (*Oxide de calcium des chimistes.*)

PREMIÈRE ESPÈCE.

CHAUX CARBONATÉE. (*Carbonate de chaux des chimistes.*)

CARACTÈRES SPÉCIFIQUES.

Caractère géométrique. Forme primitive, rhomboïde obtus (fig. 1, pl. 5); incidence de P sur P′, $104^d 28' 40''$; de P sur P″, $75^d 31' 20''$. Angles plans, $101^d 32' 13''$, $78^d 27' 47''$. Angles de la coupe principale, $108^d 26' 6''$, $71^d 33' 54''$. Sa surface est un *maximum*, en supposant la diagonale oblique constante. Voyez le Traité de Cristallographie, t. I, p. 287 (*). Molécule intégrante et molécule soustractive, *idem*.

(*) Les valeurs précédentes dérivent du rapport $\sqrt{3}$ à $\sqrt{2}$ entre les diagonales de chaque rhombe, auquel j'ai été conduit, en partant d'une limite qui m'a paru être indiquée

Joints surnuméraires. Dans certains rhomboïdes primitifs, donnés immédiatement par la nature, ces joints, au nombre de six, passent par les grandes diagonales de deux faces opposées, ou, ce qui revient au même, ils sont parallèles aux bords supérieurs contigus à chaque sommet. Ils sont quelquefois indiqués par des stries qui laissent entre elles des distances plus ou moins sensibles, et ils ont lieu de préférence aux endroits de ces stries. Ils ne s'obtiennent pas, à beaucoup près, avec la même facilité que ceux qui sont parallèles aux faces du rhomboïde. Assez souvent ils dérogent à la symétrie, en ce qu'ils ne sont pas tous également nets. Quelquefois on n'en distingue que deux, au lieu de trois qui devraient avoir lieu, en partant des diagonales situées vers chaque sommet ; et il y a des rhomboïdes qui n'en présentent qu'un seul d'un même côté. Dans d'autres où ils existent tous, ils sont si peu

---

par l'observation. Elle consiste en ce que, quand le rhomboïde est dans sa position naturelle, où son axe est dirigé verticalement, chacune de ses faces est également inclinée à un plan horizontal et à un plan vertical. Cette égalité se déduit de ce que, quand on divise le prisme hexaèdre régulier de la même substance par des coupes faites sur trois arêtes situées alternativement au contour de la base, les joints naturels que l'on met à découvert font des angles égaux avec les pans adjacens et avec le résidu de la base, c'est-à-dire que ces angles sont de 135 degrés. (Traité de Cristallographie, t. II , p. 386.)

sensibles que pour les apercevoir il faut les éclairer
fortement. Tantôt ils sont continus, et tantôt ils
ne se montrent que par intervalles, comme s'ils
étaient produits par de petites portions de lames
disséminées dans l'intérieur du rhomboïde. On observe encore dans certains rhomboïdes des joints
qui interceptent les bords inférieurs D, D parallèlement à l'axe, et l'on en a cité d'autres situés
dans des directions différentes. Voyez le Traité
de Cristallographie, t. I, p. 244; où je fais voir
que les joints surnuméraires peuvent s'expliquer
d'une manière très naturelle, sans qu'on soit forcé
de supposer qu'ils traversent les molécules intégrantes, et que, même dans cette supposition, leur
existence ne porterait aucun préjudice à la théorie,
considérée sous son véritable point de vue.

Caractères physiques. Pesanteur spécifique des
rhomboïdes transparens connus sous le nom de
spath d'Islande, prise à 15^d du thermomètre centigrade (12^d du thermomètre de Réaumur) (*) 2,69645;
de divers cristaux translucides du Harz, de Norwége,
d'Angleterre, etc., 2,7. La décimale suivante n'a pas
été au-dessus de 4. Cette observation est importante
pour la comparaison de l'arragonite avec la chaux
carbonatée.

Dureté. Rayant la chaux sulfatée, rayée par la
chaux fluatée.

(*) Biot, Mém. de la Société d'Arcueil, t. II, p. 202.

Réfraction. Double à un degré très marqué, même à travers deux faces parallèles.

Électricité par la pression. Très énergique dans les fragmens rhomboïdaux transparens dits *spaths d'Islande.* Un simple contact suffit pour y développer une électricité vitrée très sensible.

Éclat. Ordinairement vitreux, rarement un peu nacré.

Caractères chimiques. Soluble avec effervescence dans l'acide nitrique. Si l'on ajoute de l'alcohol à sa dissolution, et qu'on allume le mélange, la flamme, qui était d'abord d'une couleur bleuâtre, s'épanouit au bout d'un instant, en répandant une belle lueur purpurine.

Réductible en chaux par la calcination.

Analyse par Fourcroy et Vauquelin (Annales du Muséum d'Histoire naturelle, t. IV, p. 405) :

$$
\begin{aligned}
\text{Chaux} &\dots\dots\dots\dots 57 \\
\text{Acide carbonique} &\dots \underline{43} \\
& 100.
\end{aligned}
$$

Par MM. Biot et Thénard (Nouveau Bulletin des Sciences de la Société Philomatique, t. I, p. 32) :

$$
\begin{aligned}
\text{Chaux} &\dots\dots\dots\dots 56,351 \\
\text{Acide carbonique} &\dots 42,919 \\
\text{Eau} &\dots\dots\dots\dots \underline{0,73} \\
& 100,000.
\end{aligned}
$$

VARIÉTÉS.

FORMES DÉTERMINABLES.

Kalkspath, W., vulgairement *spath calcaire.*

Quantités composantes des signes représentatifs (*).

<table>
<tr><td>

$P.$

$A_{\frac{1}{o}}$

$B_{\frac{1}{g}}$

$B_{\frac{3}{x}}$

$B_{\frac{3}{t}}$

</td><td>

$B_{\frac{A}{M}}$

$B_{\frac{n}{q}}$

$E''E_{f}$

$E^{\frac{1}{2}\frac{3}{2}}E_{r}$

</td></tr>
</table>

$(^1E^1B^1D^2)_x$. Noyau hypothétique $E''E$. Signe de la forme

qui en dérive, $\overset{3}{D}$.

$(E^{\frac{2}{3}\frac{2}{3}}EB^3D^3)_t$. Noyau hypothét. P. Signe de la forme

qui en dérive, $\overset{\frac{3}{2}}{D}$.

(*) On a indiqué à la suite du signe qui représente un décroissement intermédiaire, celui du décroissement en vertu duquel le noyau hypothétique dérive du véritable noyau, et celui du décroissement qui produirait la forme secondaire, en agissant sur les bords ou sur les angles du noyau hypothétique.

$(^3_4 E^3_2 D^4 B^1)$. Noyau hypothét. $\overset{*}{e}A$. Signe de la forme qui en dérive, $^4_\zeta G^2_2$.

$(^3_5 E^3_2 B^1 D^2)$. Noyau hypothét. P. Signe de la forme qui en dérive, $\overset{*}{D}$.

$(^5_7 E^5_6 B^2 D^3)$. Noyau hypothét. B. Signe de la forme qui en dérive, $\overset{5}{\underset{3}{D}}$.

$(^5_8 E^2_4 B^1 D^8)$. Noyau hypothét. $\overset{*}{e}A$. Signe de la forme qui en dérive, $\overset{2}{\underset{7}{A}}$.

$(^7_\xi E^7_6 D^5 B^1)$. Noyau hypothét. $\overset{*}{D}A$. Signe de la forme qui en dérive, $\overset{2}{\underset{5}{B}}$.

$(^4_\Psi E^4_7 B^2 B^3)$. Noyau hypothét. P. Signe de la forme qui en dérive, $\overset{3}{\underset{8}{D}}$.

$(^*)(E^2_3 D^4 B^1)$. Noyau hypothét. P. Signe de la forme qui en dérive, $\overset{10}{\underset{7}{D}}$.

$(^7_b {}^{15}E^{15}D^5 B^3)$. Noyau hypothét. $\overset{1}{\underset{3}{e}}$. Signe de la forme qui en dérive, $\overset{5}{D}$.

(*) On a adopté les chiffres pour indiquer les faces des cristaux secondaires, après avoir épuisé les lettres de l'alphabet ordinaire et celles de l'alphabet grec.

$$\overset{\cdot}{D}._{\mu} \quad \overset{2}{D}._{r} \quad \overset{3}{D}._{\lambda} \quad \overset{4}{D}._{n} \quad \overset{5}{D}._{\sigma} \quad \overset{6}{D}._{\nu} \quad D._{\gamma} \quad D._{4} \quad D._{\mu} \quad D._{s}$$

$$e._{e} \quad e._{m}$$

$$e._{l} \quad e._{x} \quad e._{\varphi} \quad e._{\tau} \quad d._{\chi} \quad e._{3} \quad e._{h} \quad e._{d} \quad e._{n} \quad e._{l} \quad e._{h}$$

$(^{2}_{3}eD^{3}D^{1}.D^{1}D^{3})$. Noyau hypothét. $\overset{2}{e}$. Signe de la forme

qui en dérive, $\overset{2}{\underset{a}{D}}$.

$(^{5}ED^{3}D^{1}.D^{1}D^{3})$. Noyau hypothét. $\overset{\frac{2}{3}}{e}$. Signe de la forme

qui en dérive, $\overset{3}{\underset{z}{D}}$.

*Lois de décroissement qui offrent la répétition
des mêmes faces, en agissant sur des parties
différentes du noyau.*

$\overset{a}{\underset{e}{e}}$ et $\overset{1}{\underset{u}{D}}$, pans d'un prisme hexaèdre régulier.

$\overset{a}{\underset{r}{D}}$ et $(^{4}_{3}E^{5}_{3}B^{1}B^{a})$, dodécaèdre métastatique.

$\overset{3}{\underset{m}{e}}$ et $\overset{\frac{7}{3}}{\underset{z}{e}}$, rhomboïde contrastant.

$\overset{\frac{3}{2}}{\underset{r}{D}}$ et $(^{7}E^{4}_{v}B^{7}B^{a})$, dodécaèdre dont les faces sont
inclinées entre elles de $134^{d}\,25'$ et $108^{d}\,56'$.

P^{o} et $\overset{\frac{2}{3}}{\underset{a}{e}}$, forme du noyau.

Combinaisons une à une.

1. Chaux carbonatée *primitive*. P (*fig.* 1). Spath
calcaire rhomboïdal, vulgairement *cristal d'Islande*,
De l'Isle, t. I, p. 497. Inclinaisons respectives des
faces $104^{d}\,28'\,40''$, et $75^{d}\,31'\,20''$; angles plans,

Minér. T. I.   20

101^d 32′ 13″, et 78^d 27′ 47″; angles de la coupe principale, 108^d 26′ 6″, et 71^d 33′ 54″.

Les cristaux de cette variété, donnés immédiatement par la nature, sont ordinairement groupés et translucides. Les corps que l'on appelle vulgairement *spaths d'Islande* ou *cristaux d'Islande*, présentent bien un rhomboïde de la même forme, mais ne sont, le plus souvent, que des fragmens d'un cristal différent ou d'une masse irrégulièrement terminée, dont on a fait une variété particulière, à cause de leur transparence et de la propriété qu'ils ont de doubler les objets : propriété dont jouissent également tous les cristaux diaphanes de la même espèce, quelle que soit leur forme.

2. *Equiaxe.* B (fig. 2) (*). En rhomboïde très obtus, dont l'axe est égal à celui du noyau qu'il renferme. Spath calcaire en parallélépipèdes rhomboïdaux très comprimés, De l'Isle, t. 1, p. 504; var. 2. Voyez, pour les incidences mutuelles des faces de cette variété, ainsi que des suivantes, le tableau des mesures d'angles, placé en tête de l'atlas.

Propr. géom. La diagonale horizontale est double de celle du noyau, et la diagonale oblique est égale à l'arête du noyau. Cette propriété est géné-

―――――――――――――――

(*) Dans cette figure et dans plusieurs des suivantes, on a représenté le noyau inscrit dans le cristal secondaire, pour aider à mieux concevoir le mécanisme de la structure.

rale, quels que soient les angles de la forme primitive. (Voyez le Traité de Cristallographie, t. I, p. 299.)

On a appelé cette variété *spath calcaire lenticulaire*, dénomination qui ne convient qu'à une altération de la même forme, qui sera citée parmi les formes indéterminables.

Se trouve à Belobanya et à Joachimsthal en Bohême; à Andreasberg au Hartz, etc.

3. *Inverse*. E'^{t}E (fig. 3). En rhomboïde aigu qui présente l'inverse de la forme primitive. *Spath calcaire muriatique*, De l'Isle, tome I, page 520; var. 12.

Propr. géom. La diagonale horizontale égale trois fois celle du noyau, et la diagonale oblique égale trois fois l'arête du noyau. Ce résultat est particulier à la cristallisation de la chaux carbonatée.

Les angles plans des rhombes sont égaux aux incidences mutuelles des faces du noyau, et réciproquement les incidences des faces sont égales aux angles plans du noyau; de là l'epithéte d'*inverse*. Les angles de la coupe principale sont les mêmes de part et d'autre. Voyez, pour la démonstration de ces propriétés, le Traité de Cristallographie, t. I, p. 359.

Quelquefois on ne voit que les sommets supérieurs des rhomboïdes aigus, dont les parties inférieures s'alongent par l'effet d'une cristallisation précipitée, en forme d'aiguilles qui convergent vers

un centre commun : c'est alors le *spath calcaire strié*
de quelques auteurs.

Se trouve à Cousons, près de Lyon, en cristaux
très prononcés, quelquefois limpides, et dans les
bancs de pierre calcaire des environs de Paris, en
petits cristaux translucides et jaunâtres.

4. *Leptomorphique.* $\left(\overset{5}{\underset{s}{\cdot}}E^{\frac{5}{4}}\,B^{1}D^{s}\right)$ (fig. 4). Noyau

hypothétique, $\overset{\cdot}{D}A$. Signe relatif à ce noyau, $\overset{1}{B}$.

5. *Métastatique* $\overset{\cdot}{D}$ (fig. 5), c'est-à-dire, *de trans-*
port (*). Dodécaèdre à faces triangulaires scalènes,
vulgairement *dent de cochon*, De l'Isle, Crist., t. I,
p. 530; var. 1.

Propr. géométriques. L'angle obtus n de l'une
quelconque des faces du dodécaèdre, est égal à celui
du rhombe primitif.

L'incidence de deux faces voisines, à l'endroit
d'une des plus courtes arêtes u, est égale à celle
des faces du noyau prises vers un même sommet. Ces
deux propriétés produisent une espèce de *métastase*
ou de transport des angles du noyau sur le cristal
secondaire, ce qui a donné naissance au mot *métas-*
tatique.

La partie de l'axe du cristal secondaire qui excède
de part et d'autre l'axe du noyau, est égale à ce

____

(*) Voyez ci-après les propriétés géométriques.

dernier axe, ou, ce qui revient au même, l'axe du dodécaèdre est triple de l'axe du noyau.

La surface du cristal secondaire est double de celle du noyau; et la solidité de toute la partie du cristal secondaire qui enveloppe le noyau, est pareillement double de la sienne. Voyez Cristall., t. I, p. 334.

Se trouve dans les mines du Derbyshire, et dans beaucoup d'autres endroits. Il y a des dodécaèdres qui ont jusqu'à trente-deux centimètres, ou un pied et davantage de longueur. Les géodes calcaires sont assez souvent tapissées de cristaux de cette variété, qui, dans ce cas, ne montrent qu'une de leurs pyramides (*).

J'ai vu des cristaux métastatiques limpides, dont la double réfraction, augmentée par l'inclinaison mutuelle des faces, faisait croître à son tour, dans un très grand rapport, la distance entre les deux images d'un même objet.

Sous-var. *a*. Chaux carbonatée métastatique transposée.

Pour avoir une idée de cette transposition, supposons que le dodécaèdre soit coupé en deux moitiés par un plan perpendiculaire à l'axe. Ce plan sera un

---

(*) M. Lardy, professeur de Minéralogie à Lausanne, a découvert au Saint-Gothard, dans la dolomie, des dodécaèdres métastatiques mêlés de talc chlorite qui sont remarquables par la perfection de leur forme. Voyez le Traité de Cristallographie, t. II, p. 507.

dodécagone, qui passera par les milieux des arêtes latérales, telles que *in*, et par des points pris sur les arêtes longitudinales les moins saillantes. Concevons de plus que l'une des deux moitiés, par exemple la moitié supérieure, ayant conservé sa position, l'inférieure ait tourné de gauche à droite, d'une quantité égale à un sixième de circonférence (*), en restant toujours appliquée à la première. Dans ce cas, les petits triangles interceptés par le plan coupant, et dont les plus longs côtés seront les moitiés des arêtes *in*, s'accoleront de manière à former six angles, alternativement rentrans et saillans, composés chacun de quatre de ces triangles. On conçoit aisément que le plan de jonction a la même position qu'une face qui naîtrait du décroissement A (fig. 1). Ainsi, cette espèce de transposition est liée aux lois de structure, comme les autres accidens de ce genre. Mais il faudrait pouvoir remonter plus haut, pour éclaircir entièrement ces sortes de mystères de la cristallisation.

6. *Axigraphe.* $\overset{'}{\underset{u}{D}}$ (fig. 6).

7. *Contrastante.* $\overset{3}{\underset{m}{e}}$ (fig. 7). En rhomboïde plus

---

(*) On aura le même résultat, en supposant qu'elle ait décrit une demi-circonférence. Mais l'autre manière de concevoir le fait est plus simple.

aigu que celui de l'inverse, et qui présente une espèce de contraste avec l'équiaxe.

Prop. géométr. La diagonale horizontale est les $\frac{5}{4}$ de celle du noyau, et l'arête est les $\frac{5}{2}$ de celle du même noyau. (Crist., t. I, p. 378.)

Les angles plans des rhombes sont égaux aux incidences mutuelles des faces de l'équiaxe, et réciproquement les incidences mutuelles des faces sont égales aux angles plans de l'équiaxe. Les angles de la coupe principale sont les mêmes de part et d'autre.

Les quatre rhomboïdes décrits jusqu'ici, pris dans l'ordre suivant, l'équiaxe, le primitif, l'inverse et le contrastant, forment quatre termes, parmi lesquels les moyens et les extrêmes ont leurs angles plans et leurs angles saillans inverses les uns des autres; et cette inversion, considérée dans le plus obtus et le plus aigu des quatre, offre en même temps une espèce de contraste, d'où est tiré le nom du dernier.

M. Fleuriau de Bellevue a trouvé des cristaux de cette variété dans le pays d'Aunis, à une lieue de la Rochelle.

8. *Mixte.* $\overset{3}{\underset{,}{e}}$ (fig. 8). En rhomboïde plus aigu que le contrastant. Il en diffère par sa structure, en ce que, pour le diviser mécaniquement, il faut partir d'un point pris sur une des arêtes supérieures, et diriger le plan coupant obliquement à l'axe, au lieu que, pour diviser le contrastant, il faut placer le plan coupant parallèlement à une des diagonales ho-

rizontales, en l'inclinant de même vers l'axe. Cette
différence est une suite du renversement des faces
du rhomboïde mixte, lequel est indiqué par l'exposant $\frac{2}{2}$ du signe :

Trouvée au Derbyshire, en Angleterre.

9. *Cuboïde*. $e^{\frac{4}{5}}_{h}$ (fig. 9). En rhomboïde aigu, peu
différent du cube. Spath calcaire cubique. Journal
de Physique, octobre, 1790, p. 309. Il se divise
par des coupes qui, en partant des arêtes supérieures, s'inclinent vers l'axe, sous un angle un peu
plus ouvert :

Trouvée en France, près de Castelnaudary, département de l'Aude; dans les environs de Clermont-Ferrand, département de Puy-de-Dôme, à l'Est
du Puy-Corrent, et à Andreasberg, au Hartz, où
elle est accompagnée d'harmotome cruciforme.

Les cristaux de Castelnaudary, les premiers qui
aient été connus, avaient d'abord passé pour des
cubes. Leur examen a conduit M. Smithson, célèbre
chimiste anglais, à la détermination du rhomboïde
dont ils présentent la forme, et de la loi de décroissement dont elle dépend.

Deux à deux.

10. *Basée*. $\mathrm{P A}\;^{\prime}_{\substack{1\\0}}$ (fig. 10, pl. 5) (*).

(*) Cette figure étant en projection droite, les deux faces

M. le comte de Bournon en cite des cristaux trouvés à Conilla, près de Cadix en Espagne (*).

11. *Sémi-émarginée*. $\mathrm{PB}\ \overset{1}{\underset{\mathrm{P}\,g}{}}$ (fig. 11) :

Trouvée dans le département de l'Isère, où elle est accompagnée de quarz hyalin prismé.

12. *Unitaire*. $\mathrm{PE}^{\scriptscriptstyle{||}}\mathrm{E}\ \underset{\mathrm{P}\ f}{}$ (fig. 12) :

Trouvée à Cousons près de Lyon, et en Irlande.

J'ai des cristaux de ce dernier pays qui garnissent l'intérieur d'une came. Cette circonstance s'accorde avec ce que j'ai dit des gissemens de la variété inverse, dont celle-ci n'est qu'une modification.

13. *Prismée*. $\overset{\scriptscriptstyle{'}}{\mathrm{D}}\mathrm{P}\ \underset{_{u}\mathrm{P}}{}$ (fig. 13) :

Trouvée dans le Cumberland en Angleterre.

14. *Binaire*. $\mathrm{P}\overset{\scriptscriptstyle{a}}{\mathrm{D}}\ \underset{\mathrm{P}\,r}{}$ (fig. 14) :

Trouvée au Derbyshire en Angleterre.

15. *Allélogone*. $\mathrm{P}\overset{\scriptscriptstyle{\frac{?}{4}}}{\mathrm{D}}\ \underset{a}{}$ (fig. 15) :

Trouvée au pays d'Oisans, département de l'Isère, en cristaux blanchâtres ou d'un rouge de rose, quelquefois colorés en vert par le talc chlorite, avec

---

horizontales qui proviennent du décroissement A se trouvent représentées par de simples lignes.

(*) Traité complet, etc., t. II, p. 7.

des cristaux de quarz hyalin prismé. Plusieurs sont d'un volume considérable.

Le dodécaèdre de cette variété, comparé au noyau, présente une égalité d'angles presque rigoureuse qui diffère de celle que j'ai démontrée pour le dodécaèdre métastatique, en ce qu'elle a lieu entre le grand angle de chaque face et la plus petite incidence des faces du noyau. Le premier de ces angles est de $104^{\mathrm{d}}\ 25'\ 35''$, c'est-à-dire plus petit seulement d'environ $3'$ que l'autre angle, celui-ci étant de $104^{\mathrm{d}}\ 28'\ 40''$.

16. *Imitable.* $\overset{*}{e}\text{P}$ (fig. 16) :
$_{e}\text{P}$

Trouvée au Hartz. M. de Bournon en a observé des cristaux rapportés du Cumberband en Angleterre, et d'autres qui venaient du département de l'Isère (*).

17. *Dihexaèdre.* $\overset{3}{\text{P}}\overset{}{e}$ (fig. 17).
$_{\text{P}m}$

Je n'ai encore rencontré cette variété que parmi les cristaux de chaux carbonatée ferrifère ; mais M. de Bournon en cite qui se trouvent au Derbyshire, et sont sans mélange de fer.

18. *Birhomboïdale.* $\overset{\frac{3}{2}}{e}\text{P}$ (fig. 18) :
$_{s}\text{P}$

Trouvée au Derbyshire.

19. *Acrogène.* AB (fig. 19) :
$\overset{}{\delta}\tfrac{1}{g}$

(*) Traité complet, t. II, p. 7.

Trouvée près de Guanaxuato au Mexique, où ses cristaux reposent sur une chaux carbonatée ferro-manganésifère perlée, dont la surface est parsemée de grains de fer sulfuré.

20. *Antiédrique.* $E^r EA$ (fig. 20). Chacune des faces est opposée à l'un des angles solides du noyau :

Trouvée à Offenbanya en Transilvanie.

21. *Apotome.* $A\overset{5}{\overset{4}{D}}$ (fig. 21).

Les faces latérales paraissent descendre rapidement des bords de la face terminale :

Trouvée au Hartz.

22. *Prismatique.* eA (fig. 22).

a. Alternante : trois pans larges et les intermédiaires étroits.

b. Comprimée : deux pans opposés plus larges que les quatre autres.

c. Évasée : quatre pans plus larges que les deux autres.

d. Raccourcie : en prisme très court.

e. Lamelliforme : en lame mince.

Dans certains cristaux, les extrémités sont d'un blanc mat, tandis que la partie intermédiaire est transparente. Dans d'autres, la partie opaque est située vers l'axe, et revêtue d'une enveloppe transparente. Les bases de quelques-uns présentent des hexagones concentriques ; et l'on observe même, vers leur milieu, l'extrémité d'un petit prisme intérieur, saillante au-dessus du prisme total. Tous ces accidens dépendent de l'accroissement, et n'altèrent point le mécanisme de la structure, en sorte que les joints naturels traversent les parties opaques et celles qui sont transparentes, en restant sur le même plan :

Trouvée dans les mines du Hartz, de Marienberg en Saxe, et de Joachimsthal en Bohéme.

23. *Uniternaire*. $\overset{3}{\underset{m\,\overset{1}{o}}{e}}A$ (fig. 23) :

Trouvée au Derbyshire.

24. *Apophane*. $\overset{\frac{3}{5}}{\underset{h\,\overset{1}{o}}{e}}A$ (fig. 24).

L'intervention des faces o, qui remplacent les angles des sommets, rend évidente la position de l'axe, qui se fait chercher dans le rhomboïde complet, à cause de la petite différence entre les angles latéraux et les premiers :

Trouvée au Hartz.

25. *Antécédente*. $\underset{f\,\overset{\frac{1}{2}}{g}}{E''EB}$ (fig. 25) :

Trouvée aux environs de Clermond-Ferrand, à l'est du Puy-de-Corrent, département du Puy-de-Dôme.

26. *Numérique.* $\overset{5}{\underset{6}{\text{B}}} (\overset{5}{\text{E}}\,\overset{2}{\text{B}}^{3}\text{D}^{2})$ (fig. 26). Signe du noyau hypothétique, $\overset{2}{\text{B}}$ c'est-à-dire l'équiaxe ; signe du dodécaèdre γ rapporté au noyau hypothéti-que $\overset{5}{\underset{3}{\text{D}}}$.

Les propriétés de nombres que renferme le signe du décroissement intermédiaire consistent en ce que la somme 2 plus 3 des exposans de B et de D est égale au numérateur 5 de celui de E, et leur produit 6 au dénominateur :

Trouvée aux environs de Clermont-Ferrand, département du Puy-de-Dôme.

27. *Bisunitaire.* $\overset{1}{\underset{g}{\text{B}}}\overset{}{\underset{14}{\text{D}}}$ (fig. 27) :

Trouvée dans le Cumberland en Angleterre.

28. *Isométrique.* $\overset{3}{\underset{g}{\text{B}}}\overset{}{\underset{\lambda}{\text{D}}}$ (fig. 28) :

Trouvée au Crispalt, vers le pays des Grisons.

29. *Bimétrique.* $\overset{5}{\underset{\mu}{\text{D}}}\overset{}{\underset{g}{\text{B}}}$ (fig. 29).

30. *Dodécaèdre.* $\overset{}{\underset{e}{e}}\overset{}{\underset{g}{\text{B}}}$ (fig. 30, pl. 7).

a. *Raccourcie* (fig. 31). Spath calcaire en tête de clou des anciens minéralogistes.

Trouvée au Derbyshire en Angleterre. Les groupes sont quelquefois accompagnés de plomb sulfuré. J'ai aussi des cristaux rapportés de Norwége.

Les sommets des dodécaèdres sont souvent sillonnés par des stries parallèles aux apothèmes des pentagones g, g', etc., ou, ce qui est la même chose, aux bords des lames de superposition, qui subissent le décroissement. Quelquefois les stries sont si profondes, qu'on serait tenté de croire que le cristal a été entaillé, dans la vue de faire ressortir l'effet du décroissement qui produit les faces supérieures.

31. *Unimixte.* $\overset{\frac{3}{2}}{B}\,\overset{\frac{1}{g}}{}$ (fig. 32) :

Trouvée au Derbyshire.

32. *Contractée.* $\overset{\frac{3}{4}}{e}B\,\overset{\frac{1}{6}}{g}$ (*fig.* 33).

La loi qui produit les faces latérales de cette variété n'est qu'une légère déviation de celle d'où dépend le prisme hexaèdre droit. Cette dernière a lieu par des décroissemens de deux rangées en largeur et d'une en hauteur, dont l'expression est $\frac{2}{1}$. Or, d'après la petite inclinaison des pans de la variété qui nous occupe ici, j'ai cherché, parmi toutes les lois mixtes, celle dont le résultat conduisait à des angles sensiblement égaux à ceux de cette variété, et je suis parvenu au rapport $\frac{2}{4}$, un peu plus fort que

$\frac{2}{1}$ ou $\frac{2}{4}$, d'où l'on voit qu'il suffit dans le cas présent, comme dans une multitude d'autres relatifs
aux lois mixtes, de faire varier d'une unité l'un des
deux termes de ce rapport, pour que le résultat rentre
dans ceux qui sont donnés par les lois les plus simples. Au reste, la cristallisation, en passant pour
ainsi dire à côté d'un résultat beaucoup plus simple, n'affecte pas la même uniformité que dans les
cas ordinaires. Souvent les six pans commencent par
être tous verticaux, en partant du support ; et dans
la plupart des cristaux, il n'y en a que trois qui
subissent une inflexion vers le haut, tandis que les
trois intermédiaires conservent la position verticale.
L'incidence de ceux-ci sur les faces terminales adjacentes est alors de $116^{\rm d}\ 33'\ 54''$, comme dans la variété dodécaèdre. Si, au contraire, on suppose que
ces pans s'inclinent en sens inverse des trois autres,
et de la même quantité, l'incidence sera de $112^{\rm d}\ 9'$
$59''$, et la forme du cristal se trouvera ramenée à
la symétrie qui résulterait de l'effet complet de la
loi exprimée par le rapport $\frac{2}{4}$.

Si l'on suppose que les faces i, i se prolongent
jusqu'à s'entrecouper, en masquant les faces g, g,
le dodécaèdre se trouvera converti en un rhomboïde
extrêmement aigu, dans lequel les angles supérieurs
des rhombes seront de $14^{\rm d}\ 4'\ 11''$:

Trouvée au Cumberland en Angleterre.

33. *Dilatée.* $e\overset{\frac{2}{1}}{\underset{k\ \frac{1}{5}}{\rm B}}$ (fig. 34).

Cette variété offre une nouvelle déviation de la loi qui produit le prisme droit, laquelle a lieu en sens contraire de celle d'où dépend la variété précédente, en sorte que les pans qui, dans cette dernière, dépassaient un peu la verticale, en se rejetant vers les arêtes z, restent ici un peu en deçà, comme si la cristallisation oscillait légèrement autour d'un résultat moyen, qui est celui où les pans sont exactement verticaux. Les cristaux de chaux carbonatée dilatée que j'ai observés, m'ont paru en général d'une forme plus symétrique que ceux de la contractée, et leurs pans étaient alternativement inclinés en sens opposés, sous des degrés sensiblement égaux.

Si l'on suppose que le dodécaèdre soit changé en rhomboïde par le prolongement des faces t, l'angle supérieur de chaque face sera de $15^d\ 8'\ 2''$:

Trouvée au Hartz, et près d'Oberstein, duché des Deux-Ponts, où ses cristaux garnissent l'intérieur des géodes.

34. *Surbaissée.* $\overset{a}{e}B$ (fig. 35) :
$$\underset{t}{\overset{3}{o}}$$

Trouvée au Derbyshire et au Cumberland. J'ai des groupes de cristaux de cette variété dont les sommets sont ornés d'une petite étoile à trois rayons, composée de trois filets de fer sulfuré, qui, en partant de l'angle solide terminal, se dirigent dans le sens des arêtes.

Les moins saillantes, parmi les six qui sont con-

tiguës à ces angles, c'est-à-dire de celles qui aboutissent aux angles supérieurs des pentagones latéraux c, c'.

35. *Quinoquaternaire.* $\overset{5}{D}B$ (fig. 36).

36. *Binosénaire.* $\overset{6}{D}B$ (fig. 37):

Trouvée au Simplon, dans les Alpes.

37. *Bisadditive.* $\overset{2}{B}e$ (fig. 38).

38. *Divergente.* $(\,'E'B^1D^a\,)\ E^{11}E$ (fig. 39).

Le noyau hypothétique est le rhomboïde inverse,
auquel appartiennent les faces du sommet. Le signe
du dodécaèdre rapporté à ce noyau est $\overset{3}{D}$.

39. *Sexduodécimale.* $\overset{\frac{3}{2}}{D}E^{11}E$ (fig. 40).

Les cristaux de cette variété qui sont dans ma collection, et dont j'ignore la localité, reposent sur un
fer oxidé brun, mêlé de fer oligiste granulaire.

40. *Analeptique.* $\overset{2}{c}E^{11}E$ (fig. 41).

Les angles latéraux des faces f, f, qui, étant pris
sur le rhomboïde inverse (fig. 3), sont de $104^d\ 28'\ 40''$,
se changent ici, par l'intervention des pans c, c',
en d'autres angles a, a (fig. 41) de $127^d\ 45'\ 40''$,
et reparaissent à la base du pentagone, où chacun

des angles b, b a cette même valeur de $104^d\ 28'\ 40''$.

Trouvée à Cousons, près de Lyon, en France.

41. *Moyenne.* $\mathrm{E}^1\ {}'\mathrm{E}\ \overset{3}{\underset{m}{e}}$ (fig. 42).

42. *Bisalterne.* $\overset{2}{\underset{c}{e}}\ \overset{5}{\underset{r}{\mathrm{D}}}$ (fig. 43).

a. prismée (fig. 44).

Si l'on sous-divise l'un quelconque des trapézoïdes latéraux, tel que c (fig. 43), en deux triangles, par une diagonale menée de a en b, le triangle inférieur sera équilatéral, et son apothême sera double de celui du triangle supérieur. J'ai déjà exposé avec détail ces propriétés (Traité de Cristallographie, tom. I, pag. 548), à l'occasion de la variété analogique :

Trouvée au Derbyshire. Les groupes de ma collection sont accompagnés de plomb sulfuré.

43. *Binoternaire.* $\overset{3}{\underset{m}{e}}\ \overset{2}{\underset{r}{\mathrm{D}}}$ (fig. 45). Les intersections des faces m du rhomboïde contrastant avec les faces r du dodécaèdre métastatique sont parallèles aux arêtes x, x, ce qui convertit les faces r en trapèzes. Cette propriété dépend uniquement de la combinaison des deux lois $\overset{3}{e}$ et $\overset{2}{\mathrm{D}}$, quel que soit d'ailleurs le rapport entre les diagonales du noyau :

Trouvée au Derbyshire, et accompagnée de plomb sulfuré comme la variété précédente.

44. *Divellente.* $\overset{2}{\underset{r}{\mathrm{D}}}\ \overset{\frac{1}{3}}{\underset{l}{e}}$ (fig. 46). Dans le rhomboïde

obtus qui a pour signe $\overset{\frac{1}{3}}{e}$, l'angle au sommet de chaque rhombe est de $107^{d}\,2'\,38''$, et la plus grande incidence des faces est de $114^{d}\,29'\,46''$:

Trouvée dans les salines de Bex en Suisse. Les cristaux de ma collection sont entremêlés de soufre natif.

45. *Hémitome.* $\overset{\frac{2}{3}}{\underset{r\ \ e}{\text{D}\,e}}$ (fig. 47). Le rhomboïde dont le signe est $\overset{\frac{2}{3}}{e}$ approche beaucoup du cube, mais moins que celui auquel j'ai donné le nom de *cuboïde*, dont il diffère encore en ce qu'il est obtus. L'angle supérieur de ses faces est de $94^{d}\,30'\,40''$, et leur plus grande incidence est de $94^{d}\,53'\,49'$:

Trouvée au Saint-Gothard et dans le département de l'Isère.

46. *Diennéaèdre.* $\overset{\frac{3}{2}}{\underset{y\ \ m}{\text{D}\,e}}$ (fig. 48). Les faces *m* qui remplacent les arêtes longitudinales les moins saillantes du dodécaèdre auquel appartiennent les faces *y*, ont leurs plus longs bords parallèles entre eux :

Trouvée au Hartz.

47. *Bimixte.* $\overset{\frac{3}{2}\ \ \frac{4}{3}}{\underset{y\ \ x}{\text{D}\,e}}$ (fig. 49). C'est le même dodécaèdre que dans la variété précédente, mais modifié de manière que ce sont ses arêtes longitudinales les plus saillantes qui se trouvent remplacées par des facettes dont les plus longs bords sont aussi parallèles.

48. *Diectasite.* $\overset{a\,\,\,s}{\underset{e\,\,\,t}{e\,\,e}}$ (fig. 50).

49. *Mixtibinaire.* $\overset{a\,\,\,\frac{2}{3}}{\underset{c\,\,\,\,s}{e\,\,e}}$ (fig. 51).

50. *Cuboïdo-prismatique.* $\overset{a\,\,\,\frac{4}{3}}{\underset{c\,\,\,h}{e\,\,e}}$ (fig. 52) :

Trouvée à Castelnaudary , département de l'Aude.

51. *Mixtiternaire.* $\overset{\frac{2}{3}\,\,\,s}{\underset{o\,\,\,m}{e\,\,e}}$ (fig. 53).

Trois à trois.

52. *Epointée.* $\underset{f\,\,\,\,\overset{i}{o}\,\,\,P}{E^{\iota}\,{}^{\prime}EAP}$ (fig. 54) :

Trouvée à Guanaxuato, au Mexique.

53. *Bisseptimale.* $\underset{m\,\,P\,\,\overset{\iota}{a}}{\overset{s}{e}\,P\,A}$ (fig. 55).

a. Transposée.

54. *Isoédrique.* $\underset{c\,\overset{\iota}{g}\,\,\,P}{\overset{s}{e}\,B\,P}$ (fig. 56) :

Trouvée dans le département de l'Isère.

55. *Antistatique.* $\underset{r\,\,\,\,\,f\,\,\,\,\,P}{\overset{\frac{2}{3}}{D}\,E^{\iota}\,{}^{\prime}EP}$ (fig. 57).

Les faces P sont des hexagones symétriques ; les autres ont des figures irrégulières.

56. *Inverso-émarginée.* $\underset{u\,\,\,\,\,f\,\,\,\,\,P}{\overset{\iota}{D}\,E^{\iota}\,{}^{\prime}EP}$ (fig. 58) :

Trouvée à Cousons près de Lyon.

57. *Unibinaire.* $\overset{2}{e}\,E^{1}\,{}^{1}E\,P$ (fig. 59) :
${}_{c}\quad{}_{f}\quad{}_{p}$

Trouvée au Derbyshire.

58. *Homonome.* $P\,\overset{1}{D}\,\overset{\frac{3}{2}}{D}$ (fig. 60).
${}_{P}\ {}_{u}\ {}_{y}$

59. *Bibinaire.* $\overset{2}{e}\,\overset{2}{D}\,P$ (fig. 61) :
${}_{c}\ {}_{r}\ {}_{P}$

Trouvée au Derbyshire.

60. *Antistique.* $\overset{2}{D}\,P\,\overset{\frac{1}{3}}{e}$ (fig. 62) :
${}_{r}\ {}_{P}\ {}_{l}$

Trouvée à Guanaxuato au Mexique.

61. *Amphimimétique.* $\overset{\frac{7}{4}}{D}\,\overset{\frac{3}{2}}{D}\,P$ (fig. 63).
${}_{2}\ {}_{4}\ {}_{P}$

Voyez, à l'article de la variété *allélogone* (p. 313),

le rapport qui existe entre les angles du dodécaèdre $\overset{\frac{1}{4}}{D}$ et ceux du noyau. Une seconde analogie offerte par

le dodécaèdre $\overset{5}{D}$ consiste en ce que la moitié de la plus grande incidence de ses faces donne un angle de 75ᵈ 31′ 21″, égal à la plus petite incidence des faces du noyau :

Trouvée dans le département de l'Isère, avec la variété allélogone, et associée comme elle au quarz hyalin prismé.

62. *Trihexaèdre.* $\overset{2}{e}\,P\,\overset{\frac{1}{2}}{e}$ (fig. 64) ; en prisme hexaè-
${}_{c}\ {}_{P}\ $

dre régulier, terminé par des pyramides droites à six

faces, dont trois sont primitives, et les trois autres
proviennent de la loi qui, en supposant que son
effet fût parvenu à sa limite, produirait un rhomboïde secondaire semblable au noyau.

Les cristaux de ma collection, dont j'ignore la localité, ont pour support une chaux carbonatée compacte.

63. *Trirhomboïdale.* $e\,\overset{\frac{3}{2}}{\underset{s}{e}}\,\overset{3}{\underset{m}{P}}\,P$ (fig. 65) :

Trouvée dans la grotte d'Auxelle, département du
Jura.

64. *Equivalente.* $e\,\overset{*}{\underset{c}{B}}\,\overset{1}{\underset{g}{A}}\,\overset{1}{\underset{o}{}}$ (fig. 66) :

Trouvée à Konsberg en Norwége, et à Andreasberg au Hartz, en cristaux colorés par l'arsenic sulfuré rouge.

65. *Mixtibisunitaire.* $e\,\overset{\frac{3}{2}}{\underset{s}{B}}\,\overset{1}{\underset{g}{A}}\,\overset{1}{\underset{o}{}}$ (fig. 67) :

Trouvée au Hartz.

66. *Nivelée.* $\overset{}{D}\,\overset{2}{\underset{r}{E}}{}^{\!\prime}\,\overset{}{\underset{f}{E}}\,\overset{1}{\underset{o}{A}}$ (fig. 68) :

Trouvée à Guanaxuato au Mexique.

67. *Persistante.* $e\,\overset{2}{\underset{c}{E}}{}^{\!\prime\prime}\,\overset{}{\underset{f}{E}}\,\overset{1}{\underset{o}{A}}$ (fig. 69). Voyez le développement de ses propriétés géométriques, Traité
de Cristall. t. I, p. 383 :

Trouvée au Derbyshire.

68. *Sénobisunitaire.* $\overset{5}{\underset{f}{E}}\overset{}{e}\overset{1}{\underset{o}{A}}$ (fig. 70):

Trouvée au Hartz.

69. *Hyperoxide.* $e\overset{\frac{2}{5}}{E}{}^{\mathrm{D}}\underset{k}{E}\underset{f}{}\overset{1}{\underset{o}{A}}$ (fig. 71). Voyez, pour la

mesure des angles du rhomboïde $\overset{\frac{2}{5}}{e}$, l'article de la variété dilatée:

Trouvée au Hartz.

70. *Acutangle.* $\overset{1}{e}\underset{c}{A}\underset{o}{}$ ($\overset{\frac{5}{2}}{{}^{1}E}\,{}^{\frac{1}{2}}\overset{}{\underset{\delta}{B^{1}D^{s}}}$) (fig. 72). Le noyau

hypothétique est la variété prismatique $\overset{2}{e}A$. Le signe du décroissement intermédiaire rapporté à ce $\underset{c}{}\overset{5}{\underset{o}{}}$

noyau est $\overset{2}{A}$:

Trouvée au Hartz.

71. *Péridodécaèdre.* $\overset{2\,1}{e}\overset{}{\underset{c}{D}}\underset{u}{A}\overset{1}{\underset{o}{}}$ (fig. 73):

Trouvée au Cumberland en Angleterre.

72. *Octoduodécimale.* $\overset{2\,2}{\underset{\gamma\,c}{D}}\overset{}{e}\overset{1}{\underset{o}{A}}$ (fig. 74). Huit faces

pour le prisme co, plus celles du dodécaèdre γ.

73. *Semi-annulaire.* $\overset{2\,\frac{4}{5}}{\underset{e\,k}{e}}\overset{}{e}\overset{1}{\underset{o}{A}}$ (fig. 75):

Trouvée au Derbyshire.

74. *Mixti-unibinaire.* $\overset{2\,\frac{1}{3}}{\underset{e\,e}{e}}\overset{}{e}\overset{1}{\underset{o}{A}}$ (fig. 76).

75. *Terno-bisunitaire.* $\overset{1}{e}\overset{1}{D}A$. (fig. 77).
$$\underset{m\ u\ \overset{1}{o}}{}$$

76. *Sexoctonale.* $\overset{3}{e}\overset{4}{e}A$ (fig. 78).
$$\underset{s\ h\ \overset{1}{o}}{}$$

Huit faces pour le rhomboïde *s* joint aux bases *o*, plus les six du rhomboïde *h* :

Trouvée près d'Andreasberg, au Hartz.

77. *Coordonnée.* $\overset{2}{e}E''EB$ (fig. 79) :
$$\underset{e\ f\ \overset{1}{g}}{}$$

Trouvée ou Derbyshire.

78. *Bino-bisunitaire.* $\overset{3\ 1}{e}DB$ (fig. 80) :
$$\underset{c\ u\ \overset{1}{g}}{}$$

Trouvée à Framont, dans les Vosges, sur le fer oligiste terreux ; les cristaux sont entremêlés du même à l'état lamelliforme.

79. *Analogique.* $\overset{2\ 2}{e}DB$ (fig. 81).
$$\underset{o\ r\ \overset{1}{g}}{}$$

Voyez le développement de ses propriétés géométriques, Traité de Cristall. tom. II, p. 548 et suiv.

a. *Prismée.* (fig. 82).

b. *Transposée.* (fig. 83). Voyez le Traité de Cristallographie, t. II, p. 287.

c. *Hémitrope.* (fig. 84), vulgairement spath calcaire en cœur.

Soit *su* (fig. 85) la forme ordinaire déjà représentée (fig. 81). Concevons un plan qui, en partant de l'angle solide *t*, passe successivement par les points k, i, m, l, d, e, v. Ce plan passera en même temps par le centre, en sorte que le cristal se trouvera partagé en deux moitiés. On a doublé les lettres qui indiquent les différens points dont il s'agit : en sorte que celles qui n'ont pas d'accent, sont censées appartenir à la moitié de cristal qui se présente en avant, et dans laquelle sont comprises les faces $qsnv$, $sz\lambda n$, $ve\nu\mu$, etc.; tandis que les lettres accentuées sont censées appartenir à l'autre moitié qui renferme les faces $u\tau\omega x$, $x\omega\pi\gamma$, etc.

Or le plan *tkimldev* est dans le sens d'un des joints naturels du cristal, ainsi que les géomètres le concevront facilement : d'où il suit qu'il est parallèle à la face du noyau vers laquelle est tourné le trapézoïde $o\delta t\mu$ (fig. 85), qui naît d'un décroissement par deux rangées sur l'angle inférieur de cette même face. Et puisque le plan dont il s'agit passe en même temps par le centre, il est évident qu'il partage le noyau en deux moitiés égales et semblables.

Les choses étant dans cet état, imaginons que, la moitié supérieure du noyau restant fixe, la moitié inférieure ait fait une demi-révolution en restant toujours appliquée contre la première, et que, de plus, elle ait entraîné avec elle la partie enveloppante qui lui correspond. En vertu de ce mouvement, le point t' (fig. 85) aura été se mettre en contact avec le point t, le point k' avec le point d, le point i' avec le point e, le point m' avec le point v, et ainsi de suite. Le cristal offrira alors l'aspect de l'hémitropie que l'on voit (fig. 84), et qui a été projetée de manière que la ligne qui passe par les points l, t (fig. 85) est censée avoir pris une position verticale, pour que l'hémitropie fût vue dans son attitude naturelle. De plus, les deux moitiés de cristal dont l'une est placée derrière l'autre dans la première projection (fig. 85), sont représentées l'une à côté de l'autre dans la seconde (fig. 84), en sorte que le plan $tkimldev$ est censé avoir tourné de droite à gauche autour de la ligne lt, jusqu'à ce qu'il eût pris une position perpendiculaire à celle qu'il avait d'abord.

Remarquons maintenant que parmi les 24 trapézoïdes qui composent la surface de la variété analogique, il n'y en a que quatre qui soient entamés par le plan $tkimldev$ (fig. 85), savoir $\delta t\sigma k$, $\mu t\gamma v$, $qlud$, $sl\pi m$, dont chacun se trouve divisé diagonalement en deux triangles; les vingt autres faces restent intactes. Or, dans le cristal hémitrope, les triangles dont je viens de parler sont accolés deux à deux, savoir lzm, $t'\gamma v'$ d'une part, et lqd, $t'\sigma k'$ de l'autre, et cela de manière que chacun fait un angle rentrant avec son adjacent. Toutes les autres faces se rencontrent sous des angles saillans. L'incidence de $lqsz$, sur $t'\sigma u\gamma$ est de 143^d $7'$ $48''$, et celle de $t\mu o\delta$ sur $l'\eta\gamma\pi$ est de 90^d.

D'après ce que j'ai dit plus haut, tel est, dans l'hémitropie dont il s'agit ici, le mécanisme de la structure, que le plan de jonction des deux moitiés de cristal dont elle est composée, au lieu d'être situé comme une face qui serait produite par une loi de décroissement, comme cela a lieu dans les hémitropies ordinaires, est parallèle à deux faces opposées du noyau, qui ne subit d'autre variation que le renversement d'une de ses moitiés ; et il est aisé de voir que l'assortiment qui en résulte, présente d'un côté deux angles saillans, et du côté opposé deux angles rentrans.

La figure représente l'hémitropie ramenée à la plus grande symétrie possible. Mais ici, comme dans une multitude d'autres cas, les mêmes faces prises sur différens cristaux, sont susceptibles de varier relativement à leurs distances du centre et à leur étendue, sans que ces variations altèrent leurs inclinaisons respectives.

Toutes les modifications qui viennent d'être décrites ont été trouvées au Derbyshire. Plusieurs des cristaux de ma collection sont accompagnés de plomb sulfuré.

80. *Amphimétrique.* $B \overset{a\,3}{e} D$ (fig. 86).

L'incidence mutuelle de deux facettes, telles que λ', λ'', dont l'une est tournée vers le sommet supérieur, et l'autre est son adjacente vers le sommet inférieur, est de $114^d\,18'\,56''$, c'est-à-dire qu'elle est égale à l'angle plan au sommet des faces g, qui appartiennent au rhomboïde équiaxe. C'est la répétition de cette mesure, comme angle saillant et comme angle plan, qui a suggéré le nom d'*amphimétrique*.

Nous devons à M. de Monteiro la connaissance de cette variété, dont il a fait le sujet d'un très beau Mémoire qui a été publié dans le Journal des Mines, n° 201, p. 161 et suiv. Il est parvenu, indépendamment des mesures mécaniques, et d'après le seul aspect de la forme, à déterminer la loi de décroissement qui produit les facettes λ, λ'; et ce qui répand un nouvel intérêt sur les résultats de son travail, ce sont les diverses propriétés géométriques que l'étude de cette même variété lui a fait découvrir, et dont l'une est celle qu'exprime le nom d'*amphimétrique*.

81. *Didodécaèdre.* $\mathrm{De\overset{\frac{1}{3}}{B}}$ (fig. 87) :
$$y\,c\,\overset{\frac{1}{2}}{g}$$

Trouvée en Norwége.

82. *Unibinoternaire.* $\overset{2}{e}\overset{\frac{1}{3}}{B}e$ (fig. 88) :
$$e\,\overset{\frac{1}{2}}{g}\,l$$

Trouvée en Norwége.

83. *Distège.* $e\overset{\overset{4}{5}}{e}B$ (fig. 89) :
$$c\,h\,\overset{\frac{1}{2}}{g}$$

Trouvée au Hartz.

84. *Semi-dilatée.* $e\overset{\overset{3}{5}}{e}B$ (fig. 90) :
$$c\,k\,\overset{\frac{1}{2}}{g}$$

Trouvée à Himmelsfurst, près de Freyberg, en Saxe.

85. *Rétrograde.* $\overset{\frac{2}{3}\,\frac{1}{3}}{\underset{k\,l\,g}{ee}}B$ (fig. 91) :

Trouvée à Oberstein, dans le Palatinat.

86. *Soustractive.* $\overset{\ast\ast}{\underset{e\,r\frac{3}{4}t}{e}}DB$ (fig. 92).

Voyez, Traité de Cristallographie, t. I, p. 346, l'exposé de la condition à laquelle est liée la propriété qu'ont les six arêtes situées à la jonction des faces r et t, d'être sur un même plan perpendiculaire à l'axe :

Trouvée au Derbyshire.

87. *Disjointe.* $\underset{e\,r\,\overset{6}{q}}{e}DB$ (fig. 93) :

Trouvée au Derbyshire.

88. *Paradoxale.* $(E^{\prime\prime}E\underset{x}{B}{}^{\prime}D^{2})\overset{\ast}{D}E^{\prime\prime}E$ (fig. 94).

Voyez, Traité de Cristallographie, t. I, p. 462, le développement de sa structure, et l'indication du noyau hypothétique, et de la loi de décroissement qui produirait le dodécaèdre x, x, en agissant sur les bords inférieurs de ce noyau.

Découverte par M. Tonnellier, dans une carrière de craie située à l'extrémité des faubourgs de Saint-Julien-du-Sault, département de l'Yonne.

89. *Complexe.* $E^{,,}E\overset{\frac{2}{5}}{e}(E^{,,}EB^{,}D^{a})$ (fig. 95) :
             c k x

Trouvée à Couson, près de Lyon.

90. *Ambigüe.* $\overset{a}{e}(\overset{5}{^{+}E}\overset{5}{^{+}B}{^{,}D}{^{a}})E^{,,}E$ (fig. 96).
     c s f

Voyez, Traité de Cristallographie, t. I, p. 466, le développement de sa structure, qui offre la reproduction du dodécaèdre métastatique, à l'aide d'une loi intermédiaire :

Trouvée par M. Michaux, dans son voyage aux Indes.

91. *Zonaire.* $E^{,,}ED\overset{\frac{3}{2}}{D}$ (fig. 97).
       f u y

92. *Désunie.* $\overset{\frac{3}{4}}{D}\mu E^{n}E$ (fig. 98).
       u μ f

93. *Émoussée.* $E^{n}ED\overset{a\ a}{e}$ (fig. 99).
       f r c

Les facettes c interceptent les angles solides aigus du noyau, et les facettes f les arêtes les plus saillantes du dodécaèdre métastatique. Ces dernières facettes étant situées parallèlement aux arêtes dont il s'agit, il en résulte que leurs plus longs bords sont aussi parallèles entre eux.

a. *Transposée :*

Trouvée au Derbyshire.

94. *Progressive.* $\mathrm{E}''\underset{f}{\mathrm{E}}\mathrm{D}\overset{a\,3}{\underset{rm}{e}}$ (fig. 100) :

Trouvée en France, près de la Rochelle, dans le pays d'Aunis, et en Angleterre, au Derbyshire, où ses cristaux adhèrent au plomb sulfuré.

95. *Identique.* $\underset{c\,r}{e}\overset{a\,3}{\mathrm{D}}(\overset{\frac{7}{13}}{}\mathrm{E}\overset{\frac{7}{13}}{}\underset{b}{\mathrm{D}}{}^5\mathrm{B}^3)$ (fig. 101).

Le signe du noyau hypothétique est $\overset{\frac{1}{3}}{e}$, et celui du dodécaèdre rapporté à ce noyau est $\overset{2}{\mathrm{D}}$. Le rhomboïde $\overset{\frac{1}{3}}{e}$ a une existence réelle dans plusieurs variétés déjà décrites, comme celles que j'ai nommées *diectasite, antistique, unibinoternaire*, et dans quelques autres que je décrirai plus bas.

Les faces *r, r*, qui appartiennent au dodécaèdre métastatique, se combinent ici, comme dans la variété paradoxale, avec celles d'un dodécaèdre produit par un décroissement intermédiaire, et cela de manière que leurs plus longs bords *n, v* sont exactement parallèles entre eux. L'espèce de dissonance que semble faire ici l'exposant $\frac{7}{12}$ de la loi intermédiaire est, pour ainsi dire, sauvée par la symétrie que répand sur le cristal le parallélisme dont je viens de parler, et qui est lié à cet exposant par la simplicité des lois relatives au noyau hypothétique et au dodécaèdre qui en dépend ; et il est remarquable que celle d'où dérive ce dernier ait pour signe $\overset{*}{D}$, comme celle à laquelle se rapporte le dodécaèdre métastatique, qui fait partie de la variété identique. Toutes ces considérations concourent à motiver l'adoption du signe représentatif du décroissement intermédiaire.

Je vais comparer avec la détermination précédente, celle à laquelle a été conduit M. de Bournon, en appliquant sa méthode technique à cette même variété. Ce savant néglige entièrement les indications tirées des caractères de symétrie que présentent les cristaux. S'il s'agit d'un décroissement intermédiaire, il fait abstraction du noyau hypothétique et de sa relation avec le dodécaèdre, et laisse ainsi échapper le fil destiné à diriger l'observateur et à lui faire éviter les fausses routes dans lesquelles il pourrait s'engager sans ce secours.

De plus, M. de Bournon élude la considération de ces petits solides composés de plusieurs molécules, qui, dans les mêmes décroissemens, font la fonction de molécules soustractives, et celle des nombres de rangées dont la soustraction mesure la distance entre deux lames consécutives de superposition.

D'après cette manière de voir, il prend pour données deux mesures d'angles, dont il déduit les rapports entre les nombres d'arêtes et de diagonales de molécule intégrante, soustraites dans des directions qui coïncident avec le plan de la coupe principale, et par suite les incidences mutuelles des faces du

dodécaèdre. Voici maintenant ce qu'a produit la
méthode à l'égard de la variété qui nous occupe.

Les mesures mécaniques dont est parti M. de
Bournon, ne pouvant être que des à-peu-près, et
aucune considération auxiliaire ne s'étant offerte
pour les modifier et les ramener à leur juste valeur,
le résultat auquel elles ont conduit, a fait disparaître
le parallélisme entre les bords n, r, qui appartiennent au dodécaèdre métastatique. Ce résultat donne
pour l'angle que fait avec l'axe du cristal l'arête r,
une quantité plus forte de $1^d 2' 7''$ que celle qui s'accorde avec le parallélisme, et les mesures mécaniques mieux dirigées viennent à leur tour confirmer cette différence. Ainsi ce caractère de symétrie, que la seule analogie indiquait d'avance, et
qu'un coup d'œil attentif jeté sur le cristal rendait
évident, a été détruit par l'erreur même contre laquelle il eût dû servir de préservatif.

Le vice de la détermination s'est montré d'une
manière beaucoup plus frappante encore lorsque
j'ai essayé d'écrire le signe représentatif du décroissement intermédiaire, tel qu'il m'était dicté par les
résultats de M. de Bournon. En voici l'expression :

$$\left({}^{2 \cdot x}_{1 \cdot 16 \cdot 17} E^{\frac{5 \cdot 6 \cdot x}{1 \cdot 36 \cdot 17}} D^{153} B^{82} \right).$$ D'une autre part, le signe de
la loi qui fait dépendre le noyau rhomboïdal hypo-
thétique du véritable, est $\overset{\frac{34}{32}}{e}$, et celui de la loi qui
donne le dodécaèdre rapporté au noyau hypothé-

tique, est $D^{\frac{242}{119}}$. On peut dire que ce ne sont plus des lois, mais des anomalies.

Parmi toutes les réflexions que je pourrais ajouter, je me bornerai à une seule, dont le sujet est le signe $D^{\frac{242}{119}}$ du dodécaèdre considéré comme forme secondaire du noyau hypothétique. Je remarque que dans le rapport $\frac{242}{119}$, il suffit de retrancher deux unités du numérateur et d'en ajouter une au dénominateur, pour qu'il devienne celui de 240 à 120, qui n'en diffère presque pas, qui est le même que celui de 2 à l'unité. Or c'est précisément à ce dernier rapport que je me suis arrêté dans la détermination que j'ai obtenue. On voit que M. de Bournon ne s'est tant écarté de la véritable route que pour avoir passé, sans s'en apercevoir, à côté de la limite tracée par la simplicité qui caractérise la nature.

D'autres variétés de chaux carbonatée pourraient me fournir des exemples du même genre; mais celui que je viens de citer m'a paru devoir suffire (*).

96. *Triodique.* $\overset{\frac{1}{2}}{D}D(^{1}E^{1}B^{1}\overset{}{D}{}^{a}$ (fig. 102).

La combinaison des faces x, x, dont les longs

(*) Voyez le Mémoire qui a pour titre : *Observations sur la simplicité des lois auxquelles est soumise la structure des cristaux*, Annales du Muséum d'Histoire natur., t. XVIII, p. 169 et suiv.

bords sont parallèles entre eux, avec celles du dodécaèdre y, y, présente le même aspect symétrique
que celui qui a lieu dans la variété paradoxale
(fig. 94), en vertu des positions relatives des faces
r, r, et des faces x, x.

Trouvée près d'Andréasberg, au Hartz.

97. *Trigésimale.* $\overset{\frac{5}{4}\ 3\ s}{\underset{\mu\ m\ r}{DeD}}$ (fig. 103).

Trouvée au Hartz.

98. *Ascendante.* $\overset{2\ 3\ 4}{\underset{c\ m\ n}{eeD}}$ (fig. 104).

Voyez l'exposé de ses propriétés géométriques,
Traité de Cristallographie, tome I, p. 340.

Quatre à quatre.

99. *Triforme.* $\overset{\cdot}{e}PBA$ (fig. 105).
$\underset{eP\overset{1\ 1}{g}0}{}$

Assemblage de trois formes remarquables, savoir,
celles du rhomboïde primitif, de l'équiaxe et de la
variété prismatique.

M. Gillet de Laumont, inspecteur général des
mines, a donné, dans le Journal des Mines (n° 54,
p. 455), une description de cette variété jusqu'alors
inconnue, à laquelle il a joint ses observations sur un
accident remarquable qu'elle présente dans un groupe
de cristaux qui faisait partie de sa collection, et qui
lui a paru venir du Hartz. Cet accident consiste en

ce que plusieurs des cristaux dont il s'agit offrent différens passages à la forme du prisme hexaèdre régulier, en sorte que, d'une part, la matière surajoutée au cristal triforme subit une interruption qui laisse à découvert une partie plus ou moins considérable de la surface de ce cristal, et que, d'une autre part, elle est plus opaque, comme si elle fût venue après coup s'appliquer, par lames successives et décroissantes, sur les faces parallèles à celles du noyau. « Ordinairement, dit M. Gillet de Laumont, la formation masque la structure; on peut dire que, » dans ce groupe, la formation a suivi l'ordre de la » structure. » Ce savant naturaliste a bien voulu enrichir ma collection de ce morceau unique, que j'apprécie surtout, en ce qu'il y a été placé par la main de l'amitié.

100. *Triploédrique.* $\overset{3}{\underset{m}{e}}\left(E^{\overset{3}{s}}D^{s}B^{s}\right)PA\,\overset{\frac{1}{6}}{}$.

101. *Délotique.* $\left(E^{s}\underset{x}{EB^{s}D^{a}}\right)\overset{a}{D}\underset{r}{E}^{s}\underset{f}{E}\underset{P}{P}$ (fig. 106).

Voyez, pour le signe de son noyau hypothétique et pour celui du dodécaèdre qui s'y rapporte, la variété paradoxale, dont celle-ci ne diffère que par l'addition des faces P, qui éclaircissent le paradoxe.

Trouvée dans le même terrain que la variété dont je viens de parler.

102. *Accélérée.* $\overset{3\,a\,\frac{4}{5}}{\underset{m\,r\,h\,P}{e\,D\,e\,P}}$ (fig. 107).

Trouvée au pays d'Oisans, département de l'Isère.

103. *Bigéminée*. $e\overset{3}{D}\overset{2}{D}\overset{6}{P}$ $\underset{m\ r\ \nu\ P}{}$ (fig. 108).

Trouvée au Derbyshire, en cristaux grisâtres parsemés de cuivre pyriteux.

104. *Quadratique*. $\overset{a}{D}\overset{3\frac{1}{2}}{e}\overset{\frac{9}{4}}{e}P$ $\underset{r\ m\ kP}{}$ (fig. 109). Je ne connais cette variété que par des pseudomorphoses de quarz auxquelles elle a servi de type. Leur gangue est un fer oxidé brun, dont les cavités sont garnies de petits cristaux de quarz hyalin transparent prismé. M. de Bournon indique dans son Traité une variété de chaux carbonatée dont on voit le dessin fig. 404, pl. 26, du même ouvrage, et qui ne diffère de celle dont il s'agit ici que par l'absence des faces P. Il ajoute qu'elle existe au Derbyshire. Les pseudomorphoses viennent des environs de Bristol, dans le Sommersetshire. Elles sont censées pour le moment remplacer la variété qu'elles représentent, en attendant qu'on en trouve les originaux.

105. *Dissimilaire*. $\overset{3\frac{1}{2}}{D}\overset{5}{D}\overset{3}{e}P$ $\underset{\gamma\ e\ mP}{}$ (fig. 110)

Trouvée dans les environs d'Angers, département de Maine et Loire.

106. *Quadri-rhomboïdale*. $e\overset{3\frac{1}{2}}{e}\overset{\frac{1}{3}}{P}e$ $\underset{m_1 P\ l}{}$ (fig. 111).

107. *Sexvigésimale*. eBBA (fig. 112).

Trouvée au Hartz.

108. *Bino-triunitaire*. eE''EBA (fig. 113) :

Trouvée au Hartz.

109. *Surémoussée*. eDE''EA (fig. 114).

110. *Sous-double*. eE''EeA (fig. 115) :

Trouvée près de Freyberg en Saxe.

111. *Sexquadridécimale*. eDeA (fig. 116).

112. *Ambi-annulaire*. eeeA (fig. 117).

113. *Continue*. eDBB (fig. 118).

Voyez la variété soustractive dont celle-ci partage les propriétés, et ne diffère que par l'addition des faces *g*.

Trouvée au Derbyshire. Un de mes cristaux, qui est isolé et presque complet, a 8 centimètres, ou environ 3 pouces de longueur.

114. *Additive*. eDBB (fig. 119) :

Trouvée au Derbyshire.

115. *Bisunibinaire.* $\overset{*}{e}\overset{*}{D}E^{\prime\prime}EB$ (fig. 120).
$crf\overset{\prime}{g}$

a. Hémitrope.

Cette hémitropie dépend du même jeu de position que celle qui a lieu à l'égard de la variété analogique. Toute la différence consiste en ce que, par une suite de celle que nous avons supposée exister entre les dimensions respectives des deux variétés, les moitiés qui se sont réunies font, de part et d'autre, un angle saillant dans l'analogique, au lieu que dans la variété bisunibinaire elles font un angle saillant d'un côté, et un angle rentrant de l'autre.

Trouvée au Derbyshire.

116. *Doublante.* $E^{\prime\prime}\overset{*}{E}\overset{3}{D}eB$ (fig. 121).
$fr\,m\overset{\prime}{g}$

117. *Synallactique.* $\overset{*}{e}(\overset{5}{\tfrac{}{7}}\overset{}{E}\overset{5}{D}{}^{5}B^{\prime})\overset{*}{D}\overset{}{B}$ (fig. 122).
$c\xir\overset{\prime}{g}$

Signe du noyau hypothétique, $\overset{\prime}{D}A$; signe du dodécaèdre rapporté à ce noyau, $\overset{\prime}{B}$.

Cette variété n'est autre chose que l'analogique, augmentée des facettes ξ. Les inclinaisons de l'une quelconque de ces facettes, telle que ξ', sur les deux pans adjacens c, c', étant sensiblement égales, il est facile d'en conclure que le dodécaèdre qui résulte du prolongement des mêmes facettes, est composé de deux pyramides droites réunies base à base.

En réunissant à cette donnée celle que fournit le parallélisme évident des plus longs bords des facettes ξ, ou de leurs intersections avec les pans c et avec les faces r, on détermine directement la loi du décroissement intermédiaire qui les produit, et qui est indépendante du rapport entre les diagonales du noyau.

Trouvée en Norwége.

118. *Combinée.* $\overset{2\,3\,2}{ee}\mathrm{DB}$ (fig. 123).
$$\underset{cm\,r\,\overset{1}{g}}{}$$

Cette variété offre trois combinaisons remarquables, celle de l'équiaxe g avec le contrastant m, dont chacun est l'inverse de l'autre; celle du contrastant m avec le métastatique r, laquelle rend parallèles les plus longs bords des faces qui appartiennent à ce dernier solide; et celle des faces g, r, c, qui donnent la variété analogique.

Trouvée au Hartz.

119. *Indirecte.* $\overset{\frac{3}{2\,2\,2}}{ee}\mathrm{DB}$ (fig. 124) :
$$\underset{cs\,r\,\overset{1}{g}}{}$$

Trouvée aux environs de Caen, département du Calvados.

120. *Sous-quadruple.* $\overset{3\,2\,4}{ee}n\mathrm{B}$ (fig. 125).
$$\underset{mcn\overset{1}{g}}{}$$

121. *Interrompue.* $\overset{\frac{2}{2\,4\,4}}{ee}\mathrm{DB}$ (fig. 126):
$$\underset{cin\overset{1}{q}}{}$$

122. *Isoméride.* $\overset{\overset{2}{4\,4\,4}}{ee\mathrm{D}\mathrm{B}}\ (\text{fig. } 127).$
$\underset{cin\,\overset{2}{\pi}}{}$

Le dodécaèdre qui résulte du prolongement des faces π jusqu'à ce qu'elles se rencontrent, est composé de deux pyramides droites hexaèdres.

Trouvée au Derbyshire.

123. *Euthétique.* $\overset{*}{e}\left(\overset{\overset{\frac{5}{3}}{*}}{e}\mathrm{D}^3\mathrm{D}^1\right)\overset{*}{\mathrm{D}}\mathrm{B}\ (\text{fig. } 128).$
$\underset{e\quad v\quad\ r\;\overset{*}{t}}{}$

Noyau hypothétique, le contrastant, dont le signe est $\overset{3}{e}$; celui du dodécaèdre rapporté à ce noyau est $\overset{3}{\mathrm{D}}$.

Cette variété diffère de celle que j'ai appelée soustractive par l'addition des faces v, v, dont les intersections avec les faces c, c font passer celles-ci de la figure du trapézoïde à celle du rhombe. Le nom d'*euthétique*, qui signifie *positions heureuses*, est tiré du caractère de symétrie qui résulte de l'assortiment de ces deux ordres de faces, joint à celui que font naître les faces r, t, en se limitant les unes les autres de manière que leurs arêtes de jonction sont sur un même plan perpendiculaire à l'axe.

La figure du rhombe que présentent les faces c, c, a eu aussi une influence heureuse sur la solution du problème relatif à la loi dont elles dépendent. Le parallélisme dont cette figure dépend, savoir celui qui a lieu entre les intersections des mêmes faces

avec les faces v, v et les bords qui sont restés intacts
sur ces dernières, est si sensible, qu'on doit le supposer rigoureux. Il m'a fourni une donnée, à laquelle
s'en est jointe une autre, qui consiste en ce que les
faces v, v ont avec les pans du prisme hexaèdre régulier une relation de position qui permet de les en faire
dériver (*). C'est en suivant cette marche également
sûre et expéditive que je suis parvenu à la détermination de ces faces, qui, sans les points de ralliement
dont je viens de parler, ne se seraient prêtées aux
applications de la théorie qu'à l'aide d'un long et
pénible travail, à cause de la difficulté qui naît de
ce qu'elles sont placées de biais relativement à celles
qui les entourent. (Traité de Cristall., t. I, p. 5o5.)

Trouvée au Derbyshire.

124. *Tridodécaèdre*. $\overset{\overset{9}{\scriptscriptstyle{}_{\ast}4_{\ast}}}{ee\text{D}}\text{B}$ (fig. 129).
$$cir\ \overset{6}{q}$$

(*) D'après ce qui a été dit à l'article des noyaux hy-
pothétiques (Traité de Cristallographie, t. I, p. 188), on
est libre d'adopter ici le prisme hexaèdre pour celui du
dodécaèdre auquel appartiennent les faces v, v. Dans ce cas,
les intersections de ces mêmes faces avec les pans sont parallèles aux lignes de départ d'un décroissement susceptible
de les produire, en agissant sur les angles latéraux du prisme,
et dont la loi peut être déterminée à l'aide d'un tâtonnement qui n'exige qu'un instant de travail. Cette loi étant
connue, on en déduit celle qui se rapporte au noyau hypothétique rhomboïdal, lequel est ici le contrastant; après
quoi il est facile d'avoir tout le reste.

125. *Triadite.* $\overset{a}{e}\overset{a}{D}(\overset{7}{\underset{15}{E}}\overset{7}{\underset{15}{D^3}}B^3)E^{\cdot}{}^{\prime}E$ (fig. 130).
$\underset{er}{}$ $\underset{b}{}$ $\underset{f}{}$

Voyez l'article de la variété identique, dont celle-ci ne diffère que par l'addition des faces f, f. On a vu que le noyau hypothétique relatif au décroissement intermédiaire était représenté par $\overset{\frac{1}{3}}{e}$, et le dodécaèdre rapporté à ce noyau, par $\overset{2}{D}$; d'où il suit que si l'on substitue le noyau hypothétique au véritable, le signe total de la variété ne sera composé que des nombres 1, 2, 3, ainsi que l'indique la signification du mot *triadite*.

Trouvée au Derbyshire.

126. *Didiplase.* $\overset{a}{D}\overset{\frac{3}{2}}{D}\overset{\frac{5}{3}}{e}\overset{\frac{5}{3}}{e}$ (fig. 131).
$\underset{r}{}\ \underset{\gamma}{}\ \underset{m3}{}$

127. *Articulée.* $({}^{\prime}E^{\prime}B^{\prime}D^a)\overset{a}{D}E^{\prime\prime}EB$ (fig. 132).
$\underset{x}{}\quad\underset{r}{}\quad\underset{f}{}\quad\overset{\frac{1}{8}}{\underset{g}{}}$

128. *Terminale.* $\overset{a}{e}\overset{3a}{e}\overset{a}{D}(eD^9D^{\prime}.D^{\prime}D^9)$ (fig. 133).
$\underset{cmr}{}\qquad\overset{\frac{5}{3}}{\underset{z}{}}$

Les faces r et z, c et m, se limitent respectivement par des arêtes communes situées sur des plans perpendiculaires à l'axe. Les bords latéraux λ, λ des faces m sont parallèles.

Le signe représentatif du décroissement intermédiaire diffère de celui qui a lieu pour les faces υ, υ de l'euthétique (fig. 128), par la valeur triple de l'exposant qui accompagne la première des deux lettres D. Le signe du noyau hypothétique est $\overset{\frac{1}{3}}{e}$;

celui du dodécaèdre rapporté à ce noyau est $\overset{\scriptscriptstyle 3}{D}$. Si

l'on substitue au rhomboïde $\overset{\frac{2}{2}}{e}$ un autre noyau hypo-

thétique, savoir le contrastant $\overset{\scriptscriptstyle 3}{e}$, auquel appartiennent les faces m, m, qui font partie de la surface du
cristal, on trouve qu'il est susceptible de produire le
dodécaèdre z, z, indiqué par le décroissement intermédiaire, en vertu d'un décroissement ordinaire par
cinq rangées en largeur sur les angles latéraux.

Connaissant les faces m et r pour appartenir les
unes au rhomboïde contrastant, et les autres au dodécaèdre métastatique, on détermine immédiatement
la loi du décroissement intermédiaire, d'après la condition que les arêtes λ, λ, soient parallèles entre
elles, et que les arêtes ϑ, ϑ, etc., soient sur un
même plan perpendiculaire à l'axe, ainsi que le
donne l'observation.

Cinq à cinq.

129. *Hyperbatique.* $\overset{\scriptscriptstyle 1\,2}{e}DE''EBP$ (fig. 134);
        $or\ f\ \overset{\scriptscriptstyle 3}{g}P$

Trouvée au Derbyshire.

130. *Gonyogène.* $APee\overset{\scriptscriptstyle 17}{E''}E$.
           $\overset{\scriptscriptstyle 1}{o}Pe*\ f$

131. *Bijuguée.* $\overset{\scriptscriptstyle 5\ \ 4}{\overset{\scriptscriptstyle 4}{}D}DPBB$ (fig. 135).
          $\mu\,n\ \overset{\scriptscriptstyle 1\,3}{g\,i}$

132. *Quadridodécaèdre*. $e\overset{2\;3}{\text{D}}\text{PBB}$ (fig. 136).
$$\underset{e\;r\;\text{P}\,t\;q}{\overset{3\;6}{}}$$

Les quatre dodécaèdres sont r, t, q; et celui qui résulte de la combinaison, eP.

Trouvée au Derbyshire.

133. *Trisisogone*. $\overset{2}{\text{D}}\text{PE}''\overset{\frac{2\;1}{13}}{E\acute{e}e}$ (fig. 137).
$$\underset{r\;\;\text{P}\quad f\quad \varphi\,l}{}$$

Cette variété offre trois égalités entre les incidences de ses faces prises deux à deux. Celle de φ sur r et de f sur r est de $142^{\text{d}} 14' 20''$; celle de P sur l et de r sur φ est de $140^{\text{d}} 37' 34''$; celle de l sur φ est la même que l'une ou l'autre des deux précédentes.

Trouvée près de Guanaxuato, au Mexique.

134. *Duotrigésimale*. $\overset{\frac{5}{4}}{ee}\text{BBA}$.
$$\underset{ch\;\pi\,g\;o}{\overset{2\;1\;1}{}}$$

Trouvée près d'Andréasberg, au Hartz, en cristaux colorés par l'arsenic sulfuré rouge.

135. *Anarmostique*. $\text{DE}''E\acute{e}E^{\overset{2\;3}{2}\;2}\overset{\frac{4}{3}}{\text{E}}\text{A}$ (fig. 138).
$$\underset{v\quad f\quad h\quad x\quad \overset{\tau}{o}}{}$$

La plus petite incidence des faces v, v est égale à $101^{\text{d}} 32' 13''$, c'est-à-dire à l'angle obtus des faces du noyau. Cette incidence s'était déjà montrée, en vertu d'un décroissement sur les bords inférieurs, dans le dodécaèdre auquel appartiennent les faces n, n de la variété ascendante, et le dodécaèdre métastatique nous avait offert le même angle, comme angle plan, parmi ceux des triangles qui composent sa surface.

Trouvée au Hartz.

136. *Octotrigésimale.* $e(\overset{a}{}^{\frac{3}{4}}E^{\frac{3}{4}}D^4B')E^u\overset{\frac{3}{2}}{E}DA$ (fig. 139).

Le noyau hypothétique relatif au décroissement intermédiaire qui donne les faces ζ, ζ situées parallèlement à l'axe, est le prisme hexaèdre qui a pour signe $\overset{\circ}{e}A$; le signe représentatif des faces ζ, rapporté à ce noyau, est $\overset{\frac{5}{2}}{}G^{\frac{5}{2}}$ (*).

Trouvée près d'Andréasberg, au Hartz.

137. *Triplante.* $\overset{a}{e}\overset{1}{D}E^{u}\overset{3}{}EeA$ (fig. 140).

138. *Amblytère.* $e\overset{a\ 1\ \frac{7}{4}}{D}D(\overset{5}{}E^{\frac{7}{5}}D^5B')\overset{}{A}$ (fig. 141).

La partie du noyau qui ne subit aucun décroissement est le bord supérieur B, qui appartient à l'angle saillant obtus. Voyez pour le noyau hypothétique la variété synallactique.

On pourrait être tenté de croire au premier coup d'œil que le dodécaèdre qui résulte du prolongement

---

(*) Je n'ai pu mesurer avec une précision suffisante les incidences des faces ζ, ζ, soit entre elles, soit sur les faces c, c, à cause de leur peu de netteté, en sorte que je ne donne ici que par conjecture la loi dont je les fais dépendre.

des faces 2, 2, est le métastatique, dont il ne s'éloigne pas beaucoup par la mesure de ses angles, la différence n'étant que de trois ou quatre degrés; mais on a encore ici, pour se reconnaître, un de ces points de ralliement qui s'offrent de toutes parts dans les applications de la théorie, lorsqu'on suit les routes sur lesquelles ils ont été placés par la cristallisation. En comparant la variété dont il s'agit avec la synallactique, on remarquera que dans celle-ci l'intervention des faces r, r rend parallèles les plus longs bords des faces ξ, ξ.; au lieu que, dans la variété amblytère, le parallélisme a lieu au contraire entre les bords des faces 2, 2, par l'intervention des faces ξ, ξ. Cette observation, jointe à la condition que les faces 2, 2 naissent d'un décroissement sur les bords inférieurs du noyau, ce dont on peut s'assurer par la division mécanique, conduit directement à la détermination de la loi qui les produit, et que nous avons déjà vue paraître dans les variétés allélogone et amphimimétique.

Trouvée au Hartz.

139. *Bidoublante.* $e\overset{2}{D}\overset{2}{E}{}'\,{}'EBB$ (fig. 142) :
$$ \underset{cr\quad f\quad 1\ 2\ 1\ q}{\overset{3\ 1}{}}$$

Trouvée au Derbyshire.

140. *Sous-sextuple.* $e\overset{2\ 1\ 4}{DDBB}$ (fig. 143).
$$ \underset{n\ 6\ 1}{}$$

L'exposant de e est le $\frac{1}{6}$ de la somme des autres.

Trouvée au Hartz. Les cristaux de ma collection sont accompagnés de plomb sulfuré.

141. *Anisotique.* $\overset{2}{e}\,(\,{}^{1}\overset{5}{\text{E}}\,{}^{2}\overset{6}{\text{B}}{}^{1}\text{D}{}^{2}\,)\,(\,{}^{1}\text{E}{}^{1}\text{B}{}^{1}\text{D}{}^{2}\,)\,\overset{\frac{4}{3}}{e}\text{B}$
(fig. 144).

Le noyau hypothétique relatif au décroissement intermédiaire d'où dépendent les faces δ, est le prisme hexaèdre qui a pour signe $\overset{2}{e}\text{A}$; le dodécaèdre rapporté à ce noyau dérive de la loi dont le signe est $\overset{2}{\overset{3}{\text{A}}}$. Voyez, pour le noyau hypothétique du dodécaèdre x, x, la variété paradoxale.

Trouvée au Derbyshire.

142. *Sextrigésimale.* $\overset{{}^{2}3\frac{3}{2}1}{eee}\text{DB}$ (fig. 145):

Trouvée dans la mine de Traversella, dans le Piémont. Les cristaux de ma collection adhèrent au fer sulfuré.

143. *Sténonome.* $\overset{{}^{2}2\frac{1}{2}}{e}\text{DeBB}$ (fig. 146):

Trouvée au Hartz.

144. *Imitative.* $\overset{2 1}{e}\text{D}\,(\,{}^{1}\overset{4}{\text{E}}{}^{4}\text{D}{}^{7}\text{B}{}^{2}\,)\,\overset{\frac{7}{3}}{e}\text{B}$ (fig. 147).

Le noyau hypothétique relatif aux faces ψ est semblable au véritable; le signe du dodécaèdre rapporté à ce noyau est $\overset{1}{\text{D}}$, le même que celui des faces

y, y de la variété sexduodécimale, qui se retrouvent sur les cristaux de plusieurs autres. Le rhomboïde n est la reproduction du contrastant, à l'aide d'un décroissement mixte. Cette variété renferme ainsi des faces qui, étant produites par des décroissemens mixtes et intermédiaires, s'assimilent à celles que font naître des décroissemens ordinaires sur d'autres variétés. La même variété offre encore la réunion des deux décroissemens $\overset{a}{e}$ et $\overset{\grave{}}{D}$, dont chacun agit à l'imitation de l'autre en produisant les six pans d'un prisme hexaèdre régulier. Ce sont ces différentes propriétés qui ont suggéré le nom d'*imitative* que porte cette variété. (Traité de Cristall., t. I, p. 56o.)

Six à six.

145. *Quadruplante.* $\mathrm{E}^{\prime\prime}\overset{a}{\mathrm{E}}\overset{\grave{}}{\mathrm{D}}\mathrm{BBA}$ (fig. 148).
$$\underset{f\ \ e\ \ u\ t\ \overset{3}{g}\ \overset{1}{o}}{}$$

146. *Quintiforme.* $\mathrm{De}\overset{\frac{9}{5}}{\mathrm{E}}{}^{\prime\prime}\overset{\frac{3}{2}}{\mathrm{E}}{}^{3}\mathrm{D}e\mathrm{A}$ (fig. 149).
$$\underset{\overset{1}{u}k\ \ f\ \ y\overset{1}{m}o}{}$$

147. *Equilibrée.* ${}_{3}\overset{\frac{9}{5}}{e}{}_{a}\overset{\frac{1}{3}}{e}\mathrm{De}\mathrm{BB}$ (fig. 15o) :
$$\underset{m\,k\,r\,l\,\overset{3}{t}\,\overset{1}{g}}{}$$

Trouvée dans le Derbyshire, où elle s'associe au cuivre pyriteux.

148. *Trigéminée.* $\overset{a\ 1}{e}\mathrm{D}\left(\overset{\frac{1}{5}}{\mathrm{E}}{}^{\frac{1}{5}}\mathrm{E}^{5}\mathrm{D}^{5}\mathrm{B}^{\prime}\right)\overset{a\ 3}{\mathrm{D}}e\mathrm{B}$
$$\underset{e\ u\quad\quad \xi\quad\quad r\,m\overset{1}{g}}{}$$

23

149. *Sténotactique.* $\overset{1\,3\,2}{\mathrm{DeDE^{1}}} \,{}^{1}\overset{6\,\frac{1}{2}}{\mathrm{ED}e}$ (fig. 151).
${}_{u\,m\,r}\;{}_{f}\;{}_{v\,t}$

150. *Parallélique.* $\overset{\frac{3}{2}\,\ \ \frac{5}{4}\,\frac{5}{3}}{\mathrm{DDeeee}}.$
${}_{y\ r\ 3\,c\,r\,m}$

Cette variété est remarquable par les directions
parallèles d'une grande partie des lignes qui terminent ses différentes facettes, lorsqu'on les compare
deux à deux :

Se trouve dans le Derbyshire, où ses cristaux sont
accompagnés de chaux fluatée cubique.

151. *Sténogone.* $\overset{3\ 3\ 5\ 3}{e\mathrm{D}}\left(^{1}\mathrm{E}^{1}\mathrm{D}^{3}\mathrm{B}^{3}\right)\left(\mathrm{ED}^{9}\mathrm{D}^{1}\mathrm{D}^{1}\mathrm{D}^{9}\right)\overset{3\frac{3}{2}}{ee}$
${}_{v\,r}\qquad {}_{\delta}\qquad\qquad {}_{z}\qquad {}_{m\,s}$
(fig. 152).

Voyez pour les propriétés géométriques l'article
de la variété terminale, dont celle-ci ne diffère que
par l'addition des facettes δ; et à l'égard du noyau
hypothétique relatif à ces dernières facettes, voyez
l'article de la variété anisotique :

Trouvée dans le Derbyshire.

Sept à sept.

152. *Ditrinome.* $\overset{3\,9\,2}{ee\mathrm{DE^{1}}}\,{}^{1}\overset{\frac{1}{3}}{\mathrm{EP}e\mathrm{B}}$ (fig. 153) :
${}_{c\,m\,r}\;{}_{f}\;{}_{\mathrm{P}\,l\,g}^{\ \ \ 1}$
Trouvée dans le département de l'Isère.

153. *Quintidodécaèdre.* $\overset{9\ \ 5}{\underset{}{ee\mathrm{DDDPB}}}$ (fig. 154).
${}_{c\,i\,u\,p\,e\,\mathrm{P}}$

Les combinaisons ci et Piz donnent deux dodécaèdres ajoutés à ceux que désignent les trois lettres
μ, σ, ω :

Trouvée au Hartz.

154. *Epiméride.* $ee\overset{\scriptscriptstyle 2\ 1}{\underset{\scriptscriptstyle a\ 4}{}}DDE\overset{\scriptscriptstyle 5}{\underset{\scriptscriptstyle 4}{}}{}^{\prime\prime}EBB$ (fig. 155).
$\underset{ci\ u\ \mu\quad f\quad \overset{\scriptscriptstyle 4\ 1}{a}g}{}$

Sous-variétés dépendantes des accidens de lumière.

1. Blanchâtre. ⎫
2. Jaunâtre. ⎬ Ce sont les deux couleurs les plus
communes.

3. Grisâtre.

4. Jaune de miel. Exemple : la variété inverse
groupée et inférieurement aciculaire radiée.

5. Rouge de rose. Exemple : la variété allélogone,
du département de l'Isère.

   a. Limpide.

   b. Transparente.

   c. Demi-transparente.

   d. Opaque.

FORMES INDÉTERMINABLES.

* *Cristaux imparfaits ou ébauchés , solitaires*
ou réunis en masses.

1. *Primitive convexe.* Dans cette variété les faces
du rhomboïde primitif ont pris une forme bombée,

et les arêtes, sans cesser d'être saillantes, sont devenues curvilignes. De la principauté de Galles en Angleterre, sur la chaux carbonatée ferro-manganésifère perlée d'un jaune brunâtre, mêlée de cuivre
carbonaté vert.

2. *Lenticulaire*. C'est l'équiaxe qui, par une suite
de l'arrondissement de ses bords inférieurs et de la
convexité qu'a prise sa surface, présente à peu près
la forme d'une lentille. Plusieurs minéralogistes ont
désigné aussi par le mot de *lenticulaire*, le rhomboïde dont la forme n'a subi aucune altération.

3. *Spiculaire*. Cette variété paraît être une modification de quelqu'un des rhomboïdes aigus, et
spécialement de l'inverse, ou d'un autre encore plus
alongé que j'ai appelé *mixte*. Ce rapprochement est
indiqué par la division mécanique qui se fait sur les
bords tranchans contigus au sommet. Les cristaux
forment, par leur groupement, des espèces de bouquets qui recouvrent souvent les concrétions stratiformes de chaux carbonatée.

a. *Canaliculée*. Les faces de la pyramide trièdre
sont creusées en gouttière.

4. *Cylindroïde conjoint* ou *divergent*, gris noirâtre, vulgairement *madréporite*. Madreporstein, K.
La cassure transversale présente une suite de petites
surfaces unies, légèrement concaves et luisantes,
qui sont les coupes d'autant de cylindres. J'ai obtenu, à l'aide de la division mécanique, le rhomboïde primitif, dont les faces étaient seulement un

peu bombées. C'est sans fondement que l'on a cru reconnaître entre cette variété et les lithophytes une analogie qui a suggéré le nom de *madréporite*.

Trouvée dans la vallée de Rüsbach, pays de Saltzbourg.

Analyse par Klaproth : Chaux carbonatée, 93 ; magnésie carbonatée, 0,5 ; fer carbonaté, 1,25 ; charbon, 0,5 ; silice, 4,5 ; manganèse oxidé, un atome. Perte, 0,25.

5. *Aciculaire*. Les aiguilles se distinguent de celles de l'arragonite, en ce que leurs sommets fracturés présentent des indices de trois joints obliques à l'axe, situés comme les faces supérieures du rhomboïde primitif, au lieu que les fractures de l'arragonite ont un aspect vitreux, et laissent seulement entrevoir des indices de lames lorsqu'on les éclaire fortement.

a. *Radiée*.

b. *Conjointe*.

6. *Fibreuse conjointe*. Fasriger Kalkstein, W. Aspect soyeux. Se distingue de la chaux sulfatée fibreuse en ce qu'elle ne cède point comme elle à la pression de l'ongle, et en ce qu'elle est soluble avec effervescence dans l'acide nitrique.

Trouvée dans le Cumberland en Angleterre, avec mélange de fer sulfuré.

** *Corps amorphes, ou dont la forme, lorsqu'elle est assignable, n'a aucun rapport avec celle des cristaux.*

Indices de structure lamelleuse.

7. *Laminaire.*

a. Blanchâtre.

b. Incarnate, avec quarz hyalin : d'Utôn en Suède.

c. Bleue, avec idocrase : de Fassa en Tyrol.

d. Vert obscur, avec talc stéatite : de Baireuth en Franconie :

Ayant une analogie d'aspect avec le pyroxène dit *sahlite.*

e. Noire. Anthraconite de Hausmann. Tissu très lamelleux. La surface est relevée à certains endroits par des espèces d'ondulations. La couleur noire, qui est due à un mélange d'environ $\frac{1}{100}$ de matière charbonneuse, disparaît au premier coup de chalumeau. Cette variété a beaucoup de rapport avec celle qu'on a nommée *madréporite.* Voy. ci-dessus, n° 4.

8. *Lamellaire.* Körniger Kalkstein, W.

a. Blanchâtre : de Paros, dans l'Archipel : de la Vallée de Suc, département de l'Arriége, de Marienberg en Saxe, etc.

La même, colorée en rouge violet à la surface par le cobalt oxidé : de Ricchelsdorf en Westphalie.

b. Incarnate, avec amphibole et apophyllite : d'Utön en Suède.

c. Grise : des environs de Moustiers.

9. *Sublamellaire.*

a. Bleu-grisâtre, quelquefois veiné de blanchâtre ou de noirâtre, vulgairement *marbre bleu turquin*.

b. Blanc-grisâtre, avec des veines de talc verdâtre. *Marbre cipolin.*

10. *Saccaroïde*. Var. du Körniger Kalkstein, W. Grain semblable à celui du sucre; marbre salin et marbre statuaire des modernes : de Carrare, vers la côte de Gênes. Elle renferme des cristaux très réguliers de quarz hyalin prismé incolore, et quelquefois des cristaux de fer sulfuré dodécaèdre.

11. *Grano-lamellaire.*

12. *Granulaire* ou *subgranulaire coquillière*, vulgairement marbre lumachelle : renfermant un grand nombre de coquilles, la plupart brisées.

a. Commune.

b. Opaline. Les coquilles ont des reflets irisés (*) : de Bleyberg en Carinthie.

Point d'indices de structure lamelleuse.

13. *Compacte*. Dichter Kalkstein , W.

a. Massive. Incarnate, translucide aux bords : renfermant des cristaux d'amphibole vert : de l'île

____

(*) Ces coquilles appartiennent à l'espèce nommée *corne d'ammon*. Un de mes échantillons en contient une dont la forme a été parfaitement conservée.

de Tirey en Ecosse. Blanchâtre, grisâtre, jaunâtre ou brunâtre, et opaque.

Dendritique, à dendrites profondes. Les dendrites ont été produites par l'intermède d'un liquide chargé de molécules de manganèse, qui ont pénétré dans la pierre comme dans un corps spongieux, et s'y sont étendues sous la forme de ramifications.

b. Schistoïde : d'Ingolstadt en Bavière : appelée aussi *pierre lithographique*.

Dendritique, à dendrites superficielles. La formation de ces dendrites est due à une circonstance différente de celle qui a lieu à l'égard de la variété compacte. Le liquide chargé de molécules de manganèse s'est introduit entre les feuillets de la pierre, et les traits de la dendrite ont été doublés par l'adhérence des mêmes molécules aux deux faces de jonction. De là vient que si après avoir détaché un des feuillets on compare les deux faces de jonction, on trouve que chaque dendrite fait à la fois l'office de dessin et de contre-épreuve.

14. *Globuliforme compacte*. Roogenstein, W.; vulgairement *oolithe* (*). En globules agglutinés ordinairement par un ciment calcaire, d'un volume à peu près uniforme dans un même lieu, mais variable d'un lieu à l'autre, depuis la grosseur d'un pois jusqu'à celle d'une graine de pavot. Leur intérieur est

---

(*) C'est-à-dire *pierre en forme d'œuf*, parce qu'on a comparé les globules à des œufs de poisson.

compacte. On en trouve dans quelques endroits, qui présentent des indices de couches concentriques ; mais elles sont peu distinctes et se réduisent communément à une ou deux, beaucoup plus rapprochées de la circonférence que du centre, qui n'est jamais occupé par un noyau particulier comme cela a lieu dans une variété dont je parlerai à l'article des concrétions.

a. En globules libres : de l'île de la Trinité.

15. *Grossière*, vulgairement *pierre à chaux ; pierre à bâtir* des Parisiens. Blanche, grise ou jaunâtre ; à cassure terne ou terreuse ; non susceptible de poli.

a. A gros grain. Exemple : la pierre d'Arcueil.

b. A grain fin. Exemple : la pierre de Tonnerre.

Ce qu'on appelle *pierre de liais*, est une certaine modification de la chaux carbonatée, qui est fine, pleine, facile à tailler, et susceptible de résister pendant très long-temps aux intempéries de l'air.

La même, coquillière. En masses qui enveloppent des coquilles et des débris plus ou moins nombreux de ces corps. Quelques-unes paraissent en être presque entièrement composées. Cette variété est très commune. Les coquilles qu'elle renferme sont ordinairement de celles qu'on a nommées *littorales*. Les cérites abondent dans la chaux carbonatée grossière des environs de Paris.

L'observation des coquilles dont il s'agit présente deux cas différens : l'un est celui où elles sont restées vides, et n'ont fait que se mouler dans la chaux carbonatée enveloppante ; souvent elles s'en détachent lorsqu'on brise la pierre, et il n'y a personne qui n'ait remarqué dans les fragmens de celle-ci des empreintes très prononcées de la forme extérieure des coquilles auxquelles ces fragmens servaient d'enveloppe.

Le second cas est celui où les coquilles, à leur tour, ont fourni à la chaux carbonatée des moules dans lesquels les molécules de celle-ci se sont introduites et réunies sous la forme de noyaux qui ont pris l'empreinte de ces moules, et doivent être considérés comme de véritables pseudomorphoses. Lorsqu'on les a détachés, on observe assez souvent qu'ils sont encore revêtus en tout ou en partie du têt de la coquille.

16. *Crayeuse*. Kreide, **W**. ; vulgairement *craie*. Blanche dans l'état de pureté, ayant une cassure raboteuse ; friable et laissant des traces de son passage sur les corps durs.

17. *Spongieuse*. Bergmilch, **W**. ; nommée *moelle de pierre* et *agaric minéral*, par les anciens minéralogistes. Douce au toucher, très friable, spongieuse et légère. Elle fait entendre un léger frémissement lorsqu'on la plonge dans l'eau, et surnage un instant avant de tomber au fond.

18. *Pulvérulente*. Variété du Bergmilch, **W**. ; nommée anciennement *farine fossile* et *lait de lune*. Elle paraît provenir d'une altération de la chaux

carbonatée grossière, qui a été réduite à l'état pulvérulent par l'action des causes naturelles. Elle recouvre assez souvent la surface de celle-ci, sous la
forme d'un enduit plus ou moins épais.

19. *Pseudomorphique*. Je réunis sous ce nom les
diverses pseudomorphoses que présente la chaux carbonatée, en faisant abstraction des masses qui les
enveloppent, et dont il est souvent possible de les
dégager. Ainsi isolées, elles doivent être considérées
comme autant de modifications distinctes, susceptibles d'être classées dans la méthode, ou rangées
dans une collection à la manière des variétés ordinaires, avec des dénominations additionnelles, tirées
des corps organiques dont elles sont originaires.

En came.

En corne d'ammon.

En numismale.

En térébratule.

En bélemnite.

En oursin.

En cardite.

En cérite (*).

(*) Je me bornerai ici au petit nombre d'exemples que
fournit ma collection. J'en citerai d'autres lorsque je parlerai des gissemens de la chaux carbonatée, dans la distribution des roches, en même temps que j'indiquerai celle
de ces masses dans laquelle on trouve plus particulièrement
chaque pseudomorphose.

FORMES IMITATIVES.

Corps concrétionnés. Kalksinter, W.

1. *Fistulaire.* Traversée, dans le sens de sa longueur, par une ouverture cylindrique. Vulgairement stalactite calcaire.

a. Simple. Imitant la fome d'un tuyau de plume (*). Plusieurs des concrétions tubulées dont il s'agit ici présentent un fait curieux, qui consiste en ce qu'elles sont susceptibles d'être divisées parallèlement aux faces d'un rhomboïde semblable au primitif, dont l'axe se confondrait avec celui du tube. On est surpris de trouver le noyau d'une forme déterminable, caché sous celle d'une stalactite; et rien ne prouve mieux la puissance de la cristallisation, que la formation de ces corps, moitié tubes par leur configuration, moitié rhomboïdes par leur structure, et dont les molécules, charriées par une eau qui descendait goutte à goutte, ont pris, en se réunissant, l'empreinte des mêmes lois auxquelles obéissent celles qui sont tenues en dissolution dans un liquide tranquille. Quelquefois le tube est terminé inférieurement par un cristal proprement dit, dans lequel les lames composantes sont parallèles à celles dont ce

---

(*) Voyez page 90 l'explication de la manière dont ces concrétions tubulées sont produites.

tube est l'assemblage. Ce cristal prend, suivant les circonstances, différentes formes, parmi lesquelles j'ai observé celles du rhomboïde inverse, du contrastant et de la variété *moyenne*.

Si l'on suppose que ce cristal ait été produit au milieu de l'air, comme le tube, il faudra dire que les circonstances requises pour une cristallisation régulière se trouvaient réunies dans une petite masse d'eau suspendue à l'orifice du tube. On pourrait être plutôt tenté de croire que ce tube était plongé, par sa partie inférieure, dans une eau stagnante, provenant de celle qui était tombée de la voûte, ou qui avait coulé le long des parois de la cavité; et ce serait dans cette eau, où l'affinité jouissait de toute sa liberté, qu'aurait été formé le cristal, par l'intermède des molécules que le même liquide avait amenées avec lui. Mais ce qui rend cette explication peu admissible, c'est que, dans les cas de ce genre, dont je citerai bientôt des exemples, le corps qui se forme à l'extrémité du tube est tout hérissé de pointes cristallines, produites par les molécules environnantes qui arrivaient de tous les côtés à la surface de ce corps, pour obéir à l'attraction qu'il exerçait sur elles. Au contraire, les faces du cristal dont j'ai parlé sont très nettes et sans aucune aspérité; ce qui semble annoncer que les deux corps ont été coulés pour ainsi dire, d'un même jet, et qu'il est seulement survenu une circonstance qui a fait varier l'arrangement des molécules terminales du second corps. Le passage de la forme tubulée à la forme rhomboïdale, si brusque en apparence, a été comme adouci par l'uniformité qui a continué de régner dans le mécanisme intime de la structure.

2. *Cylindrique*. Couches concentriques disposées autour du tube initial.

a. Lamellaire ou granulaire.

b. Radiée. Composée d'aiguilles divergentes, situées perpendiculairement à l'axe de la concrétion.

3. *Conique.*

a. Solitaire.

b. Groupée. Composée de plusieurs corps réunis en un seul corps.

4. *Renflée*. En cône dont la partie forme une expansion arrondie.

5. *Fongiforme*. En cylindre terminé inférieurement par une espèce de chapeau semblable à celui de certains champignons, et qui souvent est surmonté d'un corps sphérique ou ovoïde. Ce corps, ainsi que le chapeau, et communément aussi une partie du tube, ont leur surface toute hérissée d'aiguilles, ou de pointes de cristaux. Il est visible que toute la portion de stalactite qu'elles garnissent était baignée pendant leur formation par un liquide stagnant au-dessus du sol de la cavité, et dont le niveau est indiqué par l'endroit auquel s'arrêtent les saillies.

Il arrive assez souvent que le tube qui occupe l'intérieur des concrétions précédentes, s'obstrue pendant leur accroissement, en sorte qu'elles présentent au même endroit une partie médullaire dont la texture approche plus de l'état cristallin que celle des couches environnantes.

6. *Stratiforme*. Vulgairement stalagmite calcaire. En couches qui s'étendent ordinairement par ondulations, et dont les couleurs varient entre le jaunâtre, le jaune de miel, le rouge et le brun :

Trouvée en Espagne, en Toscane, à Montmartre près de Paris, etc.

On a donné le nom d'*albâtre calcaire* aux masses formées de cette concrétion, ou même à celles qui résultent de la réunion des concrétions fistulaires, lorsqu'elles sont susceptibles d'être travaillées comme objets d'ornement.

7. *Tuberculeuse*. Les tubercules sont tantôt lamellaires, et tantôt composés de couches concentriques:

Trouvée à Montmartre.

8. *Mamelonnée*. Trouvée au même endroit, où elle est d'un jaune foncé.

Dans plusieurs endroits, comme à Auxelle en France, à Pool'shole dans le Derbyshire en Angleterre, les cavités où se forment les concrétions précédentes sont des espèces de grottes où l'on va jouir d'un spectacle également curieux et imposant. Les naturalistes y admirent la fécondité de la cause qui a donné naissance à cet assemblage, où l'influence des circonstances locales a multiplié, pour ainsi dire,

à l'infini les résultats des lois de l'affinité, où la variété des positions semble le disputer à celle des formes. Ceux que la simple curiosité y conduit, déjà
séduits d'avance par le mot de *pétrifications*, sous
lequel les habitans du pays leur ont désigné les concrétions, s'abandonnent à des illusions qui méta-
morphosent à leurs yeux tous ces accidens en imitations fidèles des objets dont ils n'offrent qu'une
ébauche imparfaite : l'imagination ajoute ce qui
manque à la ressemblance. Tournefort lui-même, en
visitant la fameuse grotte d'Antiparos, avait donné
dans une semblable illusion : il croyait y voir un
jardin d'un genre nouveau, où la pierre poussait à
la manière des plantes ; et depuis il attribua même
aux métaux la faculté de végéter. « Il semble, dit
à ce sujet Fontenelle, qu'autant qu'il pouvait, il
transformait tout en ce qu'il aimait le mieux (*). »

Ce qui rend ces cavités encore plus dignes d'attention, c'est que l'action renaissante des mêmes causes
y fait varier sans cesse le travail de la nature ; en
sorte qu'en les visitant à différentes époques, on
trouve que la scène a changé : une partie des corps
que l'on y avait vus, ont pris de l'accroissement ;
d'autres se sont formés dans les intervalles qui les
séparaient. La grotte finit à la longue par se com-
bler, et c'est alors que les naturalistes, qui ne peu-

(*) Éloges des académiciens morts, etc. Paris, 1766,
t. 1, p. 210.

vent plus y trouver d'accès, cèdent la place aux artistes, pour qui elle est devenue une carrière d'albâtre.

9. *Globuliforme testacée.* Erbsenstein, W.; vulgairement *pisolithe* et *dragée de Tivoli*; composée
de couches concentriques, d'une figure sphérique.
Le centre est occupé par un petit noyau d'une substance étrangère, qui est souvent un grain de sable.
Les globules sont ordinairement liés entre eux par
un ciment calcaire; leur grosseur moyenne est égale
à celle d'un pois; leur couleur en général est blanche. On regarde leur formation comme ayant eu
lieu dans une eau agitée par un tournoiement.

Cette concrétion est commune à Carlsbad en Bo-
hème, où elle est produite dans des sources d'eau
chaude. Les globules y sont assez souvent de la grosseur d'une noisette. Les couches qui les composent
sont alternativement blanches et grises, quelquefois avec une nuance de rougeâtre. Plusieurs morceaux de ma collection ont été taillés, et ont reçu
un poli qui fait ressortir la succession de ces couches.

10. *Géodique*; vulgairement *géode calcaire*. Le
diamètre de ces globules varie entre des limites très
étendues. Plusieurs sont garnis intérieurement de
cristaux qui appartiennent souvent à la variété métastatique.

Trouvée dans une marne, près de Vaubecourt,
à 5 lieues N. de Bar, département de la Meuse. Les
cristaux métastatiques qui en occupent tout l'intérieur

sont étroitement serrés les uns contre les autres, en sorte qu'on ne voit qu'une partie de leur pyramide supérieure. Le diamètre de la cavité est d'environ 11 centimètres ou quatre pouces. Il y en a dans le même endroit, et ailleurs, de beaucoup plus volumineuses.

11. *Incrustante.* Kalktuff, W. Sinter, de plusieurs minéralogistes.

Trouvée sur différens corps, tels que des branches d'arbrisseaux ;

Des feuilles d'arbre, dont le tissu et les nervures percent à travers l'enduit pierreux qui les recouvre ;

Des touffes du *chara vulgaris*, L. ; vulgairement *lustre d'eau.* A Issy, près de Paris, dans un bassin.

Il se forme aussi des incrustations dans l'intérieur des tuyaux de conduite : on en a un exemple à Arcueil, où ces tuyaux s'engorgent en peu de temps.

L'ostéocole de l'ancienne Pharmacie, ainsi nommée parce qu'on lui attribuait la vertu d'agglutiner en peu de temps les os fracturés, n'était autre chose qu'une incrustation, dont la cavité était restée vide par la destruction du végétal qui l'avait occupée, ou s'était remplie par la suite de chaux carbonatée pulvérulente, délayée dans l'eau.

12. *Sédimentaire.* Var. du kalktuf, W. ; vulgairement tuf calcaire.

Relations géologiques.

La chaux carbonatée, qui surpasse de beaucoup les autres espèces de minéraux par la diversité de ses formes cristallines, et ne le cède à aucune par celle des modifications auxquelles elle passe successivement, à mesure qu'elle s'écarte de la cristallisation régulière, soutient sa prééminence, lorsqu'on la considère relativement au rôle qu'elle joue dans la structure du globe. Elle est, de toutes les substances qui en composent la partie connue, la plus abondamment répandue dans la nature, et cette abondance a fait naître pour elle une nouvelle manière de se multiplier, par la variété de ses relations géologiques, qui répondent à toutes les parties du tableau destiné à représenter ce point de vue du règne minéral.

1. A l'état de roche simple, elle forme, dans une multitude d'endroits, de grandes masses indépendantes, ou des couches et des bancs d'une épaisseur plus ou moins considérable. Dans cette sousdivision viennent d'abord se ranger les variétés lamellaire, saccaroïde et compacte. Cette dernière est la plus importante, en ce que ses différentes modifications, en commençant par celle dont la pâte approche le plus de l'état cristallin, et en finissant par celle qui est opaque, d'un tissu grossier, et souvent caverneuse, correspondent à la succession

des époques auxquelles se sont formées, d'après le système du célèbre Werner, les masses qu'on appelle *anciennes*, *intermédiaires* ou *de transition*, et *strateuses*.

La série continue par les variétés *globulaire compacte*, *crayeuse*, *grossière*, et elle se termine par la chaux carbonatée sédimentaire, ou le tuf calcaire.

Parmi les composans accidentels que renferment les mêmes variétés, le plus remarquable est l'argile ferrugineuse, qui se mêle, dans un grand nombre d'endroits, à celle qu'on regarde comme de transition. Ce mélange constitue les marbres colorés ordinaires.

De cette même roche mélangée en dérive une autre, dans laquelle la chaux carbonatée sert de ciment à des fragmens de la même nature. C'est alors le marbre brèche, qui appartient à la division des conglomérats.

2. La chaux carbonatée, unie comme principe constituant à des roches d'une autre nature, où tantôt elle fait la fonction de base, et tantôt n'intervient que secondairement, joue deux rôles très différens. Les unes, telles que le diorite (grünstein) dit *primitif*, le xérasite (mandelstein secondaire), et la wacke, la renferment sous la forme de globules, ce qui range ces roches parmi celles que l'on nomme *amygdalaires*. Dans les autres, elle est à l'état de mélange intime, ce qui donne à la masse

une apparence homogène. De là trois espèces de roche :

La chaux carbonatée magnésifère granulaire, dite *dolomie* ;

La chaux sulfatée grossière calcarifère, ou la *pierre à plâtre* ;

La marne, qui résulte du mélange de la chaux carbonatée et de l'argile, dans des proportions très variables.

3. Parmi les roches auxquelles la chaux carbonatée est unie accidentellement, je me bornerai à en citer deux.

La serpentine calcarifère, vulgairement *marbre vert, marbre égyptien*. La chaux carbonatée y est apparente sous la forme de veines ou de petites masses.

Le schiste calcarifère.

4. La chaux carbonatée s'associe à la formation des filons de plomb sulfuré, de zinc sulfuré et autres substances métalliques, au Hartz, et dans le Derby-shire en Angleterre. Elle garnit de ses nombreux cristaux les cavités occupées par ces filons. Dans ceux d'Angleterre, la couleur est ordinairement le blanc-jaunâtre ; les faces de la variété métastatique s'y montrent fréquemment, soit seules, soit combinées avec des facettes produites par d'autres lois de décroissement. La couleur de ceux du Hartz est en général blanchâtre ; une des formes qu'ils affectent le plus communément est celle de la variété pris-

matique, dont les pans se retrouvent comme faces dominantes parmi celles qui terminent les cristaux d'une forme différente. La chaux carbonatée accompagne aussi les filons d'argent de Konsberg en Norwége; ceux de fer oxidulé de Marboö, près d'Arendal, dans le même pays; ceux de cobalt, à Tunaberg en Suède, etc.

5. Les cavités dans lesquelles la chaux carbonatée a été conduite par l'infiltration, occupent ordinairement l'intérieur des masses de chaux carbonatée compacte. On l'y trouve en cristaux de différentes formes, et c'est à cette même manière d'être que se rapportent les nombreuses concrétions qui garnissent les parois de ces grottes plus ou moins spacieuses, dont l'aspect infiniment varié attire également l'attention des curieux et des naturalistes. Les géodes calcaires qui rentrent dans cette sous-division, ont ordinairement une marne pour matière enveloppante. La plupart des cristaux que le sol de la France fournit à nos collections, proviennent des cavités dont je viens de parler.

6. Les relations de rencontre de la chaux carbonatée s'étendent à une multitude de substances minérales qu'accompagnent, en divers endroits, ses cristaux et ses variétés laminaire et lamellaire. Celles qui paraissent entrer le plus ordinairement dans ces sortes d'alliances sont :

La chaux fluatée. Dans les filons d'Angleterre,

les cristaux cubiques de ce minéral servent de support à diverses variétés de chaux carbonatée.

La baryte sulfatée. Dans le même terrain, ses cristaux limpides, ayant la forme de la variété pantogène, sont surmontés de longs prismes de chaux carbonatée dodécaèdre. A Offenbanya en Transylvanie, ce sont des bouquets de la variété métastatique, qui adhèrent à des cristaux bleuâtres de baryte sulfatée subpyramidée.

Le quarz. Tel est celui dont les cristaux violets garnissent l'intérieur des géodes d'Oberstein, où ils sont entremêlés de cristaux calcaires qui appartiennent à la variété dilatée.

Quelquefois la chaux carbonatée s'associe en même temps deux des espèces précédentes. Cette réunion existe à Konsberg en Norwége, entre le quarz hyalin prismé, la chaux fluatée cubique limpide et la chaux carbonatée en dodécaèdre raccourci.

Je me borne à ce peu d'exemples choisis parmi le grand nombre de ceux qui prouvent combien sont variés les alentours d'une substance que la diversité de ses transformations, lorsqu'on la considère isolément, a fait appeler à juste titre le *protée du règne minéral.*

Double réfraction.

Le phénomène de la double réfraction a été observé pour la première fois, vers l'année 1670, par

Érasme Bartholin, professeur de Géométrie et de Médecine à Copenhague (*). Ce fut en regardant les images des objets à travers des rhomboïdes de chaux carbonatée qui venaient d'Islande, qu'il fit cette belle découverte. La singularité du phénomène a fait ranger ces rhomboïdes, considérés sous le rapport de la Physique, dans une espèce particulière, à laquelle on a donné le nom de *spath d'Islande*, tiré de celui du pays qui en avait fourni les premiers individus; et ce nom a été appliqué dans la suite à tous les morceaux transparens de chaux carbonatée offrant la forme primitive, que l'on rencontre dans divers pays, et qui ne sont assez souvent que des fragmens extraits d'un cristal métastatique ou de quelque autre variété.

J'ai indiqué plusieurs espèces minérales (**) qui partagent avec la chaux carbonatée la propriété de doubler les images des objets; mais cette dernière substance est celle qui se prête le mieux à l'observation du phénomène et aux applications de la théorie dont il est le sujet, par la facilité que l'on a de s'en procurer des morceaux d'un volume plus ou moins considérable.

J'ai dit aussi (***) que l'on est redevable à Huy-

(*) *Erasmi Bartholini experimenta cristalli Islandici disdiaclasti. Hafniæ*, 1710.

(**) Tome I, page 161.

(***) *Idem*, page 159.

ghens de la véritable loi à laquelle est soumis le phénomène. Je ne pourrais donner la manière de la représenter avec précision, sans sortir des bornes que je suis obligé de me prescrire dans cet ouvrage; je me contenterai d'indiquer plusieurs résultats de cette loi, dont la connaissance suffira pour concevoir l'explication physique que je donnerai des effets remarquables que l'on peut observer, soit en employant un seul rhomboïde, soit en combinant les actions de deux rhomboïdes.

Soit *dg* (fig. 1. pl. 21) un rhomboïde qui ait ses sommets situés en *a* et en *n*, et soit *st* un rayon de lumière qui tombe suivant une direction quelconque sur la surface du rhombe *adef* prise pour base supérieure. Ce rayon, en pénétrant le rhomboïde, se sous-divisera en deux rayons partiels *tr* et *tp*. Dans le cas présent, où le rayon incident *st* se rejette vers l'angle *e*, le rayon réfracté *tr*, le plus voisin de l'angle *n* situé du même côté, est celui qui subit la loi de la réfraction ordinaire, et que l'on nomme pour cette raison *rayon ordinaire*. L'autre rayon réfracté *tp*, que l'on appelle *rayon extraordinaire*, est celui qui subit la loi particulière découverte par Huyghens. La distance *rp* entre les deux rayons, prise sur la base inférieure du rhomboïde, porte le nom de *distance radiale*. Les deux rayons, en repassant du rhomboïde dans l'air, prennent des directions *rr'*, *pp'* parallèles à celle du rayon incident *st*, d'où l'on voit qu'à cet égard la loi de la réfraction extraordinaire s'assimile à celle de la réfraction ordinaire (*).

Supposons maintenant que le quadrilatère *aenb* (fig. 2) représente la coupe principale qui passe par les mêmes points (fig. 1), et que le rayon incident soit dans le plan prolongé de cette coupe, et en même temps perpendiculaire sur la diagonale *ae* (fig. 2), d'où il suit qu'il sera aussi perpendiculaire sur la base du rhomboïde auquel appartient la coupe *aenb*. Alors le rayon ordinaire *tr* sera sur la direction du rayon incident *st*, comme cela a toujours lieu dans le même cas, et le rayon extraordinaire *tu*, en restant dans le même plan, se rejettera vers l'angle aigu *b*, de manière à former avec le rayon ordinaire un angle *utr* d'environ $6^d \frac{1}{4}$. En général, le rayon réfracté extraordinaire a cela de commun avec le rayon ordinaire, qu'il est situé dans le même plan que le rayon incident, et la perpendiculaire au point d'immersion.

Soit *aenb* (fig. 3) la même coupe principale, prolongée convenablement pour contenir les différentes lignes tracées sur la figure. Supposons que le rayon incident *st*, en restant toujours dans le

---

(*) J'ai fait abstraction des réflexions partielles qui ont lieu, soit au contact de l'air et du rhomboïde, à l'égard du rayon incident, soit aux deux points d'émergence, à l'égard des rayons réfractés. J'y reviendrai dans la suite, lorsqu'il y aura lieu.

prolongement de la coupe principale, tombe obliquement sur la diagonale *ae*. Le rayon réfracté ordinaire prendra une direction telle que *tr*, en se rapprochant de la perpendiculaire *mo*, et le rayon extraordinaire se rapprochera de l'angle *b*, en sorte que la distance radiale *rp* sera plus grande que la distance radiale *ru* (fig. 2), relative à l'incidence perpendiculaire.

Si le rayon incident prend une direction plus oblique, telle que *ft*, le rayon réfracté *tx* s'écartera davantage de la perpendiculaire *mo*, et le rayon extraordinaire continuera de se rapprocher de l'angle *b*, de manière que la distance radiale *xy* se trouvera encore augmentée (*).

Supposons un nouveau rayon incident *s't*, incliné en sens contraire de la même quantité que le rayon *st*. Le rayon réfracté ordinaire suivra la direction *tr'*, en faisant avec la perpendiculaire *mo* un angle *otr'* égal à l'angle *otr* provenant de la réfraction ordinaire du rayon *st*, et le rayon extraordinaire *tp'* se trouvera encore situé entre le rayon ordinaire et l'angle *b*. En même temps la distance radiale *p'r'* sera plus petite que la distance radiale *pr*, de manière que leur somme sera double de la distance radiale *ru* (fig. 2), relative à l'incidence perpendiculaire.

(*) Deux causes concourent à la faire croître, savoir, l'augmentation d'obliquité des rayons réfractés, à l'égard de la diagonale *bn*, et celle que subissent en même temps les angles *ptr*, *ytx*.

Si le rayon incident prend une direction $f't$ (fig. 3), dont l'inclinaison soit la même en sens contraire que celle du rayon ft, alors, tx étant le rayon réfracté ordinaire, la direction ty' du rayon extraordinaire continuera de passer entre le rayon ordinaire et l'angle b, et la distance radiale xy' se trouvera diminuée, de manière qu'elle formera encore, avec la distance radiale correspondante, une somme double de ru (fig. 2). La théorie d'Huyghens l'avait conduit à ce résultat remarquable, que la somme des deux distances radiales, sous deux incidences égales en sens contraire, est une quantité constante, double de celle qui dépend de l'incidence perpendiculaire (*). Si le rayon incident est dans un plan incliné à la coupe principale, alors les deux rayons réfractés se trouvant dans ce même plan, qui est aussi celui avec lequel coïncide la perpendiculaire au point d'immersion, la distance radiale ne sera plus sur la direction de la diagonale bn; elle fera avec elle un angle plus ou moins ouvert, qui dépendra de la position du rayon incident.

Parmi toutes les directions que prend le rayon extraordinaire, à mesure que l'angle d'incidence varie, dans les différens cas qui se rapportent à la figure 3, où la coupe principale sert de champ à la réfraction, il y en a une telle que tp (fig. 4), qui est sur le prolongement du rayon incident st. Ce ré-

____

(*) Le même résultat avait lieu en vertu de la loi que j'avais substituée à celle d'Huyghens.

sultat a lieu lorsque l'angle d'incidence *stm* est d'environ $16^d \frac{2}{3}$ (*). Dans le même cas, il s'en faut d'environ 2^d que la direction *tp* du rayon extraordinaire ne soit parallèle à l'arête *ab*.

Supposons à présent qu'un rayon de lumière traverse deux rhomboïdes situés l'un au-dessus de l'autre. Si les sections principales coïncident dans le même plan, ou sont respectivement parallèles, soit que leurs bords latéraux *ab*, *en* s'inclinent dans le même sens, ou en sens contraire, comme on le voit figure 5, chacun des rayons ordinaire et extraordinaire qui seront sortis du premier rhomboïde ne se décomposera pas en passant dans le second, mais s'y réfractera suivant la même loi que dans le premier.

Si les deux rhomboïdes sont tellement disposés que leurs sections principales se croisent à angle droit, alors chacun des deux rayons sortis du premier rhomboïde restera encore simple en pénétrant le second. Mais ces rayons changeront de fonction, c'est-à-dire que celui qui était rayon ordinaire dans

---

(*) La Hire, en partant de cette observation, avait essayé de ramener à la loi commune la réfraction du rayon extraordinaire, qui, selon lui, se rapportait à un plan réfringent situé comme celui qui passerait par le point *t*, perpendiculairement au rayon *st* (Mémoires de l'Académie des Sciences, année 1710). Mais cette hypothèse est contraire en même temps à l'observation et à la théorie.

le premier rhomboïde, se dirigera dans le second comme rayon extraordinaire, et réciproquement.

Mais dans toutes les positions intermédiaires, c'est-à-dire dans celles où les sections principales seront inclinées entre elles, chacun des deux rayons sortis du premier rhomboïde se partagera de nouveau dans le second en un rayon ordinaire et un rayon extraordinaire, qui se dirigeront conformément à l'incidence du rayon dont ils seront les sous-divisions. Ces résultats intéressans sont dus à Huyghens.

Je vais maintenant exposer divers résultats d'observations que l'on peut faire en regardant les images des objets à travers les rhomboïdes de chaux carbonatée, et en déduire l'explication physique de la marche que suivent les rayons dans les phénomènes précédens.

Première observation.

Concevons un rhomboïde *be* (fig. 6) situé de manière que *a* et *n* soient les deux angles solides composés de trois angles obtus, et que la base inférieure *bcng* repose sur un papier. Supposons, de plus, que l'on ait marqué le papier d'un point d'encre en *p*, qui coïncide avec un point quelconque de la petite diagonale *bn*. Placez votre œil de manière que le rayon visuel soit dans le plan *eabn*, terminé par les petites diagonales *ae*, *bn* des bases, et par les arêtes intermédiaires *ab*, *en* (*); vous verrez deux images du point *p*, situées l'une et l'autre sur la direction de la diagonale *bn*; et celle qui se trouvera la plus voisine de l'angle solide *n*, paraîtra plus enfoncée que l'autre en dessous de la base supérieure *adef*.

Si le rayon visuel sort du plan *eabn*, en s'écartant à droite ou à gauche, alors les deux images ne seront plus sur la diagonale *bn*, ni même sur une parallèle à cette diagonale; elles seront sur une ligne qui fera un angle plus ou moins ouvert avec *bn*, en sorte cependant que l'image la plus enfoncée sera toujours la plus voisine de l'angle *n*.

Si vous substituez un cercle à un point, les deux images de ce cercle s'entrecouperont. Cette expérience rend très sensible la différence de distance entre les images, par rapport à la base supérieure du rhomboïde.

Il est facile d'expliquer ces effets, d'après ce qui

(*) Pour s'assurer que le rayon visuel est dans ce plan, on peut tracer sur le même papier une ligne d'une couleur particulière, comme d'un rouge faible, qui passe par le point d'encre *p*, et qui soit plus longue que la diagonale *bn*, puis disposer le papier de manière qu'elle coïncide avec cette diagonale. L'œil aura la position indiquée lorsqu'il verra cette ligne simple, c'est-à-dire lorsque ses deux images concourront sur une seule direction, et qu'en même temps elles seront sur le prolongement de la partie située hors du rhomboïde.

a été dit plus haut de la marche des rayons réfractés dans l'intérieur du rhomboïde.

Soit toujours *aenb* (fig. 7) la section principale. Soit *p* le point visible situé à une certaine distance en dessous du rhomboïde, et *s* la position de l'œil. Parmi tous les rayons que le point *p* envoie vers le rhomboïde, il y en a un, tel que *pl*, dont la partie *lt*, considérée comme rayon ordinaire, après avoir repassé dans l'air, parvient à l'œil suivant une direction *ts*, parallèle à *pl*. L'autre partie, qui est le rayon extraordinaire, prend une direction telle que *lz*, en se rejetant vers l'angle aigu *e*; et comme, après son émergence en *z*, suivant une ligne *zx*, ce rayon redevient parallèle à *pl*, il est perdu pour l'œil. Maintenant, entre tous les autres rayons qui partent du point *p*, il y en a un second, dont la direction *po* se rapproche tellement de *pl*, que, *or* étant le rayon ordinaire qui en provient, le rayon extraordinaire *ou* croise le rayon *lt* au point *k*, et, après son émergence en *u*, suit une direction *us* parallèle à *po*, et qui va aboutir à l'œil. On conçoit que cette supposition est toujours possible, puisque l'on est le maître de prendre le rayon *po* sous telle inclinaison que l'on voudra, par rapport à *pl*. L'œil verra donc deux images du point *p*, l'une sur la direction *st*, et qui sera l'image ordinaire, l'autre sur la direction *su*, et qui sera l'image extraordinaire. Quant au rayon *or*, il est évident qu'à cause de son parallélisme avec *po*, après son émergence en *r*, suivant une ligne telle que *rm*, il ne peut passer par l'œil.

A mesure que le point *p* se rapprochera de la ligne *bn*, le point *k* descendra vers cette même ligne; et lorsque le point *p* touchera *bn*, le point *k* se confondra avec lui, de manière que la double image subsistera toujours.

On voit par là pourquoi l'image ordinaire est toujours plus voisine de l'angle aigu *b* que l'image extraordinaire. C'est une suite du croisement des rayons *ou* et *lt* au point *k*.

Si l'œil de l'observateur est tellement situé, que le rayon visuel étant perpendiculaire sur la base supérieure du rhomboïde, son prolongement passe par le point *p*, il est évident que l'image ordinaire de ce point ne sera pas déplacée. Les choses étant dans cet état, si l'on fait faire au rhomboïde une révolution autour d'un axe qui coïncide avec le rayon visuel, l'image extraordinaire qui restera nécessairement dans le plan de la coupe principale, tournera elle-même, en décrivant une courbe rentrante autour de l'image du point *p*.

Quant à la différence entre les distances auxquelles on rapporte les deux images, j'en rejetterai l'explication jusqu'au moment où j'aurai fait connaître des observations qui donnent comme la clef de la théorie relative à cet effet de la double réfraction.

Deuxième observation.

Prenez le rhomboïde, en appliquant l'index sur l'arête *ab* (fig. 6) et le pouce sur l'arête *en*, et placez sa base supérieure *adef* le plus près possible de l'œil, de manière que l'une des deux images du point *p* soit située derrière l'autre, par rapport à vous. Alors faites glisser doucement en dessous du rhomboïde, une carte qui, restant appliquée à la base inférieure, s'avance de *b* vers *n*, jusqu'à ce qu'elle cache une des deux images. Vous remarquerez que cette image, dont la carte vous dérobe d'abord la vue, n'est point celle qui est située du côté où vient la carte, mais celle qui est de votre côté. Cette expérience intéressante est due au célèbre Monge.

Ce résultat, qui a quelque chose de surprenant dès l'abord, est très facile à concevoir, d'après le croisement que subissent dans le rhomboïde les rayons *ou*, *lt* (fig. 7), qui, après leur émergence, font voir à l'œil les deux images du point *p* sur les directions *su*, *st*. Car l'arête *en* étant celle qui regarde l'observateur, la carte qui s'avance de *b* vers *o* doit intercepter d'abord le rayon incident *po*, auquel appartient le rayon émergent *su*, qui produit l'image située du côté de l'observateur.

Troisième observation.

Si l'on pose le rhomboïde sur un papier marqué de deux points, et que l'on fasse varier les distances de ces points, relativement à une position déterminée de l'œil, on trouvera qu'il y a un terme où, au lieu de quatre images, on n'en voit plus que trois; dans ce cas, deux des premières images se réunissent en une seule, d'une teinte plus foncée (*).

Si, en même temps, l'œil est dans le plan *abne* (fig. 6), il faudra, pour que cet effet ait lieu, que les deux points soient sur la diagonale *bn*.

Si l'œil s'écarte ensuite de la position où il voyait deux des images se confondre, celles-ci se sépareront, et cela d'autant plus que la position de l'œil changera davantage; et il faudra, pour les voir de nouveau coïncider, augmenter la distance entre les deux points, si le rayon visuel, en variant son inclinaison, s'est rapproché du point *e*, et diminuer cette distance, si le rayon visuel s'est incliné en

---

(*) Pour rendre cette opération plus facile, on peut se servir d'un papier marqué d'un seul point, et avoir un second papier découpé en triangle, dont le sommet soit aussi marqué d'un point. On fera glisser ce second papier sous le rhomboïde, et l'on aura ainsi un point mobile, que l'on sera le maître d'écarter ou de rapprocher du premier point, jusqu'à ce qu'on soit arrivé à la position qui donne le résultat indiqué.

sens opposé vers le point *a*. Nous supposons toujours que ce rayon ne sorte pas du plan *abne*, auquel
cas il est nécessaire, pour ramener les quatre images
à n'en faire plus que trois, de laisser toujours les
deux points sur la direction de la diagonale *bn*.

Il n'en sera pas de même si le rayon visuel sort
du plan *abne*. Voici ce que j'ai observé à cet égard.
Soit *bn* (fig. 8) la même diagonale que fig. 6, et
p, *r* les deux points visibles. Concevons que le rayon
visuel étant d'abord incliné vers *b*, et situé dans le
plan *abne* (fig. 6), l'œil fasse un mouvement circulaire en allant de *e* vers *f*; l'observateur ne pourra
voir coïncider deux des images qu'en plaçant les
points *p*, *r* (fig. 8) sur une direction inclinée à la
diagonale. Supposons que le point *p* reste fixe, il
faudra placer le point *r* à la droite de la diagonale,
comme en *r'*. Tandis que le rayon visuel s'approchera
de plus en plus d'un plan qui couperait à angle droit
la section principale, la distance nécessaire entre le
point *r'* et la diagonale *bn* augmentera. Elle sera la
plus grande possible, lorsque le rayon visuel se trouvera dans le plan dont nous venons de parler. Au-
delà de ce plan, en allant de *f* vers *a* (fig. 6), il
faudra diminuer la distance, en laissant toujours le
point *r'* (fig. 8) sur une oblique qui diverge du
côté de *n*, par rapport à la diagonale. La distance
deviendra nulle lorsque le rayon visuel tombera de
nouveau, mais en sens contraire, sur le plan *abne*
(fig. 6). Si ce rayon continue sa révolution en al-

lant de *a* vers *d*, les mêmes effets auront lieu dans un ordre opposé, c'est-à-dire que, pour obtenir la coïncidence des images, il faudra placer le point *r* de l'autre côté de la diagonale comme en *r'* (fig. 8).

Je vais maintenant montrer la liaison de ces résultats avec d'autres que j'ai cités précédemment, savoir ceux qui se rapportent aux variations que subit la distance radiale, soit dans sa longueur, soit dans sa direction, à mesure que le rayon de lumière incidente, d'où proviennent immédiatement les rayons réfractés, change lui-même de position.

Soit de nouveau *st* (fig. 1) un rayon de lumière qui tombe, suivant une direction quelconque, sur la base supérieure du rhomboïde. Soit *tr* le rayon ordinaire, et *tp* le rayon extraordinaire, auquel cas *pr* sera la distance radiale. Soient *pp'*, *rr'* les rayons émergens qui, d'après ce qui a été dit, seront parallèles à *st*. Au lieu du rayon *st*, supposons deux points visibles, l'un en *r'* et l'autre en *p'*, qui envoient des rayons vers le rhomboïde dans toutes sortes de directions. Il est évident que, parmi tous ces rayons, celui qui suivra la direction *r'r* se divisera au point d'émergence, de manière que *rt* sera encore le rayon réfracté ordinaire ; car, à cause du parallélisme des rayons *st*, *r'r* considérés successivement comme rayons incidens, le rayon réfracté *rt* fera exactement la même fonction à l'égard de l'un et de l'autre. Par une raison semblable, le rayon qui suivra la direction $p'p$ se décomposera dans le rhomboïde, de manière que le rayon extraordinaire sera encore pt.

La proposition sera toujours vraie, quelles que soient les positions des points visibles le long des lignes $r'r$, $p'p$; d'où il suit que si l'on suppose l'un en r et l'autre en p, pts et rts seront les routes des rayons qui arriveront en s, et tout se passera encore comme dans l'hypothèse du rayon incident st. Les choses étant dans cet état, supposons un œil placé en s; cet œil verra deux des quatre images données par les deux points se confondre sur la direction st. Donc toutes les fois que cette réunion a lieu, la distance pr entre les deux points donne la distance radiale relativement à un rayon incident qui aurait la direction sous laquelle l'œil voit l'image unique formée par la réunion dont on a parlé.

Or, nous avons vu qu'il était nécessaire, dans ce cas, d'augmenter ou de diminuer la distance entre les deux points, suivant que le rayon visuel, en restant sur le plan de la coupe principale, s'inclinait de plus en plus dans un sens ou dans l'autre; ce qui s'accorde avec les expériences dans lesquelles la distance radiale s'alonge ou se raccourcit, à mesure que le rayon de lumière incidente qui coïncide avec le plan de la coupe principale $aenb$ (fig. 3), prend une position toujours plus oblique en se rejetant vers l'angle a, ou vers l'angle e.

Nous avons vu de plus que quand le rayon visuel

n'était pas dans le plan *aenb* (et il en faut dire autant de tout autre plan parallèle à celui-ci), on ne
pouvait faire concourir deux images en une seule
qu'en plaçant les deux points visibles sur une ligne
inclinée à la diagonale, ce qui est également conforme à une autre expérience, dans laquelle la distance radiale fait un angle avec la diagonale lorsque
le rayon de lumière est dans un plan incliné à la
coupe principale.

Newton avait conclu au contraire de ses expériences que la distance radiale était une quantité
constante et parallèle dans tous les cas à la diagonale.
Il paraît que ce grand géomètre n'avait entre les
mains que des rhomboïdes d'une hauteur peu considérable, et que, n'ayant pu mesurer avec assez de précision les distances et les positions des rayons de lumière qu'il introduisait immédiatement à travers ces
corps, il aura été entraîné par l'extrême simplicité
de la loi qui semblait s'offrir à son observation.

Nous sommes maintenant en état de concevoir
pourquoi l'une des deux images d'un même point
vues à travers un rhomboïde de chaux carbonatée,
paraît plus éloignée que l'autre de la base supérieure. Cette image est toujours celle qui est produite par les rayons extraordinaires. Je vais d'abord
exposer un résultat général des lois de la réfraction,
dont la connaissance est nécessaire pour bien saisir
la cause de la différence dont il s'agit.

Soit *an* (fig. 9) un milieu quelconque d'une densité plus grande que celle de l'air, p un point visible placé à la surface inférieure de ce milieu, et O la position de l'œil de l'observateur. Parmi tous les cônes de rayons que le point p envoie vers la surface supérieure *adef*, il y en aura un, tel que *kpo*, qui, après avoir repassé dans l'air, en s'y réfractant, se dirigera vers l'œil, en sorte que sa partie réfractée prendra la forme d'un cône tronqué *rkos*, dont la plus petite base *ok* coïncidera avec la base du premier cône, et la plus grande *rs* sera égale à l'ouverture de la prunelle de l'observateur. Prolongeons les rayons *rk*, *so* jusqu'à ce qu'ils se rencontrent en p'. L'œil rapportera l'image du point p à un endroit situé dans le voisinage du point p', et dont la détermination précise est le sujet d'un problème délicat, qui a fort exercé les physiciens. La difficulté provient de ce que les différens rayons dont le cône tronqué est l'assemblage, sont dérangés par la réfraction, de manière que leurs prolongemens ne concourent pas en un point commun, mais s'entrecoupent deux à deux en une multitude de points divers ; et le but du problème est de déterminer le point qui est comme le centre d'action de tous ces rayons, en sorte qu'ils soient censés en partir comme d'un point radieux (*). Mais, quelque opinion qu'on adopte à cet égard, il est certain que, toutes

---

(*) Voyez Newton, *Opuscula mathem.*, édit. *Lausannæ et Genevæ*, 1744, p. 128.

choses égales d'ailleurs, la distance à laquelle on rapporte l'image vue par réfraction est plus grande lorsque les deux diamètres des bases du cône tronqué diffèrent moins entre eux, et plus petite lorsqu'ils diffèrent davantage; le sommet du même cône prolongé par l'imagination derrière la surface supérieure du milieu, étant plus éloigné de cette surface dans le premier cas, et moins dans le second.

Supposons maintenant que *an* représente un rhomboïde de chaux carbonatée, et que les deux cônes soient composés de rayons qui ont subi la réfraction ordinaire, parmi tous ceux que le point *p* envoie vers la base *adef*. Tous les rayons extraordinaires qui correspondent aux précédens sont perdus pour l'œil, d'après ce qui a été dit plus haut. Mais il y a un second cône (*) formé par d'autres rayons extraordinaires, à l'aide duquel l'œil voit l'image extraordinaire du point *p*, et de même tous les rayons ordinaires correspondans sont perdus pour l'œil.

Prenons dans le cône *kpo* les deux rayons *pk, po*, qui aboutissent à l'extrémité du diamètre situé perpendiculairement à la diagonale *ae*, et rétablissons pour un instant les deux rayons extraordinaires qui leur correspondent : il est facile de voir que ces derniers rayons doivent se trouver aux extrémités *n, l*

(*) Nous n'avons point représenté ici ce second cône, pour ne pas trop compliquer la figure.

de deux lignes obliques par rapport à la diagonale *ae*, puisque dans ce cas les distances radiales divergent à l'égard de cette diagonale, ainsi qu'il a été dit plus haut. Donc, si l'œil était placé de manière à recevoir ces mêmes rayons qui sont perdus pour lui, leur distance *nl* étant plus grande que la distance *ko*, le point de concours imaginaire de ces rayons, derrière la surface *adef*, serait plus éloigné que celui des rayons ordinaires *kr*, *os*.

Concluons de là que les lois suivant lesquelles se réfractent les rayons extraordinaires, tendent, en général, à rendre la distance entre ces rayons, pris de deux côtés opposés, plus grande que celle entre les rayons ordinaires, pris d'après la même condition.

Or cette augmentation de distance que nous venons de trouver en comparant ensemble les rayons ordinaires qui composent le cône *pkors* et les rayons extraordinaires correspondans, devant toujours avoir lieu, proportion gardée, pour les autres rayons extraordinaires qui sont à portée de l'œil, et lui font voir l'image extraordinaire, il en résulte que la réfraction extraordinaire tend à élargir la plus petite base du cône tronqué, plus que ne le fait la réfraction ordinaire. Donc, si l'on suppose ce cône prolongé derrière la surface réfringente, le point de son axe, relativement auquel toutes les directions se compensent, et que Newton appelle *centre d'irradiation*, doit se trouver plus reculé par rapport à l'œil et à la surface réfringente, que le point correspondant du cône formé par les rayons ordinaires. Donc le lieu apparent de l'image extraordinaire sera aussi plus éloigné que celui de l'image ordinaire.

Si l'on conçoit que le rayon visuel soit incliné en sens contraire vers le point a, on aura des conclusions analogues, en appliquant le raisonnement que nous venons de faire.

Si le rayon visuel sort de la section principale et se rejette de côté, de manière que, par exemple, il se rapproche du point f, alors $k'o'$ (fig. 10) étant la base inférieure du cône tronqué, les lignes $k'n'$, $o'l'$ s'inclineront dans le même sens. Mais la ligne $o'l'$ s'écartera davantage que la ligne $k'n'$ de la direction parallèle à ae; d'où il suit que l'on aura encore $n'l'$ plus grande que $k'o'$, quoique dans un moindre rapport que quand le rayon visuel coïncidait avec la section principale. L'image extraordinaire sera donc vue aussi, dans ce cas, plus loin que l'image ordinaire; mais la différence des distances sera moins sensible que dans le premier cas, ce qui m'a paru conforme à l'observation.

Quatrième observation.

Au lieu de marquer le papier d'un simple point, tracez-y une ligne droite, et faites tourner le rhomboïde au-dessus de cette ligne. Vous observerez que la plus grande distance entre les deux images a lieu, sous une même direction du rayon visuel, que nous supposons ici dans le plan de la coupe principale *abne*, lorsque la ligne est située parallèlement aux grandes diagonales des deux bases. Ces images se rapprocheront à mesure que la ligne fera un angle moins ouvert avec les mêmes diagonales; et lorsqu'elle leur sera devenue perpendiculaire, c'est-à-dire qu'elle coïncidera au contraire avec les petites diagonales, les deux images se confondront, de manière cependant que l'une dépassera l'autre (*).

Il est d'abord aisé de concevoir que les images dont il s'agit doivent atteindre le maximum de leur distance respective lorsque la ligne est parallèle à la grande diagonale, ou, ce qui revient au même, lorsqu'elle est perpendiculaire à la section principale; car cette position est celle où les rayons extraordinaires, qui tendent à se rejeter toujours vers la région du petit angle solide e, situé à l'extrémité de la même section, s'écartent le plus des rayons ordinaires, par une suite de ce que leurs mouvemens approchent davantage d'être perpendiculaires à la direction de la ligne observée. Supposons, au

---

(*) Les directions sous lesquelles les deux images coïncident, varient à mesure que le rayon visuel, placé hors de la coupe principale, change lui-même de position. Nous sommes obligés de nous borner ici aux faits qui servent comme de limites à tous les autres.

contraire, que cette ligne coïncide avec la petite diagonale *bn*, alors chacun de ses points correspondra à un autre point plus voisin de l'angle *b*, et tellement situé que, si ces deux points existaient seuls, deux de leurs images n'en feraient plus qu'une : d'où il résulte que l'image de la ligne elle-même formera une série d'images doubles, ou qui se recouvriront mutuellement, excepté aux deux extrémités.

Cinquième observation.

Taillez un rhomboïde de manière à faire naître deux faces artificielles triangulaires *omk*, *o'm'k'* (fig. 11), qui interceptent les deux angles solides *a,n* (fig. 9), et soient perpendiculaires à l'axe qui passe par ces angles. L'image d'un point vu à travers ces deux faces paraîtra simple, pourvu que le rayon visuel soit perpendiculaire à ces mêmes faces, et que le point soit situé sur sa direction ; car si l'œil s'écarte d'un côté ou de l'autre, les deux images qui coïncidaient en une seule, se sépareront.

Il suit de là qu'un cristal transparent de chaux carbonatée basée, ferait voir les objets simples, sous une certaine position de l'œil.

Lorsque le rayon visuel est perpendiculaire sur les facettes *omk*, *o'm'k'* (fig. 11), et que le point visible est sur sa direction, le rayon de lumière qui part de ce point ne pourrait se sous-diviser dans l'intérieur du rhomboïde qu'autant que sa partie extraordinaire se rejetterait de préférence vers quelqu'un des angles solides *e*, *c*, *g*. Mais la position de cette partie étant la même relativement à ces trois angles, il en résulte pour elle une espèce d'équilibre, de manière qu'elle continue sa route conjointement avec le rayon perpendiculaire, qui appartient à la réfraction ordinaire ; et ainsi l'œil voit les deux images se confondre en une seule : mais elles se séparent dès que l'œil venant à s'écarter de la perpendiculaire, le rayon incident qui lui fait voir l'image extraordinaire, est forcé de prendre, en traversant le rhomboïde, une position inclinée qui le ramène plus près de l'un des angles *e*, *c*, *g* que des deux autres.

Sixième observation.

Au lieu d'un seul rhomboïde, prenez-en deux, que vous mettrez en contact par une de leurs bases (*), et placez le rhomboïde inférieur sur un papier marqué d'un point d'encre. Si les faces homologues des deux rhomboïdes sont respectivement parallèles, l'œil ne verra que deux images d'un même point, comme s'il n'y avait qu'un seul rhomboïde ; seulement elles seront plus écartées l'une de l'autre. Les choses étant dans cet état, faites tourner doucement le rhomboïde supérieur au-dessus de

---

(*) Ce serait la même chose, si les bases, étant séparées, se trouvaient parallèles l'une à l'autre.

l'inférieur ; bientôt vous verrez paraître deux nouvelles images qui d'abord seront très faibles, et ensuite augmenteront peu à peu d'intensité ; en même
temps les deux premières images s'affaibliront par
degrés, et finiront par disparaître, ce qui arrivera
avant que le rhomboïde mobile ait fait un quart de
révolution. Passé ce terme, si vous continuez de le
faire tourner, les mêmes effets auront lieu dans un
ordre inverse ; c'est-à-dire que les deux premières
images reparaîtront, et que leur teinte, d'abord légère, se renforcera peu à peu, tandis que les deux
autres diminueront d'intensité, jusqu'à ce qu'elles
deviennent nulles vers la fin de la demi-révolution
du rhomboïde mobile (*). Alors les coupes principales étant tournées en sens contraire, mais toujours
sur un même plan, comme le représente la figure 5,
l'œil ne verra plus que deux images, mais beaucoup
plus rapprochées que dans le premier cas. Il n'en
verrait même qu'une seule, si les deux rhomboïdes

(*) J'avais remarqué depuis long-temps que ces différens
faits étaient sujets à des exceptions, lorsque le rayon visuel
avait une direction très oblique et prenait certaines positions ; qu'alors on ne voyait que deux images, dans le cas
où l'on aurait dû en voir quatre, et réciproquement (Traité
de Minéralogie, édition de 1801, t. II, p. 205, note 2). Ces
observations étaient comme les premiers aperçus de la propriété que l'on a nommée *polarisation*, et qui a reparu avec
une si grande diversité de modifications dans les phénomènes découverts par MM. Malus, Arago et Biot.

étaient exactement de la même hauteur. Si vous
achevez la révolution du rhomboïde supérieur, les
effets précédens reparaîtront en suivant de même
une marche rétrograde.

En rapprochant ces observations des résultats
offerts par les expériences citées plus haut, dans lesquelles on fait passer un rayon de lumière successivement à travers deux rhomboïdes placés l'un derrière l'autre, on conçoit d'abord que quand les
sections principales coïncident ou sont parallèles,
on ne doit voir que deux images du point visible,
puisque chacun des rayons qui a traversé le premier
rhomboïde reste simple en pénétrant le second. Ces
images seront plus écartées qu'avec un seul des rhomboïdes, si les sections principales ont leurs arêtes
latérales respectivement parallèles, comme cela est
évident. Au contraire, elles se rapprocheront, si
les sections principales sont placées en sens inverse
l'une de l'autre, comme dans la figure 12, parce
qu'alors les effets de la réfraction du rayon extraordinaire s'entre-détruisent plus ou moins, suivant que
les hauteurs des rhomboïdes approchent plus ou
moins d'être égales.

Si les sections principales sont perpendiculaires
l'une sur l'autre, il n'y aura encore que deux images,
puisque chaque rayon ne fait que changer de fonction, sans se décomposer, en passant d'un rhomboïde
dans l'autre.

Mais si les sections principales sont dans quel-

qu'une des positions comprises entre le parallélisme
et l'angle droit, l'œil doit voir alors quatre images,
l'une produite par un rayon qui fait dans les deux
rhomboïdes la fonction de rayon ordinaire; une
seconde, par un rayon qui fait dans les deux rhomboïdes la fonction de rayon extraordinaire; une
troisième, par un rayon ordinaire à l'égard du premier rhomboïde, devenu rayon extraordinaire dans
l'autre rhomboïde; et une quatrième, par un rayon
qui présente le cas inverse du précédent.

Septième observation.

Les résultats de cette observation dérivent d'un
moyen aussi simple qu'ingénieux, imaginé par
M. Arago pour reconnaître les corps qui jouissent de
la double réfraction en faisant passer les rayons,
partis d'un point visible, à travers deux faces parallèles prises sur ces mêmes corps. J'ai déjà remarqué
que si l'on excepte la chaux carbonatée et le soufre,
le parallélisme dont il s'agit rend la distinction des
images imperceptible dans les substances minérales
susceptibles d'ailleurs de les doubler. Le moyen de
M. Arago a l'avantage d'être applicable même à des
lames très minces détachées de ces substances. Voici
en quoi il consiste.

On place sur un papier marqué d'un point deux
rhomboïdes superposés dont les sections principales
sont à angle droit l'une sur l'autre. Dans ce cas, cha-

cun des deux rayons, l'un ordinaire, l'autre extraordinaire, qui, en partant du point visible, vont se réfracter dans le rhomboïde inférieur, reste simple, lorsqu'ensuite il traverse le rhomboïde supérieur, en sorte que l'œil ne voit que deux images du point dont il s'agit. Les choses étant dans cet état, on soulève le rhomboïde supérieur en évitant de le faire tourner, et on interpose entre les deux rhomboïdes la lame dont on veut connaître la réfraction, puis on la fait mouvoir en différens sens. Si, pendant ces mouvemens, on parvient à voir quatre images, on en conclut que le corps auquel appartient la lame, a la double réfraction. Dans ce cas, la section principale de la forme primitive dont cette lame représente un segment, est oblique sur celle de chaque rhomboïde; et cette circonstance détermine chacun des deux rayons qui étaient simples dans le rhomboïde inférieur à se sous-diviser en traversant la lame qui les transmet au rhomboïde supérieur, comme s'ils sortaient d'un premier rhomboïde tellement situé, que les sections principales des deux rhomboïdes eussent pris l'une des positions respectives intermédiaires entre les deux limites. Il en résulte que les rayons sortis du rhomboïde supérieur convergent vers l'œil sous quatre directions différentes, auxquelles répondent autant d'images. M. Malus a observé le premier cette corrélation, en vertu de laquelle deux corps de diverse nature se comportent l'un à l'égard de l'autre, dans les phénomènes relatifs à la réfraction, de la même manière que deux corps identiques, tels que deux rhomboïdes calcaires (*). Dans l'expérience qui vient d'être citée, la chaux carbonatée elle-même est l'une des deux substances dont les actions se combinent avec celles d'une autre substance d'espèce différente.

J'ai répété cette expérience en interposant successivement, entre les deux rhomboïdes, des lames minces de mica, de chaux sulfatée, de chaux anhydro-sulfatée et de baryte sulfatée, et j'ai aperçu très distinctement quatre images produites par les rayons réfractés : mais une lame détachée d'un cristal de chaux fluatée n'a donné que deux images ; il en a été de même d'un grenat taillé en forme de lame par le lapidaire.

Idée de Newton sur la cause physique de la double réfraction.

L'hypothèse imaginée par Newton pour remonter jusqu'à la cause physique du phénomène qui nous occupe, est une de ces idées qui paraissent singulières au premier abord, mais qui gagnent à être examinées de près et comparées avec les faits observés. Au reste, il l'a placée dans ses questions d'optique, où il interroge continuellement son lecteur, et semble avoir pris à dessein le ton du doute

---

(*) Théorie de la double réfraction, p. 220.

et de l'incertitude, pour nous confier plus librement tous les aperçus qui s'offraient à son génie.

Newton supposait que les molécules de la lumière avaient deux espèces de pôles, sur lesquels la matière du spath d'Islande exerçait une action particulière, dont le centre était placé dans la région du petit angle solide. D'après cette idée, il considérait chaque rayon simple comme un prisme quadrangulaire infiniment délié, dans lequel tous les pôles dont nous venons de parler étaient rangés sur deux pans opposés, que nous appellerons *pans de polarité*. Lorsque le rayon, en pénétrant le rhomboïde, par exemple en allant de la base supérieure *adef* (fig. 6) vers l'inférieure *bcng*, présentait l'un de ces mêmes pans à l'angle solide *b*, la force dont il s'agit l'attirait à elle, tandis que quand il présentait à l'angle *b* l'un des deux autres pans, que l'on peut appeler *pans de réfraction ordinaire*, la matière du rhomboïde n'avait sur lui d'autre action que celle qui lui était commune avec les milieux ordinaires.

Cela posé, parmi tous les rayons simples dont est formé un faisceau de lumière qui tombe sur la surface du rhomboïde, les uns auront leurs pans de réfraction ordinaire, et les autres leurs pans de polarité tournés vers le petit angle solide. Le faisceau se divisera donc en deux parties, dont l'une ne subira que la réfraction ordinaire, tandis que l'autre, attirée par la force qui réside dans le petit angle solide, sera soumise à la réfraction extraordinaire.

Cette hypothèse acquiert un nouveau degré de vraisemblance lorsqu'on l'applique au phénomène des quatre images produites par la superposition de deux rhomboïdes, et aux variations que subissent ces images dans leur intensité, à mesure que s'opère la révolution du rhomboïde supérieur. Ces effets indiquent que le faisceau de rayons extraordinaires dans lequel tous les pans de polarité étaient d'abord exactement tournés vers la région d'où émane la force qui agit sur eux, se sous-divise peu à peu, à mesure que, pendant la rotation du rhomboïde, cette région change de position; en sorte que les molécules échappent, les unes après les autres, à la force attractive, pour subir la réfraction ordinaire. Le contraire arrive par rapport aux rayons de l'autre faisceau, qui avaient d'abord leurs pans de polarité à angle droit sur la région d'où émane la force qui produit la réfraction extraordinaire ; car ces pans, se trouvant peu à peu dans une position plus favorable à l'égard de la force dont il s'agit, subissent son action les uns après les autres, et le faisceau finit par être tout entier dans le cas de la réfraction extraordinaire. On croit voir une affinité dont l'intensité augmente ou diminue, suivant que les corpuscules sur lesquels elle agit sont plus ou moins en prise à son action, de manière que le nombre des corpuscules attirés s'accroît ou

diminue lui-même par des quantités proportionnelles.

Je terminerai cet article en observant que les
faces intérieures du rhomboïde ont un pouvoir réfléchissant quelquefois très sensible, en sorte qu'une
portion des rayons qui leur parviennent obliquement, en partant d'un point visible situé derrière
la base inférieure, étant repoussés de bas en haut,
et repassant dans l'air, font voir à l'œil plusieurs
images produites par réflexion, indépendamment de
celles qui sont dues à la réfraction.

Usages.

Les détails dans lesquels je vais entrer sur les
usages de la chaux carbonatée, sont d'autant plus
faits pour intéresser, que la plupart de ces usages
se rapportent à des objets qui nous sont familiers, et s'offrent de toutes parts à notre vue.
Le plus étendu de tous et le plus important, est de
servir à la construction des édifices, sous le nom
de *pierre à bâtir*. Cette substance est susceptible
d'une infinité de nuances, relativement à sa contexture et à sa solidité. On réserve celle qui est
pleine, fine et facile à tailler, pour les ouvrages
de Sculpture. La pierre dite *de liais* est recher-
chée comme très propre à être employée pour les
rampes, les chapiteaux, les colonnes, les cham-
branles, etc. C'est, en quelque sorte, le marbre de

ceux qui se bornent à la propreté, sans prétendre à la magnificence.

Le travertin, *travertino* des Italiens, est une pierre calcaire compacte qui paraît avoir été formée par les dépôts de l'Anio et de la Solfatare de Tivoli. On en a fait un grand usage à Rome, pour la construction des temples et autres édifices.

On trouve en Bavière une variété de chaux carbonatée compacte, désignée plus haut sous le nom de *schistoïde*, et qui est remarquable par l'usage qu'on en fait, en la substituant aux planches de cuivre qui servent pour la gravure ordinaire; et au lieu d'employer le burin, on se contente de dessiner avec un crayon gras, sur la surface de la pierre, le sujet dont on se propose de multiplier les images, ce qui rend l'opération beaucoup plus facile et plus expéditive. On peut tirer un grand nombre d'épreuves sans altérer la planche. On a donné à ce nouvel art le nom de *Lithographie*.

Il était à désirer que l'on trouvât en France une carrière de cette pierre. Cette découverte intéressante est un nouveau service ajouté à tous ceux que M. le comte de Lastérie a rendus aux Arts utiles; la carrière qui fournit la pierre lithographique est située près de Châteauroux, département de l'Indre. On a comparé cette pierre à celle de Bavière, et l'on a jugé que s'il y avait une différence, elle était à l'avantage de la première.

La chaux carbonatée compacte dendritique, à

dendrites profondes, vulgairement *marbre de Hesse*, tient un rang parmi les pierres que les artistes recherchent pour en faire des objets d'ornement. Ils coupent celle-ci dans un sens perpendiculaire, ou à peu près aux fissures dans lesquelles ont été déposées les molécules métalliques dont était chargée l'eau qui s'y est introduite, ce qui permet aux assemblages de ces molécules de s'étendre par ramifications sur un même plan. Ils donnent ensuite à la pierre polie la forme d'une plaque carrée ou rectangulaire, que l'on encadre, et qui ressemble à un petit tableau sur lequel on aurait dessiné un paysage.

La chaux carbonatée dite *pierre à bâtir*, dépouillée, par l'action du feu, de son acide carbonique, et réduite à l'état de chaux, est employée dans la composition du mortier, qui contribue tant à la solidité des constructions. Les sables ou autres corps semblables, qui sont comme le fond du mortier, étant insolubles dans l'eau, et incapables, par eux-mêmes, de contracter de l'adhérence, il est nécessaire que les molécules d'une substance soluble, telle que la chaux, agissant sur leurs grains par son affinité, serve à les lier, et forme avec eux une espèce de pâte qui puisse prendre une forte consistance par le desséchement.

A mesure que la chaux carbonatée en cristallisation confuse devient plus dure et, pour ainsi dire, plus raffinée, elle approche aussi davantage d'être susceptible de poli; et lorsque ce poli a une certaine vivacité, et qu'il fait ressortir des teintes agréables à l'œil, la substance prend le nom de *marbre*.

Parmi les corps auxquels on a donné ce nom, le premier rang est dû au marbre blanc, appelé aussi *marbre statuaire*, parce qu'il est le seul que les sculpteurs emploient pour représenter les personnages célèbres dans l'histoire ou dans les fables. Le plus connu des marbres statuaires antiques, était celui de l'île de Paros. Chez les modernes, les marbres destinés au même usage se tirent principalement des environs de Carrare, vers la côte de Gênes. Leur grain est plus fin que celui qu'on observe dans plusieurs fragmens de statues antiques, et, par là même ces marbres se prêtent davantage à la délicatesse et au fini du travail.

Le marbre blanc est du nombre des corps qui n'isolent qu'imparfaitement, et tiennent comme le milieu entre les corps conducteurs et les corps isolans. C'est sur cette propriété qu'est fondé l'usage du condensateur, imaginé par le célèbre Volta, pour rendre sensibles de très petites quantités d'électricité, fournies par des corps environnans, en les déterminant à s'accumuler sur un disque de métal auquel un plateau de marbre blanc sert de support (*).

(*) Voyez, pour plus ample explication, l'exposition raisonnée de la théorie de l'électricité et du magnétisme, d'après

A la suite du marbre blanc viennent se ranger deux variétés qui s'en rapprochent par leur tissu, mais qui empruntent du mélange d'une substance étrangère des tons particuliers de couleur ; ce sont celles qui portent les noms de *bleu turquin* et de *marbre cipolin* (voyez l'article des formes indéterminables, n° 9). On a employé le premier pour faire des tables, des dessus de commodes, des balustres et des revêtemens. Le second a servi principalement à faire des colonnes, et on le taillait de manière que les zônes verdâtres produites par le talc dont il est mélangé, parussent tourner autour du fût.

La chaux carbonatée subgranulaire ou sublamellaire coquillière, connue sous le nom de *marbre lumachelle*, est employée pour l'ameublement. Sa surface est comme bigarrée de courbes et de portions de courbes, qui sont les coupes d'autant de coquilles engagées dans sa substance.

Mais de tous les marbres de ce genre, le plus recherché est celui qui porte le nom de *lumachelle de Carinthie*. Son fond est d'un gris sombre, d'où jaillissent des reflets produits par des fragmens d'ammonites, dont les uns sont d'un rouge enflammé, et les autres d'un vert comparable à celui du spectre solaire. On en fait des tabatières qui sont très estimées.

---

les principes d'Æpinus, p. 100, note *a*, et le Traité élémentaire de Physique, Paris, 1821, t. 1, p. 481, n° 722.

On travaille en Angleterre la chaux carbonatée fibreuse conjointe, pour en faire des pendans d'oreille et autres bijoux, auxquels on donne une forme arrondie pour faciliter le développement des reflets nacrés qui semblent se jouer à la surface.

Parmi les variétés de chaux carbonatée concrétionnée, la seule qui soit employée est celle qui porte le nom d'*albâtre*. Mais il en est de l'application de ce mot comme de celle du mot de *marbre*. Tout ce qui est pierre calcaire n'est point marbre, et tout ce qui a été stalactite n'est point albâtre. Il faut, pour cela, que la substance des concrétions soit susceptible, après le poli, de flatter l'œil par ses couleurs, dont les plus ordinaires sont le jaunâtre, le jaune de miel, le rouge et le brun. Elles sont distribuées par bandes ondulées, par couches concentriques ou par taches; en sorte que l'on a appliqué aux albâtres les dénominations de *veiné*, d'*onyx*, de *panaché*, etc., dans le même sens qu'à certaines variétés de quarz-agate. Le blanc s'y trouve assez souvent mêlé; mais il est rare de rencontrer de l'albâtre entièrement de cette couleur, surtout si l'on entend par là le blanc de lait tirant sur celui du marbre. Cependant c'est de l'opinion que l'albâtre était, en général, d'une couleur blanche, qu'est né l'adage si connu, *blanc comme l'albâtre*. Mais cette opinion avait rapport à une autre substance qui a porté aussi le nom d'*albâtre*, qui est, pour l'ordinaire, d'un blanc de neige, et que l'on emploie aux mêmes usages que l'albâtre calcaire. La substance dont il s'agit est une variété de la chaux sulfatée, que nous ferons connaître en parlant de cette espèce de minéral. L'albâtre diffère du marbre, non-seulement par la distribution des couleurs, mais aussi par une moindre pureté, et en même temps par un certain degré de transparence qui provient de sa contexture plus continue et plus uniforme. On a appelé *albâtre oriental*, celui qui avait toute la perfection dont cette pierre est susceptible, relativement à la variété des zônes qui le colorent, et à la netteté de son poli.

On trouve d'anciennes statues, dont la matière est l'albâtre. On employait souvent cette substance pour faire des colonnes et des vases de différentes figures ; il y avait de ces vases dans lesquels on renfermait des parfums pour les conserver. On voit aussi, dans les cabinets d'antiques, des tables d'albâtre. Ces ouvrages sont quelquefois percés d'un trou provenant d'une stalactite fistulaire qui s'est trouvée comprise dans la masse. Les ouvriers avaient soin de reboucher ce trou avec un morceau du même albâtre.

Le fond de la substance connue sous le nom de *blanc d'Espagne*, est une craie que l'on délaie dans l'eau, et à laquelle on fait subir différentes préparations, avant de la façonner en pains, auxquels on donne d'abord la forme de parallélépipèdes tronqués sur leurs arêtes, et, après le desséchement, celle de cylindres à bases convexes.

Les ouvriers se dispensent de retourner les parallélépipèdes, comme cela paraît de voirêtre nécessaire,
pour que la face qui était d'abord en dessous subisse,
comme les autres, l'action du desséchement. Ils les
placent sur des moellons de craie, qui enlèvent, par
imbibition, l'humidité de la face en contact avec
eux, en même temps que l'évaporation agit sur les
faces exposées à l'air.

Pour réunir sous un même point de vue tous les
usages de la chaux carbonatée, je vais maintenant
exposer ceux auxquels se prêtent plusieurs espèces
de roches dont elle fait partie, et qui seront citées
dans les relations géologiques.

La première est celle qui constitue les marbres
colorés ordinaires, employés pour l'ameublement,
et qui se multiplient, pour ainsi dire, à l'infini, par
la diversité de leurs teintes rouge, brune, jaune, etc.,
et par celle qui règne dans la manière dont elles
sont assorties et distribuées. Chaque pays a les siens,
auxquels on a donné des noms particuliers, dont
l'énumération n'entre pas dans le plan de cet ouvrage.

Les marbres brèches qui appartiennent, comme
je l'ai dit, à une autre formation, servent aux mêmes
usages que ceux dont je viens de parler. On les en
distingue aisément par les taches anguleuses ou arrondies que forment sur leur surface les fragmens
auxquels la matière du fond a servi de ciment.

Une autre espèce de roche, qui s'associe aux marbres ordinaires par ses usages, est celle que l'on a nommée *marbre vert* et *vert antique*, dont les effets variés dépendent des diverses proportions qui existent dans le mélange du blanc de la chaux carbonatée et du vert de la serpentine.

La chaux carbonatée argilifère, connue sous le nom de *marne*, est employée comme *terre à foulon*, *terre à pipe*, etc., suivant qu'elle partage les propriétés des argiles auxquelles on a donné ces noms.

Cette substance fournit aux terrains cultivés un engrais propre à favoriser la végétation. Les deux terres dont elle est principalement composée produisent chacune des effets particuliers, qui la rendent plus convenable à telle espèce de sol qu'à telle autre, suivant que la portion dominante est l'argile ou la matière calcaire. L'argile, qui est une matière pâteuse et liante, a la faculté de retenir l'eau, et l'empêche de s'infiltrer trop promptement à travers les terres: aussi la marne où l'argile domine, convient-elle aux terrains maigres, poreux et dont les parties sont trop divisées. Si, au contraire, on a un sol trop compacte et trop serré, on emploie une marne où abonde la terre calcaire, qui, par sa facilité à se réduire en poudre, atténue la terre, la rend plus déliée et plus susceptible d'offrir un passage à l'eau, que l'on sait être un des agens les plus efficaces de la végétation.

On connaît une variété de marne qui est assez dure pour se prêter au poli, et que l'on a nommée *marbre ruiniforme*, vulgairement *marbre de Florence* (*). Le fond de sa couleur, qui est le jaunâtre et quelquefois le verdâtre, est relevé par un dessin d'une couleur brune, qui semble représenter des ruines d'édifices; on y voit aussi des dendrites noirâtres. On taille cette pierre en plaques rectangulaires qui forment de petits tableaux naturels propres à amuser la curiosité. Suivant l'explication de Dolomieu (*), ce marbre était originairement une pierre calcaire argilifère, uniformément mélangée de fer oxidé, dans laquelle le retrait occasionné par le desséchement, a produit une multitude de fissures qui, se croisant dans toutes les directions, ont sousdivisé le bloc en polyèdres irréguliers à surfaces planes. Dans la suite, il s'est fait une infiltration de matière calcaire, qui a rempli les fissures et soudé tous les prismes qu'elles séparaient ; en même temps le bloc subissait une altération, en vertu de laquelle le fer s'oxidait davantage, ce qui donnait aux parties altérées une teinte plus rembrunie. Or, comme les blocs de marbre ruiniforme étaient adhérens aux montagnes voisines, et tellement disposés qu'ils ne présentaient à l'air qu'une de leurs faces, l'altération n'agissait qu'en allant de cette même face vers les parties situées à l'intérieur. De plus, comme tous

---

(*) Wallerius la définit, *marmor pictorium, regiones vel urbes desolatas repræsentans*. Syst. Minéralog., t. I, p. 137.

(**) Journal de Physique, octobre 1793, p. 285 et suiv.

les polyèdres qui composaient le bloc étaient isolés entre eux par des cloisons intermédiaires de chaux carbonatée, en sorte que chacun d'eux avait une existence particulière indépendante de celle des autres, l'altération a dû se faire inégalement, et s'étendre, à différentes profondeurs, dans les diverses parties d'un même bloc. Si donc l'on conçoit que le bloc ait été divisé en tables par des coupes perpendiculaires sur la surface exposée à l'air, l'assortiment des couleurs dues au fer offrira l'apparence d'un assemblage de tours, d'édifices, les uns entiers, les autres ruinés, etc.; la base commune de tous ces édifices sera située à l'endroit où l'altération a commencé; leur distinction, dans le sens latéral, sera marquée par celle des prismes qui composaient le bloc; les saillies plus ou moins avancées qu'ils formeront par leurs extrémités, dépendront du progrès inégal de la cause qui a produit l'altération, et le fond du tableau répondra aux parties qui sont restées dans leur état primitif.

On voit, dans diverses collections de minéraux et d'objets de curiosité, des espèces de médailles qui sont les produits d'une manufacture naturelle établie près des bains de Saint-Philippe en Toscane, par le docteur Vegni. Voici en quoi consiste l'exécution du travail qui donne naissance à ces médaillons.

Une eau chargée de matière calcaire, tombe sur une croix de bois, d'où elle rejaillit, en gouttelettes, sur des moules de soufre exécutés en bas-reliefs, et fixés obliquement aux parois intérieures d'une cuve située en dessous de la croix. Toutes les gouttelettes que reçoit le moule y laissent de petits dépôts qui s'accumulent; et lorsque l'incrustation a pris une épaisseur suffisante, on la détache, et on y retrouve tous les traits du bas-relief fidèlement rendus dans une matière qui a la blancheur du plus beau marbre de Carrare. On peut aussi colorer l'incrustation, en plaçant à la source un vase rempli d'une teinture végétale que l'eau délaie (*). L'ingénieux auteur de cette idée a, pour ainsi dire, trompé la nature, en la forçant de devenir artiste.

Il existe près de Clermont, département du Puy-de-Dôme, une source qui a une grande vertu incrustante, dont on profite pour y plonger des grappes de raisin, des noisettes et autres corps, qui en peu de temps se trouvent recouverts d'une couche de chaux carbonatée, dont les molécules se sont moulées sur leur forme sans l'altérer. Ceux qui se sont proposés d'en faire un objet de commerce, les ont arrangés avant l'immersion dans de petits paniers sur lesquels l'incrustation s'est étendue, en sorte que le tout ne forme plus qu'un même corps, et peut être transporté sans aucun dérangement.

(*) Voyez la traduction des Lettres de Ferber sur la Minéralogie de l'Italie, p. 373, et les Lettres du docteur Demeste, t. I, p. 288.

APPENDICE.

Chaux carbonatée unie, par voie de mélange, à différentes substances.

I. CHAUX CARBONATÉE FERRIFÈRE.

La chaux carbonatée, en s'unissant au fer seul, constitue une première variété que je nomme *chaux carbonatée ferrifère*. Sa division mécanique donne avec une grande netteté le rhomboïde primitif. La présence du fer s'annonce par le globule noir et attirable qu'on obtient en faisant subir à un fragment de la substance l'action du chalumeau ; mais si l'on se contente d'exposer le fragment sur un charbon ardent, il ne noircit pas, ce qui indique l'absence du manganèse. La couleur varie entre le gris-noirâtre et le noir-brunâtre. La pesanteur spécifique est 2,8143.

Formes déterminables.

1. Chaux carbonatée ferrifère *primitive*. P (fig. 1, pl. 4).

2. *Équiaxe*. B (fig. 2).

3. *Inverse*. E'¹E (fig. 3).

4. *Contrastante.* $\overset{3}{\underset{m}{e}}$ (fig. 5).

5. *Basée.* $\underset{\overset{1}{P o}}{P A}$ (fig. 10, pl. 5).

6. *Dihexaèdre.* $\underset{P m}{\overset{3}{P e}}$ (fig. 17).

7. *Uniternaire.* $\underset{\overset{2}{m o}}{\overset{3}{e A}}$ (fig. 23).

Indéterminable.

Laminaire. Cette variété devient attirable encore plus facilement que les cristaux, par l'action de la chaleur. Elle doit sa couleur noire à une très petite quantité de charbon, qui est si fugitive, qu'un fragment exposé à la flamme d'une bougie, blanchit en un instant.

Les cristaux de chaux carbonatée ferrifère sont engagés dans une chaux sulfatée subcompacte blanche ou grise. On les trouve dans les environs de Salzbourg en Bavière, et près de Hall en Tirol. Il en existe aussi en Espagne, où ils sont engagés dans un fer oxidé brunâtre. La variété laminaire vient du Saualpe en Tirol.

Certaines parties des cristaux sont d'un gris-noirâtre, tandis que d'autres sont blanches et translucides. Cette variation, que subissent la coloration et la transparence dans un même cristal, annonce que le fer n'y est pas disséminé uniformément, d'où résulte, ce me semble, une preuve de plus que ce métal, de quelque manière qu'il soit uni, dans le cas présent, à la chaux carbonatée, ne forme point avec elle un composé qui doive être regardé comme une espèce particulière.

Cette variété a été analysée par M. Vauquelin, qui n'en a retiré que de la chaux carbonatée et du fer.

II. CHAUX CARBONATÉE MANGANÉSIFÈRE ROSE.
(Variété du braunspath des Allemands.)

Cette substance est un composé de carbonate de chaux et de carbonate de manganèse, d'après l'analyse que M. Klaproth en a faite. Ses cristaux sont des rhomboïdes contournés semblables à ceux de la variété que je décrirai dans un instant sous le nom de *chaux carbonatée ferro-manganésifère*, et dont ils ne sont distingués qu'en ce qu'ils ne renferment point de fer.

Il y a aussi une variété *lenticulaire*, et une autre que j'appelle *laminaire;* elle est accompagnée souvent de manganèse granulaire et d'épidote manganésifère.

Ce minéral réduit en poudre se dissout lentement dans l'acide nitrique; et en ajoutant à ce caractère celui qui se tire de sa couleur analogue au rouge de rose, et qui lui est communiquée par le manganèse, on a ce qui suffit pour le faire reconnaître. On l'a découvert à Nagyag en Transylvanie, où il sert de gangue au tellure. Comme il est composé de carbonate de chaux et de carbonate de manganèse, il est possible que ce dernier se rencontre isolément dans la nature.

A l'égard de la variété laminaire, on la trouve dans la vallée d'Aost en Piémont.

III. CHAUX CARBONATÉE FERRO-MANGANÉSIFÈRE.
(Chaux carbonatée brunissante ; braunspath , W.)

On connaît des morceaux de cette substance dont on a retiré de la magnésie, et on les a regardés comme étant composés de quatre carbonates, dont les bases étaient la chaux, le fer, le manganèse et la magnésie; mais les étrangers n'ont pas laissé de les rapporter à la substance dont il s'agit ici, qui est caractérisée par l'union du fer et du manganèse avec la chaux carbonatée. Le reste est considéré comme n'étant qu'accessoire.

Cette substance est le braunspath ou spath brunissant de Werner. Voici ses principaux caractères.

Sa dissolution dans l'acide nitrique s'opère lentement; elle noircit ou brunit par l'action du feu, ce qui indique la présence du manganèse. Les parties blanches jaunissent aux endroits où l'on a versé de l'acide nitrique. Les fragmens chauffés à l'aide du chalumeau agissent sur l'aiguille aimantée. Plusieurs variétés ont un éclat perlé. Lorsque celles qui sont naturellement blanches ont été exposées à l'air pendant un certain temps, elles subissent souvent une altération en vertu de laquelle leur couleur blanche passe d'abord au brun clair, et ensuite au brun foncé et noirâtre.

Ces indications peuvent suffire pour faire distinguer la chaux carbonatée brunissante des autres mélanges; mais elles laissent de l'incertitude sur sa distinction d'avec une autre substance que l'on appelle communément *fer spathique*, et dont je parlerai en traitant des mines de fer. Il y a ici un mystère qui n'a pas encore été éclairci.

VARIÉTÉS.

1. *Primitive* (de Pesey). Je regarde ces rhomboïdes comme offrant un des premiers passages de la chaux carbonatée ordinaire à la variété brunissante. Leurs fragmens font une lente effervescence dans l'acide nitrique, mais cependant sensible. Les parties granulaires jaunâtres qui les avoisinent, s'éloignent davantage du type de l'espèce. Elles se dissolvent plus difficilement, et leurs fragmens exposés à la chaleur deviennent attirables, ce qui n'a pas lieu pour les fragmens des rhomboïdes. Cette variété se trouve à Pesey, où elle est accompagnée de quarz hyalin prismé.

2. *Contournée.* En rhomboïdes dont les faces forment un pli à l'endroit de la grande diagonale.

b. *Squamiforme*. En rhomboïdes si petits et tellement serrés les uns contre les autres, qu'ils imitent un tissu écailleux.

2. *Incrustante*. En petits cristaux squamiformes qui recouvrent des cristaux de chaux carbonatée pure.

La chaux carbonatée brunissante abonde surtout aux environs de Schemnitz en Hongrie, dans la mine dite d'Antonistollen; on en trouve aussi en Saxe, à Annaberg, à Freyberg et à Schneeberg, dans le Piémont, et dans une multitude d'autres endroits. Elle accompagne assez souvent la chaux carbonatée ordinaire.

Il n'est pas douteux que, dans certaines circonstances, le fer et le manganèse ne soient unis accidentellement à la chaux carbonatée; MM. Proust et Descostils, dont l'habileté est bien connue, ont reconnu la présence de ces deux métaux jusque dans des morceaux limpides de chaux carbonatée, dite *spath d'Islande*.

Le même mélange a lieu d'une manière plus sensible dans les cristaux que l'on a appelés *braunspath*; ils contiennent depuis $\frac{4}{100}$ jusqu'à $\frac{10}{100}$ et au-delà de fer et de manganèse. L'aspect perlé que présentent souvent les cristaux qui sont dans ce cas, et la lenteur avec laquelle ils font effervescence dans l'acide nitrique, les ont fait ranger dans une sous-division à part, à la suite de la chaux carbonatée: mais l'observation nous conduit, par une gradation de passages, jusqu'à une substance qui présente encore des formes analogues à celles de la chaux carbonatée et qui n'est composée que de fer et d'acide carbonique (c'est le fer spathique), en sorte qu'on ne sait où placer la limite entre la chaux carbonatée brunissante et la mine de fer dont il s'agit ici. Voilà où gît la difficulté; j'y reviendrai lorsque je traiterai du fer spathique, et j'espère prouver alors que s'il y a ici des objections à résoudre, elles sont communes à toutes les méthodes.

IV. CHAUX CARBONATÉE QUARZIFÈRE.
(Vulgairement, *grès cristallisé de Fontainebleau.*)

Caractère géométrique. Divisible par la percussion en rhomboïde semblable à celui de la chaux carbonatée.

Caractères physiques. Pesanteur spécifique, 2, 6.

Dureté. Rayant le verre, souvent étincelante par le choc du briquet, ce qui indique la présence du quarz.

Cassure. Écailleuse, brillante sous certains aspects.

Surface extérieure. D'un blanc grisâtre.

Surface intérieure. Souvent d'un gris sombre.

Caractère chimique. Soluble en partie, avec effervescence, dans l'acide nitrique.

Formes.

1. Chaux carbonatée quarzifère *inverse*. En rhomboïde aigu, semblable à celui de la var. 5 ci-dessus, p. 418.

2. *Concrétionnée*. Vulgairement *grès en chou-fleurs*. Formée de mamelons, disposés en grappe ou en chou-fleurs.

3. *Amorphe*.

Cette substance est jusqu'ici particulière au sol de la France. On la trouve dans les carrières de grès voisines de Fontainebleau, dont M. Lassonne a donné une description très détaillée dans les Mémoires de l'Acad. des Sc., de 1775. Il y en a aussi aux environs de Nemours. Les cristaux, dont quelques-uns ont plusieurs centimètres d'épaisseur, forment des groupes, dont le volume varie entre des limites très étendues. On en rencontre aussi de solitaires, d'une forme très régulière, engagés dans le sable. Quoique les uns et les autres soient en général d'une dureté assez considérable, ceux qu'on retire de certains bancs sont friables, et s'égrènent facilement entre les doigts.

Tous ces cristaux ont absolument la même forme et la même structure que le rhomboïde de la chaux carbonatée inverse ; seulement il est plus difficile de

les diviser dans le sens de leurs lames composantes,
et c'est surtout en faisant mouvoir leurs fragmens à
une vive lumière que l'on aperçoit bien sensiblement
leurs joints naturels.

M. Cordier, professeur de Géologie au Muséum
d'Histoire naturelle, qui a examiné avec attention le
gissement des cristaux de Fontainebleau, a reconnu
qu'ils s'étaient formés dans des cavités où la matière
du grès, par l'effet d'une cause quelconque, avait
subi un relâchement dans sa contexture, qui l'avait
réduite à l'état de sable.

Les molécules calcaires, amenées par l'infiltration
dans ces cavités, avaient pénétré dans les interstices
des grains quarzeux, qu'elles avaient saisis et enve-
loppés, en même temps qu'elles obéissaient à leur
tendance vers la forme du rhomboïde inverse, de manière que ces grains n'avaient fait autre chose qu'in-
terrompre la continuité de la structure, sans en déranger le mécanisme. Dans les endroits où le sable
laissait des vides plus ou moins considérables, on
trouve des cristaux de chaux carbonatée pure, ou
dont une portion est à l'état de pureté, et l'autre
mélangée de quarz, auquel cas la première s'est formée dans un espace libre, et la seconde dans le sable
même, ce qui achève de prouver que le quarz n'est
ici qu'une espèce de hors-d'œuvre dans le résultat
des lois de la structure. La partie calcaire qui a maî-
trisé la cristallisation n'était cependant pas la plus
considérable; elle ne formait qu'environ le tiers de la

masse dans les cristaux que M. Sage a soumis à l'analyse.

V. CHAUX CARBONATÉE MAGNÉSIFÈRE.

(*Bitterspath*, W.)

J'ai exposé avec détail, dans le Traité de Cristallographie, tome II, p. 493, les raisons d'après lesquelles j'ai cru devoir conserver au spath magnésien la place qu'il a occupée jusqu'ici dans l'espace de la chaux carbonatée.

Sa poussière est soluble, lentement et avec une légère effervescence, dans l'acide nitrique. Il ne brunit pas, et ne devient pas attirable par l'action de la chaleur. Son éclat est très vif, et approche du nacré, dans les morceaux transparens. Quand on a l'œil un peu exercé, cet éclat sert d'indice pour présumer que la substance qui le présente appartient à la sous-division qui nous occupe ici, et la lenteur de l'effervescence sert à confirmer le jugement de l'œil. Les morceaux transparens doublent les images des objets, même à travers deux faces parallèles, comme le font ceux qui appartiennent à la chaux carbonatée pure. Les variétés lamellaires et granulaires sont souvent phosphorescentes dans l'obscurité par le frottement d'un corps dur, ou par l'injection de leur poussière sur des charbons ardens.

VARIÉTÉS.

Déterminables.

1. *Primitive.*

2. *Unitaire.* PE''E. En petits cristaux d'un vert-jaunâtre. *Miémite* de quelques minéralogistes.

3. *Epointée.* La variété unitaire, plus les faces *o*. Elle est d'un jaune-brunâtre, et se trouve à Tharand, près de Dresde en Saxe. On en a fait une espèce particulière, qu'on a nommée *tharandite*.

4. *Uniternaire.* $e\overset{3}{A}.$
$$\underset{m\,\overset{\scriptscriptstyle 1}{o}}{}$$

5. *Homonome.* $\overset{\scriptscriptstyle 1\ \frac{2}{3}}{PDD}$, de Toscane.
$$\underset{P\,u\,y}{}$$

Indéterminables.

Lenticulaire. Variété de la miémite.

Globuliforme. Se trouve au Mexique, sur le feldspath.

Laminaire. Dans le talc.

Lamellaire. Avec amphibole (grammatite) comprimé, aux environs de New-York.

Flexible. En Angleterre.

Granulaire. Dolomie grise ou blanche. Il y a des morceaux qui, étant réduits en lames minces, deviennent flexibles, par une suite de ce que leur tissu est assez lâche pour permettre à leurs particules de jouer jusqu'à un certain point, sans cependant perdre leur adhérence.

Concrétionnée pseudoédrique. Cette concrétion présente un assemblage de corps d'une couleur verdâtre, qui sont des espèces de polyèdres étroitement serrés les uns contre les autres. La forme de ceux qui approchent le plus de la symétrie, a de la ressemblance avec celle du grenat. Les faces qui terminent ces corps, et dont le nombre est variable, paraissent être l'effet de la compression qu'ils ont exercée les uns sur les autres pendant leur formation dans le même espace. J'ai donné en conséquence à cette variété le nom de pseudoédrique, comme qui dirait *faux polyèdre*, du pays de Szakowacz en Syrmie. Elle se rapporte à la miémite des minéralogistes étrangers.

La chaux carbonatée magnésifère la plus anciennement connue, se trouve dans les montagnes du Tirol, au pays de Salzbourg, et dans le Wermeland, province de Suède ; elle est ordinairement engagée dans un talc. Quelques minéralogistes ont fait une espèce particulière d'une variété de couleur verdâtre et quelquefois blanchâtre, qui se trouve près de Miemo en Toscane, et à laquelle ils ont donné le nom de *miémite*, emprunté de celui du lieu natal. La variété granulaire est la seule qui constitue des roches proprement dites, et qui occupe une place dans la Méthode Géologique. Elle est disposée par grandes masses et par couches au mont Saint-Gothard, et dans plusieurs autres lieux. La blanche renferme quelquefois de petites lames de mica ; ailleurs elle s'associe des substances métalliques, telles que l'arsenic sulfuré rouge, le fer sulfuré et le cuivre gris ; on observe aussi du mica dans celle qui est grise. L'amphibole dit *grammatite* est un des minéraux qui accompagnent les masses de la même substance.

VI. CHAUX CARBONATÉE NACRÉE.

Schiefer spath (spath schisteux), et Schaumerde (écume de terre) des Allemands.

Elle est soluble dans l'acide nitrique, avec une effervescence sensiblement plus vive que celle qu'y produit la chaux carbonatée ordinaire ; l'acide bouillonne en écumant, et il s'y forme de grosses bulles, comme dans une eau savonneuse. Sa couleur est blanche et son éclat est nacré.

VARIÉTÉS.

1. *Primitive*. Elle appartient au spath schisteux.

2. *Testacée*. Composée de feuillets courbes. *Id.*

3. *Lamelliforme*, en lames distinctes. Appartient au schaumerde, ou à l'écume de terre.

4. *Lamellaire*. En lames groupées confusément. *Idem.*

La chaux carbonatée nacrée, appelée *schiefer spath* ou *spath schisteux*, se trouve en Saxe dans une pierre calcaire, en Norwége et dans quelques autrès endroits ; elle est accompagnée de plomb sulfuré et de zinc sulfuré, et autres substances métalliques.

L'autre variété, connue sous le nom d'*écume de terre*, se trouve à Gera en Misnie, à Eisleben en Thuringe, dans les montagnes calcaires. M. Vauquelin, qui a fait quelques expériences sur ce minéral, présume que le principe accessoire qu'elle renferme est une matière talqueuse, qui s'y trouve en petite quantité.

VII. CHAUX CARBONATÉE FÉTIDE.

(*Stinckstein*, *W*., vulgairement *pierre de porc*.)

Caractères physiques. Odeur très fétide, et semblable à celle des œufs pourris lorsqu'on la frotte avec un corps dur.

Électricité. Isolée, elle en acquiert une vitreuse.

Couleur blanche ou grise.

Caractère chimique. Soluble avec une vive effervescence dans l'acide nitrique. Au chalumeau, elle perd son odeur.

Elle est susceptible des mêmes modifications de formes que la chaux carbonatée ordinaire, et on la trouve en prismes fasciculés, qui se divisent très nettement en rhomboïde primitif; plus souvent lamellaire, et souvent aussi terreuse et grossière.

Quant à l'odeur fétide qu'exhale cette substance, M. Vauquelin l'attribue à la présence de l'hydrogène sulfuré.

On a trouvé en plusieurs endroits, d'anciens monumens de sculpture, exécutés avec la chaux carbonatée fétide lamellaire, ou à l'état de marbre.

VIII. CHAUX CARBONATÉE BITUMINIFÈRE.
(*Variété du stinckstein de Wern.*)

Caractère physique. Électricité résineuse par le frottement.

Odeur bitumineuse, surtout par l'action du feu. Couleur noire.

Caractère chimique. Soluble avec effervescence dans l'acide nitrique.

Exposée à un feu actif, elle perd sa couleur et devient blanche.

Les marbres appelés *marbres noirs de Dinant, de Namur*, etc., et employés pour le carrelage des églises, appartiennent à cette substance. Ils ont une cassure terne, avec un grain fin et serré.

La chaux carbonatée est quelquefois en même temps fétide et bituminifère.

SECONDE ESPÈCE.

ARRAGONITE (*).
Arragonit, W. Excentrischer Kalkstein, R.

Caractères géométriques.

Forme primitive. Octaèdre rectangulaire (fig. 1, pl. 23) dont telle doit être la position, que des deux

____

(*) En plaçant ici cette substance comme espèce parti-

arêtes C, G au contour de la base commune des deux
pyramides qui ont leurs sommets en E, E′, la plus
longue G soit située verticalement, et la plus courte
C′ située horizontalement. Les faces latérales M, M
font entre elles un angle de $115^d 56'$, et les faces terminales P, P un angle de $109^d 28'$ (*).

L'octaèdre se sous-divise parallèlement au plan
qui passe par CG. Cette division est très nette. Les
joints parallèles aux faces M, M, quoique très apparens, sont moins faciles à obtenir. Ceux qui répondent aux faces P, P, sont souvent offusqués par une
cassure inégale. J'ai cependant des fragmens de cristaux d'Espagne, et de ceux que l'on trouve dans les
mines de fer oxidé, qui les présentent d'une manière
très sensible. D'autres cristaux trouvés récemment en
Bohême, donnent avec beaucoup de netteté le paral-

---

culière, je ne me permettrai pas de lui donner un nouveau
nom, quoique celui qu'elle porte soit vicieux, en ce qu'il
dérive d'un nom de pays, qui ne peut servir qu'à désigner
des individus. J'exposerai, dans la suite de cet article,
les raisons qui me feraient regarder comme prématuré, dans
l'état actuel de nos connaissances, un nom scientifique qui
exprimerait la différence chimique que l'on a cru reconnaître
entre cette même substance et la chaux carbonatée.

(*) Si, du centre de l'octaèdre, on mène une ligne à l'un
des angles E, E, une seconde qui soit perpendiculaire sur
l'arête G, et une troisième qui le soit sur l'arête C, ces trois
lignes seront entre elles dans le rapport des quantités $\sqrt{46}$,
$\sqrt{18}$ et $\sqrt{23}$, qui est à peu près celui des nombres 11,3,
7 et 8.

lélépipède soustractif, qui fait la fonction de molécule dans les applications de la théorie.

Caractères physiques. Pesant. spéc., 2,9267 (*).

Dureté. Rayant la chaux fluatée, quelquefois légèrement le verre, et toujours fortement la chaux carbonatée.

Réfraction. Double à travers deux faces inclinées l'une sur l'autre.

Éclat. Plus ou moins vif, sans être nacré. Celui de la cassure transversale est vitreux.

Caractères chimiques. Soluble en entier dans l'acide nitrique, avec effervescence.

Si l'on mêle de l'alcohol à la dissolution, et qu'ensuite on allume le mélange, on voit, au bout d'un instant, la flamme lancer des jets d'une lumière purpurine.

Un petit fragment présenté à la flamme d'une bougie, se divise en parcelles blanches qui se dispersent dans l'air : cet effet a lieu surtout pour les fragmens de cristaux transparens ; ceux des masses fibreuses blanchissent seulement et deviennent friables.

Analyse par Fourcroy et Vauquelin, Annales du Muséum d'histoire naturelle, t. IV, p. 405 et suiv. :

Chaux.............. 58,5
Acide carbonique... 41,5
—————
100,0

—————————————————

(*) Déterminée par M. Biot, Mémoires de la Société d'Arcueil, t. II, p. 202.

Par Thénard et Biot, Nouveau Bulletin des Sciences de la Société Philomatique, t. I, p. 32 et suiv. :

$$
\begin{array}{lr}
\text{Chaux.} & 56,327 \\
\text{Acide carbonique.} & 43,045 \\
\text{Eau} & 0,628 \\
\hline
& 100,000.
\end{array}
$$

En 1813, M. Stromeyer a découvert dans l'arragonite une certaine quantité de strontiane, qu'il a jugée être à l'état de carbonate, et qu'il a évaluée à peu près à $4\frac{1}{2}$ sur 100 dans les cristaux de Vertaison, département de l'Allier, et à $2\frac{1}{2}$ dans ceux d'Espagne. Tous les arragonites de divers pays qu'il a analysés dans la suite, lui ont offert des quantités de strontiane plus ou moins approchées des précédentes. M. Laugier, qui a répété, en 1815, les opérations de M. Stromeyer sur les deux premières variétés, a obtenu les mêmes résultats ; mais M. Vauquelin, qui depuis a soumis à l'expérience l'arragonite de Vertaison, n'en a retiré que $\frac{6}{10}$ sur 100 de strontiane.

Caractère d'élimination. Ses indications dans la chaux carbonatée ordinaire.

1. *Division mécanique.* Suivant trois joints inclinés entre eux sous des angles de $104^{d}\frac{1}{2}$, aux extrémités des cristaux, soit réguliers, soit cylindroïdes ou aciculaires, les arragonites offrent au même endroit une cassure vitreuse et inégale, ou, si l'on y voit des joints, ils sont ordinairement beaucoup moins sen-

sibles et disposés d'ailleurs en sommet dièdre. Les plus apparens sont parallèles à l'axe des cristaux.

2. *Pesanteur spécifique.* Plus faible dans le rapport de 14 à 15 que celle de l'arragonite (*).

3. *Dureté.* Beaucoup moindre.

4. *Réfraction.* Double à travers deux faces parallèles. L'expérience ayant été faite comparativement avec un fragment d'arragonite transparent, taillé parallèlement à l'une des faces M (fig. 1), et plus épais que celui de chaux carbonatée, et les deux corps ayant été placés successivement sur un papier marqué d'une ligne déliée, l'image de cette ligne était simple à travers l'arragonite, de quelque manière qu'on le tournât, tandis qu'elle était sensiblement doublée à travers le fragment de chaux carbonatée.

5. Résistance à la chaleur de la flamme d'une bougie, en y conservant sa transparence, à moins que le fragment ne soit extrêmement petit. Cette résistance a lieu surtout dans la chaux carbonatée incolore, dite *spath d'Islande.* Dans le même cas, des fragmens d'arragonite de plusieurs millimètres d'épaisseur, se divisent

---

(*) L'expérience ayant été faite avec beaucoup de soin par M. Biot, sur des cristaux diaphanes des deux substances, on peut appliquer ici le principe émis par le célèbre Laplace, que quand deux corps, l'un et l'autre dans l'état de pureté, ont des pesanteurs spécifiques dont la différence est appréciable, on doit, par cela seul, les regarder comme formant des espèces distinctes.

et se dispersent. Lorsque les deux substances ne sont plus dans leur état de perfection, c'est-à-dire lorsqu'elles s'éloignent de l'état où elles sont vraiment comparables, la différence entre les effets est moins marquée. Ainsi les morceaux d'arragonite fibreux et presque opaques blanchissent seulement et deviennent friables par l'action de la chaleur. La chaux carbonatée blanchâtre et qui n'est que translucide, décrépite souvent, et se disperse en éclats; mais si l'on a soin de faire chauffer le fragment lentement et par degrés, de manière à prévenir l'effet de la décrépitation, il ne se divise plus et reste intact.

6. Dissolution plus prompte dans les acides que celle de l'arragonite, à poids égal. M. Vauquelin a parlé de cette différence dans son Mémoire sur la nouvelle analyse qu'il a faite de l'arragonite. J'ai employé, pour l'observer, un acide faible qui était le vinaigre. J'ai mis dans deux petits vases remplis de cette liqueur deux fragmens, l'un de chaux carbonatée, l'autre d'arragonite : au bout d'une heure, le fragment de chaux carbonatée était tout couvert de bulles ; à peine en voyait-on quelques-unes, après plusieurs heures, sur le fragment d'arragonite.

VARIÉTÉS.

FORMES DÉTERMINABLES.

Observations préliminaires.

Il est extrêmement rare de rencontrer l'arragonite
sous des formes simples, et qui soient le résultat d'une
combinaison unique de lois de décroissement. La plupart des corps cristallisés qui appartiennent à ce minéral, sont des agrégats composés de pièces tellement
assorties, que le tout présente l'aspect d'un prisme
produit d'un seul jet. Quelquefois cependant les pans
de ce prisme offrent des angles rentrans, ce qui est,
comme l'on sait, l'indice d'un groupement.

Les élémens des agrégats sont des prismes rhomboïdaux qui dérivent de l'octaèdre primitif devenu
cunéiforme en s'alongeant dans le sens de l'axe parallèle à l'arête G (figure 1); ce qui fait naître deux
nouvelles arêtes longitudinales à la place des angles E,
E'. Souvent le sommet se réduit à une face perpendiculaire à l'axe; mais quelquefois il est dièdre et
semblable à celui de l'octaèdre primitif, ou bien ses
faces sont produites par des décroissemens.

Le nombre des solides élémentaires varie de quatre
à sept, au moins d'après les observations que j'ai faites
jusqu'ici. Mais comme ces solides ne sont pas susceptibles par eux-mêmes de former un tout continu, en

s'appliquant exactement les uns contre les autres dans tous les sens, la cristallisation y supplée par des additions de la même matière, qui remplissent les vides, et dont la structure est en rapport avec celle des solides élémentaires. On aura une idée de ces assortimens, en jetant les yeux sur la figure 15, qui représente la coupe transversale de la variété que j'ai nommée *arragonite symétrique basé.* Son aspect est celui d'un prisme hexaèdre dont les pans sont entre eux deux angles de 128^d et quatre de 116^d. N, N', n, n' sont les coupes transversales d'autant de prismes rhomboïdaux de 116^d $64'$, que je considère comme les élémens de l'agrégat. Ces prismes laissent entre eux un espace occupé par une matière additionnelle, ayant la forme d'un prisme rhomboïdal $oyo'y'$ de 128^d $52'$, qui se sous-divise en quatre prismes triangulaires rectangles, dont les coupes sont les triangles oys, $oy't$, $o'ys$, $o'y's$.

Dans l'article de ma Cristallographie où j'ai traité des cristaux qui paraissent se pénétrer (tom. II, p. 318), j'ai considéré ceux qui ont éprouvé cette modification comme ayant d'abord été complets, et ayant ensuite subi un retranchement à l'aide d'un plan mené entre leur surface et leur centre puis s'étant réunis par les faces que ce plan aurait mises à découvert. C'est ce qui a lieu dans une variété d'arragonite que je décrirai bientôt, et dont on voit la coupe transversale figure 5. Les deux prismes r, r' sont dans le même cas que s'ils avaient été d'abord entiers comme les prismes R , R′, et comme s'ils avaient ensuite été coupés par un plan *d*, suivant lequel se serait faite la jonction de leurs résidus. Mais ordinairement, et en particulier dans le cas que représente la figure 15, l'idée que fait naître l'aspect de l'agrégat est que ses élémens rhomboïdaux étant restés complets, auraient pris de l'accroissement dans les espaces qui les séparaient, jusqu'au terme où leurs prolongemens, venant à se rencontrer, auraient été en quelque sorte barrés l'un par l'autre à l'endroit d'un plan tel que ζ et ε, qui serait devenu leur plan de jonction.

La Cristallographie nous découvre dans les lois auxquelles est soumise la structure de ces assortimens, un nouveau genre de fécondité analogue à celui que nous ont offert les formes secondaires simples. Il consiste en ce que les lois dont il s'agit peuvent donner matière à des problèmes susceptibles de plusieurs solutions, en sorte qu'on est libre d'assigner aux parties composantes d'un même assortiment diverses origines, d'où dérivent des résultats qui s'assimilent à ceux des décroissemens ordinaires ; seulement les expressions des nombres de rangées soustraites n'ont pas toujours le même degré de simplicité que celles qui ont lieu pour les décroissemens dont je viens de parler.

Ainsi, en adoptant l'hypothèse que nous avons faite plus haut, à l'égard du plan de jonction ζ (figure 15), on trouve que ce plan coïncide avec une face produite par un décroissement sur l'angle E commun aux deux prismes N, N'. Mais on pourrait aussi considérer le solide dont la coupe est le triangle oyy', comme un prolongement du prisme N; et alors le plan qui passe par μ' deviendrait le plan de jonction de ce prolongement avec le prisme N', et dépendrait d'un décroissement sur l'angle E rapporté au prisme N. La même corrélation a lieu réciproquement entre le solide oyy', considéré comme un prolongement du prisme N', et l'autre prisme N; en sorte que ce serait au premier que se rapporterait l'angle E comme point de départ du décroissement qui donnerait le plan de jonction μ. A l'égard du plan de jonction ε, comme il fait continuité avec les pans my, my' des deux prismes, il n'est censé résulter d'aucun décroissement.

Une autre hypothèse consisterait à concevoir la partie additionnelle qui remplit le vide $oyo'y'$ comme originaire d'un prisme semblable à l'un quelconque des prismes N, N', n, n', ayant pour coupe transversale le rhombe $EyE'y'$ (figure 16), et dont la formation aurait été arrêtée par la rencontre des premiers prismes, en sorte qu'il n'aurait pu s'étendre que dans les espaces EGo, $EG'o$, etc. Dans ce cas, les plans de jonction μ, μ' (figures 16 et 15) de ce prisme avec les adjacens, dériveraient d'un décroissement sur les arêtes qui passent sur les points G, G' (figure 16), et qui sont les mêmes que figure 1. Mais parmi les hypothèses précédentes, la plus naturelle est celle qui a été faite en premier lieu, parce qu'elle assimile le cas présent à ceux des cristaux qui paraissent se pénétrer.

Je ferai connaître dans la suite les causes des difficultés que l'on éprouve lorsqu'on veut suivre, à l'aide de la division mécanique, les directions des joints qui traversent les parties interposées entre les solides élémentaires, pour savoir à quelle hypothèse se rapporte la structure de ces parties. Je n'ai à cet égard qu'un petit nombre d'observations relatives à quelques cas particuliers que j'indiquerai. Mais dans tous les cas, la possibilité de parvenir à une détermination exacte des plans de jonction, est garantie par la surabondance même des ressources qu'offre la théorie pour les ramener aux lois communes de la structure.

Une considération à laquelle il est essentiel d'avoir égard dans les solutions des problèmes de ce genre, c'est que chacune d'elles se déduit immédiatement d'une formule générale, qui est applicable à des prismes rhomboïdaux d'un nombre quelconque de degrés ; en sorte que l'arragonite n'offre ici qu'un cas particulier, parmi la multitude de ceux que représentent les formules, quoique jusqu'à présent il soit le seul minéral qui ait fourni des exemples d'un mode d'agrégation susceptible d'être déterminé à l'aide des mêmes formules. Mais la mesure des décroissemens auxquels se rapportent les plans de jonction, dépend, pour chaque prisme rhomboïdal, du rapport entre les diagonales de la coupe transversale (Traité de Cristallographie, tome II, page 327).

Dans la description de chaque agrégat, je donne d'abord le signe du solide élémentaire. L'indication de la loi de décroissement à laquelle est soumis chaque plan de jonction, renferme trois quantités; l'une désigne le prisme dont la partie que termine ce plan est censée être un prolongement; la seconde indique l'angle ou l'arête qui subit le décroissement, et le nombre de rangées soustraites; et la troisième, qui est placée sous la seconde, se rapporte au plan de jonction : par exemple, si l'on considère le solide oyy' (figure 15) comme un prolongement du prisme N , le décroissement qui, dans cette hypothèse, détermine le plan de jonction μ', entre oyy' et le prisme N', aura pour signe $N'\,{}^{8}_{\mu'}E$. Pour le plan de jonction ζ, rapporté au prisme N' , on aurait $N'\,{}^{\frac{16}{7}}_{\zeta}E$; et si on le rapportait au prisme N' , le signe serait $N'E^{\frac{16}{7}}_{\zeta}$.

Les positions de l'exposant $\frac{16}{7}$ font connaître que, dans le premier cas, le décroissement qui donne ζ agit à la gauche de l'angle E considéré sur le prisme N: et que, dans le second cas, où l'on considère l'angle E comme appartenant au prisme N', l'action du décroissement a lieu en sens contraire, c'est-à-dire à la droite de l'angle.

Quantités composantes des signes représentatifs.

$$\text{MPA}^1\,\overset{38}{\text{E}}{}^1\,\overset{87}{\text{E}}{}^1\,\overset{7}{\text{E}}{}^{\frac{1}{7}}\,\overset{718}{\text{E}}{}^{\frac{1}{7}}\,\overset{7}{\text{E}}{}^{\frac{1}{7}}\,\overset{1615}{\text{E}}{}^{\frac{1}{8}}\,\overset{18}{\text{E}}{}^{\frac{1}{8}}\,{}^1\text{C}^1\,{}^1\text{G}^1\,{}^8\text{G}^1.$$
$$\text{MP}\overset{3}{r}\quad h\quad o\quad \mu\quad \delta\quad \zeta\quad \lambda\quad s\quad n\quad e$$

CRISTAUX SIMPLES.

Combinaisons deux à deux.

1. *Primitif*, MP (fig. 1). D'Espagne.

2. *Ternaire*, $\overset{3}{\text{ME}}$ (fig. 2). *Idem.*
   $\underset{\text{M o}}{}$

3. *Basé*, M¹C¹ (fig. 3). *Idem.*
   $\underset{\text{M s}}{}$

Trois à trois.

4. *Quadrihexagonal.* M¹E¹P (fig. 4). Du Piémont.
   $\underset{\text{M h P}}{}$

5. *Uniternaire.* $\overset{3}{\text{ME}}{}^1\text{C}^1$ (fig. 5). D'Espagne.
   $\underset{\text{M o s}}{}$

Quatre à quatre.

6. *Quadrioctonal.* M¹E¹¹G¹P (fig. 6). Du Piémont.
   $\underset{\text{M h n P}}{}$

7. *Décibisoctonal.* M⁶G³(AB⁸G¹)(AB⁸G¹). De la
   $\underset{\text{M r s t}}{}$

Bohême.

Je n'ai pas encore observé les variétés 2, 3 et 5, en cristaux isolés ; mais elles existent, comme solides élémentaires, dans les agrégats qui vont être décrits.

AGRÉGATS.

Quatre solides élémentaires.

7. *Sémi-parallélique ternaire.* (Traité de Cristallographie, t. II, p. 323.) Solide élémentaire, arragonite ternaire $M\overset{s}{E}$ (fig. 2). Coupe transversale de l'agrégat (fig. 7). Deux solides élémentaires entiers R, R', et deux incomplets r, r'. Coupe transversale du solide r, en le supposant complet $oxsE'$ (fig. 8). Celle du même solide, avant que son accroissement eût été interrompu à l'endroit de son plan de jonction γ avec l'autre prisme, est le rhombe r''. Le signe du plan de jonction, rapporté à un plan de décroissement sur l'angle E, est $r^{lI}\overset{s}{E}_{\gamma}$. Celui du même plan, en le faisant dériver de l'autre prisme désigné par r''', serait $r^{llll}\overset{s}{E}_{\gamma}$.

On peut aussi déduire la formation du prisme r (fig. 7) d'un décroissement sur l'angle E' du solide élémentaire R, dont le signe serait $R\overset{s}{E}^{'}_{r}$. En faisant une semblable supposition relativement au solide élémentaire R', on aurait pour le prisme r',

$R'^{s}_{r}E''$. Le plan γ étant sur le prolongement du côté z, serait censé ne résulter d'aucun décroissement.

On ne peut douter que la structure de cette variété ne soit celle qu'indique la première des deux déterminations que je viens de donner. J'ai dans ma collection des morceaux dans lesquels la distinction des quatre prismes est sensible à l'œil, en sorte que l'on croirait voir un assemblage de pièces de rapport.

La figure 9 servira à donner une idée de l'aspect que présente cette variété. Les deux prismes entiers sont ceux qui ont pour arêtes terminales les lignes AB''', ab''' d'une part, et AB'', ab'' de l'autre, et que l'on voit séparément (fig. 10 et 11); les deux autres prismes, qui ont pour arêtes terminales AB, ab d'une part (fig. 9), et AB', ab' de l'autre, sont aussi représentés séparément (fig. 12 et 13); et ils se pénètrent de manière que leur plan de jonction est un trapèze $aArr'$ (fig. 9, 12 et 13), qui passe par l'axe et fait avec le plan $aABb$, ou $aAB'b'$, un angle d'environ 6^{d}. Par une suite nécessaire, les résidus des pans sur lesquels passe la section rr', font entre eux un angle rentrant nas (fig. 7) de 128^{d}, tandis que l'incidence mutuelle des pans qui répondent aux lignes $E's$, $E''n$, est d'environ 104^{d}. L'angle rentrant dont il s'agit est très prononcé sur les morceaux que j'ai cités. Cette variété se trouve en Espagne.

8. *Semi-parallélique uniternaire.* Solide élémen-

taire, arragonite uniternaire $M\overset{3}{E}^2C^1$ (fig. 5). Le reste comme au précédent.

9. *Symétrique basé* (fig. 14). Prisme hexaèdre droit ayant quatre angles de 116^d et deux de 128. Solide élémentaire, arragonite basé (fig. 3). Coupe transversale de l'agrégat (fig. 15). J'ai déjà donné, dans les observations préliminaires, la description de cette variété, et j'ai exposé trois hypothèses différentes, relativement au mécanisme de sa structure. Je me bornerai donc ici à ajouter les signes des décroissemens qui déterminent les plans de jonction.

Pour la première, $N\overset{16}{^7}E$, $N'E\overset{16}{^7}$; pour la seconde, $N\overset{8}{^7}E$, $N'E\overset{8}{^7}$; pour la troisième, (fig. 16), s^8G^s.

Les observations que j'ai faites sur des morceaux qui appartiennent à cette variété, indiquent la première hypothèse comme étant celle qui s'accorde avec le mécanisme de la structure. On voit sur les pans qui répondent à *gg'*, *ll'* (fig. 15) un petit défaut de continuité aux endroits E, E', où se rencontrent les prismes élémentaires, et l'un de mes morceaux paraît être traversé par une fissure perpendiculaire aux mêmes pans, et qui coïncide avec le plan de jonction ζ. On trouve cette variété en Espagne.

L'agrégat qui vient de nous occuper est un de ceux qu'a décrits M. le comte de Bournon, dans l'article qu'il a publié sur l'arragonite (*), et j'en prendrai occasion d'insérer ici quelques réflexions dictées par l'intérêt de la science, au sujet d'un défaut général d'exactitude qui règne dans toutes les déterminations que ce savant a données des formes analogues à celle dont il s'agit. Il adopte le principe que j'ai établi depuis long-temps, savoir, que la réunion des cristaux qui offrent l'apparence d'une pénétration, se fait suivant des plans dont la position est soumise à des lois de décroissement ; mais ce que n'a pas vu le même savant, c'est que ces lois dépendent essentiellement, dans le cas présent, du rapport entre les diagonales de la coupe transversale du solide primitif. Il en est résulté que les déterminations auxquelles il est parvenu par des tâtonnemens, ne sont que des approximations de celles qui dérivent des formules analytiques. Je vais citer un exemple que je tirerai de la troisième hypothèse représentée figure 16, et également admise par M. de Bournon, qui cependant penche avec raison en faveur de la première.

Le rapport entre les diagonales de la coupe du solide primitif, est, selon ce savant, celui de 8 à 4, 9, ou de 80 à 49. En partant de ce rapport, il trouve

____

(*) Traité complet de la chaux carbonatée et de l'arragonite, etc. Londres, 1808, t. II, p. 119 et suiv.

pour l'angle obtus du rhombe qui coïncide avec cette coupe $117^d\ 2'$, et pour l'angle aigu $62^d\ 58'$. En doublant ce dernier angle, on a $125^d\ 56'$ pour l'incidence des pans qui répondent à ml et mg (fig. 15) sur l'arragonite symétrique. Or, d'après les mesures que j'ai prises sur des morceaux d'une forme parfaitement prononcée, et qui ont été vérifiées par des cristallographes très exercés à manier le goniomètre, l'incidence dont il s'agit est au moins de 128^d, c'est-à-dire d'environ 2^d plus forte que ne l'indique M. de Bournon. Ce défaut de précision a nécessairement influé sur toutes les applications que le même savant a faites de sa théorie aux formes de l'arragonite; mais nous pouvons faire abstraction de cette considération, parce qu'il s'agit ici de la théorie prise en elle-même; et ainsi nous supposerons que le rapport 80 à 49, indiqué par M. de Bournon, soit le véritable.

Le décroissement dont il fait dépendre les positions des plans de jonction μ, μ', a lieu par onze rangées en largeur. D'après cette loi, il trouve, à l'aide du calcul trigonométrique (*), que l'angle oGo' est de $125^d\ 56'$, ce qui est la même valeur que celle qu'il a assignée à l'angle oyo' (fig. 15); d'où il conclut que le prisme susceptible de remplir le vide indiqué par le rhombe $EyE'y'$ (fig. 16), est produit d'une manière parfaitement exacte à l'aide de la

____

(*) *Ibid.*, p. 368.

nouvelle modification du cristal primitif qui dérive-rait du décroissement dont j'ai parlé.

J'observe d'abord qu'en poussant le calcul jus-qu'aux secondes, on trouve une petite différence entre l'angle oyo' (fig. 15), dont la valeur dépend du rapport 80 à 49 entre les diagonales, et l'angle oGo' (fig. 16), qui dérive du décroissement par onze rangées sur l'arête contiguë au point G; car le premier de ces angles est de $125^d\,57'\,0''$, et le second de $125^d\,55'\,8''$, c'est-à-dire plus faible d'environ $2'$.

La formule qui représente la véritable loi fait connaître la raison de cette différence; car elle démontre que, dans le décroissement qui satisfait à la condition que le vide $oyo'y'$ soit exactement rempli par le rhombe marqué des mêmes lettres (fig. 16), le nombre de rangées soustraites en largeur est de 8801, et celui de rangées soustraites en hauteur de 803 (*). Ce rapport est très voisin de celui de 11 à l'unité, puisque, pour le transformer en ce der-

---

(*) La formule dont il s'agit est $n = \dfrac{g^2 + p^2}{3p^2 - g^2}$. Si l'on fait, avec M. de Bournon, $g = 80$ et $p = 49$, on trouve $n = \dfrac{8801}{803}$. En supposant $g = \sqrt{23}$ et $p = 3$, comme dans ma détermination, on a $n = 8$. En mettant 11 à la place de n dans l'équation précédente, on en déduit pour g et p le rapport $\sqrt{8}$ à $\sqrt{3}$, qui touche de bien près celui de 80 à 49, et que M. de Bournon aurait adopté, s'il faisait usage de l'analyse.

nier, il suffit de supprimer une unité dans le premier terme et trois unités dans le second; mais, dans ces sortes de sujets, il n'y a rien à négliger. La précision rigoureuse devient indispensable, parce que sans elle on se met en contradiction avec les principes invariables de la Géométrie. J'ajoute que c'est perdre de vue le côté le plus intéressant de la théorie, que de substituer une méthode de tâtonnement à l'usage des formules qui réunissent l'avantage d'exprimer des propriétés générales à celui d'indiquer tout d'un coup la marche qui, dans chaque cas particulier, conduit sûrement au but.

10. *Apotome* (fig. 17). La tendance de l'arragonite à produire des réunions de cristaux sous l'apparence d'un cristal simple n'est pas limitée à la forme prismatique ; la variété qui va nous occuper en offre un nouvel exemple dans un solide pyramidal. L'aspect extérieur de ce solide est celui d'un dodécaèdre composé de deux pyramides droites très aiguës. Leur base commune *mgg'm'l'l* est semblable à celle de la variété symétrique basée (fig. 14). Il en résulte que les décroissemens qui donnent les deux pyramides agissent suivant des lignes parallèles à des perpendiculaires menées des angles E, E' de la forme primitive (fig. 1) sur l'arête G. Bornonsnous à considérer leur effet sur l'octaèdre auquel répond le rhombe *n* (fig. 15), en supposant qu'ils n'agissent que sur les faces indiquées par *go'* et *gm*. Ces décroissemens seront intermédiaires sur les

angles GAE, GAE (fig. 1) de l'octaèdre primitif; et si l'on mène par l'angle E un plan qui passe par le milieu de G et par un point pris sur C au $\frac{1}{8}$ de la distance entre A et A', ce plan sera parallèle à la face gzm (fig. 17). On aura le parallélépipède substitué en plaçant un tétraèdre sur la face M (fig. 1), et un second sur son opposée, ainsi que le représente la figure 18. Le signe théorique du décroissement rapporté à ce parallélépipède sera A_g, et le signe technique sera (fig. 1) $(B^1 G^{\frac{1}{2}} C^{\frac{3}{2}} B'^{\frac{1}{9}})$.

Maintenant, comme les décroissemens agissent simultanément sur les faces extérieures des quatre octaèdres auxquels répondent les rhombes N, N', n, n' (fig. 15), ils feront naître, vers chaque sommet, huit faces qui se réduiront à six à cause de la coïncidence sur un même plan des quatre faces primitives, dont deux se rapportent aux lignes E'g, Eg, et les deux autres aux lignes El, El'.

L'hexagone gl', qui représente la base commune des deux pyramides n'étant pas régulier, ses côtés doivent avoir entre eux un certain rapport, pour que les six faces qui naissent sur eux concourent en un point commun. La théorie prouve (Traité de Crist., t. II, p. 332) que, dans ce cas, chacun des quatre côtés mg, ml, $m'g'$, $m'l'$, est à chacun des deux autres gg', ll', comme 8 est à 9, ainsi que le représente la figure. Si gg' est plus grand relativement à gm que ne l'indique ce rapport, les deux faces qui répondent à gg', ll' se réutiront sur une arête parallèle à ces lignes, et le sommet deviendra cunéiforme. Si au contraire *gg'* diminue relativement à *gm*, il se formera une arête oblique de part et d'autre entre les angles supérieurs des mêmes faces et le sommet du dodécaèdre. Je n'ai point encore observé ce dernier cas ; mais le premier est très commun.

Les décroissemens qui produisent les faces des pyramides ne se répètent pas sur les parties correspondantes ; leur action devient nulle par l'effet du groupement. D'après la supposition qui paraît la plus naturelle relativement au mécanisme de la structure intérieure des pyramides, on doit concevoir que si on les coupait par des plans parallèles à la base, ces plans offriraient le même assortiment que celui qu'on observe sur l'hexagone Em' $E'm$ (fig. 15), en sorte que les figures dont il est composé ne feraient que diminuer d'étendue à mesure que l'on approcherait du sommet, en conservant toujours leurs positions respectives.

La variété qui vient d'être décrite se trouve dans les mines de fer oxidé de divers pays, et en particulier dans celles de Carinthie.

11. *Dilaté primitif.* Solide élémentaire, arragonite primitif (fig. 1). Coupe transversale de l'agrégat (fig. 19) ; quatre rhombes O, O', R, R' de 116^d, et deux trapézoïdes *I*E*Gu*, *I*E'G'*u*, dont chacun peut être considéré comme composé de deux triangles G*Eu*, *Elu*, ou G'E'*u*, E'*lu*. Signes des décroisse-

mens relatifs aux plans de jonction : pour ζ, $\underset{\zeta}{R^{\frac{16}{7}}E}$, $\underset{\zeta}{OE^{\frac{16}{7}}}$; pour μ, $\underset{\mu}{R^{\frac{8}{7}}E}$; pour μ'', $\underset{\mu'}{OE^{\frac{8}{9}}}$; pour h, $\underset{h}{O'E}$.

Cette variété se trouve en Espagne. Les morceaux de ma collection qui la présentent, n'ont qu'environ 4 millimètres (1 ligne $\frac{4}{5}$) d'épaisseur. Les octaèdres primitifs qui en sont les élémens ont leurs faces parfaitement prononcées. L'arête qui remplace l'angle E ou E′ (fig. 1) est très courte ; et comme d'ailleurs ces octaèdres laissent entre eux de petits intervalles aux endroits où ils se rencontrent, il en résulte que leur forme est saillante en grande partie, et que l'observateur n'a presque rien à faire pour la compléter par la pensée.

12. *Dilaté basé.* Solide élémentaire, arragonite basé (fig. 3). Le reste comme au précédent.

Cinq solides élémentaires.

13. *Contourné basé.* Solide élémentaire, arragonite basé (fig. 3). Coupe transversale de l'agrégat (fig. 20). Si l'on suppose que le rhombe O soit nul, et que les deux rhombes R, R′ s'étendent l'un vers l'autre jusqu'à se rencontrer, l'assortiment sera semblable à celui de la variété symétrique basée (fig. 15) ; mais l'intervention du rhombe O substitue en x un angle de 116^{d} à celui de 128^{d} qui aurait eu lieu, d'où il résulte que les côtés Ex, Ey font l'un avec

l'autre un angle rentrant de 168^d, dont la différence 12 avec 180^d est égale à celle qui existe entre 116 et 128.

Signes relatifs aux plans de jonction : pour λ, $R^{\frac{15}{8}}E$, $OE^{\frac{15}{8}}$; pour δ, $R^{\frac{7}{8}}E$, $OE^{\frac{7}{8}}$; pour ζ, $RE''^{\frac{16}{7}}$, $r^{\frac{16}{7}}E''$; pour ζ', $O^{\frac{16}{7}}E'$, $R'E'^{\frac{16}{7}}$; pour μ et μ', $O^{\frac{7}{8}}E'$, $R'E'^{\frac{7}{8}}$; pour μ'', $rE''^{\frac{7}{8}}$.

Trouvé en Espagne.

Six solides élémentaires.

14. *Emergent basé.* Solide élémentaire, arragonite basé (fig. 3). Coupe transversale de l'agrégat (fig. 21). Six rhombes de 116^d avec quatre triangles intermédiaires ayant deux angles de 64^d et un de 52^d, et un quadrilatère irrégulier, placé au centre, ayant deux angles de 52^d, un de 116^d, le quatrième de 140^d. La somme 696^d des six angles de 116^d étant plus petite de 24^d que la somme 720 des six angles extérieurs d'un hexagone, les côtés E*n*, *on* du rhombe R font avec les côtés E*q*, *op* des rhombes R', R'' deux angles rentrans de 168^d, dont la somme diffère de 24^d en moins de celle de 360^d, différence égale à celle qui a lieu entre l'angle *x* de 116^d et l'angle de 140^d qui le remplacerait dans le cas où il n'y aurait point

d'angles rentrans. La sous-division du quadrilatère central en quatre triangles par les lignes xz, cE', cK, dont l'une est sur les prolongemens des petites diagonales des rhombes R, r, et les deux autres partagent en deux également les angles latéraux de 52^d du quadrilatère, est conforme à l'analogie avec les variétés décrites précédemment ; mais je ne connais aucune observation directe qui l'indique.

Signes relatifs aux plans de jonction : pour λ, $R^{\frac{15}{8}}E$, $RE^{\frac{15}{8}}$; pour μ et μ', $R'^{\frac{3}{7}}E$, $RE^{\frac{3}{7}}$; pour ζ, $R'E^{\frac{15}{7}}$, $r'^{\frac{15}{7}}E'$; pour ζ', $r'^{\frac{15}{7}}E''$, $rE''^{\frac{15}{7}}$; pour h et h', RE', r'^1E'' ; pour μ'', $R'E'^{\frac{7}{8}}$.

Trouvé en Espagne, et aux environs de Salzbourg en Bavière.

15. *Mëiogone basé*. Solide élémentaire, arragonite basé (fig. 3). Coupe transversale de l'agrégat (fig. 22). Six rhombes de 116^d disposés autour d'un rhombe central de 128^d avec quatre triangles intermédiaires ayant deux angles de 64^d et un de 52^d. Cet assortiment diffère de celui de l'arragonite émergent (fig. 21) en ce que les deux angles rentrans donnés par la différence entre l'angle de 116^d et celui de 120^d, au lieu d'être situés de part et d'autre d'un même rhombe, ont lieu de deux côtés opposés à la rencontre des rhombes R, R' avec les rhombes r, r'.

Signes relatifs aux plans de jonction : pour λ, $RE'^{\frac{13}{8}}$, $r'^{\frac{25}{8}}$; pour ζ, $r'^{\frac{15}{8}} E''$, $TE''^{\frac{15}{7}}$; pour ζ', $R^{\frac{16}{7}} E$, $R'E^{\frac{15}{7}}$.

Trouvé en Espagne.

Sept solides élémentaires.

16. *Mésotome basé.* Solide élémentaire, arragonite basé (fig. 3). Coupe transversale de l'agrégat (fig. 23). Six rhombes de 116^d disposés autour d'un rhombe central du même nombre de degrés avec quatre triangles intermédiaires ayant deux angles de 64^d et un angle de 52^d. L'aspect de cette variété est plus symétrique que celui des précédentes, par une suite de ce que les deux angles rentrans qui proviennent de la différence entre l'angle de 116^d et celui de 120^d, sont situés aux deux extrémités de la grande diagonale du rhombe central s. Les côtés de ce rhombe étant les prolongemens de ceux des rhombes O, r, se trouvent dans l'ordre de la structure, en sorte qu'il n'y a qu'un seul plan de jonction ζ qui coupe en deux parties égales le triangle qu'il traverse ; ce qui est d'autant plus remarquable, que cette variété est la plus composée de toutes, eu égard au nombre de solides élémentaires dont elle est l'assemblage.

Signe relatif au plan ζ, $OE''^{\frac{15}{8}}$, $R'^{\frac{15}{8}} E$.

Observation.

Dans les descriptions que je viens de donner des
variétés d'arragonite qui résultent de la réunion de
plusieurs cristaux en un seul corps, j'ai supposé
que le nombre de ces cristaux était le plus petit
possible, et j'ai ramené le mécanisme de la structure
à son plus grand degré de simplicité ; mais il arrive
souvent que chaque cristal est lui-même un groupe
composé d'autres cristaux semblables tournés dans
le même sens, et de là vient que, quand le solide
élémentaire est un octaèdre cunéiforme, la base de
l'agrégat est chargée de saillies séparées par des
espèces de cannelures ou de stries qui divergent en
allant du centre à la circonférence. Quelquefois il y
a surcomposition, en sorte que les différens agrégats, en se groupant à leur tour, ajoutent un nouveau genre de complication à celui que chacun d'eux
présente par lui-même. C'est ce qui a lieu, entre autres, dans les variétés qui se trouvent à Bastènes,
près de Dax, département des Landes.

Formes indéterminables.

Arragonite confluent. Cette variété résulte d'un
agrégat qui participe de l'arragonite symétrique par
la structure de son prisme, dont la coupe transversale
est la même, et de l'arragonite semi-parallélique ter-

naire par les sommets de ses solides élémentaires ; mais ces sommets, au lieu d'être distincts, se réunissent en un seul qui occupe toute la partie supérieure de l'agrégat, de manière cependant que leurs faces extérieures se détachent en formant des angles rentrans. De Vertaison, département de l'Allier.

Cylindroïde. Même localité.

Aciculaire libre. En aiguilles déliées, éclatantes, dans une géode marneuse du Val d'Arno di Sopra, en Toscane. En aiguilles qui dérivent de la variété apotome. Des mines de fer de différens pays.

Aciculaire conjoint. De Bohs Meninder, aux environs de Töplitz en Bohême. Couleur violâtre.

Aciculaire radié. De Minsk en Sibérie ; des environs du vieux Brissac en Brisgaw ; de Vertaison, département de l'Allier.

Fibreux conjoint. Stratiforme. Fasriger Kalkstein, W. : de Carlsbad en Bohême.

Fibreux radié. Var. du Fasriger Kalkstein, W. : de Vertaison.

Les arragonites cylindroïdes et aciculaires sont distingués, par l'aspect vitreux de leur cassure transversale, des variétés analogues de chaux carbonatée, qui présentent au même endroit trois joints inclinés entre eux de 104^d.

Les variétés fibreuses subissent des altérations qui aident à les reconnaître, en sorte que très souvent dans une même masse on voit, parmi des assemblages de fibres encore fraîches, des parties d'un blanc mat qui ont un aspect terreux.

Coralloïde. Kalksinter, W.; vulgairement *flos ferri*, parce qu'il était ordinaire de le trouver dans des mines de fer oxidé. Composé de rameaux blancs cylindriques souvent contournés et dont quelques-uns se replient sur eux-mêmes. Leur intérieur présente un assemblage d'aiguilles situées obliquement à l'axe.

a. Lisse.

b. Hérissé. Sa surface est couverte de pointes cristallines qui, comme les aiguilles de l'intérieur, sont inclinées à l'axe. J'ai un morceau qui réunit les deux sous-variétés.

M. Cordier est le premier qui ait réuni à l'arragonite cette variété, que l'on avait rangée jusqu'alors parmi les concrétions calcaires (*). Sa structure et les inflexions que forment ses rameaux ne se concilient pas avec l'idée qu'elle ait même été produite, comme les concrétions dont il s'agit, au moyen de l'infiltration d'un liquide à travers les voûtes des cavités dont on la retire.

Compacte. De Vertaison, département de l'Allier, où il adhère à l'arragonite fibreux; ce qui offre un caractère empyrique pour le reconnaître.

Couleurs. Blanc ou blanc-jaunâtre, violet, verdâtre.

(*) Voyez le Journal des Mines, t. XVIII, p. 65, note 1.

Relations géologiques.

L'arragonite, si différent de la chaux carbonatée par ses caractères minéralogiques, s'en distingue encore en ce que sa manière d'être dans la nature décèle une origine peu reculée, due à des circonstances particulières.

Ce minéral n'entre que comme principe accidentel dans les roches dont il fait partie, et qui sont au nombre de trois, savoir :

1°. La serpentine de la vallée de Saint-Nicolas, près du mont Rose, dans les Alpes. On ne peut guère douter que les aiguilles d'arragonite qui garnissent les cavités de cette roche, n'aient une origine beaucoup plus récente.

2°. L'argile. Elle est souvent ferrugineuse : c'est la gangue ordinaire des arragonites d'Espagne, entre les royaumes d'Arragon et de Valence. Elle contient aussi de la chaux sulfatée et de petits cristaux de quarz hyalin hématoïde.

3°. Le basalte. Celui de Vertaison, département de l'Allier, contient des noyaux plus ou moins volumineux, composés d'aiguilles d'arragonite. D'autres cavités de la même roche sont occupées par des groupes de cristaux qui appartiennent à la variété confluente.

L'arragonite est associé dans divers pays à la formation accidentelle des filons ou des amas de fer oxidé brun, comme en Styrie, en Carinthie, en Hongrie, etc. Il s'y montre ordinairement sous la forme de pyramides alongées qui se rapportent à la variété apotome. C'est dans les cavités des mêmes mines que l'on trouve la variété coralloïde.

J'ai un groupe de cristaux aciculaires d'arragonite qui adhèrent au cuivre oxidulé mêlé de cuivre carbonaté vert; mais j'ignore de quel pays il vient.

Je terminerai par quelques exemples des relations de rencontre de l'arragonite avec d'autres substances. On le trouve implanté dans la magnésie carbonatée de Baudissero en Piémont, sous la forme d'aiguilles plus ou moins alongées, et quelquefois sous celle de cristaux simples, qui appartiennent à la variété quadri-hexagonale.

L'arragonite de la vallée de Léogang, pays de Salzbourg (qui a été décrit parmi les agrégats sous le nom d'*émergent*), est accompagné de chaux fluatée, de baryte sulfatée et de fer carbonaté. J'ai déjà parlé du quarz hématoïde et de la chaux sulfatée, qui, en Espagne, s'associent aux groupes composés de cristaux d'arragonite.

Mais de toutes les alliances de ce genre, la plus remarquable est celle qu'a contractée, dans certains endroits, l'arragonite avec la chaux carbonatée. J'ai dans ma collection un morceau sur lequel deux petites masses, l'une de chaux carbonatée laminaire, l'autre d'arragonite aciculaire, sont en contact immédiat, de manière cependant que la limite à laquelle chacune d'elles s'arrête est nettement tranchée. La première qui est grisâtre, se divise en rhomboïdes semblables à la forme primitive. Les aiguilles d'arragonite, dont la blancheur offre un passage brusque d'une teinte à l'autre, n'ont qu'une cassure vitreuse, et lorsqu'on les expose à la flamme d'une bougie, elles y subissent la petite explosion dont j'ai parlé à l'article des caractères.

On voit à la base d'un autre morceau qui est convert d'aiguilles prismatiques libres d'arragonite, des cristaux de chaux carbonatée qui ont la structure propre à ce minéral, et dont la forme, si elle était parfaitement prononcée, serait probablement celle de la variété métastatique. Les aiguilles s'assimilent par leurs caractères à celles dont j'ai parlé en premier lieu.

Les substances qui contrastent le plus fortement par leurs principes composans, offrent des exemples de ces relations de position et de réunion plus intimes encore, lorsque les molécules de l'une s'interposent entre celles de l'autre; et je ne sais même si les circonstances qui ont fait naître la chaux carbonatée à côté de l'arragonite ne sont pas plutôt en faveur de l'idée que ces deux minéraux diffèrent essentiellement l'un de l'autre. On est moins disposé à les associer dans une même espèce, lorsqu'on voit la limite tracée entre elles par les caractères physiques et géométriques conserver toute sa netteté à l'endroit où elle semblerait devoir s'effacer et disparaître, si leur distinction n'avait pas un fondement dans la nature.

Annotations.

Les premiers cristaux d'arragonite qui aient été
connus appartenaient à la variété symétrique, que
l'on trouve en Espagne. Romé de l'Isle, qui sans
doute n'y avait pas regardé d'assez près pour être
averti d'en mesurer les angles par les différences
qu'un œil attentif y aperçoit, les confondait avec la
chaux carbonatée prismatique, et il les désigne
comme offrant une variété verdâtre ou rougeâtre de
ce minéral qui vient d'Espagne, et qui est en prismes
solitaires et quelquefois croisés, dont les bases sont
striées du centre à la circonférence (*). Le baron de
Born, dont l'opinion sur les cristaux d'arragonite
s'accorde avec celle de Romé de l'Isle, rapporte que
leur couleur violette ayant fait soupçonner qu'ils pouvaient contenir de l'acide fluorique, M. Klaproth,
dans la vue de s'assurer si cette conjecture était fondée, les avait soumis à l'analyse, et n'en avait retiré
que de la chaux et de l'acide carbonique (**).

Dans la suite, Werner, en comparant ces
mêmes cristaux avec les prismes de chaux carbonatée, remarqua dans l'aspect de leur surface, de leur
cassure et de leur tissu, des différences qui, jointes
à leur excès de dureté, le déterminèrent à en faire

(*) Cristallographie, t. I, p. 517.
(**) Catalogue méthodique, etc., t. I, p. 320.

une espèce particulière, dont il tira le nom de celui du royaume d'Arragon, où elle avait été découverte.

Quant à la forme des cristaux, on continua de l'assimiler à celle du prisme hexaèdre régulier. Ce fut dans le temps où je préparais la première édition de cet ouvrage, qu'ayant appliqué à ces cristaux les mesures mécaniques, j'observai que les angles formés par les incidences mutuelles de leurs pans étaient les uns de 116^d et les autres de 128^d. Je trouvai de plus que chacun d'eux était un assemblage de quatre cristaux prismatiques, qui se divisaient dans le sens latéral, sous un angle d'environ 116^d. C'en était assez pour faire juger qu'ils ne pouvaient appartenir à la chaux carbonatée. Mais comme l'analyse qu'en avait faite un des plus célèbres chimistes de l'Europe leur assignait une place dans cette dernière espèce, je crus devoir alors laisser l'arragonite parmi les substances sur lesquelles il restait encore des observations à faire, avant de les introduire dans la méthode.

Cette mesure d'angles, qui indiquait pour l'arragonite une molécule intégrante différente de celle de la chaux carbonatée, semble avoir donné l'impulsion à la Chimie pour épuiser sur le premier de ces minéraux toutes les ressources que l'on peut attendre de la perfection à laquelle l'analyse a été portée de nos jours. Plusieurs savans d'un mérite très distingué, ont soumis à l'expérience des cristaux d'arragonite choisis parmi ceux qui paraissaient les plus purs, et tous y ont trouvé les mêmes quantités relatives de chaux et d'acide carbonique que dans la chaux carbonatée ordinaire, sans pouvoir y reconnaître la présence d'aucun autre principe. La conformité de leurs résultats semblait ne laisser aucun lieu de douter que ces deux substances ne dussent être réunies dans une même espèce, et c'est en effet la conséquence qu'en ont tirée tous ceux qui regardent l'analyse comme le guide le plus sûr pour la classification des minéraux. On jugea que la méthode fondée sur la Géométrie des cristaux souffrait une exception dans le cas présent, et l'importance qu'on attachait à l'avantage de l'avoir prise une fois en défaut, ne pouvait que l'honorer.

Pendant le même intervalle, j'avais déterminé complétement la forme primitive de l'arragonite, qui est l'octaèdre que j'ai décrit au commencement de cet article, et cette détermination, jointe à d'autres considérations que je vais exposer, m'engagea, lorsque je publiai mon tableau comparatif, à introduire dans ma méthode l'arragonite parmi les substances acidifères, comme formant une espèce distincte, qui devait seulement être placée à la suite de la chaux carbonatée. Voici les motifs qui me firent tracer ici une ligne de démarcation, que les résultats de l'analyse n'indiquaient pas.

Il est d'abord évident que les formes de l'arragonite et de la chaux carbonatée sont incompatibles dans un même système de cristallisation ; car, pour qu'il y eût entre l'une et l'autre une dépendance mutuelle, il faudrait qu'il existât dans l'intérieur d'un rhomboïde primitif de chaux carbonatée, des joints naturels imperceptibles pour nos sens, mais susceptibles, dans l'hypothèse où ils pourraient être saisis, de donner un octaèdre rectangulaire semblable à celui de l'arragonite. Dans cette hypothèse, on pourrait, en substituant l'une des deux formes à l'autre, par exemple l'octaèdre de l'arragonite au rhomboïde calcaire, obtenir, par des lois de décroissement relatives à cet octaèdre, toutes les variétés que présente la cristallisation de l'autre substance. Or la théorie démontre l'impossibilité de cette substitution, quels que soient même les angles de l'octaèdre et ceux du rhomboïde ; car tous les décroissemens relatifs au rhomboïde, qui donnent des faces inclinées à l'axe, se font simultanément sur les bords supérieurs B (fig. 24), situés trois à trois autour des sommets, ou sur les six angles A compris entre ces bords, ou sur les bords inférieurs D, dont le nombre est encore de six, ou sur les angles latéraux E, qui sont en pareil nombre, ou enfin sur les angles inférieurs e, situés trois à trois vers chaque sommet. Au contraire, dans un octaèdre rectangulaire (fig. 25) (*), les bords supérieurs B,

------

(*) On a donné à cet octaèdre une position sous laquelle son axe est dirigé verticalement, pour faciliter l'intelligence de sa comparaison avec le rhomboïde (fig. 24).

30..

qui subissent toujours des décroissemens simultanés, sont au nombre de quatre vers chaque sommet. Parmi les angles supérieurs E′ ou inférieurs E, dont le nombre est le même, il peut y en avoir deux qui restent intacts, tandis que les lois de décroissement agiront sur les deux autres, ou bien tous les quatre leur seront soumis à la fois. Un décroissement qui n'agirait que sur trois est exclu par la symétrie de la cristallisation. Il en est de même des quatre bords latéraux C, G, qui n'admettent point d'intermédiaire entre deux et quatre décroissemens simultanés. Enfin, il suffira qu'un décroissement agisse sur un des quatre angles latéraux E, pour qu'il se répète sur les trois autres.

Il suit de là que la cristallisation de la chaux carbonatée a pour échelle la série 6, 12, 24, etc., dont tous les termes sont des multiples de trois ; et celle de l'arragonite, la série 4, 8, 16, etc., dont aucun terme n'est multiple de trois ; d'où il faut conclure que les deux systèmes de cristallisation sont incompatibles. Les nombres de chaque série, comparés à ceux de l'autre, peuvent être assimilés, dans ce cas, aux incommensurables de la Géométrie ordinaire (*).

____

(*) On peut transformer un rhomboïde quelconque (fig. 24) en octaèdre, par des sections faites sur les diagonales horizontales, prises trois à trois vers chaque sommet. Ces sections mettront à découvert deux triangles équilatéraux, qui,

Mais ce qui achève de distinguer l'arragonite de la chaux carbonatée, c'est que les propriétés physiques, telles que la pesanteur spécifique, la dureté, l'action de la lumière, viennent toutes se ranger du côté de la Géométrie.

J'ai fait connaître les différences qu'elles présentent dans la comparaison des deux substances, et, à l'égard de l'action de la lumière, j'ajouterai que, d'après les expériences de M. Malus, la force que ce célèbre physicien appelle *répulsive*, et qui détermine la réfraction extraordinaire, est plus grande au moins de $\frac{1}{9}$ dans la chaux carbonatée que dans l'arragonite ; et M. Malus remarque que, comme les forces de ce genre dépendent de la forme des molécules intégrantes, c'est une nouvelle preuve que celles des

---

combinés avec les six triangles isocèles, résidus des faces du rhomboïde, composeront la surface d'un octaèdre ; mais jamais cet octaèdre ne sera rectangulaire. Il y a seulement un cas où l'on aura un octaèdre régulier pour résultat, savoir, lorsque, le rhomboïde générateur étant aigu, l'angle plan au sommet sera de 60^d. On peut encore extraire un octaèdre d'un rhomboïde, par des sections faites sur les huit angles solides. Cet octaèdre aura aussi deux triangles équilatéraux, tandis que les six autres seront isocèles, à moins que le générateur ne soit un cube, auquel cas l'octaèdre sera régulier. Il ne faut qu'un peu d'attention pour apercevoir que ces passages du rhomboïde à l'octaèdre sont étrangers à la question présente.

deux minéraux sont absolument différentes et irré-
ductibles à une même forme (*).

Cet accord entre les indications des propriétés
qui tiennent de plus près à la nature des minéraux,
et celles de la théorie fondée sur les lois de leur
structure, fit changer l'état de la question. On ne
demandait plus comment la Cristallographie se trouvait ici en opposition avec l'analyse chimique, mais
comment il pouvait se faire que les résultats de l'a-
nalyse ne fussent pas conformes à ceux de la Cristallographie.

Cette dernière science parut un moment s'être tournée contre elle-même. M. Bernhardi, qui cultive la Minéralogie d'une manière très distinguée, publia un Mémoire (**), dans lequel il se proposait de prouver que la
forme de l'arragonite pouvait dériver de celle de la
chaux carbonatée. L'exposé que je vais faire de la marche qu'il a suivie pour arriver à son but, me fournira
un exemple à l'appui des véritables principes, qui démontrent au contraire l'impossibilité de lier dans
une même théorie les formes des deux substances.

M. Bernhardi suppose que la forme primitive de
l'arragonite est le prisme droit rhomboïdal qui résulterait du prolongement des deux pans M,

---

(*) Théorie de la double réfraction, p. 256.

(**) Journal de Chimie, Physique et Minéralogie, t. VIII,
premier cahier, p. 152 et suiv.

M" (fig. 14), et de leurs opposés, dans la variété que j'ai nommée *arragonite symétrique basé*.

D'après mes observations, les pans de ce prisme font entre eux un angle d'environ 128^d d'une part, et de 52^d d'une autre part. J'examinerai dans la suite si cette supposition est légitime. Il suffit, pour le présent, qu'elle se déduise de l'aspect extérieur de la variété dont il s'agit, abstraction faite du mécanisme de la structure. Voici maintenant la manière dont M. Bernhardi établit la relation entre le prisme supposé et le rhomboïde primitif de la chaux carbonatée.

J'ai traité, dans ma Cristallographie, de la re-production d'une même forme par des lois différentes de décroissement ; et parmi les divers problèmes relatifs à ce point de théorie, j'en ai cité un dont le sujet est le rhomboïde équiaxe de la chaux carbonatée, et j'ai prouvé que ce rhomboïde était également susceptible d'être produit, en vertu d'un décroissement, par une rangée sur les bords supérieurs B, B (fig. 24) du rhomboïde primitif, et en vertu d'un autre décroissement, par quatre rangées sur les angles supérieurs A du même rhomboïde. J'ai fait voir de plus que les pans du prisme hexaèdre régulier, qui, dans le cas le plus ordinaire, sont le résultat d'un décroissement par deux rangées sur les angles inférieurs *e*, pouvaient aussi naître d'un décroissement, par une simple rangée, sur les bords inférieurs D, D. M. Bernhardi combine ce dernier décroissement avec les deux dont j'ai parlé d'abord ; mais au lieu de faire agir chacun d'eux sur les six bords ou sur les six angles identiques, ainsi que l'exige la loi de symétrie, il ne les emploie que d'une manière partielle. Ainsi, parmi les bords situés trois à trois vers chaque sommet, il en choisit deux opposés, tels que B et B' (fig. 26), et imagine un décroissement par une rangée qui a lieu sur chacun d'eux, tandis que les quatre autres restent intacts ; ce qui lui donne deux faces, dont l'une est représentée par g (fig. 27), et l'autre par celle qui lui est parallèle. Parmi les six angles, compris trois à trois entre les mêmes bords, il choisit les deux qui sont situés dans les parties opposées à B et B', dont l'un est désigné par nAr, et l'autre par $n'ar'$; et, à l'aide d'un décroissement par quatre rangées, qui agit sur ces deux angles, sans se répéter sur leurs analogues, il obtient la face adjacente à g (fig. 27), le long de l'arête s, et la face r qui lui est parallèle. Ces deux faces, jointes aux deux précédentes, fournissent les pans du prisme rhomboïdal. Il ne reste plus, pour le compléter, qu'à imaginer un décroissement, par une rangée qui agisse exclusivement sur les deux bords inférieurs D, D'. Il en résulte deux nouvelles faces, savoir u (fig. 27) et son opposée, qui, étant exactement perpendiculaires sur les pans g, r, font la fonction de bases ; après quoi il ne reste plus qu'à redresser le prisme, pour le mettre dans sa position naturelle, sous laquelle l'arête z et les autres qui lui correspondent, sont dirigées verticalement.

De quelque côté que l'on considère cette hypothèse, on trouve qu'elle est partout hors de la nature. En premier lieu, l'angle que font entre eux les pans adjacens à l'arête z, tel que le donne la théorie du rhomboïde calcaire, n'est que de $126^d\,52'$, tandis que l'angle qui lui correspond sur le prisme dérivé de l'arragonite est de 128^d, en sorte que la différence est de $1^d\,8'$; et quand elle se réduirait à un demi-degré, elle serait encore appréciable sur les cristaux d'une forme très prononcée qui ont servi à mes observations.

D'une autre part, le prisme dont le grand angle est de 128^d n'est point l'élément de l'arragonite. Cet angle, ainsi qu'on peut en juger à la seule inspection de la figure 14, est produit par la réunion de deux angles de 64^d, qui appartiennent à deux prismes rhomboïdaux dont chacun provient d'un décroissement par une rangée sur l'arête C (fig. 1) de l'octaèdre primitif. C'était cet octaèdre qu'il fallait faire naître du rhomboïde calcaire, en trouvant une loi susceptible de donner les faces P (*).

(*) J'ai essayé de ramener l'hypothèse de M. Bernhardi à un point de vue moins contraire à la structure de l'arragonite; mais je n'ai fait que la rendre plus spécieuse, et un nouvel examen a prouvé qu'elle n'en était pas devenue plus admissible. Annales du Muséum d'Histoire naturelle, t. XIII, p. 245 et suiv.

De plus, les pans du prisme rhomboïdal étant le résultat de deux lois différentes de décroissemens, l'un par une rangée sur deux des bords B (fig. 26), l'autre par quatre rangées sur deux des angles A, il devrait y avoir aussi de la diversité dans leur poli, dans la netteté des joints qui leur seraient parallèles, et dans la facilité d'obtenir ces joints. Cependant ces pans n'ont absolument rien qui les distingue dans les cristaux d'arragonite ; ils peuvent être pris à volonté l'un pour l'autre par l'observateur, et l'identité de leurs fonctions et de leurs propriétés annonce celle de leur origine.

Enfin l'axe de la réfraction devrait être situé, dans le prisme d'arragonite, parallèlement à l'arête z, conformément aux observations de M. Malus, au lieu que, dans le rhomboïde calcaire, il se confond avec l'axe qui passe par les sommets A, a (fig. 26). Ainsi cet axe qui, dans tous les cristaux connus, reste fixe au milieu de toutes les modifications qui dépendent des lois de décroissemens, se trouverait dérangé par l'effet de celles qui auraient produit le prisme rhomboïdal de l'arragonite, de manière que sa nouvelle position serait perpendiculaire à celle qu'il avait d'abord.

Tout concourt donc à faire rejeter une hypothèse qui déjà paraît se détruire elle-même, lorsqu'on se borne à considérer par combien de suppositions arbitraires il a fallu passer pour arriver du rhomboïde de la chaux carbonatée au prisme de l'arragonite, et combien de vides on a été obligé de laisser dans cet ensemble de décroissemens tous commandés par la loi de symétrie.

Il ne me reste plus qu'à revenir avec plus de détail sur des expériences chimiques dont j'ai énoncé plus haut les résultats, je veux dire celles qui ont conduit M. Stromeyer à reconnaître une différence dans la composition de l'arragonite comparée à celle de la chaux carbonatée. En 1813, ce célèbre chimiste annonça qu'il avait découvert, dans le premier de ces minéraux, une certaine quantité de carbonate de strontiane qui était d'environ $4\frac{1}{2}$ sur 100 dans les cristaux de France, et de $2\frac{1}{2}$ dans ceux d'Espagne (*). Il avait de plus essayé inutilement de retrouver le même principe dans les cristaux de chaux carbonatée. Cette nouvelle s'étant répandue de tous les côtés, plusieurs chimistes d'un mérite très distingué s'empressèrent de répéter l'expérience de M. Stromeyer; mais ils ne purent apercevoir dans l'arragonite la moindre trace de strontiane, et l'on soupçonnait quelque cause d'illusion dans la manière d'opérer de M. Stromeyer, lorsque M. Laugier, ayant entrepris, à mon invitation, de vérifier le résultat annoncé par ce savant chimiste, parvint à retirer d'une dissolution d'arragonite par l'acide

---

(*) L'existence de la strontiane dans l'arragonite avait déjà été présumée par M. Kirwan. *Elements of Mineralogy*, t. I, p. 88.

nitrique, des cristaux de nitrate de strontiane d'une forme très prononcée. Dans toutes les opérations de ce genre, on ajoutait de l'alcohol à la dissolution d'arragonite ; or celui qui avait été employé par les autres chimistes s'était trouvé trop faible, en sorte que la petite quantité d'eau dont il était mêlé avait suffi pour dissoudre le nitrate de strontiane, et le faire disparaître à mesure qu'il se formait. Celui dont s'était servi M. Laugier était de l'alcohol à 40^d qui est très concentré, et c'était cette circonstance qui avait déterminé le succès de son opération.

La découverte dont je viens de parler a été regardée par un grand nombre de savans comme un moyen de conciliation entre la Cristallographie et la Chimie, et le reproche qu'on avait fait à celle-ci d'assigner une même composition à deux substances dont l'autre établissait la distinction, parut s'évanouir par cela seul que l'arragonite renfermait un principe qui ne se trouvait pas dans la chaux carbonatée ; mais, lorsqu'on examine la chose de près, il n'est pas facile d'assigner le point précis par lequel doit être menée la ligne de démarcation qui séparerait l'arragonite de la chaux carbonatée. Si la quantité de strontiane qu'on retire du premier était constante dans tous les individus, ne fût-elle que de quatre centièmes, on aurait droit d'en conclure qu'elle serait essentielle à leur composition ; car il n'y a pas de raison pour qu'un nombre plutôt qu'un autre soit le terme où finissent les principes accidentels et où commencent les principes essentiels. Le rapport invariable entre les quantités relatives de ceux que l'on retire, à l'aide de l'analyse, des différens morceaux qui appartiennent à un minéral, annonce une action constante de leurs affinités réciproques, et un point fixe d'équilibre qui dépend de la nature de ce minéral. Tout ce qui contribue à cet équilibre doit être compté comme ayant une valeur appréciable.

Mais nous avons vu que la quantité de strontiane carbonatée qui avait été retirée des arragonites d'Espagne, était à peu près le double de celle qu'avaient donnée les cristaux de Vertaison en France. Elle a également varié dans ceux des autres pays, et l'analyse d'une variété qui se trouve à Nertschinsk en Sibérie, n'en a offert à M. Stromeyer que $\frac{11}{1000}$ (*), quantité qui n'est que la moitié de celle que contiennent les arragonites de France, et le quart de celle qui existe dans les arragonites d'Espagne. Cette grande variation ne paraît pas se concilier avec l'idée que la strontiane carbonatée entre comme principe constituant dans l'arragonite; mais, d'un autre côté, on demandera peut-être comment il se fait que son rapport de quantité avec les autres principes se soutienne au même degré dans tous les arragonites d'un même pays, en sorte que si l'on ne connaissait, par

____

(*) Lettre de ce savant chimiste, écrite de Gottingue le 5 mars 1815.

exemple, que ceux d'Espagne, on ne balancerait pas à regarder la strontiane carbonatée comme essentielle à leur composition.

Ce n'est pas tout, et l'existence générale de cette substance dans tous les arragonites de divers pays analysés jusqu'ici, est un fait difficile à expliquer, si elle n'est qu'un principe accessoire. Comment concevoir, dans cette hypothèse, que la strontiane se soit rencontrée, pour ainsi dire, tout exprès dans les différens terrains qui renferment des arragonites, et dont plusieurs sont séparés par de grandes distances, pour s'unir par voie de simple mélange à la chaux carbonatée, de manière à la rendre en quelque sorte méconnaissable ? Il y aurait une sorte de contradiction à regarder la strontiane comme étrangère à l'arragonite dont elle serait inséparable.

M. Stromeyer, persuadé dès le commencement (*) qu'elle y était dans un état de véritable combinaison, avait même présumé qu'elle imprimait à l'arragonite le caractère de sa propre forme, par la supériorité de sa force de cristallisation sur celle de la chaux carbonatée. Cette présomption a paru depuis être pleinement confirmée par une découverte faite aux environs de Salzbourg, où la strontiane carbonatée s'est montrée en cristaux dont les formes, d'après les observations de MM. Gehlen et Fuchs, *étaient en-*

____

(*) Lettre du même, datée du 28 février 1813.

tièrement semblables à celles des cristaux d'arra-
gonite (*).

Un envoi que je reçus quelque temps après de
M. Schultes, qui joint un goût éclairé pour la Minéralogie à des connaissances très étendues en Botanique, me mit à portée de juger jusqu'à quel point
l'opinion de M. Stromeyer pouvait être fondée. Cet
envoi contenait, entre autres objets d'un grand intérêt, quelques-uns de ces cristaux que l'on avait
assimilés à ceux d'arragonite qui se rencontrent dans
le même pays. Leur couleur, qui est blanchâtre
comme celle de ces derniers, jointe à une certaine
analogie d'aspect, peut effectivement les faire confondre avec eux par des observateurs accoutumés à
s'en rapporter au premier coup d'œil, et leur voisinage dans un même terrain est fait pour aider encore
à l'illusion. Mais en examinant attentivement ces
cristaux, je reconnus que leur forme était celle d'un
prisme hexaèdre régulier, ayant autour de chaque
base un rang de facettes disposées en anneau. Ils seront décrits sous le nom de *strontiane carbonatée
annulaire*, à l'article de cette dernière substance.
Les arragonites présentent, au contraire, la forme
de la variété émergente basée, dont j'ai donné plus
haut la description, et qui est un groupe composé
de six prismes rhomboïdaux de 116^d, dont un fait
deux angles rentrans avec ceux qui lui sont adja-

(*) Lettre déjà citée, écrite le 5 mars 1815.

cens. Cette structure n'a aucun rapport avec celle des cristaux de strontiane carbonatée, et j'ajoute que ceux-ci dérivent, comme je le prouverai, d'un rhomboïde dont l'angle plan au sommet est d'environ 98^d, en sorte que l'octaèdre de l'arragonite n'est pas plus compatible avec la forme primitive de la strontiane carbonatée qu'avec celle de la chaux carbonatée. Il est donc impossible d'admettre l'opinion déjà peu vraisemblable en elle-même, qui accorderait à la cristallisation de la strontiane carbonatée une puissance capable de lui asservir les molécules d'une masse incomparablement plus grande de chaux carbonatée.

Plus récemment, M. Stromeyer ayant soumis à l'analyse des arragonites de différens pays, et entre autres de ceux dans lesquels d'autres chimistes n'avaient pas trouvé de strontiane carbonatée, a annoncé qu'il était parvenu à en retirer une quantité qui avait varié depuis environ $\frac{1}{2}$ sur 100 jusqu'à 4 et au-delà; et à l'égard du rôle que joue ce principe dans la composition de l'arragonite, il admet une nouvelle opinion conforme à celle qui avait déjà été émise par M. Berzelius dans son Nouveau Système de Minéralogie (*). Ce célèbre chimiste suppose que des molécules de carbonate de strontiane, s'étant unies dans un certain ordre à des molécules de carbonate de chaux, ont donné naissance à une forme *secondaire*, qu'on ne saurait déduire uniquement

---

(*) Pages 19 et 20.

de la forme primitive du carbonate de chaux pure. Il est visible que ces expressions ont besoin d'être modifiées pour les mettre d'accord avec les principes de la Cristallographie. L'octaèdre de l'arragonite, qui est incompatible avec le rhomboïde de la chaux carbonatée, ne peut en dériver comme forme secondaire. Il me semble que la vraie manière d'interpréter le langage de M. Berzelius, consisterait à dire que la strontiane carbonatée s'unit avec la chaux carbonatée par une combinaison intime d'où naît une forme particulière qui est celle de l'octaèdre dont il s'agit. Mais dans cette hypothèse, les quantités relatives des deux principes devraient être constantes, au lieu qu'elles varieraient dans un très grand rapport, d'après ce qui a été dit plus haut. Ainsi, il faut en revenir à l'idée que la strontiane carbonatée n'entre qu'accidentellement dans la composition de l'arragonite. Et si ce minéral ne renferme pas quelque autre principe qui lui soit essentiel, et qui ait échappé jusqu'ici aux nombreuses recherches des chimistes, il en résulte que les principes composans étant les mêmes de part et d'autre quant à leurs qualités et à leurs quantités relatives, il faudra en conclure que la différence entre les deux formes primitives et entre les propriétés physiques, dépend de celle qui a eu lieu pendant la formation des deux substances entre les fonctions réciproques des principes dont il s'agit.

Cette conséquence a été admise par MM. Thénard

et Biot, dans un Mémoire (*) où ils exposent les résultats de l'examen comparatif qu'ils ont fait des
deux substances dont je viens de parler. Les analyses auxquelles ils les ont soumises, en poussant
l'approximation jusqu'aux millièmes, n'ont donné
aucune différence appréciable entre les quantités
respectives de chaux et d'acide carbonique qu'ils
en ont retirées, et ils n'y ont reconnu la présence
d'aucun autre principe. Ayant déterminé les pesanteurs spécifiques des deux substances, ils ont trouvé
celle de l'arragonite plus forte dans le rapport d'environ 16 à 15. La réfraction ordinaire leur a paru
à peu près la même de part et d'autre ; mais la réfraction extraordinaire a donné une différence sensible, ce que M. Malus a confirmé depuis par des
expériences très précises. A l'égard de la dureté,
dont MM. Thénard et Biot ne parlent point, on sait
que celle de l'arragonite surpasse de beaucoup celle
de la chaux carbonatée.

Les deux savans concluent de leurs expériences
et de leurs observations qu'il est possible que les
mêmes principes, en s'unissant dans les mêmes proportions, forment des composés qui diffèrent relativement à leurs propriétés physiques, soit que les
molécules de ces principes aient par elles-mêmes la

____

(*) Mémoires de Physique et de Chimie de la Société
d'Arcueil, t. II, p. 167 et suiv.

faculté de se combiner ensemble de plusieurs manières, soit qu'elles acquièrent cette faculté par l'influence passagère d'un agent étranger qui disparaît ensuite sans que la combinaison soit détruite (*). Nous verrons dans la suite que la première de ces hypothèses, qui paraît la plus naturelle, s'accorde avec l'opinion émise par d'autres savans relativement au même sujet.

Les deux auteurs ne vont pas jusqu'à déduire de ce qui précède, cette autre conséquence que les deux substances doivent être considérées comme deux espèces distinctes. On voit que la condition dont ils font dépendre l'espèce réside uniquement dans les qualités et les quantités respectives des molécules élémentaires, et que ce qui dérive de leurs fonctions respectives, comme la forme de la molécule intégrante et les propriétés physiques, peut varier sans que l'espèce cesse d'être la même. Et parce que, d'après les principes de ma méthode, une même espèce ne peut avoir des molécules intégrantes de deux formes différentes, comme cela aurait lieu dans le cas présent, les deux auteurs pensent que la chaux carbonatée et l'arragonite font exception aux rapports qui paraissent exister entre les résultats de la Chimie et les règles de la Minéralogie cristallographique (**). On a continué de me reprocher l'ex-

---

(*) Mémoires déjà cités, p. 206.

(**) *Ibid.*, p. 176.

ception dont je viens de parler, et M. Klaproth l'a qualifiée d'anomalie de ma théorie (*).

Mais les savans qui croyaient trouver ici la Cristallographie en défaut, ne faisaient pas attention qu'indépendamment du contraste qui naissait entre les deux substances, relativement au mécanisme de leur structure, et d'où résultaient deux formes de molécule intégrante incompatibles dans un même système, elles offraient des différences plus ou moins marquées dans les propriétés qui tiennent de plus près à la nature intime des corps, telles que la réfraction extraordinaire dérivée d'une des lois les plus remarquables de la lumière, la densité et la dureté, d'où dépendaient d'une part les intervalles que laissaient entre elles les molécules élémentaires, et d'une autre part la force qui les tenait comme enchaînées les unes aux autres. La forme ne subissait ici aucune anomalie; elle disait ce qu'elle devait dire en joignant ses indications à celles des propriétés physiques. L'anomalie aurait eu lieu, au contraire, dans le cas où cette forme aurait été semblable à celle de la chaux carbonatée, puisque la loi de la réfraction extraordinaire qui dépend de la molécule intégrante, n'est pas la même dans les deux substances.

J'ajoute que l'analyse qui tend à identifier ces deux substances ne nous donne que les matériaux

---

(*) Dictionnaire de Chimie, t. I, au mot *arragonite*.

employés par l'affinité à la formation des corps qui
leur appartiennent. Ce qui caractérise l'ouvrage de
celle-ci, ce qui le rend susceptible d'être étudié
sous le rapport de la Minéralogie, c'est la manière
dont elle a élaboré les matériaux dont il s'agit, c'est
l'ordre suivant lequel elle les a distribués dans l'intérieur des corps qui en sont les assemblages, et
d'où résulte la forme sous laquelle la nature nous
les présente, et les propriétés que l'expérience nous
y dévoile.

Les résultats des dernières recherches qui ont été
faites avec les attentions les plus minutieuses sur la
composition du diamant, ont enfin conduit les chimistes à une conséquence qu'ils repoussaient depuis
si long-temps. Ils ont trouvé ce minéral uniquement composé de charbon; et comme les propriétés
des deux corps contrastent d'une manière si frappante, que leur réunion dans une même espèce eût
excité une réclamation générale, ils les ont considérées comme les indices d'une différence spécifique qui obligeait de séparer ces mêmes corps, et à
laquelle ils ont assigné pour cause la diversité des
fonctions exercées par les molécules élémentaires.
M. Thénard, après avoir dit que le diamant n'est
que du charbon pur, ajoute qu'il ne diffère de celui-ci que par l'arrangement de ses molécules (*).
M. Davy, après avoir cité des expériences qui sem-

(*) Traité de Chimie, t. I, p. 168.

blent conduire au soupçon que le diamant contien-
drait de l'oxigène, observe qu'elles ont besoin d'être
répétées, et qu'au reste cette quantité ne pourrait
être que très petite ; ce qui ne s'accorderait pas avec
le principe des proportions définies (*). Il ajoute
que s'il se confirme définitivement que le diamant
n'est que du carbone pur (ce qui a été fait depuis
par M. Davy lui-même), ce sera un argument favorable à l'idée que des formes élémentaires différentes sont susceptibles d'être produites par la matière, en vertu de l'agrégation ou de l'arrangement
de ses particules ; « car il n'est guère possible , dit-
il, d'imaginer des corps moins analogues que le
noir de lampe et la plus parfaite des pierres pré-
cieuses. »

Il se présente ici une alternative qui, j'ose le dire,
n'est pas à l'avantage de la Chimie : car , ou bien
l'arragonite, dans lequel on n'a découvert l'existence de la strontiane qu'après des analyses plusieurs fois répétées, recèle encore quelque principe
essentiel qui aura échappé aux auteurs de ces analyses ; et alors pouvons-nous être sûrs de connaître
la véritable composition d'une multitude d'autres
substances qui n'ont pas été, à beaucoup près, soumises à des expériences aussi nombreuses et aussi
soignées ? ou bien le même minéral ne diffère en

____

(*) Élémens de Philosophie chimique. Paris, 1813, t. I,
p. 627.

aucune manière de la chaux carbonatée par les qualités et les quantités respectives des principes qui constituent son essence; et alors ces deux substances rentrent dans le cas du diamant et du charbon; en sorte que la différence de leurs formes et de leurs propriétés en suppose nécessairement une dans les fonctions réciproques de leurs molécules élémentaires, d'après laquelle il devient nécessaire d'en faire deux espèces séparées. Et parce que la Chimie n'a aucune prise sur le caractère distinctif qui dérive des fonctions dont je viens de parler, c'est à la Géométrie et à la Physique, qui seules peuvent saisir l'empreinte toujours subsistante de ce caractère, qu'il appartient de retracer une ligne de séparation qui a disparu dans les résultats des analyses.

TROISIÈME ESPÈCE.

CHAUX PHOSPHATÉE.

PHOSPHATE DE CHAUX DES CHIMISTES.

Apatit, spargelstein, phosphorit, W.

Caractères spécifiques.

Caractère géométrique. Forme primitive, prisme hexaèdre régulier (fig. 1, pl. 26) dans lequel le côté B de la base est à la hauteur G à peu près comme 10 est à 7 (*).

(*) Le véritable rapport est celui de $\sqrt{2}$ à 1. La per-

Molécule intégrante, prisme triangulaire équilatéral. Molécule soustractive, prisme rhomboïdal droit de 120^d et 60^d.

Les cristaux terminés en pointe offrent quelquefois une cassure conchoïdale; mais elle n'a lieu que dans certaines parties, et le niveau parfait accompagné d'un vif éclat reparaît dans d'autres parties, où il indique très sensiblement les positions des joints naturels. Les cristaux terminés par un plan perpendiculaire à l'axe ont leur tissu plus uniforme; mais leurs joints naturels, quoique bien apparens, ont moins d'éclat et s'obtiennent moins facilement.

Caractères physiques. Pesanteur spécifique, 3,0989....3,2

Dureté. Non étincelante par le choc du briquet, ne rayant point ou que légèrement le verre.

Réfraction. Je l'ai observée tantôt à travers une face oblique à l'axe qui naissait sur un des pans du prisme et à travers le pan opposé, tantôt à travers une face située comme la première et à travers la base du prisme: elle m'a paru simple dans l'un et l'autre cas.

Éclat. Ordinairement vitreux.

Phosphorescence par le feu. Très sensible lorsqu'on emploie la poussière des cristaux terminés par un plan perpendiculaire à l'axe (en exceptant une

---

pendiculaire menée du centre de la base sur un des côtés, est à la hauteur comme $\sqrt{3}$ à $\sqrt{2}$.

variété d'un vert foncé, qui se trouve dans le Groenland) ; nulle lorsque les cristaux sont terminés en
pointe.

Caractères chimiques. Infusible par l'action du
chalumeau ; soluble lentement et sans effervescence
dans l'acide nitrique.

Analyse de la variété dite *apatit*, par Klaproth
(Beyt., t. IV, p. 198) :

$$\begin{array}{l}
\text{Chaux.} \dots \dots \dots \dots \dots \ 55 \\
\text{Acide phosphorique.} \dots \ \underline{45} \\
\hphantom{\text{Acide phosphorique.} \dots \ } 100.
\end{array}$$

De la variété d'Espagne, dite *spargelstein*, par
Vauquelin (Journal des Mines, t. VII, n° 37,
p. 26) :

$$\begin{array}{l}
\text{Chaux.} \dots \dots \dots \dots \ 54,28 \\
\text{Acide phosphorique.} \dots \ \underline{45,72} \\
\hphantom{\text{Acide phosphorique.} \dots \ } 100,00.
\end{array}$$

De la variété grossière de l'Estramadure, par
Pelletier et Donadei (Mémoires et Observations
de Chimie de Pelletier, t. I, p. 309) :

$$\begin{array}{l}
\text{Chaux.} \dots \dots \dots \dots \ 59 \\
\text{Acide phosphorique.} \dots \ 34 \\
\text{Acide carbonique.} \dots \ \ 1 \\
\text{Acide muriatique.} \dots \ \ 0,5 \\
\text{Acide fluorique.} \dots \dots \ 2,5 \\
\text{Silice.} \dots \dots \dots \dots \ \ 2 \\
\text{Fer.} \dots \dots \dots \dots \dots \ \underline{1} \\
\hphantom{\text{Acide phosphorique.} \dots \ } 100,0.
\end{array}$$

De la variété pulvérulente, dite *pierra de mar-marosch*, par Klaproth (Beyt., t. IV, p. 273) :

Chaux..	47
Acide phosphorique...............................	32,25
Acide fluorique	2, 5
Silice...	9, 5
Oxide de fer.....................................	0,75
Eau	1
Mélange de quarz et de matière argileuse.	11, 5
Perte..	4, 5
	100,00.

VARIÉTÉS.

FORMES DÉTERMINABLES.

Quantités composantes des signes représentatifs.

M.	$\overset{1}{B}_{x}$
P.	$\overset{s}{B}_{r}$
$\overset{1}{A}_{s}$	$\overset{1}{\overset{3}{B}}_{s}$
$\overset{a}{A}{}^{3}_{u}$	$^{1}G^{1}_{e}$

Combinaisons deux à deux.

1. *Primitive.* MP (fig. 1, pl. 26).

2. *Pyramidée.* $\overset{1}{\text{MB}}$ (fig. 2).
$$\text{M } x$$

a. *Cunéiforme.* Deux pans opposés plus larges que les quatre autres ; sommet terminé en arête.

Trois à trois.

3. *Uni-annulaire.* $\overset{1}{\text{MB}}\text{P}$ (fig. 3).
$$\text{M } x \text{ P}$$

4. *Bino-annulaire.* $\overset{2}{\text{MB}}\text{P}$ (fig. 4).
$$\text{M } r \text{ P}$$

5. *Péridodécaèdre.* $\text{M}^{\text{r}}\text{G}^{\text{r}}\text{P}$ (fig. 5).
$$\text{M } e \text{ P}$$

6. *Didodécaèdre.* $\text{M}^{\text{r}}\text{G}^{\text{r}}\overset{2}{\text{B}}$ (fig. 6).
$$\text{M } e \text{ } x$$

Quatre à quatre.

7. *Quadratifère.* $\overset{\grave{}\ddot{}}{\text{MABP}}$ (fig. 7).
$$\text{M } s \text{ } x \text{ P}$$

J'ai annoncé (Traité de Cristallogr., t. II, p. 173), que quand deux décroissemens, par des nombres égaux de rangées soustraites, naissaient, l'un sur les bords et l'autre sur les angles de la base d'un prisme hexaèdre régulier, faisant la fonction de forme primitive, les faces produites par le second avaient en général la figure d'un rhombe. Dans le cas présent, le rhombe se change en carré, par une suite des dimensions de la forme primitive combinées avec les résultats des deux décroissemens.

8. *Unibinaire.* M$\overset{\scriptscriptstyle 1}{\text{A}}$$\overset{\scriptscriptstyle 2}{\text{B}}$P (fig. 8).
$\underset{\scriptscriptstyle s\ r}{\text{M}}$ P

9. *Émarginée.* M$^{\scriptscriptstyle 1}$G$^{\scriptscriptstyle 1}$$\overset{\scriptscriptstyle 2}{\text{B}}$P (fig. 9).
$\underset{\scriptscriptstyle e\ r}{\text{M}}$ P

Cinq à cinq.

10. *Équivalente.* M$^{\scriptscriptstyle 1}$G$^{\scriptscriptstyle 1}$$\overset{\scriptscriptstyle 1}{\text{A}}$$^{\scriptscriptstyle 2}A^{\scriptscriptstyle 2}$P (fig. 10).
$\underset{\scriptscriptstyle e\ s\ u}{\text{M}}$ P

Les facettes *u*, *u* sont des trapèzes dont les bases
sont tournées vers les faces M, *s*.

11. *Pantogène.* M$^{\scriptscriptstyle 1}$G$^{\scriptscriptstyle 1}$$\overset{\scriptscriptstyle 2\ 1}{\text{B}}$$\overset{\scriptscriptstyle 1}{\text{A}}$P (fig. 11).
$\underset{\scriptscriptstyle e\ z\ s}{\text{M}}$ P

Les facettes *s* sont des rectangles. Ce caractère
de symétrie, et celui qui a lieu à l'égard des trapèzes de la variété précédente, tiennent à des
propriétés qui sont générales pour tous les prismes
hexaèdres réguliers, quel que soit le rapport de leurs
dimensions. Elles dépendent uniquement des lois
de décroissement indiquées par le signe.

12. *Soustractive.* M$^{\scriptscriptstyle 1}$G$^{\scriptscriptstyle 1}$$\overset{\scriptscriptstyle 1}{\text{A}}$$\overset{\scriptscriptstyle 2}{\text{B}}$$\overset{\scriptscriptstyle 2}{\text{B}}$ (fig. 12).
$\underset{\scriptscriptstyle e\ s\ x\ r}{\text{M}}$

Six à six.

13. *Bino-triunitaire.* M$^{\scriptscriptstyle 1}$G$^{\scriptscriptstyle 1}$$\overset{\scriptscriptstyle 2}{\text{B}}$$\overset{\scriptscriptstyle 1}{\text{B}}$$\overset{\scriptscriptstyle 1}{\text{A}}$P (fig. 13).
$\underset{\scriptscriptstyle e\ z\ x\ s}{\text{M}}$ P

Sept à sept.

14. *Doublante.* M$\overset{\scriptscriptstyle 2}{\text{B}}$$\overset{\scriptscriptstyle 1}{\text{B}}$$\overset{\scriptscriptstyle 1}{\text{B}}$$\overset{\scriptscriptstyle 1}{\text{A}}$$^{\scriptscriptstyle 2}A^{\scriptscriptstyle 2}$P (fig. 14).
$\underset{\scriptscriptstyle z\ x\ r\ u}{\text{M}}$ P

En joignant aux divers décroissemens qui donnent cette variété, celui qui a pour signe 'G' et d'où dépendent les faces *e* de la variété péridodécaèdre, on a l'ensemble de tous ceux que m'ont offerts jusqu'ici les cristaux de chaux phosphatée. Dans l'exposé des principes de la théorie (Traité de Cristall., t. II, p. 353), j'ai tiré de cet ensemble un exemple de la méthode que je suis, pour déterminer les dimensions respectives d'une forme primitive, lorsqu'elles ne sont pas données *à priori*.

Sous-variétés dépendantes des accidens de lumière.

Incolore, au Saint-Gothard. Blanchâtre, violette, rouge de chair, bleue, d'un vert obscur, jaune-verdâtre, vert-grisâtre, orangée, gris-brunâtre.

Formes indéterminables.

Laminaire.
Lamellaire.
Granulaire.
Grano-lamellaire.
Guttulaire. Variété du moroxit, R.
Grossière. Phosphorit, W. Blanchâtre, diversifiée par des taches ou par des zones jaunâtres ou rougeâtres. Quelques morceaux ont leur surface mamelonnée. Très phosphorescente par l'action du feu, faisant d'abord une très légère effervescence dans l'acide nitrique.

Pulvérulente. Vulgairement *terre de Marmarosch*. Les accidens de lumière sont les mêmes que dans les formes déterminables, à l'exception de la variété grossière.

APPENDICE.

Quarzifère. Donnant des étincelles par le choc du briquet; poussière phosphorescente sur des charbons ardens. Quelques morceaux adhèrent au quarz hyalin cristallisé, couleur d'un rouge de chair.

Calcarifère.

a. *Fibreuse conjointe*.

b. *Compacte*.

Toutes les deux font, pendant un instant, une effervescence très sensible dans l'acide nitrique; elles alternent l'une avec l'autre. Couleur violâtre. On les trouve près de Schneeberg en Saxe.

Relations géologiques.

La chaux phosphatée tient un rang parmi les substances minérales qui constituent des roches simples. C'est à ce genre de relation qu'appartient la variété grossière que l'on trouve en Espagne, dans l'Estramadure, aux environs du village de Logrosan, juridiction de Truxillo. Elle y est disposée par grandes couches entrecoupées de quarz.

On ne la connaît nulle part comme partie intégrante d'une roche; mais elle entre accidentellement dans la composition de plusieurs roches primitives. Elle s'associe aux parties composantes du granit près de New-York, dans les États-Unis; en France, aux environs de Limoges, près de Chantelube, département de la Haute-Vienne, et aux environs de Nantes, département de la Loire-Inférieure. Elle se présente, dans ce dernier endroit, en cristaux très prononcés d'un blanc grisâtre, dont les formes appartiennent aux variétés bino-annulaire et unibinaire. On la trouve encore engagée dans un mica schistoïde au Groenland, près de Sungangarsok. C'est de ce gissement que provient un très beau cristal d'un vert obscur, offrant la variété bino-annulaire, dont je suis redevable à M. Giesecke, minéralogiste d'un mérite distingué.

La chaux phosphatée s'associe à la formation de divers filons métalliques ; savoir :

Les filons d'étain de Schlackenwald en Bohême, avec les deux espèces de schéelin, la topaze et la chaux fluatée; ceux d'Ehrenfriedersdorf, en Saxe, avec le fer arsenical, la chaux fluatée, le talc stéatite, l'argile lithomarge et le quarz. Les cristaux de chaux phosphatée appartiennent tous aux variétés connues sous le nom d'*apatit*.

Les filons de fer oxidulé d'Arendal en Norwége, avec le grenat, l'amphibole, la chaux carbonatée, le quarz et le pyroxène. La chaux phosphatée s'y trouve surtout en cristaux bleuâtres ou verdâtres de la variété pyramidée (moroxit de Reuss), et en petites

masses guttulaires ou en grains de la même couleur.
Elle forme aussi, dans le même endroit, des masses
laminaires en partie d'un brun-rougeâtre, et en partie d'une couleur verdâtre.

La chaux phosphatée en cristaux péridodécaëdres
bleuâtres, dont on a fait, pendant quelque temps,
une espèce particulière sous les noms d'*agustite* et
de *béryl de Saxe* (*), est engagée dans un agrégat
composé principalement de feldspath violâtre et
de quarz gris, et qui se trouve à Johann-Georgenstadt
en Saxe.

Au comté de Cornouailles en Angleterre, ses
cristaux d'une couleur bleuâtre ont pour enveloppe
un talc lamellaire ou granulaire; en Espagne, la
chaux carbonatée granulaire sert de gangue à des
cristaux orangés de la variété pyramidée; aux environs de Salzbourg en Bavière, le talc laminaire
verdâtre est entremêlé de chaux phosphatée en
masses laminaires jaunâtres.

La même substance existe aussi dans des masses
que les volcanistes rangent parmi les produits du

(*) On avait cru reconnaître dans ces cristaux l'existence d'une nouvelle terre, que l'on avait nommée *agustine*,
parce qu'elle ne communiquait aucun goût aux combinaisons dans lesquelles elle entrait. M. Vauquelin a prouvé
que la substance de ces cristaux n'était autre chose que
de la chaux carbonatée. Les caractères géométriques et chimiques ont confirmé les résultats de l'analyse. Journal des
Mines, t. XV, n° 36, p. 81 et suiv.

fer; tel est un assemblage de cristaux d'amphibole, accompagnés de petits cristaux jaunâtres de la variété primitive, qui se trouve sur les bords du lac de Laach près du Rhin; tel est encore un agrégat composé de pyroxène et de mica, qui renferme des cristaux aciculaires de chaux phosphatée et qui existe près d'Albano, aux environs de Rome; et ce qui est remarquable, c'est que dans le même endroit on rencontre de gros cristaux de pyroxène, dont les fractures mettent à découvert des aiguilles prismatiques de chaux phosphatée d'une forme très nette et d'une couleur blanchâtre, qui traversent ces cristaux suivant différentes directions. On trouve également dans le Brisgau la variété primitive en prismes déliés, engagés dans des cristaux de pyroxène dont la gangue est un xérasite amygdalaire à globules de mésotype.

On n'est pas d'accord sur la nature de la pierre qui, aux environs du cap de Gate en Espagne, sert de gangue aux cristaux jaunes verdâtres de chaux phosphatée, qui appartiennent au spargelstein de Werner. Cette pierre, qui est comme cariée à quelques endroits, contient des globules calcaires et du fer oligiste laminaire. Plusieurs minéralogistes la regardent comme une lave altérée.

J'ai déjà cité diverses analogies de rencontre entre la chaux phosphatée et d'autres substances qui accompagnent les filons d'étain et de fer oxidulé; j'en ajouterai deux qui me paraissent mériter d'être remarquées. Au Saint-Gothard, ses cristaux limpides de la variété doublante sont mêlés avec le feldspath, le talc chlorite et le mica, ou reposent sur le feldspath granulaire avec des aiguilles de laumonite. Aux environs de New-York, dans les Etats-Unis, le fer sulfuré ferrifère sert de gangue à des cristaux brunâtres et blancs-verdâtres de la variété uni-annulaire.

La chaux phosphatée existe aussi, dans quelques endroits de la Suède, en masses rougeâtres grano-lamellaires, entremêlées d'amphibole noir, et qui agissent fortement sur l'aiguille aimantée; et dans l'île d'Akudiek, près du Groenland, en masses granulaires verdâtres. La poussière de ces deux variétés devient phosphorescente sur des charbons ardens. J'ignore dans quelle espèce de terrain on les trouve.

Annotations.

L'histoire de la chaux phosphatée offre un exemple remarquable des progrès qu'a faits la Minéralogie depuis que l'on a commencé à chercher dans la composition même des substances, et dans leurs caractères les plus constans, les principes de la méthode relative à leur classification. Les cristaux en prismes hexaèdres réguliers avaient été regardés par Romé de l'Isle comme une variété de l'émeraude, et ceux qui sont pyramidés, comme une gemme particulière, que ce savant nomma *chrysolite orientale* dans la première édition de sa Cristallographie, et *chryso-lite ordinaire* dans la seconde. L'éclat extérieur de ces cristaux, dont quelques-uns jouissent d'une belle transparence, leur couleur assez agréable, quoique d'un ton un peu faible, leur forme po-lyèdre resserrée sous un petit volume, tout parais-sait annoncer à l'œil une véritable gemme, c'est-à-dire une de ces productions propres à être trans-formées en ornemens par le travail de l'art (*); et il paraît même que c'est pour avoir jugé cette pré-tendue gemme d'après les épreuves faites sur des morceaux taillés, que la ressemblance de couleur faisait confondre avec elle, qu'on lui a attribué une pesanteur spécifique différente de la sienne, une dureté beaucoup plus grande, et une double réfrac-tion. Mais avant que la nature de cette pierre eût été déterminée, j'avais déjà reconnu qu'elle devait être effacée de la liste des gemmes (**). Elle est si tendre et si rebelle au poli, qu'on peut assurer qu'elle ne s'est jamais rencontrée parmi les pierres taillées d'un jaune-verdâtre qui portent le nom de *chrysolite*.

Quant à la variété grossière qui se trouve dans l'Es-tramadure, sa phosphorescence l'avait fait prendre pour un fluate calcaire.

(*) Brisson la nomme *chrysolite des joailliers*. Pesanteurs spécifiques, n° 131.

(**) Journal des Mines, n° 28, p. 310.

Klaproth découvrit en 1788 la vraie nature de la chaux phosphatée en prismes hexaèdres (*). Proust reconnut les mêmes principes dans celle de l'Estramadure (**) ; et l'analyse en fut répétée , avec une plus grande précision , par MM. Bertrand, Pelletier et Donadei (***).

La variété nommée *chrysolite* est restée beaucoup plus long-temps hors de sa vraie place ; elle y a été enfin ramenée par M. Vauquelin (****), qui y a trouvé la chaux et l'acide phosphorique combinés, dans un rapport sensiblement égal à celui que Klaproth avait déterminé pour la première variété.

La théorie de lois de la structure avait devancé tacitement cette découverte. Le travail de M. Vauquelin m'ayant donné occasion de comparer les molécules intégrantes des deux substances déjà déterminées depuis long-temps , je trouvai que j'avais été conduit par le calcul à la même forme, et précisément aux mêmes dimensions (*****). Seulement la distance de plusieurs années entre les époques auxquelles ces résultats ont été calculés , m'avait empêché d'apercevoir le lien qui les unit, et d'en dé-

---

(*) Journal de Physique , mars 1788 , p. 241.

(**) *Ibid.*, avril, p. 313.

(***) Annales de Chimie , 1790 , p. 79.

(****) Bulletin des Sciences de la Société Philomatique , frimaire an 6 , p. 69.

(*****) Voyez le Journal des Mines , n° 35 , p. 689.

duire la conséquence qui se présentait naturellement. Et peut-être même y a-t-il quelque chose de
plus favorable à la théorie dans cette coïncidence
parfaite de deux résultats pris comme à l'insu l'un
de l'autre, et séparés par un long intervalle de
temps. Du moins ne pouvait-on me soupçonner d'a-
voir négligé, pour les faire cadrer ensemble, les petites différences que peut donner l'observation, et
qu'on se permet quelquefois trop facilement de
mettre sur son compte. Ces réflexions étaient d'autant plus capables de m'ôter le regret d'avoir laissé
prendre l'initiative à M. Vauquelin, que l'amitié in-
tervenait ici pour faire taire l'amour-propre.

J'ajouterai que les variétés connues des mêmes
substances ne se ressemblent que par la forme de
leur prisme hexaèdre, qui leur est commune avec
un grand nombre d'autres minéraux. Les sommets
diffèrent très sensiblement de part et d'autre par le
nombre et par l'inclinaison de leurs facettes, en
sorte qu'on ne serait pas tenté de rapprocher ces
deux substances, en se bornant à la configuration
extérieure des cristaux.

Une autre différence que présentent les mêmes
substances, et qui n'a fixé mon attention que long-
temps après les analyses qui en ont été faites, est
celle qui se tire de la corrélation entre la propriété
d'être phosphorescente par le feu, dont jouit celle
que l'on a nommée *apatite* et ses formes cristallines,
qui sont terminées par un plan perpendiculaire à

l'axe, tandis qu'elle disparaît dans les cristaux qui
ont au même endroit un sommet aigu; en sorte
qu'un point de plus ou de moins décide, pour ainsi
dire, de son absence ou de son retour. J'ai cependant trouvé un cristal du Groenland, que j'ai cité
plus haut, et qui fait exception à la corrélation dont
il s'agit. Au reste, de quelque nature que puisse
être le principe qui produit la phosphorescence dans
une partie des cristaux de chaux phosphatée, et qui
a échappé jusqu'ici aux moyens d'analyse, on doit
le regarder comme accidentel, puisque les dimensions de la molécule intégrante sont absolument les
mêmes de part et d'autre. La variété doublante du
Saint-Gothard, dont j'ai donné ci-dessus la description, est venue, comme après coup, confirmer le
rapprochement des deux substances dans un même
système de cristallisation, en ce que son sommet
offre des faces inclinées comme celles de la pyramide des cristaux de spargelstein, et d'autres qui se
retrouvent avec les mêmes inclinaisons sur les cristaux d'apatite.

La phosphorescence que l'existence d'un plan
perpendiculaire à l'axe détermine dans la variété
dont il s'agit, est d'autant plus remarquable, qu'elle
est jointe à une limpidité parfaite.

Si quelque chose avait pu paraître motiver l'idée
de faire du spargelstein une espèce distinguée de
l'apatite, c'eût été la différence qu'établit entre
l'un et l'autre la phosphorescence combinée avec

la configuration du sommet des cristaux, et non pas
le caractère tiré de la couleur vert-jaunâtre qui avait
suggéré le nom de *spargelstein*, et contre lequel
semblent réclamer les cristaux orangés-brunâtres
que l'on trouve aussi en Espagne, et les cristaux
bleus ou bleus-verdâtres de Norwége, qui appartiennent visiblement les uns et les autres à la prétendue
espèce dont il s'agit. Je ne crois pas même qu'il y
ait lieu à distinguer ici, comme le font aujourd'hui
plusieurs minéralogistes, deux sous-espèces, sous
les noms d'*apatite commun* et d'*apatite conchoïdal*,
dont l'un répond à l'apatite de Werner, et l'autre
à son spargelstein. La diversité de tissu qui a suggéré cette distinction, et dont j'ai parlé plus haut, est
un pur accident, dont l'analogue se retrouve dans
plusieurs autres espèces, qui sont cependant restées sans sous-division.

A l'égard de la chaux phosphatée grossière de
l'Estramadure, il n'y a non plus aucun motif pour
la placer dans une espèce à part, ainsi que l'a fait
Werner, qui lui a donné le nom de *phosphorit*.
Elle est aux variétés de formes régulières ce qu'est
notre pierre à bâtir à la chaux carbonatée cristallisée, avec laquelle tout le monde s'accorde à la
réunir.

On trouve même des cristaux engagés dans son
intérieur, en prismes hexaèdres courts terminés par
une face perpendiculaire à l'axe, ce que l'on aurait
pu deviner d'avance, d'après la vertu phosphorique

de la roche enveloppante qui a fourni les élémens de ces prismes ; et c'est une nouvelle preuve qu'ils ne doivent pas en être séparés dans la méthode.

La seule variété de chaux phosphatée dont on ait fait usage jusqu'ici, est celle que je viens de citer. On l'emploie dans l'Estramadure pour la construction des maisons et des murs d'enclos (*). Elle est devenue, pour tous ceux qui peuvent s'en procurer, un objet d'amusement, par la propriété qu'elle a d'être éminemment phosphorique. Sa poussière, projetée sur des charbons ardens placés dans un lieu obscur, s'embrase paisiblement d'une lumière jaune-verdâtre, plus vive et moins fugitive que celle de la chaux fluatée. C'est une des expériences qui font spectacle.

M. Théodore de Saussure, qui soutient dignement la gloire que les travaux de son père ont attachée à son nom, ayant décomposé, à un feu violent de fusion, la chaux sulfatée par l'acide phosphorique concret, a obtenu de la chaux phosphatée en masses lamellaires, grisâtres, qui luisent dans l'obscurité lorsqu'on les gratte avec le bout d'une plume, mais dont la poussière n'est pas phosphorescente sur des charbons ardens. Le même savant a observé de plus que cette substance devenait électrique à l'aide de la chaleur, comme les tourmalines. Il ne faut pas s'étonner de la différence qu'elle présente, sous ce

---

(*) Journal de Physique, avril 1788, p. 241 et suiv.

rapport, avec la chaux phosphatée ordinaire, qui est privée de la propriété dont il s'agit (*). Comme elle est le résultat d'une vitrification, et que sa fusibilité, par l'action du chalumeau, paraît indiquer un excès d'acide phosphorique, on conçoit qu'elle ait pu acquérir des qualités physiques qui manquent à la chaux phosphatée naturelle. Quoi qu'il en soit, le résultat obtenu par M. de Saussure est d'autant plus intéressant, qu'il offre le premier exemple d'une substance produite par des moyens chimiques, qui soit susceptible d'acquérir la vertu électrique à l'aide de la chaleur.

QUATRIÈME ESPÈCE.

CHAUX FLUATÉE.

FLUATE DE CHAUX DES CHIMISTES.

(Fluss, W. Spath fluor, spath fusible et spath vitreux de l'ancienne Minéralogie.)

Caractères spécifiques.

Caractère géométrique. Forme primitive, l'octaèdre régulier (fig. 1, pl. 28). On l'obtient facilement

-----

(*) On lit dans le Système de Minéralogie du célèbre Jameson (2ᵉ édit., t. II, p 211) que les cristaux qui appartiennent à l'apatite de M. Werner, deviennent électriques par l'action de la chaleur. J'ai soumis à l'expérience plusieurs de ces cristaux, et, malgré toutes mes tentatives, je n'ai jamais pu apercevoir le moindre signe d'électricité.

à l'aide de la division mécanique. Molécule intégrante, tétraèdre régulier. Molécule soustractive, rhomboïde aigu de 60^d et 120^d (*).

Caractère auxiliaire. La poussière, mise dans l'acide sulfurique légèrement chauffé, donne lieu au dégagement d'une vapeur qui corrode le verre.

Caractères physiques. Pesanteur spécif., 3,0943. 3,1911.

Dureté. Facile à rayer avec une pointe d'acier. Rayant la chaux carbonatée.

Éclat. Vitreux.

Phosphorescence par le feu. La poussière, jetée sur un charbon ardent placé dans un lieu obscur, répand une lueur ordinairement bleuâtre ou verdâtre. Ce caractère souffre des exceptions, même dans les cristaux.

Deux morceaux frottés l'un contre l'autre luisent dans l'obscurité.

Caractères chimiques. Décrépitation sur un charbon allumé. Quelques morceaux font aussi exception à ce caractère.

Action du chalumeau. Dès le premier instant, un petit fragment que l'on tient avec une pince d'acier ou de platine, perd son éclat et devient d'un blanc laiteux légèrement translucide. Bientôt après il se convertit en un émail blanc, qui, par un feu

---

(*) Voyez, pour le développement de la structure, la théorie de l'octaèdre. (Traité de Cristall., t. II, p. 211 et suiv.)

prolongé, se boursoufle, et se couvre d'une multitude de petites éminences qui lui donnent de la
ressemblance avec un chou-fleur. Mais si l'on met
le fragment sur le filet de disthène (sappare), il se
fond en un verre parfaitement transparent et sans
couleur (*).

Action de l'acide sulfurique. Voici le procédé
employé par M. de Monteiro pour l'épreuve du caractère qui se tire de cette action. On met dans un
verre de montre une pincée de poudre de chaux
fluatée, sur laquelle on verse ensuite de l'acide sulfurique. On recouvre ce verre avec un second dont
on a eu soin d'humecter la concavité, de manière que
les deux verres se réunissent par les bords, comme
les deux surfaces d'une lentille. On place le tout
sur de la cendre chaude. L'acide fluorique, en at-
taquant le verre inférieur, lui enlève de la silice,
avec laquelle il se combine. En même temps il s'é-
lève à l'état de vapeur, et s'emparant de l'humidité
du verre supérieur, dont il est très avide, il dépose
la silice sous la forme de très petites aiguilles qui,
par leur assemblage, composent des mamelons. Alors,
devenu libre, il dépolit le verre supérieur; mais c'est
surtout le verre inférieur qui est devenu terne (**).

Caractère d'élimination. Ses indications, 1°. dans

(*) Voyez un Mémoire de M. de Monteiro, Journal
des Mines, t. XXXII, p. 178 et 179.

(**) *Ibid.*, p. 180, note 1.

la chaux carbonatée. Faculté d'être rayée par la chaux fluatée ; division mécanique sous des angles de $104^{d}\frac{1}{2}$ et $75^{d}\frac{1}{2}$; dans la chaux fluatée, elle a lieu sous des angles de $109^{d}\frac{1}{2}$ et $70^{d}\frac{1}{2}$; solubilité avec effervescence par l'acide nitrique. 2°. Dans la chaux phosphatée. Division en prisme hexaèdre ; solubilité sans effervescence par l'acide nitrique. 3°. Dans la baryte sulfatée. Division en prisme droit rhomboïdal ; pesanteur spécifique plus grande dans le rapport de 4 à 3 ; résistance à l'action de tous les acides, et en particulier de l'acide sulfurique.

Analyse par Klaproth (Beytr., t. IV, p. 365) :

$$
\begin{array}{lr}
\text{Chaux}\dots\dots\dots\dots & 67{,}75 \\
\text{Acide fluorique}\dots\dots & 32{,}25 \\
\hline
& 100{,}00
\end{array}
$$

VARIÉTÉS.

FORMES DÉTERMINABLES.

Quantités composantes des signes représentatifs (*).

$$PA^{1}A^{2}A^{3}A^{4}A^{5}A^{6}(E^{3}D^{2}B^{2}).$$ Noyau (fig. 5), rhom-

---

(*) Celles de ces quantités qui ne sont accompagnées d'aucune indication de figure, ont rapport au noyau figure 1. On a indiqué séparément les figures auxquelles les autres se rapportent.

boïde substitué (fig. 6), auquel se rapporte le signe.
Tétraèdres complémentaires placés sur la face adjacente à B (fig. 5) et à son opposée.

(A^{5}B^{2}B^2). Noyau figure 5, rhomboïde substitué
(fig. 7). Tétraèdres complémentaires placés sur la face
adjacente à b' (fig. 5) et à son opposée.

BB.

Combinaisons une à une.

1. *Primitive* P (figure 1). Du Derbyshire; du département du Puy-de-Dôme; des environs du Mont-
Blanc; de Californie; de Guanaxuato au Mexique.
2. *Cubique.* A^{1}A^1 (fig. 2).

La figure 3 représente le noyau octaèdre renfermé dans le cube, et dont les angles solides i, i'
coïncident avec les milieux des faces de ce cube.
Cette variété est la plus commune. Ses cristaux ont
quelquefois un décimètre (environ 3 pouces 8 lignes)
de côté, et au-delà. Du Derbyshire, de Konsberg en
Norwége, du Marché aux chevaux à Paris, et de
Neuilly près de la même ville.

3. *Hexatétraèdre.* Le cube, dont chaque face
sert de base à une pyramide droite quadrangulaire surbaissée (fig. 4). Signe théorique relatif à la
face x'' prise pour exemple, (E^{2}D^{1}B^2) (fig. 6).

Signe technique rapporté au noyau figure 5, $(b'^{/2}\mathrm{B}\cdot\mathrm{B}'''\cdot\mathrm{B}''^{\frac{3}{2}})$. L'égalité des exposans 2 de B et B''' fait connaître que la face x'' (fig. 4) est située parallèlement à l'axe qui passe par les angles A, a (fig. 5). Signe relatif au cube figure 8, pris pour noyau hypothétique, $\overset{x''}{^2\mathrm{B}}$. Voyez les détails relatifs à cette substitution du cube au véritable noyau. (Traité de Cristallographie, article de l'octaèdre, t. II, p. 211.)

Trouvée dans le Derbyshire.

4. *Dodécaèdre*. $\mathrm{B}\overset{\scriptscriptstyle 1}{\underset{\scriptscriptstyle s}{\mathrm{B}}}$ (fig. 9) :

Trouvée par M. Subrin, élève des Mines, entre le Breuil et Charecey, route du petit Mont-Cenis à Châlons, département de Saône-et-Loire. Je ne sache pas que cette variété ait été observée ailleurs.

Deux à deux.

5. *Cubo-octaèdre*. $\underset{\scriptscriptstyle\mathrm{P'}}{\mathrm{P}}\mathrm{A}^{\scriptscriptstyle 1}\underset{\scriptscriptstyle i}{\mathrm{A}}^{\scriptscriptstyle 1}$ (fig. 10).

Du Derbyshire.

6. *Émarginée*. $\underset{\scriptscriptstyle\mathrm{P'}}{\mathrm{P}}\mathrm{B}\underset{\scriptscriptstyle s}{\mathrm{B}}$ (fig. 11).

Des mines de Saxe.

7. *Cubo-triépointée*. $\mathrm{A}^{\scriptscriptstyle 1}\underset{\scriptscriptstyle i}{\mathrm{A}}^{\scriptscriptstyle 1}\overset{\scriptscriptstyle 3}{\underset{\scriptscriptstyle u}{\mathrm{A}}}$ (fig. 12)

Des mines de Saxe.

8. *Bordée.* A'A'(E$\overset{3}{\cdot}$D'B^a) (fig. 13). Voyez, pour

le signe de x, la variété hexatétraèdre.

Du Derbyshire.

9. *Cubo-dodécaèdre.* A'A'BB̊ (fig. 14).

Du Derbyshire.

10. *Ennéahexaèdre.* En cube, dont chaque angle solide est remplacé par six facettes triangulaires scalènes, qui, étant prises deux à deux, répondent aux trois faces dont est formé cet angle solide (fig. 15). Signe théorique dans lequel le décroissement intermédiaire se rapporte à la facette n'', située à droite et prise pour exemple, A'A' (fig. 5), ($\overset{5}{\cdot}$EB^{a}D') (fig. 7). Signe technique de la même facette rapporté au noyau figure 5, (B$^3 b'$$^a b'B'^{\frac{5}{6}}$). Signe relatif au cube figure 8, P(ÅB^{a}B'$^\iota$). Voyez, pour les développemens, l'article qui traite de la théorie de l'octaèdre. (Traité de Cristallogr., t. II, p. 211.)

Trouvée dans le Derbyshire.

Trois à trois.

11. *Triforme.* PBB̊A'A' (fig. 16).

Dérivée du noyau par les faces P, du dodécaèdre

rhomboïdal par les faces s, et du cube par les faces i.

12. *Divergente.* $P(\overset{3}{E}{}^{2}D^{1}B^{a})\overset{2}{B}\overset{2}{B}$ (fig. 17).
$$\underset{P\quad x''\quad s}{}$$

13. *Unibinaire.* $P\overset{1}{B}BA$ (fig. 18).
$$\underset{P^{1}\ s\ z}{}$$

14. *Cubo-triémarginée.* $A^{1}A^{1}\overset{1}{B}\overset{3}{B}(\overset{3}{E}{}^{2}D^{1}B^{a})$ (fig. 19).
$$\underset{i\quad s\quad x''}{}$$

Quatre à quatre.

15. *Quadriforme.* $A^{1}A^{1}A^{3}A^{3}\overset{1}{B}\overset{3}{B}(\overset{3}{E}{}^{2}D^{1}B^{a})$ (fig. 20).
$$\underset{i\quad u\quad s\quad x''}{}$$

Dérivée du cube par les faces i, du dodécaèdre rhomboïdal par les faces s, de la variété hexatétraèdre par les faces x'', et d'un solide à 24 trapézoïdes par les faces u.

Sous-variétés dépendantes des accidens de lumière.

Incolore. Dans le Derbyshire, à Konsberg en Norwége; violette, bleue, verte, d'un vert d'émeraude, variété primitive; en Californie, verdâtre, jaune, jaunâtre, rouge de rose; dans les environs du Mont-Blanc, violet-rougeâtre, noir-violâtre, blanchâtre, violette par réflexion, et verdâtre par transparence au Derbyshire.

Primitive sphéroïdale. Analogue à la chaux carbonatée de même nom. En Angleterre.

Laminaire.

Testacée. En France, dans le département de la Saône.

Subcompacte. Verdâtre, translucide.

Compacte. Cassure mate, ou légèrement luisante, ayant un aspect un peu gras. Dans certains morceaux, elle est un peu conchoïde, et, dans d'autres, un peu écailleuse. La surface présente des teintes de blanchâtre, de violâtre et de gris-bleuâtre. Les fragmens minces sont translucides. La dureté est plus grande que celle des cristaux. Un fragment que j'avais placé sur un charbon ardent, y est resté pendant un instant sans donner de phosphorescence, puis tout d'un coup il a décrépité vivement. Réduit ensuite en poussière, et remis sur le charbon, il a répandu une lueur bleuâtre. Près de Stolberg au Harz.

Concrétionnée stratiforme. Composée de couches successivement blanches et violettes, qui s'engrènent assez souvent les unes dans les autres, en formant des angles alternativement rentrans et saillans. En Angleterre.

Terreuse. Violette ou grise-verdâtre. En Angleterre, dans le Devonshire.

MINÉR. T. I. 33

APPENDICE.

Quarzifère. En masses, d'une couleur grise, donnant des étincelles par le choc du briquet. Elle adhère à du quarz hyalin. En Angleterre, dans le comté de Cornouailles.

Aluminifère. En cubes isolés, opaques, et d'un gris sale, dont les fractures offrent des indices très sensibles de joints naturels situés parallèlement aux faces de l'octaèdre primitif. M. Smithson, de la Société royale de Londres, a reconnu que la chaux fluatée y était mélangée d'argile ferrugineuse, qui est ici, à l'égard de la première, à peu près ce qu'est la matière quarzeuse par rapport à la chaux carbonatée dans le grès de Fontainebleau. Se trouve près de Boston en Angleterre.

Sous-variété relative à la phosphorescence.

Chaux fluatée chlorophane (*). On a donné ce nom à certains morceaux de chaux fluatée dont les fragmens, mis sur un charbon allumé, y restent sans décrépiter, et répandent, pendant un temps plus ou moins long, une lumière phosphorique d'une couleur verte. Parmi les variétés qui

---

(*) Tiré des deux mots grecs, χλωρα, couleur verte, et φαίνω, je luis.

ont été citées plus haut, j'en connais trois qui jouissent de cette propriété dans un degré plus ou moins marqué.

La première se trouve en Sibérie, près de Nertschinsk, dans un granite. Elle y est en cristaux ou en petites masses laminaires violettes ou bleuâtres. La couleur que développe sa phosphorescence est comparable à celle des plus belles émeraudes. C'est le ver luisant des minéraux ; mais, au bout de quelque temps, il arrive que le fragment, dont l'éclat va toujours en s'affaiblissant, a perdu entièrement sa propriété. On peut répéter l'expérience à plusieurs reprises, en ayant l'attention de retirer le fragment du feu tandis qu'il luit encore. Mais on s'aperçoit chaque fois d'une diminution dans l'intensité de sa couleur, qui finit par disparaître.

La seconde variété est celle que j'ai appelée *quarzifère*. Sa phosphorescence, quoique assez belle, a moins de vivacité que celle de Sibérie.

La troisième variété est celle qui porte le nom de *subcompacte*. La lumière verte qu'elle répand lorsqu'on l'a placée sur un charbon ardent, est beaucoup plus faible que celle des deux autres variétés.

Relations géologiques.

La chaux fluatée est du nombre des substances minérales qui entrent dans le système géologique, comme formant des roches simples subordonnées.

On la trouve en couches interposées dans le granite et dans le mica schistoïde.

Elle n'intervient, comme partie intégrante, dans
la composition d'aucune roche ; mais elle s'associe
quelquefois accidentellement aux principes du granite. Cette relation a lieu pour la variété dite *chlorophane*, que le célèbre Pallas a observée dans les
granites de la Sibérie orientale. J'ai un morceau de
granite, dont j'ignore la localité, qui est couvert, à
certains endroits, de petits cubes de chaux fluatée
violette.

La même substance s'interpose aussi, comme ingrédient accidentel, dans les roches de chaux carbonatée qui appartiennent à divers pays. Elle existe
abondamment dans le comté de Shenandoah en
Virginie, sous la forme de petites masses laminaires,
d'un violet foncé, engagées dans les fissures d'une
chaux carbonatée, qui est la roche dominante du
terrain qu'elle occupe, et qui se rapporte à la formation des montagnes appelées *stratiformes* ou *secondaires* (*).

On a trouvé dans les déblais d'une carrière de
chaux carbonatée grossière, située dans Paris, au
Marché aux chevaux, derrière le Jardin du Roi, des
cristaux cubiques de la même substance, d'environ
3 millimètres ou 1 ligne $\frac{1}{3}$ de côté, dont la couleur
est blanchâtre. On doit cette découverte à M. Lam-

(*) *American mineral. journal*, n° 11, p. 79.

botin, que ses connaissances en Minéralogie ont mis à portée de faire le rapprochement de ces cristaux avec la chaux fluatée, d'après le résultat de leur division mécanique et leurs propriétés. M. Launoi a retrouvé depuis de semblables cristaux dans les bancs de chaux carbonatée grossière situés à Neuilly près Paris, qui renferment aussi de petits rhomboïdes inverses de chaux carbonatée et des cristaux de quarz prismé. C'est la première fois que la chaux fluatée ait été observée dans une espèce de roche d'une formation aussi récente (*).

Mais la plus grande partie de la chaux fluatée qui existe dans la nature, appartient à la formation des filons métalliques, tels que ceux d'étain, de cuivre pyriteux, de plomb sulfuré, de cobalt, etc., dont les uns traversent les granites, d'autres les roches regardées comme de transition, et quelques-uns celles que l'on a appelées *stratiformes*. Nulle part elle n'offre de cristaux plus remarquables par leur volume et par la variété de leurs couleurs que dans ceux des comtés de Derbyshire, Durham et de Cumberland, en Angleterre. Les indices de ce genre de relation se montrent assez souvent sur les groupes de cristaux apportés de ces divers pays, qui ornent les collections. Tantôt ils adhèrent à de petites masses de plomb sulfuré, en même temps qu'ils servent de support à des cristaux de zinc sulfuré, substance

---

(*) Journal des Mines. t. XXV. p. 159

métallique si souvent associée à la première; tantôt leur surface est parsemée de petits cristaux de cuivre pyriteux. Quelquefois c'est l'inverse qui a lieu, comme lorsque des octaèdres de plomb sulfuré sont recouverts d'une couche qui est un assemblage de très petits cubes de chaux fluatée violette. Différentes variétés de chaux carbonatée, surtout de celle que j'ai nommée *analogique*, se joignent à ces assortimens.

La chaux fluatée associée aux filons d'étain de Saxe et de Bohême, s'y rencontre avec les mêmes substances, et quelquefois avec d'autres encore. J'ai un morceau qui vient de la mine d'Ehrenfriedersdorf en Saxe, et qui réunit, sous un volume d'environ 6 centimètres (2 pouces 3 lignes) d'épaisseur, des cubes de chaux fluatée violette et des cristaux de quarz hyalin, de baryte sulfatée et de chaux phosphatée; le morceau renferme aussi du fer arsenical, espèce de minéral que l'on sait être presque inséparable de l'étain oxidé.

A Konsberg en Norwége, les filons métalliques sont accompagnés de cristaux de chaux fluatée réunis avec ceux qui appartiennent surtout au quarz et à la chaux carbonatée. C'est de cet endroit que provient un groupe que j'ai déjà cité (*), et qui est composé de cubes limpides de chaux fluatée, de cristaux de quarz hyalin prismé et de cristaux do-

---

(*) Voyez les relations géologiques de la chaux carbonatée.

décaèdres de chaux carbonatée, dont les formes
très prononcées font de ce groupe un morceau d'é-
tude.

Un gissement dans lequel on ne se serait pas attendu à rencontrer la chaux fluatée, est celui qui a
offert à M. de Monteiro cette substance minérale
engagée dans les fragmens de roche rejetés intacts
par les explosions du Vésuve. Il faut lire dans le
Mémoire même où il a consigné cette découverte,
le détail des recherches délicates à l'aide desquelles
des corps faits pour échapper à l'observation par leur
petitesse, ou qui, ayant été vus, auraient été né-
gligés, ou enfin sur la nature desquels on se serait
trompé en voulant la deviner, lui ont fourni le
sujet d'une détermination aussi précise que si la matière de ces corps s'était présentée à lui avec tout
ce qu'il y a de plus favorable à l'observation du côté
du volume et de la régularité des formes cristallines (*).

Annotations.

La chaux fluatée est, parmi toutes les substances
pierreuses, celle qui s'est prêtée davantage aux effets
variés de l'action colorante des oxides métalliques.
Aussi l'illusion que tend à produire la ressemblance
entre les teintes qui ornent ses différens cristaux avec
celles des pierres appelées *gemmes*, a-t-elle suggéré

(*) Journal des Mines, t. XXXII, n° 189, p. 171 et suiv.

les noms de *faux rubis*, *faux saphir*, *fausse émeraude*, etc., que les anciens minéralogistes lui avaient donnés suivant la diversité de ces teintes.

Le tableau que présente la chaux fluatée, sous le rapport dont il s'agit, va me fournir des détails qui me paraissent dignes d'attention. Quoique la couleur soit ici, comme dans les autres matières pierreuses, l'effet d'une cause accidentelle, puisque l'on rencontre, quoique assez rarement, des cristaux limpides de chaux fluatée, c'est néanmoins un fait remarquable que cette tendance presque générale des molécules intégrantes d'un minéral, pour attirer à elle des principes colorans, en même temps qu'elles s'attiraient les unes les autres conformément aux lois de la cristallisation. Il en est tout autrement de plusieurs autres substances, telles que la chaux carbonatée, la chaux sulfatée, etc., à l'égard desquelles l'attraction des molécules semble presque toujours avoir tout fait pour la forme et rien pour la couleur.

La chaux fluatée, dont les couleurs sont si variées dans les cristaux de divers terrains, offre aussi quelquefois deux couleurs distinctes associées dans un même morceau. En parcourant la série des variétés que renferme ma collection, on voit de petits cristaux cubiques d'une couleur violette, dont la formation a succédé à celle des cristaux verdâtres de la variété triforme dont les sommets leur servent de support; des cubes d'un rouge violet qui sortent d'une masse laminaire d'un jaune foncé, et, ce qui

est plus singulier, des masses lamellaires composées
de parties violettes et de parties vertes qui s'engrènent les unes dans les autres à peu près comme les
substances de différentes natures dont le granite est
l'assemblage. Il est visible que la formation des deux
matières a eu lieu simultanément, en sorte que, par
une préférence dont la cause nous échappe, les molécules cristallines ont partagé leurs forces attractives
entre les deux principes colorans. De plus, un même
cristal, vu par réflexion, paraît d'une couleur violette, et si on le regarde par réfraction, on le voit
d'une couleur verdâtre. Enfin cette agréable diversité de teintes qui ornent la chaux fluatée dans son
état ordinaire, fait place à un nouveau genre de
beauté lorsque l'action de la chaleur se joint à celle
de la lumière pour développer, dans la chlorophane,
cette phosphorescence qui offre à l'œil dans tout son
éclat et toute sa pureté la couleur qu'il affectionne
le plus.

La propriété remarquable dont jouissent certains
cristaux de chaux fluatée, d'offrir par transparence
une couleur différente de celle qui est due à la réflexion, n'est pas particulière à cette espèce; on l'observe encore dans quelques autres substances, où elle
est assujettie à une loi constante qui la rattache
au phénomène inépuisable des anneaux colorés. J'en
donnerai ici l'explication physique, d'après le fait
qui sert de base à la théorie de ce dernier phéno-

mène, dont je rejette les développemens à l'article de l'opale.

Lorsque l'on regarde par réfraction une lame mince qui produit le phénomène dont il s'agit, en la plaçant entre l'œil et la lumière, chaque endroit de cette lame paraît d'une couleur différente de celle qu'il présentait lorsqu'on le regardait par réflexion. Or cette couleur vue par réfraction est composée des rayons qui, ayant échappé à la réflexion, ont été transmis par la lame; et chacune des deux couleurs est dite *complémentaire* à l'égard de l'autre.

Je vais éclaircir ceci à l'aide d'une construction ingénieuse imaginée par Newton. Ce grand physicien ayant tracé une circonférence de cercle, la divise en sept arcs, d'après une loi fondée sur le rapport qui existe entre les sept couleurs du spectre solaire et les intervalles des sons de notre échelle musicale dans le mode mineur. Sans entrer ici dans un détail qui me mènerait trop loin sur la comparaison que fait Newton des impressions produites par les couleurs avec les forces de différens poids qui agiraient les uns sur les autres autour d'un centre commun de gravité, je ramènerai la conception des phénomènes à ce qu'elle a de plus simple et de plus élémentaire, en me servant de la figure 21 qui représente les espaces occupés par les sept couleurs du spectre, déterminés d'après la loi dont j'ai parlé.

Je suppose qu'on demande d'abord quelle est la couleur qui résulte du mélange d'un nombre donné de couleurs simples qui se succèdent dans le spectre solaire, par exemple quelle est celle que donnera la succession du jaune, du vert et du bleu. On prendra le milieu g de l'arc composé de ces trois couleurs; le point qui répond à ce milieu tombe sur le vert en se rejetant du côté du bleu, c'est-à-dire que la couleur cherchée sera un vert mêlé de bleu.

Veut-on avoir maintenant la couleur complémentaire de ce vert-bleuâtre? On prendra le milieu de l'arc composé de la somme des quatre autres couleurs, indigo, violet, rouge, orangé; ou, ce qui revient au même, on fera passer une droite par le point qui répond au vert-bleuâtre et par le centre du cercle : cette droite sera un diamètre dont l'autre extrémité tombera en g' sur le violet en se rejetant vers le rouge, c'est-à-dire que le violet-rougeâtre est la couleur complémentaire du vert-bleuâtre, et réciproquement.

Le point dont je viens de parler n'indique que le ton de la couleur; c'est la position du centre de gravité de l'arc auquel répond cette couleur qui en indique l'intensité. Or cette intensité est d'autant plus forte, que l'arc est plus petit, parce qu'alors la couleur est plus homogène; et au contraire elle est d'autant plus faible, que l'arc est plus grand, parce que la couleur est plus mélangée. Par une suite nécessaire, lorsque l'arc est plus petit et la couleur plus intense, le centre de gravité de l'arc se rapproche davantage de la circonférence; et à mesure que l'arc augmente et que la couleur s'affaiblit, le centre de gravité se rapproche du centre du cercle, en sorte qu'il coïncide avec ce point au terme où la couleur retombe dans le blanc.

Il est facile maintenant de montrer l'analogie du phénomène de la double couleur avec celui des lames minces dont je viens de parler. Cette analogie est une suite de ce que les surfaces des corps où l'on observe ces effets de lumière ont la propriété de réfléchir certains rayons et de transmettre les autres, en sorte que la couleur vue par réfraction est toujours complémentaire à l'égard de celle qui est vue par réflexion.

Ainsi, dans les cristaux de l'espèce qui nous occupe, la couleur vue par réflexion est le violet mêlé d'un peu de rougeâtre; or si l'on cherche la couleur complémentaire, on tombera sur le vert, qui est la couleur vue par réfraction. Mais le violet est intense et le vert est faible: cela vient de ce que le centre de gravité du violet-rougeâtre étant voisin de la circonférence, le centre de gravité du vert doit au contraire se rapprocher du centre; ce qui indique que la couleur verte doit pâlir en se rapprochant du blanc, conformément à l'observation.

Nous verrons le phénomène dont il s'agit se reproduire dans des substances où il est encore plus remarquable, je veux dire des substances métalliques, qui, indépendamment de ce jeu de couleurs qui constitue le phénomène, ont la singulière propriété d'être transparentes par réfraction, quoique leur surface présente le brillant métallique.

La chaux fluatée intervient utilement dans les opérations métallurgiques relatives aux mines qu'elle accompagne, comme celles d'argent, de cuivre et de plomb. Elle favorise la fusion des autres matières terreuses dont la mine est mélangée, et contribue ainsi à produire la séparation de ces matières d'avec le métal, au-dessus duquel elles s'élèvent à l'état de verre et de scories. De là les noms de *spath fluor* et de *spath fusible* qu'on lui a donnés.

Les anciens citent plusieurs endroits où l'on trouvait l'octaèdre primitif de la chaux fluatée en cristaux solitaires. Il paraît même qu'elle a été autrefois employée dans cet état à la manière des pierres fines, que l'on perçait de part en part pour les fixer sur des vases et autres objets d'ornement, à l'aide d'un axe qui les traversait. J'ai quelquefois rencontré dans le commerce de ces octaèdres qui étaient d'une belle couleur violette. L'artiste avait fait naître, à la place de deux de leurs angles solides opposés, des facettes artificielles pour faciliter leur percement dans le sens de l'axe qui passait par les centres de ces facettes. Le poli qu'on avait fait prendre aux octaèdres n'avait pas altéré sensiblement la mesure de leurs angles.

On emploie en Angleterre la chaux fluatée concrétionnée pour faire des vases de différentes formes.

Celui de ma collection, qui a la forme d'une coupe alongée, et dont je suis redevable à la générosité de M. Mawe, présente une succession de zones comme dentelées en leurs bords, les unes d'un violet plus ou moins intense, les autres blanchâtres, dont la distinction annonce celle des diverses couches qui ont produit la matière de ce vase.

On a profité de la propriété qu'a le gaz qui se dégage de la chaux fluatée, de corroder le verre, pour tracer des dessins sur cette matière à l'aide d'un procédé analogue à celui qui est en usage pour la gravure à l'eau forte. Après avoir enduit de vernis fort la surface du verre, on dessine des figures ou des caractères sur ce vernis, puis on le couvre d'acide fluorique, qui, en s'introduisant dans les traits du dessin, les grave sur le verre ; on essuie ce verre, et le dessin se montre dans toute sa netteté. Un procédé qui a été jugé plus expéditif et plus économique que le précédent, consiste à exposer le verre à la vapeur du gaz acide fluorique, à mesure que celui-ci se dégage de la chaux fluatée par l'action de l'acide sulfurique.

Cette action corrosive que l'acide fluorique exerce sur le verre, a servi à graver des étiquettes sur des bouteilles, et à tracer des échelles de graduation sur des tubes de thermomètres destinés pour les bains. En 1788, M. Puymaurin fils présenta à l'Académie royale des Sciences une glace dont la gravure représentait la Chimie et le Génie pleurant sur le tombeau de Schéele, à qui l'on est redevable des expériences qui ont prouvé que la chaux fluatée contenait un acide particulier qu'il a nommé *acide fluorique*. Cet ouvrage a doublement intéressé l'Académie par le choix du sujet et par le fini de l'exécution.

CINQUIÈME ESPÈCE.

CHAUX SULFATÉE.

SULFATE DE CHAUX DES CHIMISTES.

(*Gips et Fraueneis*, *W*. Vulgairement *gypse*. Les anciens minéralogistes donnaient le nom de *sélénite* aux variétés cristallisées.)

Caractères géométriques.

Forme primitive. Prisme droit (fig. 1, pl. 30) dont les bases sont des parallélogrammes obliquangles. Les angles A, E de ces bases sont l'un de $113^d 8'$ et l'autre de $66^d 52'$. Le rapport des côtés B, C, G est à peu près celui des nombres 12, 13 et 32 (*).

(*) Soit AEA'E' (fig. 14) la même base que figure 1. Si l'on mène la petite diagonale AA', puis A'n perpendiculaire sur AE, l'angle AA'E sera de 60^d, et les côtés An, A'n, AA' du triangle A'nA seront entre eux comme les nombres 3, 4, 5. En adoptant ces nombres pour les expressions des mêmes côtés, on a pour celle de la hauteur G ou H (fig. 1) la fraction $\frac{44}{3}$.

La preuve que les côtés B, C de la base sont inégaux, se tire de ce que, dans certaines formes, le
premier subit un décroissement qui ne se répète pas
sur l'autre; ou, s'il s'en fait un en même temps parallèlement à ce dernier, les faces produites par les
deux décroissemens ont des inclinaisons différentes.
La même diversité a lieu par rapport aux décroissemens qui naissent sur les angles A, E de la base.
L'ensemble le plus simple de lois de décroissement
relativement à la série des formes secondaires, conduit à adopter pour B, C, G, les dimensions que j'ai
indiquées. Il en résulte que, dans la molécule intégrante employée par la cristallisation et qui est
semblable à la forme primitive, la base P a beaucoup moins d'étendue que chacune des faces latérales M, T, et que la face T, dont le côté supérieur
B a 12 pour expression, est un peu plus petite que
la face M, terminée supérieurement par le côté C égal
à 13. La tendance plus ou moins grande des joints
naturels pour se prêter à la division mécanique, est
en rapport avec les différences dont je viens de parler. Les lames qui composent les cristaux se séparent
avec beaucoup plus de facilité dans le sens des bases
que dans celui des faces latérales; et les joints qui
répondent aux premières sont beaucoup plus nets et
plus éclatans que ceux qui sont parallèles aux secondes. Pour obtenir un fragment semblable, aux
dimensions près, à la forme primitive, on détache
d'un cristal une lame mince à l'aide d'un couteau;

on prend ensuite cette lame entre les doigts des deux mains, que l'on fait agir comme pour la courber ; on parvient ainsi à la casser suivant des directions parallèles aux côtés B, C, et à lui faire prendre la figure du quadrilatère P.

On conçoit que les bases des molécules ayant beaucoup moins d'étendue que les autres faces, ces molécules adhèrent du même côté par un moindre nombre de points de contact, ce qui rend leur séparation plus facile. D'une autre part, une des faces latérales étant un peu plus petite que l'autre, les molécules doivent avoir aussi un peu moins d'adhérence dans le sens de la première ; et effectivement il arrive souvent que quand on essaie de diviser une lame de chaux sulfatée suivant les deux directions B, C, on remarque, en y faisant attention, que dans un sens elle cède facilement à la flexion et se rompt, pour ainsi dire, mollement, au lieu que dans l'autre sens elle fait d'abord une certaine résistance et finit par se casser net. C'est que d'abord la division mécanique se faisait parallèlement à B, et qu'ensuite elle s'est faite parallèlement à C. Ainsi la seule observation indique ces mêmes différences auxquelles conduit le calcul relatif aux lois de la structure ; et tout, jusqu'à de simples nuances, se trouve lié dans les résultats de la théorie.

Joints surnuméraires. Les lames de chaux sulfatée transparente sont quelquefois traversées par des veines d'une matière blanchâtre suivant des direc-

tions exactement parallèles à la petite diagonale AA
de la base de la forme primitive. Il en résulte une
tendance à se diviser dans le même sens, qui, étant
ici l'effet de l'interposition d'un corps étranger et ne
se retrouvant pas dans la plupart des cristaux, me
paraît devoir être rapportée aux joints surnuméraires. Dans d'autres lames, et en particulier dans
celles de chaux sulfatée nacrée que l'on trouve à
Pesey, ancien départ. du Mont-Blanc, on remarque à
certains endroits des fissures dirigées, au moins à peu
près, dans le sens de la perpendiculaire $A'n$ (fig. 14),
et qui, en supposant qu'elles s'en écartassent d'environ 2 degrés, seraient parallèles à une face secondaire
produite en vertu du décroissement ^3G (fig. 1). Du
reste, lorsqu'on essaie de rompre les lames qui présentent ces joints accidentels, elles se divisent à l'ordinaire en rhombes de 113^d et 67^d; et souvent, après
avoir détaché un de ces rhombes, on essaie inutilement de le sous-diviser dans le sens du joint surnuméraire : il ne se prête plus qu'à la division principale, qui conserve ainsi sa prééminence. Je reviendrai
sur cette observation dans la suite de cet article, et
plus encore lorsque je traiterai de la chaux anhydro-
sulfatée.

Caractères physiques.

Pesant. spécifique. 2,2642......2,3117.
Consistance. Tendre, ne rayant pas la chaux
carbonatée, susceptible d'être rayée par l'ongle.

Réfraction. Double à un degré médiocre. Elle a lieu à travers une des grandes faces de la lame soumise à l'expérience, et une face artificielle oblique à la précédente.

Éclat. Les grandes faces des lames n'ont souvent que l'éclat ordinaire; quelquefois c'est l'éclat nacré.

Caractères chimiques. Ses lames, exposées sur un charbon ardent, ou sur une pelle fortement chauffée, décrépitent, blanchissent en un instant, et deviennent friables. Les fragmens des masses lamellaires ou compactes blanchissent sans décrépiter, et deviennent aussi friables, mais moins que les lames.

Un fragment de cristal, présenté au chalumeau par le plat de ses lames, ne fait que se calciner sans se fondre : mais si le dard de flamme est dirigé vers le bord des lames, la fusion a lieu, et le fragment se convertit en émail blanc, qui tombe en poudre au bout de quelques heures. On peut expliquer cette différence d'après celle qui existe entre les diverses dimensions des molécules, telles qu'on les déduit de la théorie ; car, puisque les molécules de la chaux sulfatée adhèrent les unes aux autres, par un plus petit nombre de points de contact, du côté de leurs bases, il en résulte que, quand le jet de flamme est dirigé latéralement, c'est-à-dire dans le sens où les petits ressorts du calorique tendent à s'introduire entre les bases, ceux-ci doivent lutter avec beaucoup plus d'avantage contre la force de cohésion, ce qui produit la séparation des lames, dans laquelle consiste la fusion. Au contraire, quand le jet de flamme est dirigé perpendiculairement aux bases des molécules, c'est-à-dire dans le sens où celles-ci se tiennent par leurs faces latérales, qui renferment un beaucoup plus grand nombre de points de contact, les molécules opposant une plus grande résistance à leur séparation, le fragment éprouve seulement une calcination, qui pour s'opérer n'exige pas une aussi forte action de la chaleur que la fusion.

Soluble dans environ cinq cents fois son poids d'eau froide. Celle qui est chaude n'en dissout pas sensiblement davantage (*).

Analyse par Bucholz (Journal de Gehlen, t. V, p. 158):

Chaux..............	33,9
Acide sulfurique...	43,9
Eau..............	21,0
Perte..............	1,2
	100,0.

Analyse de la variété laminaire nacrée d'Onondaga de New-Yorck, par M. Warden, consul général des États-Unis (Tableau comparatif, p. 136):

Chaux..............	32
Acide sulfurique...	47
Eau..............	21
	100.

(*) Fourcroy, Élémens d'Histoire naturelle et de Chimie, t. II, p. 122.

VARIÉTÉS.

FORMES INDÉTERMINABLES.

Quantités composantes des signes représentatifs.

$$\overset{1\ 3\ 1\ *\ *}{\text{M P T E E B C C}}(\text{E}^1\text{B}^2\text{C}^1).$$
$$\underset{\ \ \ \ l\ \ h\ n\ f\ o\ \ \ \ \ \ u}{\text{M P T}}$$

Combinaisons trois à trois.

1. *Trapézienne.* $\overset{*\ 1}{\underset{f\ l\ v}{\text{C E P}}}$ (fig. 2).

a. Alongée. La plus grande dimension du cristal est parallèle à la diagonale menée de A en A (fig. 1). C'est cette modification que représente la figure qui vient d'être citée.

b. Elargie (fig. 3). La plus grande dimension du parallèle à l'arète C (fig. 1) :

Trouvée à Montmartre près Paris ; aux environs de Mézières, département des Ardennes, et à Pronleroy près Saint-Just, département de l'Oise.

Les lames que l'on extrait des cristaux de chaux sulfatée par des sections faites parallèlement aux bases du noyau, se prêtent à un mode de sous-division qu'il ne me paraît pas indifférent de faire connaître. Je prendrai pour exemple la variété qui nous occupe.

Soit *oprs* (fig. 15) la face supérieure d'une des
lames dont il s'agit. En opérant sur cette lame par
des percussions bien ménagées, on y fera naître des
fissures parallèles les unes aux lignes *hg*, *mp*, E*f*, etc.,
les autres aux lignes E'*h*, *zy*, *ft*, etc., qui sont dans
le sens des joints naturels situés latéralement sur la
forme primitive obtenue par la division mécanique;
et par une suite de l'adhérence mutuelle des molécules dans le même sens, les parties comprises entre
les fissures resteront liées les unes aux autres. Dans
l'assortiment qu'on voit sur la figure, le quadrilatère AEA'E' représente la coupe transversale du
noyau, semblable à la base P (fig. 1). Or il est d'a-
bord évident que les lignes *ft*, *zy*, E'*h* (fig. 15) sont
dans le sens des bords AE', EA' ou C, C (fig. 1), qui
subissent le décroissement par deux rangées, d'où résultent la face *f* (fig. 3) et celle qui lui correspond
de l'autre côté du cristal. D'une autre part, le décroissement qui donne la face *l* et son analogue située
de l'autre côté, ayant lieu par une rangée sur les
angles E, E' (fig. 1), les bords *os*, *pr* (fig. 15) de
la lame que nous considérons, sont nécessairement
parallèles à la diagonale A, A', et les triangles *out*,
tzy, etc., sont semblables à l'une quelconque AE'A'
des deux moitiés du quadrilatère AEA'E'; et il est
facile de concevoir que si la division mécanique était
poussée jusqu'à sa limite, les petits triangles qui répondraient aux précédens le long de la ligne *os*,
seraient à vide, par une suite des rentrées et saillies

alternatives que forment les nouveaux bords que les décroissemens analogues à celui-ci font naître sur les lames de superposition.

Il en résulte que les petits triangles dont il s'agit représentent les moitiés d'autant de bases de molécules soustraites par l'effet du décroissement. Or, les triangles *out*, *tzy*, etc., leur étant semblables, si l'on mesure avec soin les côtés tels que *zt*, *zy* de l'un d'eux, on s'aperçoit qu'ils sont inégaux ; il en est de même des angles *tyz*, *zty* opposés à ces côtés, dont le premier est d'environ 60^d et le second de 50^d, d'où il suit que le troisième *tzy* est de 70^d. Ces observations offrent, pour ainsi dire, une preuve parlante que les bases des molécules sont des parallélogrammes obliquangles et non pas de véritables rhombes.

c. Hémitrope. On aura une idée de cette hémitropie en supposant qu'un cristal de la variété trapézienne alongée (fig. 2) ait été partagé en deux moitiés par un plan perpendiculaire à P, en passant par les milieux γ, γ des arêtes contiguës aux faces *l*, et qu'une des moitiés, s'étant renversée, se soit appliquée sur l'autre en sens contraire. Les deux moitiés, dans ce cas, formeront d'une part un angle de 106^d 15'36", et de l'autre un angle saillant de la même valeur ; et il est facile de voir que le plan de jonction sera parallèle aux faces M (fig. 1) de la forme primitive. Trouvée dans les salines d'Autriche.

2. *Uniquaternaire*. PÉC (fig. 4).
P *l*.

Trouvée à Pesey, ancien départ. du Mont-Blanc.

Quatre à quatre.

3. *Progressive.* $\overset{\cdot\;1\;1\;3}{\text{PCEE}}$ $\underset{\text{P}f\,l\,h}{}$ (fig. 5).

4. *Equivalente.* $\overset{2\;1\;1}{\text{PCBE}}$ $\underset{\text{P}f\,l\,n}{}$ (fig. 6).

Les faces f, n, dont l'une naît sur le bord B et l'autre sur le bord C (fig. 1), ont deux inclinaisons différentes, la première de $124^\text{d}\;41'$ et la seconde de $110^\text{d}\;32'$; ce qui seul prouverait que les bords dont il s'agit sont inégaux, ou, ce qui revient au même, que la base de la forme primitive ne peut être un rhombe.

Trouvée près de Saint-Germain-en-Laye, département de Seine-et-Oise.

5. *Quaterno-bisunitaire.* $\overset{4\;1\;1}{\text{PCEB}}$ $\underset{\text{P}o\,l\,n}{}$ (fig. 7).

6. *Additive.* $\overset{2\;4\;1}{\text{PCCE}}$ $\underset{\text{P}f\,o\,l}{}$ (fig. 8).

Avec hémitropie.

7. *Prominule.* $\overset{2}{\text{M}}\text{CP}(\text{E}^1\text{B}^3\text{C}^1)$ $\underset{\text{M}f\text{P}\quad u}{}$ (fig. 9).

La position sous laquelle cette variété est représentée dans la figure, et qui est celle qu'indique son aspect, n'est point en rapport avec celle du noyau

figure 1. Pour qu'elle y soit, il faut que la base P, qui était censée être horizontale, prenne une position verticale, et que les bords C,C deviennent eux-mêmes verticaux, comme on le voit fig. 14, où la face P est située parallèlement à celle que désigne la même lettre (fig. 9).

Supposons d'abord qu'il n'y ait point eu d'hémitropie ; dans cette hypothèse, le cristal aura la forme d'un prisme octogone (fig. 10), terminé par un sommet à deux faces, qui se réuniront sur une arête x légèrement oblique, dont l'incidence sur la face M sera de $91^d 59' 28''$. C'est à cette même hypothèse que se rapporte le signe que j'ai donné plus haut, et dont la partie $\overset{a}{\text{MCP}}$ donne visiblement les huit pans du prisme. $\underset{\text{M}f\text{P}}{}$

Pour concevoir l'effet du décroissement intermédiaire, supposons que AEA'E' (fig. 17) représente la face P (fig. 16), sous-divisée en une multitude de petits parallélogrammes qui seront les facettes extérieures d'autant de molécules. Les lames de superposition qui subissent le décroissement intermédiaire (E'B³C') étant censées être appliquées sur la face P ou AEA'E' (fig. 17), leurs bords seront alignés successivement comme ba, gc, Ar, etc. ; et parce que le même décroissement se répète sur la face opposée à celle-ci, les deux faces obliques produites par le décroissement, se prolongeant en dessus de la face T (fig. 16), iront se réunir sur une arête com-

mune *x* (fig. 10), qui sera parallèle à A*r* (fig. 17),
et qui, d'après les résultats du calcul, fait avec M
un angle *r*AE (fig. 17), que j'ai dit être de $91^d 59' 28''$.

Imaginons maintenant que le cristal étant coupé
en deux moitiés à l'aide d'un plan qui passerait par
le milieu *x* (fig. 10) de l'arête terminale, et serait
perpendiculaire sur P, l'une de ces moitiés, par
exemple celle qui est située à droite, se renverse en
restant toujours appliquée sur l'autre ; on aura l'hémitropie représentée fig. 9.

Je suis redevable à feu M. Faujas de Saint‑Fond
d'un morceau qui présente cette hémitropie, et qui
a été apporté de Sicile.

On s'aperçoit à la vue simple de l'angle saillant,
quoique très ouvert, que font entre elles les arêtes *x*,*x*′,
et qui est de $176^d 1' 4''$; et si l'on mesure l'incidence
de l'une ou l'autre de ces arêtes sur la face adjacente,
on trouve qu'elle est à peu près de 92^d.

On ne peut douter que les lignes A*r*, *gc*, etc., ne
soient parallèles aux joints surnuméraires dont j'ai
parlé à l'article de la forme primitive, et qui sont à
peu près dans le sens de la perpendiculaire A′*n*.
On voit, par ce qui précède, qu'ils s'en écartent
sous un angle d'environ 2^d.

Cinq à cinq.

S *Dioctaèdre.* $\overset{\cdot}{P}\overset{\cdot}{C}M\overset{\cdot}{B}\overset{\cdot}{E}$ (fig. 11) :
P *f* M *n l*

De Crensach près de Bâle.

9. *Disjointe.* $\overset{e\,6\,1}{\text{CCE}}{}^{3}\text{GP}$ (fig. 12) :
$\underset{f\,r\,l\ \ 1\text{P}}{}$
De Bex en Suisse.

Six à six.

10. *Discontinue.* $\overset{e\,4\,6\,1}{\text{CCCE}}{}^{3}\text{GP}$ (fig. 13) :
$\underset{f\,o\,r\,l\ \ 1\text{P}}{}$
Des salines de Bex.

Sous-variétés dépendantes des accidens de lumière.

Incolore. Blanchâtre, jaunâtre, jaune de miel, grisâtre.

Forme dont la détermination est donnée par la simple observation.

Fibro-soyeuse conjointe. Fasriger gyps, W. PMG (fig. 18). Le signe se rapporte au noyau P M ? figure 16. On trouve des masses blanches de cette variété, dont le tissu imite celui de la plus belle soie, et qui, étant brisées, font l'office de miroir, à raison de l'éclat et du niveau des fibres déliées qui se montrent à la surface.

Pour concevoir la structure de cette variété, supposons que l'on ait détaché de la forme primitive que l'on voit figure 16, une lame mince par une section parallèle à la face P : le parallélogramme AEA'E' (fig. 17) représentera une des grandes faces de cette lame; et si l'on suppose qu'elle ait des joints surnuméraires analogues à ceux dont j'ai parlé plus haut, ils seront dirigés suivant des lignes *ba*, *gc*, A*r*, etc. De plus, si l'on suppose deux plans très rapprochés, dont l'un passe par A*r*, et l'autre lui soit parallèle en allant vers A'*z*, et qui soient perpendiculaires sur la face AEA'E', ils détacheront un prisme quadrangulaire très délié, tel que celui qui est représenté figure 18, dans lequel les faces M, P correspondront aux faces primitives marquées des mêmes lettres (fig. 16); et la face *ε* qui résultera de la sous-division dont j'ai parlé, sera perpendiculaire sur P, et inclinée sur M d'environ 92^d, d'après ce que j'ai dit à l'article de la variété prismatoïde; et d'après la loi de décroissement à laquelle se rapporte la position des joints surnuméraires, on aura le signe représentatif que j'ai donné ci-dessus.

Les masses dans lesquelles ces joints sont sensibles passent quelquefois à la variété fibreuse, en sorte qu'une partie de ces masses est à l'état lamelleux, tandis que l'autre présente le tissu fibreux. Or, en comparant ces parties entre elles, on voit que les lames dont est composée la première ont donné naissance aux fibres de la seconde, à l'aide des nombreuses sous-divisions qu'elles ont subies dans le sens des joints surnuméraires.

Formes en partie déterminables.

Prismatoïde. On peut supposer que cette variété résulte d'une altération de la chaux sulfatée prominule, dans laquelle les pans M auraient disparu par le prolongement des faces f, et les arêtes x, x', z, z' (fig. 9) seraient oblitérées, de manière que le sommet formerait une légère convexité.

D'un autre côté, il est facile de concevoir que la variété prominule ne diffère de l'équivalente hémitrope que par l'addition des pans M, et en ce que les angles solides γ, γ (fig. 2) sont remplacés par un sommet tétraèdre produit en vertu d'un décroissement intermédiaire dont j'ai indiqué la loi ci-dessus. Aussi observe-t-on quelquefois sur un même groupe des cristaux dont les uns présentent la variété équivalente, et d'autres la prismatoïde : se trouve à Montmartre près Paris.

Mixtiligne. Cette variété offre une série graduée d'intermédiaires entre la trapézienne et la lenticulaire, qui sera la suivante. Dans les cristaux par lesquels la gradation commence, les angles solides γ, γ (fig. 3) subissent un arrondissement dont l'effet, considéré sur le parallélogramme qui passe par les arêtes ϖ, u (fig. 3), et que représente $opo'p'$

(fig. 19), est de faire disparaître vers les angles o, o' des segmens tels que oty, $o'ty'$, dont la figure est celle d'un triangle à base courbe. L'étendue de ces segmens varie suivant les cristaux, en sorte qu'à un certain terme, elle devient égale, par exemple, à celle des triangles oux, $o'u'x'$, et ainsi de suite en augmentant graduellement. Les lames de superposition qui recouvrent de part et d'autre le parallélogramme $opo'p'$, décroissent parallèlement à leurs bords rectilignes suivant la loi qui produit les faces l, f (fig. 3). Les parties qui répondent aux bords curvilignes tels que ux, $u'x'$ (fig. 19), subissent aussi un décroissement; et telles sont les quantités dont elles se dépassent mutuellement vers les mêmes bords, que les surfaces qui naissent de ce décroissement sont à double courbure (*).

A un terme plus reculé, les courbes se répètent vers les angles p, p', et la surface du parallélogramme arrive par degrés à celle qui est renfermée

---

(*) Les arrondissemens sont ici, comme dans tous les autres cas, l'effet d'une cristallisation précipitée, dont l'empreinte se montre dans les variations que subissent, d'un cristal à l'autre, les inflexions des arcs geg', $ge'g'$, et la position de la ligne qui passe par leurs intersections. La figure représente cette position ramenée à une limite qui la fait coïncider avec la direction de la diagonale aa'. Je citerai bientôt un cas particulier où cette limite est donnée, à très peu près, par les lois de la structure.

entre les deux arcs geg', $g'e'g$. En examinant de près ces mêmes arcs, on s'aperçoit que la courbure des branches eg, $e'g'$ est un peu plus sensible que celle des branches eg', $e'g$. Les surfaces de toutes les lames de superposition situées de part et d'autre de celle que représente la figure, sont de même terminées par deux arcs qui diminuent successivement de longueur, en se rapprochant de plus en plus; et tant que les plus éloignées du centre ou celles qui sont extérieures ont une étendue sensible, le cristal est censé appartenir à la variété dont il s'agit ici, en ce que des faces planes s'y trouvent encore réunies à des faces curvilignes.

Formes indéterminables.

Lenticulaire. Blättriger gyps, et *Fraueneis*, W. Cette variété offre la limite dont les corps qui appartiennent à la précédente approchent de plus en plus, à mesure que les faces curvilignes terminales se rétrécissent, jusqu'à ce qu'elles aient disparu. A ce terme le cristal présente la forme d'un corps lenticulaire, dont les deux surfaces convexes se réunissent sur un bord circulaire situé dans un plan qui passe par les points g, g', et qui coupe à angle droit le joint naturel que représente la figure curviligne $geg'e'$, et tous les autres qui sont parallèles à celui-ci sur les différentes lames de superposition : Se trouve à Montmartre.

a. Géminée. Cette sous-variété résulte de la réunion de deux lentilles qui paraissent se pénétrer en partie, de manière que leurs joints naturels analogues à *geg'e'* ont les mêmes positions respectives que les figures *mtsx*, *m'ts'x'* (fig. 20). Le plan de jonction par lequel les résidus des deux lentilles s'appliquent l'un contre l'autre à l'endroit indiqué par la ligne *tr*, est parallèle à la diagonale menée de *a* en *a'* (fig. 19), et, par une suite nécessaire, aux côtés *op'*, *po'* du parallélogramme, d'où la figure courbe *geg'e'* tire son origine. Il est aisé d'en conclure qu'il est en même temps parallèle à une face qui résulterait d'un décroissement par une rangée sur l'une ou l'autre des arêtes longitudinales G, G' (fig. 1); ce qui est conforme à la loi que j'ai dite être générale pour toutes les positions que prennent les plans de jonction des cristaux qui paraissent se pénétrer (*).

Les fragmens que l'on détache de ces réunions de deux lentilles par deux coupes parallèles au joint naturel que représente la figure, ont de la ressemblance avec un coin échancré à sa base. On rencontre de ces fragmens qui sont l'ouvrage de l'instrument même employé à l'extraction de la marne dans laquelle sont engagées les lentilles. On en faisait autrefois une variété particulière, à laquelle on don-

---

(*) Traité de Cristallog., t. II, page 302.

naît le nom de *gypse cunéiforme* ou *en fer de lance*.

Toutes les variétés précédentes, en y comprenant la prismatoïde, existent à Montmartre. On y a trouvé des couches entières composées de lentilles distinctes, la plupart d'un petit diamètre ; mais il est plus ordinaire d'y rencontrer des groupes de lentilles réunies deux à deux, d'un diamètre plus ou moins considérable, qui s'étend quelquefois jusqu'à 3 décimètres (environ 1 pied) et au-delà.

Conique. Cette variété dérive de la lenticulaire simple, à l'aide d'une transformation dont on se fera une idée en supposant que les deux convexités de celle-ci se relèvent, en partant de la circonférence de leur cercle de jonction, de manière que toutes les courbures situées dans des plans perpendiculaires à ce cercle, se redressent, jusqu'à ce que le corps ait pris la forme de deux cônes réunis base à base. La figure 21 représente un de ces cônes situé de manière que le triangle *ne'l*, qui, en partant du sommet, tombe perpendiculairement sur la base, est sur le plan prolongé du joint curviligne *ege'g'* (fig. 19), que nous supposons toujours passer par le centre d'une lentille de chaux sulfatée, dans laquelle le bord de jonction des deux convexités tombe perpendiculairement sur le même joint, à l'endroit de la ligne *gg'*. On voit, par cette disposition, que si l'on suppose le cône droit, tous les joints naturels que l'on pourra mettre à découvert

par des coupes parallèles au triangle *ne'l* (fig. 21),
seront autant d'hyperboles qui auront pour asym-
ptotes les apothèmes *e'n*, *el*. L'angle *ne'l*, que forment
entre eux ces apothèmes, est d'environ 126^d.

J'ai désiré de savoir jusqu'à quel point les lois
de la structure pouvaient se prêter à cette hypothèse d'un cône droit, et j'ai choisi pour termes de
comparaison les positions des apothèmes *e'n*, *e'l*
(fig. 21), et de ceux qui coïncident avec un plan
mené par l'axe du cône, perpendiculairement au plan
ne'l. La ligne *e'r* représente celui de ces apothèmes
qui s'élève au-dessus du plan *ne'l*. Maintenant, si
l'on mène *e'o* (fig. 19) perpendiculaire sur la diagonale *aa'*, elle sera parallèle à l'axe du cône
figure 21, d'après la construction que j'ai indiquée.
Si l'on mène ensuite les lignes *e'n*, *e'l* (fig. 19) de
manière que les angles *ne'o*, *le'o* soient égaux à ceux
que les apothèmes *e'n*, *e'l* (fig. 21) font avec l'axe
du cône, il faudra, pour que ce cône soit droit,
que les angles dont il s'agit soient aussi égaux entre
eux, et, d'après ce que j'ai dit plus haut, leur somme
devra être d'environ 126^d. Or j'ai trouvé que dans
l'hypothèse où les lignes *e'n*, *e'l* seraient parallèles à
des faces produites en vertu de deux décroissemens
mixtes qui agiraient de part et d'autre de l'arête G'
(fig. 1), et dont l'un aurait pour signe $\frac{2}{4}$G, et
l'autre $G^{\frac{7}{3}}$, l'angle *oe'n* serait de 63^d 19', et l'angle
oe'l de 62^d 31'. Leur somme de 125^d 54' est sensible-

ment égale à celle que donne l'observation; mais le premier surpasse de 22′ la moitié 62^d 57′ de cette somme, et le second est plus petit d'une quantité égale à 26′.

D'une autre part, j'ai trouvé que dans l'hypothèse où l'apothème $e'r$ (fig. 21) serait parallèle à une face produite en vertu d'un décroissement sur l'angle E (fig. 1) de la base de la forme primitive, qui aurait pour signe $\overset{6}{E}$, il serait avec le plan $ne'l$ (fig. 19) un angle de 62^d 55′, sensiblement égal à la moitié de celui que font entre eux les apothèmes $e'n$, $e'l$; d'où il suit que l'apothème $e'r$ et son analogue situé dans la partie opposée du cône, sont inclinés sur l'axe de la même quantité.

Ainsi, pour que le cône devînt droit, il faudrait que le sommet e' étant fixe, et les apothèmes $e'n$, $e'l$ restant dans le même plan, le premier se rapprochât de l'axe d'une quantité égale à 22′, et que le second s'en écartât d'une quantité égale à 26′. Quant à l'apothème $e'r$ et à son analogue, leur position ne subirait aucun changement.

Les lois qui donnent les positions des apothèmes ne sortent pas des limites entre lesquelles sont renfermées celles d'où dépendent les formes déterminables. On en trouve des exemples dans diverses espèces. Au reste, l'analogie qui naît des résultats que je viens d'exposer, outre qu'elle n'est qu'approchée, doit être rangée parmi celles qu'on appelle *analogies de rencontre*. Mais, telle qu'elle est, elle m'a paru mériter assez d'être connue pour ne point m'at-

35..

tirer le reproche d'avoir mêlé les sections coniques à la Géométrie des cristaux.

Cette variété a été trouvée dans un terrain voisin de l'hôpital Saint-Louis à Paris. Ses cristaux sont engagés solitairement dans une marne dont il est facile de les retirer intacts.

Aciculaire.

a. Libre.

b. Radiée. Des bords du Volga en Russie.

Laminaire. Incolore, près de Pesey ; blanchâtre et translucide à Lagny, département de Seine-et-Marne. La même, tachetée de rouge, *idem* ; nacrée, près de Pesey ; dans la Nouvelle-Ecosse en Amérique.

Lamellaire. Blanche, près de Cascante en Espagne.

Granolamellaire. Dentritique, à Montmartre.

Granulaire. Grise, près de Lunebourg, où elle sert de gangue aux cristaux de magnésie boratée ; blanche, entremêlée de lamelles de talc, à Ayrolo, dans la vallée Lévantine.

Compacte (*dichter gyps*, W.). Blanche, à Volterra en Espagne, vulgairement *albâtre gypseux*; d'un rouge de chair, près de Châlons, département de Saône-et-Loire.

Terreuse. Ayant l'aspect de la craie, et laissant aussi des traces sur les corps où on la passe avec frottement.

Niviforme. Semblable à de la neige que l'on aurait pelotonnée en la pressant entre les mains. A Montmartre.

Concrétionnée mamelonnée. Près de Bex en Suisse.

APPENDICE.

Chaux sulfatée calcarifère, vulgairement *pierre à plâtre*. Grisâtre ou jaunâtre; tissu granulaire, brillanté par des lamelles de chaux sulfatée pure, interposées dans la masse. Soluble en partie avec effervescence dans l'acide nitrique. Donnant du plâtre par la calcination. A Montmartre.

Relations géologiques.

La chaux sulfatée à l'état ordinairement granulaire et quelquefois compacte, occupe un rang parmi les roches simples. Divers auteurs en ont cité de primitive, interposée par couches dans le gneiss et dans le mica schistoïde. C'est au premier de ces modes de gissement que l'on a surtout rapporté, d'après l'autorité de M. Fresleben, la variété granulaire, d'une couleur blanche, qui se trouve à Ayrolo, dans la vallée Lévantine (*). Les lamelles de talc disséminées dans son intérieur semblaient offrir

____

(*) Journal de Physique, frimaire an 9, p. 472.

un nouvel indice d'une origine ancienne ; mais M. Brochant (*) pense que plusieurs des masses de chaux sulfatée, et en particulier de celle-ci, que l'on avait regardées comme primitives, appartiennent aux terrains de transition, et qu'on a lieu de présumer que la formation de toute la chaux sulfatée connue jusqu'ici, répond à quelqu'une des époques postérieures à l'existence des roches appelées *primitives*.

Dans plusieurs endroits, la chaux sulfatée forme des masses d'une épaisseur considérable, qui paraissent isolées, et que l'on a rangées dans la classe des roches nommées *stratiformes* ou *secondaires*. Au Mont-Cenis, sa variété granulaire se présente sous la forme de monticules qui ont pour support un mica ou un talc schistoïde ; mais le célèbre Saussure, qui les a examinés avec soin, regarde leur formation comme étant d'une date plus récente (**). Les eaux pluviales qui tombent sur la surface de ces monticules, en dissolvent peu à peu la substance, et y produisent des excavations en forme d'entonnoirs, qui ont jusqu'à cinq ou six mètres et davantage de profondeur, sur une ouverture dont le diamètre est à peu près de la même mesure. M. Patrin a ob-

---

(*) Bulletin des Sciences de la Société Philomatique, avril 1816, p. 62 et 63.

(**) Voyage dans les Alpes, n° 1238.

servé le même phénomène dans les masses de chaux
sulfatée des monts Oural en Sibérie (*).

La variété fibreuse forme des couches subordonnées au grès rudimentaire rouge (Rothe todtliegende)
près de Moffa en Écosse, et à l'argile rouge, dans
divers comtés d'Angleterre (**).

La chaux sulfatée mêlée de chaux carbonatée constitue l'espèce de roche que l'on a nommée *pierre à
plâtre*, et dont la formation se rapporte à l'époque
que l'on regarde comme la plus récente parmi celles
dont la succession comprend les roches secondaires.
De tous les terrains qui la renferment, aucun ne
mérite mieux de fixer l'attention des naturalistes que
celui de Montmartre, situé auprès de Paris. L'affinité
y a marqué d'un caractère particulier les résultats de
la cristallisation de la chaux sulfatée ainsi que plusieurs modifications qui appartiennent à d'autres
espèces et que je ferai connaître dans la suite. La
disposition même des matières qui forment la butte a
quelque chose de remarquable. C'est là que l'on voit,
surtout dans la partie supérieure, des bancs de chaux
sulfatée qui servent de base à plusieurs rangs de
colonnes prismatiques dont le grain est très fin, et
qui paraissent s'être séparées par l'effet du retrait qui
accompagnait le desséchement. Pour un Neptunien,

(*) Hist. nat. des Minéraux. Paris, an 9, t. III, p. 201.

(**) Jameson, *Syst. of Miner.*, t. II, p. 236.

ce seraient des basaltes gypseux (*). Le même terrain
est du plus grand intérêt sous le rapport de la Zoologie. Indépendamment des diverses espèces de coquillages contenus dans les différentes couches dont
il est composé, on y a trouvé des ossemens fossiles
de tortues, de mammifères et d'oiseaux, incrustés
dans la pierre à plâtre, et une partie de ceux qui
ont fourni au célèbre Cuvier un sujet de recherches
d'un genre tout nouveau. En rapprochant ces ossemens, il a recomposé des squelettes dont l'examen
lui a offert la preuve que les animaux auxquels ils
ont appartenu formaient des espèces particulières
qui n'existent plus et qu'il a dénommées. Le génie,
secondé des plus profondes connaissances anato-
miques, brille partout dans ce beau travail, qui a
rendu à l'Histoire naturelle ces anciennes espèces
dont il ne restait plus que des débris, et qui auraient
été perdues pour elle.

La chaux sulfatée s'associe, comme composant
accidentel, à diverses substances qui tiennent un
rang parmi les roches. Dans ce cas, elle est ordinairement à l'état laminaire ou en cristaux détermi-

---

(*) La description détaillée de cette butte a été donnée
par divers auteurs, entre autres par M. Brongniart, Traité
de Minéral., t. 1, p. 180 et suiv. Voyez aussi les Mémoires
publiés par MM. Desmarest, Lamanon et Pralon, membres
de l'Académie des Sciences, année 1780; Journal de Physique, octobre 1780 et mars 1782.

nables. La première accompagne très souvent la soude muriatée dite *sel gemme*; elle en est même quelquefois imprégnée. Les salines d'Autriche fournissent des groupes de ces cristaux qui sont d'une parfaite transparence. A mesure que l'on fait entrer de l'eau dans les excavations pour dissoudre le sel et l'obtenir ensuite par l'évaporation, une partie de cette eau pénètre le toit, qui s'en imbibe, et c'est par l'intermède de ce même liquide que se forment les cristallisations gypseuses qui adhèrent à la voûte de la cavité (*). Ailleurs, c'est la marne qui sert d'enveloppe à la chaux sulfatée, à laquelle adhèrent quelquefois de petites masses de soufre natif. C'est de la même roche que l'on retire à Montmartre les groupes de cristaux de diverses formes et de corps lenticulaires que j'ai décrits plus haut. Dans le même lieu, la matière enveloppante est aussi la pierre à plâtre; et quelquefois un même fragment de cette matière présente la réunion de la chaux cristallisée d'un jaune de miel joint à une belle transparence, et de la variété niviforme.

La pierre à plâtre renferme à certains endroits des masses arrondies de quarz-agate pyromaque, dans lesquelles sont incrustées des lames très apparentes de chaux sulfatée; ou bien les deux substances sont si intimement mêlées, que l'œil ne les discerne plus

Dans d'autres pays, comme à Hurten, près de

(*) De Born., Catal., t. I, p. 344 et 349.

Hall en Saxe, et à Crensach, près de Bâle en Suisse, c'est à l'argile que les cristaux de chaux sulfatée sont associés. Celle d'Espagne est ferrugineuse; et, suivant les endroits où on la trouve, sa couleur est d'un rouge foncé, dont les cristaux participent plus ou moins, ou d'un gris nuancé de rougeâtre. C'est dans cette dernière que sont engagés les cristaux d'arragonite qu'accompagnent de petites masses de chaux sulfatée laminaire. A Bastènes, département des Landes, où le gissement est le même, on trouve des masses fibro-laminaires de chaux sulfatée qui servent de gangue immédiate à des arragonites.

Les cristaux de chaux sulfatée sont quelquefois renfermés dans des roches de la même nature, qui sont à l'état granulaire ou compacte. Celle de Lunebourg qui contient la magnésie boratée est accompagnée de cristaux plus ou moins volumineux de sa propre substance, dont quelques-uns sont colorés par des parcelles de fer oligiste luisant.

La chaux sulfatée s'unit assez rarement aux filons métalliques. Sa variété laminaire nacrée adhère à celui de plomb sulfuré, qui se trouve près de Pesey, ancien département du Mont-Blanc. A Kapnick en Transylvanie, la même variété associée au quarz hyalin accompagne le plomb, le zinc et le fer sulfurés.

J'ajouterai, au sujet des relations de rencontre entre la chaux sulfatée et le quarz, qu'elles offrent en certains endroits des cristaux très réguliers et solitaires de la variété prismée de ce dernier minéral.

Tels sont ceux qui accompagnent en même temps
les arragonites d'Espagne, et que j'ai surnommés
hématoïdes à raison du fer qui les colore; et ceux
d'une couleur grise, qui s'associent aux cristaux de
magnésie boratée dans la chaux sulfatée granulaire
de Lunebourg. Le peu de consistance de la matière
enveloppante permet d'en dégager facilement les uns
et les autres; et cet avantage est surtout sensible à
l'égard des cristaux de magnésie boratée, dont l'isolement est favorable à l'étude de leurs formes cristallines, à cause de la différence de configuration que
présentent les parties dans lesquelles résident les
deux pôles électriques.

Usages.

La chaux sulfatée était employée, dès le temps
de Pline, à différens usages dont ce naturaliste nous
a transmis la connaissance; mais comme il suffisait
alors que deux substances minérales eussent une
certaine analogie et se prêtassent, entre les mains
des artistes, à des travaux du même genre pour les
faire regarder comme étant de la même nature, les
anciens confondaient la variété blanche et compacte
de chaux sulfatée avec ce qu'on a appelé *albâtre
calcaire;* et c'est elle qui, sous ce même nom d'*albâtre*, a servi si souvent de terme de comparaison
pour désigner la blancheur dans toute sa pureté.
Pline applique à l'une et à l'autre la dénomination

d'*alabastrites*, à laquelle il substitue quelquefois celle d'*alabastrum* (albâtre) (*). Parmi les modernes, quelques-uns ont appelé particulièrement *albâtre* celui qui est calcaire, et *alabastrite* celui qui est gypseux. Boëce a pris ces deux mots en sens inverse (**).

La variété de chaux sulfatée dont il s'agit, et que je nommerai *alabastrite* pour abréger, était fort employée pour faire des urnes et des vases destinés à conserver les parfums. Parmi ceux de ces vases que le temps a épargnés, et que l'on voit encore dans les cabinets d'antiques, plusieurs ont la forme d'une petite bouteille à long cou, et quelques modernes leur ont donné le nom de *lacrymatoires*, parce qu'ils s'imaginaient que ces vases avaient servi à recueillir les larmes versées dans les funérailles (***); mais cette opinion paraît dénuée de fondement, et la petitesse des vases dont il s'agit s'explique facilement d'après la cherté extraordinaire des baumes qu'on y avait renfermés (****).

Les usages de l'alabastrite se sont perpétués dans les

(*) *Hist. nat.*, l. XXXVI, cap. 8, et l. III, cap. 2.

(**) *De lapid. ac gemmis*, lib. II, c. 269.

(***) Ces vases avaient été trouvés dans les tombeaux des anciens, ainsi que d'autres de la même forme, dont les uns étaient de verre et les autres de terre cuite.

(****) Voyez le Dictionnaire des Antiquités, faisant partie de l'Encyclopédie méthodique, t. III, p. 406 et suiv.

temps modernes. L'industrie des artistes de Florence et de Volaterre en Toscane tire un grand parti de celui qu'on trouve dans ce dernier endroit. Ils s'en servent pour sculpter des bustes et des statues, qui ont en général de petites dimensions, et qui sont souvent des copies du Laocoon et des autres chefs-d'œuvre des anciens sculpteurs. On garnit des surtouts avec ces statues. L'alabastrite fournit encore la matière d'une multitude de vases de différentes formes, et d'objets d'utilité ou d'agrément, tels que des garnitures de pendule, des pièces de vaisselle, des représentations de corbeilles de fleurs, etc. On choisit, pour l'exécution de ces divers ouvrages, tantôt un alabastrite d'une blancheur uniforme, tantôt un morceau veiné ou tacheté de plusieurs couleurs, selon que le comporte le caractère du sujet. Le peu de dureté de la matière la rend facile à travailler, mais par là même plus susceptible de perdre son poli et d'être attaquée par le choc d'un corps dur. Aussi les ouvrages dont j'ai parlé ont-ils moins de valeur dans le commerce que ceux qui sont faits de marbre ou d'albâtre calcaire.

On travaille en Angleterre la variété en fibres soyeuses pour en faire des pendans d'oreille et autres bijoux d'une forme arrondie, capables d'en imposer par leur ressemblance d'aspect avec ceux pour lesquels on emploie la variété analogue de chaux carbonatée, ou le feldspath nacré dit *pierre de lune* ; mais ils sont sensiblement plus tendres que les premiers, et incomparablement plus que les seconds.

On a profité, pour multiplier les usages de la chaux sulfatée, des différens degrés de transparence dont jouissent plusieurs de ses variétés. Il paraît que les anciens, qui connaissaient l'art de la verrerie, n'avaient pas songé à réduire le verre en lames pour en garnir les fenêtres. Ce qu'il y a de certain, c'est qu'ils employaient fréquemment à cet usage la pierre spéculaire, c'est-à-dire les lames de chaux sulfatée diaphane. Ils en construisaient aussi quelquefois des ruches pour être à portée d'observer le travail des abeilles (*). Ce qu'ils appelaient *phengite*, c'est-à-dire *corps brillant*, paraît avoir été une variété de chaux sulfatée analogue à l'alabastrite, et qui se trouvait en Cappadoce (**). Du temps de Néron, on conçut l'idée de faire une application également curieuse et imposante de la propriété qu'elle avait d'être fortement translucide, pour éclairer l'intérieur d'un édifice public. Le temple de la fortune *Seia*, qui était bâti en entier avec cette même pierre, n'avait point de fenêtres, et ne recevait que la por-

---

(*) Pline, *Hist. nat.*, l. XXXVI, cap. 14.

(**) Je me conformerai ici à l'opinion de plusieurs savans, qui assimilent cette pierre à l'alabastrite, quoique Pline ait dit qu'elle avait la dureté du marbre. Voyez le Dictionnaire des Antiquités, faisant partie de l'Encyclopédie méthodique ; t. I, p. 109.

tion de lumière qui passait à travers les murs et le
toit, et qui, selon Pline, semblait plutôt être réfléchie comme par un miroir, que transmise du dehors (*).

Une partie des vases que l'on exécute en Italie
avec l'alabastrite, présentent d'une manière différente
l'effet de la même propriété. Leur forme est à peu
près celle d'un globe creux, ayant d'un côté une
ouverture circulaire, et prolongé en cône du côté
opposé. On place dans leur intérieur une ou plusieurs bougies, et on les suspend au plafond des sa-
lons et autres grands appartemens. Lorsque les bougies sont allumées, la demi-transparence du vase
substitue à l'impression immédiate de leurs flammes
sur l'organe de la vue celle d'une douce et agréable
clarté, qui semble émaner de tous les points de la
surface extérieure pour se répandre dans l'espace
environnant.

Je reviens un instant à la variété laminaire et
transparente de chaux sulfatée, pour indiquer une
observation relative à la Physique de la lumière, qui
s'offre souvent comme d'elle-même à la première
inspection des morceaux de cette variété, ou qui
peut facilement être amenée. Telle est la tendance
qu'ont ces morceaux à se déliter, que parmi les
fragmens de cristaux lenticulaires épars çà et là sur

____

(*) *Hist. nat.*, l. XXXVI, cap. 32.

la butte Montmartre, il n'est pas rare d'en rencontrer dans lesquels le choc de l'instrument dont se
servent les carriers a fait naître une légère fissure,
qui, ayant été aussitôt occupée par une lame mince
d'air, présente d'une manière très sensible le phénomène des anneaux colorés. Si l'on presse fortement
le morceau entre deux doigts vers la naissance de la
fissure, qui est l'endroit où elle a le plus d'épaisseur, on voit les couleurs des différens anneaux
changer de place en se rapprochant des points sur
lesquels agit la pression. Cette expérience confirme
les inductions que Newton a tirées du phénomène
dont il s'agit, par rapport à la coloration des corps,
ainsi que je l'expliquerai dans un plus grand détail à
l'article du quarz résinite opalin, appelé vulgairement
opale. Si le fragment est intact, on peut, par une
percussion bien ménagée, le disposer à produire le
même phénomène.

On a donné en général le nom de *plâtre* à la
chaux sulfatée que la calcination a privée de son eau
dite *de cristallisation ;* et c'est en se conformant à
cette acception que quelques auteurs ont employé
le nom de *pierre à plâtre*, comme nom spécifique,
pour désigner la chaux sulfatée. J'ai restreint l'application de ce nom à la chaux sulfatée grossière
mêlée de chaux carbonatée, comme étant la variété
qui fournit le plâtre le plus propre à être employé
pour la construction. A Montmartre, ce mélange

existe naturellement, de manière que la quantité de chaux carbonatée forme à peu près les $\frac{12}{100}$ de la masse.

Lorsqu'on fait cuire le plâtre, la chaux sulfatée abandonnée par son eau de cristallisation conserve son acide, tandis que la chaux carbonatée perd le sien. On délaie ensuite le plâtre dans un volume d'eau à peu près égal au sien, et on l'applique au moment où il est sur le point de se prendre en une masse qui a déjà une certaine consistance. Ce dernier effet provient de la rapidité avec laquelle la chaux sulfatée reprend son eau de cristallisation, qui, en se fixant, donne lieu à un grand dégagement de calorique. Pendant que le desséchement s'achève, les molécules de chaux, qui sont devenues solubles en s'isolant de l'acide carbonique, s'insinuent entre celles de chaux sulfatée, qui se rapprochent par une suite de leur tendance vers la cristallisation; et il résulte des deux substances entrelacées l'une dans l'autre un tout qui prend de la solidité à mesure que l'eau dont il était encore humecté s'évapore.

Ce que l'on désigne le plus communément par le nom de *stuc*, est une composition dont le plâtre forme la base (*). On le détrempe avec de l'eau dans laquelle on a fait dissoudre de la colle de Flandre, qui sert à lier plus étroitement entre elles les mo-

---

(*) On s'est servi aussi de chaux éteinte pour faire du stuc; mais le plâtre a obtenu la préférence.

lécules du plâtre, en sorte que la masse acquiert, en se desséchant, une grande dureté ; elle est alors susceptible de recevoir un beau poli. Si l'on veut avoir un stuc coloré, on ajoute à la dissolution de colle la matière colorante convenable ; et pour varier les couleurs, on prépare séparément de petites masses de stuc que l'on assortit comme les piéces d'une mosaïque. On parvient ainsi à imiter avec le stuc les différens marbres, de manière que l'œil y est facilement trompé ; et on l'emploie dans cet état pour faire des lambris, et quelquefois pour parqueter les appartemens.

Les variétés cristallisées et laminaires de chaux sulfatée fournissent un plâtre très pur que l'on mêle avec une eau gommée, et dont on forme une pâte que l'on jette en moule, ce qui produit des statues très blanches et d'un aspect agréable, mais qui sont peu estimées à cause de leur fragilité.

SIXIÉME ESPÈCE.

CHAUX ANHYDRO-SULFATÉE.

ANHYDRITE DE PLUSIEURS AUTEURS.

(*Muriacit*, W. *Bardiglione*, Bournon, *Transact. of the geological Society.* 1811, p. 355.)

Caractère géométrique.

Forme primitive. Prisme droit rectangulaire (fig. 22, pl. 32), dans lequel le rapport entre les côtés

C, B, G est à peu près celui des nombres 12, 10 et 9 (*). On obtient cette forme d'une manière très nette à l'aide de la division mécanique. Si l'on compare entre elles les faces M, T, soit sur les cristaux, soit sur des fragmens qui présentent la forme du noyau, on remarque que les premières ont un éclat vitreux, tandis que celui des autres est nacré ; elles se prêtent aussi moins facilement à la division mécanique. D'après ce que j'ai dit dans l'article relatif à la loi de symétrie (Traité de Cristallographie, t. I, p. 200), cette différence suffirait seule pour en indiquer une dans l'étendue des faces qui la présentent.

Le prisme se divise, quoique avec une certaine difficulté, dans le sens de ses deux diagonales. La molécule soustractive lui est semblable, et elle résulte d'un assemblage de huit molécules intégrantes, qui sont des prismes ayant pour bases des triangles rectangles scalènes.

Caractères physiques.

Consistance. Rayant la chaux carbonatée, et à plus forte raison la chaux sulfatée.

Réfraction. Double à un haut degré. Elle a lieu

(*) Plus exactement $\sqrt{30}$, $\sqrt{21}$ et $\sqrt{17}$.

à travers un des pans M et une face artificielle oblique qui remplace le pan opposé (*).

Caractères chimiques. La quantité d'eau nécessaire pour en dissoudre un fragment d'un poids donné, surpasse sensiblement celle qu'exige, à poids égal, la chaux sulfatée.

Ne blanchissant pas, et ne s'exfoliant pas, comme la chaux sulfatée, lorsqu'on l'a placée sur un charbon ardent.

Analyse par Vauquelin de la variété laminaire:

$$
\begin{array}{lr}
\text{Chaux.} \dots\dots\dots\dots & 40 \\
\text{Acide sulfurique.} \dots & 60 \\
\hline
& 100.
\end{array}
$$

De la même, trouvée à Hall en Tirol, par Klaproth (Dictionnaire de Chimie, traduction française, t. IV, p. 216):

$$
\begin{array}{lr}
\text{Chaux.} \dots\dots\dots\dots & 42,75 \\
\text{Acide sulfurique.} \dots & 55,00 \\
\text{Silice.} \dots\dots\dots\dots & 1,00 \\
\text{Sulfate de soude.} \dots & 1,00 \\
\text{Perte.} \dots\dots\dots\dots & 0,25 \\
\hline
& 100,00.
\end{array}
$$

(*) Cette propriété a échappé à M. le comte de Bournon, qui dit n'avoir pu apercevoir qu'une réfraction simple, en soumettant le même minéral à l'expérience. (*Transact. of the geolog. Soc.*, p. 357.)

Dans la chaux sulfatée artificielle, le rapport entre les quantités relatives de chaux et d'acide sulfurique, déterminé par Klaproth, est celui de 33 à 45,5, et dans la chaux anhydro-sulfatée de Hall, les quantités des deux principes, suivant le même chimiste, sont entre elles comme 42,75 à 55. Or le premier rapport est seulement un peu plus grand, et le second un peu plus petit que celui de 3 à 4 ; en sorte que l'un et l'autre diffèrent sensiblement de celui de 40 à 60 ou de 2 à 3, indiqué par M. Vauquelin. Mais cette différence doit être attribuée à l'imperfection de l'analyse, et l'opinion générale est que la chaux anhydro-sulfatée ne diffère de la chaux sulfatée qu'en ce qu'elle ne contient pas d'eau de cristallisation.

VARIÉTÉS.

FORMES DÉTERMINABLES. Würfelspath, W. (*).

Quantités composantes des signes représentatifs.

$$P\,M\,T\,\overset{\scriptscriptstyle 1}{A}\,A^3\,A^1\,G^1.$$
$$P\,M\,T\,o\;n\;f\;r$$

(*) On jugera aisément, d'après la description que je vais donner de ces formes, combien est opposé aux principes de la science ce nom de *würfelspath* (spath cubique), qui convient aux formes primitives de plusieurs autres espèces très différentes de celle-ci, et qui emploie, pour la désigner, une forme qui en est exclue par les lois de la cristallisation.

Combinaisons trois à trois.

1. *Primitive*. PMT (fig. 22). Aux environs de Salzbourg en Bavière; près de Pesey, ancien départ. du Mont-Blanc.

Quatre à quatre.

2. *Périoctaèdre*. $M^{1}G^{1}TP$ (fig. 23). Près de Bex,
$M \quad r \quad TP$
canton de Berne. J'ai fait voir, dans l'article relatif à la loi de symétrie (Crist., t. I, p. 200), que les faces r étant solitaires et différemment inclinées sur les pans M, T, il en résulte que la forme primitive est nécessairement un prisme rectangulaire, parce que s'il avait pour base un carré, les faces r, ou feraient des angles égaux avec les pans M, T, ou se répéteraient des deux côtés des arêtes G, G (fig. 22), sur lesquelles elles ont pris naissance. La différence d'éclat entre les joints qui répondent aux faces M, T, vient à l'appui de cette conséquence (*).

Six à six.

3. *Progressive*. $MT^{3}A^{2}A\overset{1}{A}P$ (fig. 24). En réunissant ce signe à celui de la variété précédente, on a
$MT \quad f \quad n \quad oP$
sant ce signe à celui de la variété précédente, on a

(*) M. le comte de Bournon, qui soutient que la forme primitive du bardiglione (c'est ainsi qu'il nomme le minéral dont il s'agit), est un prisme à base carrée, fait dériver les

l'ensemble le plus simple, relativement aux lois de décroissemens solitaires sur les bords G (fig. 22), et triples sur les angles A, ce qui offre une preuve de plus que les bords B, C sont inégaux; la simplicité des décroissemens dont il s'agit étant une suite du rapport indiqué plus haut entre les mêmes bords comparés l'un avec l'autre et avec le bord G.

FORMES INDÉTERMINABLES.

Laminaire. Variété du würfelspath, W. Limpide, blanche, violette, rouge-brunâtre, à Salzbourg en Bavière; à Bex, canton de Berne; à Pesey, ancien départ. du Mont-Blanc. Dans certains morceaux, les surfaces des lames sont marquées de stries qui se croisent en faisant un angle obtus d'un côté et aigu de l'autre. Ces stries sont de véritables fissures; en sorte qu'en frappant sur les lames, on les voit quelquefois se diviser suivant leurs directions. J'ai même mesuré les angles que ces stries font entre elles, en me servant de cartes découpées, et je les ai trouvés sensiblement l'un de 100^d et l'autre de 80^d. Cette observation supplée avantageusement à

---

faces r, r du décroissement dont le signe est $G^{\frac{4}{5}}.^{\frac{4}{5}}G$. J'ai discuté l'opinion de ce savant (Mémoire du Muséum d'Histoire naturelle, t. I, p. 94 et suiv., et Journal des Mines), et je crois en avoir démontré le peu de fondement.

la difficulté de sous-diviser nettement les cristaux dans le sens des diagonales de la forme primitive. Elle indique que les joints auxquels conduit cette sous-division sont parallèles aux pans r, r, et achève de prouver que la base de la forme primitive est un rectangle.

Lamellaire. Anhydrit, W. Blanche, grisâtre, bleuâtre, à Pesey, ancien départ. du Mont-Blanc; à Tide, dans le duché de Brunswick; dans le Nottinghamshire en Angleterre; à Hall dans le Tirol.

Sublamellaire. Bleu céleste. Vulgairement *marbre bleu de Würtemberg.*

Fibreuse conjointe. Rouge de chair. Fasriger muriacit, W. A Hall en Tirol.

Concrétionnée contournée. Variété du dichter Muriacit, W. Vulgairement *pierre de tripes*, parce qu'on a comparé sa forme à celle des intestins. On l'a regardée pendant long-temps comme une variété de baryte sulfatée. *Pesanteur spécifique*, 2,9. A Wicliczka en Pologne.

Compacte. Blanchâtre, grisâtre, brunâtre, à Salzbourg en Bavière.

APPENDICE.

Chaux sulfatée épigène. La chaux anhydro-sulfatée subit, dans quelques endroits, surtout à Pesey, ancien départ du Mont-Blanc, une altération dont l'effet est de relâcher son tissu et de la faire passer à un état voisin de celui de la chaux sulfatée ordinaire, par l'intermède d'une certaine quantité d'eau qui s'introduit dans son intérieur. En même temps elle perd de sa dureté et prend un aspect mat ou même terreux.

a. *Subtessulaire*. Elle présente des indices de la division en parallélépipède rectangle, et quelquefois de celle qui a lieu dans le sens des diagonales de la base.

b. *Subgranulaire*. J'ai dans ma collection des morceaux qui viennent de Pesey, dont une partie est restée intacte, à l'état de chaux anhydro-sulfatée lamellaire, tandis que l'autre a passé à l'aspect mat et compacte qui est l'indice de l'épigénie.

Chaux anhydro-sulfatée muriatifère. Muriacit, W. Imprégnée de soude muriatée, qui devient sensible par la saveur que les morceaux excitent sur la langue.

a. *Laminaire*, à Salzbourg.

b. *Radiée*, Ibid.

Chaux anhydro-sulfatée quarzifère. Pierre de Vulpino, dans le Bergamasc; Fleuriau de Bellevue, Journal de Physique, thermidor an 6, p. 99. Vulpinite de quelques auteurs. Semblable par son aspect à la chaux carbonatée lamellaire, dite *marbre salin*. Couleur d'un blanc grisâtre, uniforme ou veiné de bleuâtre. *Pesanteur spécifique*, 2,8787; ne rayant pas le marbre; aisément fusible par l'action du chalumeau. Sa poussière, projetée sur des charbons ardens, devient médiocrement phosphorescente.

Analyse, par Vauquelin (Journal de Physique, tome XLVII, page 101) :

$$
\begin{aligned}
\text{Chaux sulfatée} &\dots\dots\ 92 \\
\text{Silice} &\dots\dots\dots\ 8 \\
\hline
& 100.
\end{aligned}
$$

Le résultat de cette analyse fit d'abord regarder la substance qui en avait été le sujet comme un mélange de chaux sulfatée ordinaire et de quarz. En partant du rapport 23 à 2 qu'indique ce résultat, pour celui de la chaux sulfatée à la silice, j'avais trouvé que, dans le cas où il n'y aurait eu ni dilatation ni pénétration, la pesanteur spécifique aurait dû être 2,3348, quantité bien inférieure à celle qui avait été observée, et qui était, comme je l'ai dit, 2,8787(*). De plus, en comparant le volume qu'aurait eu la chaux sulfatée prise séparément, toujours dans l'hypothèse de la non-contraction ou non-dilatation, avec le volume des deux substances réunies, j'avais trouvé que le premier était au second dans le rapport de 662101 à 577700, qui est à peu près celui

---

(*) La pesanteur spécifique particulière du quarz le plus pur est 2,653, et celle de la chaux sulfatée de Lagny, qui est la plus forte qu'ait obtenue Brisson, est 2,3108. Si l'on applique ici la formule $\dfrac{co\,(d+f)}{cd+of}$, dans laquelle $c = 2,3108$, $o = 2,630$, $d = 2$, $f = 25$. On trouve le résultat énoncé plus haut.

de 8 à 7 (*); d'où il paraissait suivre que la réunion des deux substances s'était faite comme si toutes les molécules siliceuses s'étaient logées entre celles de la chaux sulfatée, et qu'en même temps cette dernière substance se fût contractée d'environ $\frac{1}{8}$. Le peu d'apparence qu'un pareil résultat eût pu avoir lieu me fit présumer que c'était la chaux sulfatée anhydre qui formait la base de la substance dont il s'agit. Dans cette hypothèse, la pesanteur spécifique de cette espèce étant 2,9614, on trouve que celle du mélange, abstraction faite de toute variation de volume, devrait être 2,9341. Or celle qui a été observée étant 2,8787, il en est résulté qu'au lieu d'une contraction aussi extraordinaire que celle dont j'ai parlé, il y aurait eu, au contraire, une dilatation d'environ $\frac{1}{32}$, ce qui paraît beaucoup plus naturel (**). L'opinion aujourd'hui généralement adoptée est conforme à ma conjecture.

Relations géologiques.

La chaux anhydro-sulfatée, dont l'existence dans la nature est d'ailleurs resserrée entre des limites

---

(*) Soit V le volume de la chaux sulfatée considérée séparément, U celui du mélange des deux substances, d'après la pesanteur spécifique observée, et P′ cette même pesanteur spécifique. On aura $V : U :: P'f : c(d + f)$, les quantités c, d, f étant les mêmes que ci-dessus.

(**) Voyez la première édition de ce Traité, t. IV, p. 333 et suiv.

beaucoup plus étroites que celle de la chaux sulfatée, occupe comme elle un rang parmi les espèces géologiques. Ses variétés lamellaire, fibreuse et compacte, forment des couches subordonnées à la soude muriatée dans les salines de Bex en Suisse, et dans celles du Tirol et de la Basse-Autriche. Le mélange de la variété laminaire avec la soude muriatée, qui a lieu dans les mêmes endroits, peut être considéré comme une roche composée binaire.

La variété concrétionnée contournée se trouve en Pologne dans les masses de soude muriatée des mines de Wieliczka, et dans l'argile voisine de la ville de Bochnie.

Dans la partie orientale des montagnes du Hartz, des couches de chaux anhydro-sulfatée compacte traversent des masses de chaux sulfatée que l'on range dans la classe des roches stratiformes.

Les mêmes substances ont entre elles, dans plusieurs endroits, des relations de rencontre, et parmi les morceaux de ma collection qui offrent des exemples de ce genre de relation, aucun ne m'a paru plus remarquable qu'une masse de chaux anhydro-sulfatée fibreuse d'un rouge de chair, dans laquelle sont engagées des lames de chaux sulfatée d'un blanc nacré, de manière qu'il est visible que la formation des deux matières a été simultanée. Je reviendrai dans la suite sur cette observation.

Je n'ai point d'indications précises sur la manière d'être géologique de la chaux anhydro-sulfatée bleue, dite *marbre bleu du Würtemberg*, non plus que sur celle de la variété quarzifère que l'on trouve dans le Bergamasque en Italie.

La chaux anhydro-sulfatée s'associe, en divers endroits, à la formation des filons métalliques. C'est ce qui a lieu spécialement à Pesey, ancien départ. du Mont-Blanc, où le filon de plomb sulfuré est accompagné de chaux anhydro-sulfatée laminaire violette, ou blanchâtre. La chaux sulfatée s'y rencontre aussi en lames d'un blanc nacré. Le même terrain renferme des masses de la variété lamellaire de chaux anhydro-sulfatée, qui présentent d'une manière très sensible le passage à l'état épigène dont j'ai parlé plus haut.

Dans les glaciers de Gebrulatz, près de Moustiers, ancien départ. du Mont-Blanc, la chaux anhydro-sulfatée a une relation de rencontre en même temps avec la chaux sulfatée et avec le soufre.

Annotations.

On a vu, par les résultats des analyses de la chaux sulfatée et de la chaux anhydro-sulfatée qui ont été cités plus haut, que le rapport entre les quantités de chaux et d'acide est censé être le même de part et d'autre, et que la première de ces substances ne diffère de l'autre que par l'addition d'une quantité d'eau qui forme à peu près les $\frac{22}{100}$ de la masse. Or, selon l'opinion qui a régné pendant long-temps parmi les chimistes, l'eau que contenait un certain nombre de substances minérales, et que l'on a nommée *eau de cristallisation*, n'appartenait pas à leur essence, mais favorisait seulement la réunion régulière de leurs molécules ; et un savant célèbre a dit de ce principe qu'il n'avait qu'une faible influence sur les propriétés caractéristiques des minéraux (*). On reconnaît aujourd'hui que l'eau peut exister dans un corps à l'état de combinaison, ou être simplement interposée entre les molécules de ce corps (**). Dans ce dernier cas, qui est celui de certains morceaux blanchâtres de chaux carbonatée laminaire, si l'on chauffe brusquement un fragment du minéral, la tendance de l'eau qu'il renferme à se réduire en vapeur donne lieu à une décrépitation plus ou moins vive. La chaux sulfatée, au contraire, qui offre un exemple du premier cas, ne fait entendre qu'un léger pétillement et blanchit en devenant opaque et friable.

Il suit de là que la chaux anhydro-sulfatée diffère essentiellement de la chaux sulfatée par sa composition ; et la Géométrie des cristaux s'accorde ici avec la Chimie, en déterminant deux systèmes de cristallisation incompatibles l'un avec l'autre.

Cependant la structure des variétés de chaux sulfatée m'a conduit à une comparaison des deux formes primitives qui semblerait indiquer la possi-

---

(*) Stat. Chim., t. I, p. 436.
(**) Thénard, Traité de Chimie, t. II, p. 317.

bilité de les faire dépendre l'une de l'autre; d'où il résulterait que l'eau renfermée dans la chaux sulfatée ne serait qu'un principe accessoire qui ne contribuerait en rien à la forme des molécules de ce minéral, et influerait seulement sur la manière dont elles se présenteraient les unes aux autres en se réunissant. Les résultats de la comparaison dont je viens de parler m'ont paru mériter que j'en fisse le sujet d'un article particulier, dans lequel, après avoir fait connaître ce qu'ils ont de spécieux au premier abord, je montrerai qu'ils ne soutiennent pas l'épreuve d'un examen approfondi.

Avant d'aller plus loin, je remarquerai que, dans le cas présent, les dimensions des formes primitives ne sont pas données *à priori*, mais ont été déterminées d'après l'ensemble le plus simple des lois de décroissemens qui donnent les formes secondaires. Il en résulte que l'on pourrait se permettre d'y faire quelques changemens s'ils étaient commandés par des raisons prépondérantes.

Cela posé, concevons que la hauteur que j'ai assignée à la forme primitive de la chaux sulfatée soit triple de la véritable, en sorte que cette forme, telle que la donne la nature, soit celle que représente la figure 25, où le rapport entre les trois dimensions B, C, H est à peu près celui des nombres 12, 13, $\frac{12}{3}$.

Dans l'exposé que j'ai fait du caractère géométrique de la chaux sulfatée, j'ai parlé de certains joins surnuméraires que l'on observe quelquefois dans des lames nacrées de ce minéral, et dont la position, pour être ramenée à l'analogie avec tous les joints de ce genre, doit être supposée parallèle à une face qui résulterait du décroissement ^{3}G. Dans cette hypothèse, un de ces joints sera représenté par la ligne A*n* menée de manière que E*n* soit le tiers de EA′. Or, dans ma détermination, la direction de cette ligne diffère très peu de celle de la ligne A*r* perpendiculaire sur EA′. Supposons que la différence devienne nulle, en sorte que la direction du joint dont il s'agit coïncide exactement avec celle de A*r*, et qu'en même temps le côté C s'alonge un peu vers son extrémité A′, de manière que E*r* soit encore le tiers de EA′. Par une suite de cet alongement, le rapport entre B et C, qui était celui de 12 à 13, deviendra celui de 12 à 14; mais nous verrons plus bas que ce changement ne dépend que d'une différence assez légère dans la mesure de quelques angles, en sorte qu'on pourrait l'attribuer à une erreur d'observation.

Maintenant, si l'on substitue 12 à 14 pour représenter le côté C, comme on en est bien le maître, et si l'on cherche les valeurs correspondantes des lignes A*r* et A*s* ou H, on trouve qu'elles sont à peu près égales aux nombres 9,4 et 9 (*). D'une autre

---

(*) Pour la plus grande facilité des calculs, j'ai supposé A*r* $= \sqrt{11}$ et E*r* $= \sqrt{2}$, ce qui ne change pas sensiblement la valeur de l'angle AEA′. On aura donc, dans cette

part, dans la forme primitive de la chaux anhydro-sulfatée, le rapport entre les trois dimensions C, B, G (fig. 22), tel que je l'ai indiqué, est à peu près celui des nombres 12, 10 et 9, d'où l'on voit que le premier et le dernier terme du rapport sont les mêmes des deux côtés, et que le second terme 9, 4, tel que le donne la chaux sulfatée, ne diffère du terme 10 qui lui répond dans la chaux anhydro-sulfatée, que d'une quantité égale à $\frac{3}{5}$. Or nous verrons encore que l'erreur qu'il faudrait admettre dans la mesure des angles pour faire disparaître cette différence, est du nombre de celles que l'on est exposé à commettre lorsque les formes des cristaux, comme dans le cas présent, n'ont pas toute la perfection que l'on pourrait désirer. Je supposerai donc que le rapport entre les trois dimensions soit de part et d'autre celui des nombres 12, 9, 4 et 9; et d'après cette supposition, voici comment on pourrait établir une dépendance mutuelle entre les deux structures.

Si par le point r on mène ry parallèle à EA, le

---

hypothèse, $EA' = 3Er = \sqrt{18}$. J'ai conservé, de plus, le rapport 4 à $\frac{104}{9}$ ou 9 à 26, entre la perpendiculaire Ar et la hauteur H, dans la forme primitive, telle que je l'avais d'abord déterminée; d'où il suit que dans le cas présent, $Ar : H :: 9 : \frac{26}{3}$ ou $:: 27 : 26$; et à cause de $Ar = \sqrt{11}$, on aura $H = \frac{26}{27}\sqrt{11}$. Les nombres que j'ai indiqués plus haut ont été trouvés par approximation, d'après les valeurs précédentes.

parallélogramme AE*ry* sera le tiers du parallélogramme AEA'E'; et si l'on conçoit un prisme dont la base soit égale et semblable à AE*ry*, et dont la hauteur soit égale à A*s*, comme on le voit figure 26, on conclura du raisonnement que j'ai fait plus haut, relativement aux formes dont les dimensions ne sont pas données *à priori*, que rien ne s'opposerait absolument à ce que ce prisme représentât la molécule intégrante de la chaux sulfatée, et l'on pourrait considérer ce prisme comme un assemblage de deux prismes triangulaires, dont les bases seraient les triangles rectangles *are*, *ray*, qui auraient la même hauteur *as* que le prisme total. Cet assortiment est indiqué par l'observation du joint surnuméraire dirigé suivant A*r* (fig. 25), qui sous-divise certaines lames de chaux sulfatée.

Maintenant supposons que les molécules de chaux et d'acide sulfurique qui composent les cristaux des deux substances, étant de part et d'autre dans le même rapport de quantité, aient eu la même tendance à produire, par leur réunion, de petits prismes triangulaires rectangles semblables à ceux dont je viens de parler, et que toute la différence entre les deux structures dépende de la manière dont ces prismes sont assortis deux à deux dans les molécules intégrantes. Telle aura été l'influence des molécules d'eau sur les principes de la chaux sulfatée, qu'elle aura déterminé la réunion des deux prismes à se faire comme on le voit figure 26; mais la même influence ayant été nulle sur les principes de la chaux anhydro-sulfatée, leur action réciproque aura sollicité les deux prismes à se réunir comme on le voit figure 27, dont on concevra l'assortiment en supposant que le prisme *aryost* (fig. 26) restant fixe, l'autre prisme *arexst* aille se placer du côté opposé, de manière que sa base *aer* prenne la position $a'e'r'$. Il est visible que, dans ce nouvel état de choses, le parallélogramme *ayr'é*, qui représente la base du prisme, d'obliquangle qu'il était, est devenu rectangle. Ce prisme est égal et semblable à celui que l'on obtiendrait en faisant passer par le tiers des côtés C, C (fig. 22), un plan parallèle à T, et en prenant le plus petit des deux segmens donnés par cette sous-division. Il en résulte que les deux molécules intégrantes ont la même relation avec les formes que représentent les figures 22 et 25. Le rapport entre les trois dimensions communes *ar* (fig. 26) ou $a'r'$ (fig. 27), *ay* et *as* (fig. 26 et 27), est à peu près celui des nombres 10, 3, 5 et 9.

J'ai fait connaître les changemens que l'adoption de ce rapport nécessitait dans les dimensions que j'avais supposées aux deux formes primitives. Ces changemens supposent des erreurs dans les mesures des angles qui ont servi de données pour déterminer les dimensions dont il s'agit. J'admettrai le cas le moins favorable, qui est celui où chaque erreur porterait tout entière sur une seule mesure. Dans cette hypothèse, on trouve que le côté C (fig. 25) aurait

exactement la longueur qui convient au rapport indiqué, si l'incidence de l sur P (fig. 2. ch. sulf.),
au lieu d'être de $108^d 3'$, comme je l'avais supposé,
était de $108^d 37'$; ce qui donne une différence d'environ $\frac{1}{2}$ degré, que l'on ne balancerait pas à mettre
sur le compte de l'observation, si rien ne s'opposait
d'ailleurs au rapprochement entre les deux formes.

Le changement que subit la dimension B (fig. 22,
ch. anhydro-sulf.) par la substitution du nombre 9, 4
au nombre 10, suppose une erreur plus considérable
dans la mesure de l'angle que fait la face r (fig. 23)
avec les faces M, T. J'avais indiqué $140^d 5'$ pour
l'incidence de cette face sur M, et il faudrait qu'elle
fût de $141^d 54'$, en sorte que l'erreur serait de
$1^d 54'$ (*); mais, outre qu'il y a des exemples de différences plus sensibles occasionnées par l'imperfection des cristaux, on serait encore tenté de croire ici
le calcul en défaut, d'après les seuls motifs qui par-
leraient en faveur du rapprochement proposé. On
ne renoncerait pas aisément à une idée qui offrirait
surtout l'avantage de pouvoir expliquer comment
des principes constituans dont les qualités et les
quantités respectives seraient les mêmes, pourraient,

(*) Suivant la détermination donnée par M. le comte de
Bournon, l'incidence dont il s'agit serait de $141^d 20'$, ce qui
réduirait l'erreur à environ $\frac{1}{3}$ degré. Mais j'ai exposé les
raisons qui pouvaient faire douter de la justesse de cette
détermination.

par la diversité de leurs fonctions réciproques, donner naissance à deux systèmes différens de cristallisation, et par une suite nécessaire à deux espèces distinctes. Ces systèmes contrasteraient même d'autant plus fortement l'un vis-à-vis de l'autre, que les formes auxquelles ils se rapportent sont de celles que la loi de symétrie suffit seule, indépendamment de toute mesure d'angle, pour faire regarder comme incompatibles ; les quatre angles de la base et les quatre bords longitudinaux étant tous identiques dans la forme de la chaux anhydro-sulfatée, tandis que, dans celle de la chaux sulfatée, ils ne le sont que deux à deux.

J'avoue que quand l'idée du rapprochement auquel conduisent les résultats précédens s'est offerte à mon esprit, je l'ai prise pour ce qu'on appelle un *trait de lumière* ; mais, en l'examinant de plus près, j'ai bientôt reconnu que j'avais été séduit par une fausse apparence.

Dans la chaux sulfatée, la direction de la diagonale de la forme primitive est indiquée non-seulement par les veines de matière étrangère qui traversent certaines lames parallèlement à la ligne AA' (fig. 25), mais plus encore par la position des plans de jonction, dans une multitude d'hémitropies ou de transpositions, et en particulier dans celles qui dérivent des cristaux lenticulaires, et qui, pour être conformes à l'analogie avec les autres minéraux susceptibles des mêmes accidens, doivent se faire de manière que les deux portions de cristal, dont l'une est appliquée contre l'autre en sens contraire, soient censées être les deux moitiés de la forme primitive divisée diagonalement. On peut voir ce que j'ai dit à cet égard dans la description de la variété lenticulaire géminée de chaux sulfatée. Or la diagonale *ar* (fig. 26) du prisme qui, dans l'hypothèse du rapprochement, représenterait la forme primitive, a une direction toute différente de celle de la ligne AA′ (fig. 25), et ainsi l'adoption de ce prisme a contre elle un des résultats les plus généraux de la cristallisation.

D'après la même hypothèse, les deux faces latérales *ayos*, *ertx* de la molécule de chaux sulfatée, auraient beaucoup moins d'étendue que les deux autres, et même un peu moins que les bases; d'où il suit que les joints naturels qui leur correspondent devraient être les plus nets et les plus faciles à obtenir, ce qui est contraire à l'observation.

D'une autre part, la forme primitive de la chaux anhydro-sulfatée, telle qu'on la voit figure 22, présente deux joints naturels dans le sens des diagonales de sa base; et l'on conçoit que tous ceux que l'on obtiendrait parallèlement aux mêmes diagonales et aux côtés, en divisant une masse de cette substance, jusqu'à ce que l'opération eût atteint sa limite, circonscriraient les molécules intégrantes, de manière que leurs bases seraient semblables aux quatre triangles rectangles dont la base P (fig. 22) est l'assemblage. Or il est aisé de voir que ce mode de division est incompatible avec celui qui aurait lieu dans l'hypothèse du prisme rectangulaire que représente la figure 27.

Mais ce qui achève de décider la question, c'est que, dans la variété prominule de chaux sulfatée, l'arête x (fig. 9), qui est nécessairement parallèle à la ligne An (fig. 25) menée par le tiers du côté EA', au lieu d'être perpendiculaire sur la face M (fig. 9), fait avec elle un angle d'environ 92^d ; d'où il suit que An (fig. 25) est inclinée du même nombre de degrés sur le côté EA'. Donc aussi, dans la molécule de la chaux anhydro-sulfatée (fig. 27), les pans feraient entre eux, d'une part, un angle de 92^d, et d'une autre part un angle de 88^d; ce qui ne s'accorde ni avec l'observation qui donne 90^d pour toutes les incidences des pans les uns sur les autres, ni avec la loi de symétrie qui indique l'égalité de ces incidences, d'après la répétition des faces r, r (fig. 23) qui remplacent les bords identiques G, G (fig. 22). Cette seule considération s'oppose à ce qu'on puisse faire dériver la forme de la chaux anhydro-sulfatée de celle de la chaux sulfatée. Je remarquerai que la différence d'environ deux degrés entre les véritables angles et l'angle droit, est précisément la mesure de l'erreur qui aurait dû être commise pour que les deux formes eussent les mêmes dimensions respectives. L'observation que je viens de citer offre le double avantage de faire disparaître à la fois cette erreur et l'illusion qu'elle favorisait.

Avant de terminer cet article, je reviendrai un instant sur un fait dont j'ai parlé en traitant des relations géologiques, et qui se rattache à la discussion précédente. C'est celui que présentent certains morceaux de chaux anhydro-sulfatée fibreuse, dans lesquels sont engagées de petites masses de chaux sulfatée laminaire qui paraissent s'être formées en même temps. Ainsi des molécules de chaux et d'acide sulfurique étaient suspendues dans une même masse d'eau. Un certain nombre des unes et des autres, en se réunissant, se sont emparées d'une certaine quantité de cette eau, qui s'est combinée avec elles; le reste a refusé de s'associer le même liquide. A quoi attribuer cette prédilection des premières et cette indifférence des secondes pour un principe sur lequel toutes devaient exercer le même degré d'attraction ? Ne pourrait-on pas soupçonner qu'il existe dans la composition de la chaux anhydro-sulfatée quelque principe caché qui aurait échappé à l'analyse, et dont l'action aurait rendu nulle l'affinité des deux autres principes pour le liquide environnant? Si ce soupçon avait de la réalité, il écarterait le reproche que l'on pourrait faire ici aux résultats de l'analyse, de supposer un effet sans cause.

Il y a trois variétés de chaux anhydro-sulfatée qui sont employées par les Arts aux mêmes usages que le marbre ordinaire. L'une est celle d'une couleur blanche à l'état lamellaire, que l'on travaille dans les départemens de l'Isère et en Savoie. La seconde est la variété quarzifère, connue sous le nom de *marbre bardiglio de Bergame*, et qui se tire de Vulpino. On en transporte des blocs à Milan pour en faire des colonnes, des vases et même des statues. La troisième est celle que l'on a nommée *marbre bleu du Würtemberg*. La couleur des ouvrages dont elle fournit la matière, et qui est d'un bleu céleste très agréable, auquel la vivacité du poli donne un nouvel éclat, est faite par elle-même pour appeler les regards, comme étant une des plus rares dans ces sortes d'ouvrages. Celle du marbre dit *bleu turquin*, dont la teinte est beaucoup plus claire et mélangée de grisâtre, ne peut lui être comparée.

SEPTIÈME ESPÈCE.

CHAUX NITRATÉE.

NITRATE DE CHAUX DES CHIMISTES.

(Vulgairement *nitre calcaire*.)

N'ayant pas été dans le cas d'examiner les formes cristallines de cette substance, je me borne à la caractériser provisoirement d'après la propriété qu'elle a d'être déliquescente, et de fuser lentement sur des charbons allumés, en laissant un résidu qui n'attire plus l'humidité.

Caractère physique. Saveur, amère et désagréable.

Phosphorescence. Calcinée et portée ensuite dans un lieu obscur, elle devient phosphorescente (*).

Caractère chimique. Soluble dans deux fois son poids d'eau froide, et dans moins que son poids d'eau bouillante.

Tombant facilement en déliquescence.

Détonnant lentement à mesure qu'elle se dessèche, après s'être liquéfiée sur un charbon allumé.

Caractère distinctif, entre la chaux nitratée et la potasse nitratée. Celle-ci n'est point déliquescente comme l'autre.

VARIÉTÉS.

1. Chaux nitratée *trihexaèdre*. Prisme à six pans, terminé par des pyramides à six faces, Romé de l'Isle, tome I, page 36o, note 245. Selon ce savant, l'angle que forment entre elles deux faces d'une même pyramide, qui correspondent à deux côtés opposés de la base, est de 110^d. Il paraît, d'après sa description, que la pyramide est souvent cunéiforme, c'est-à-dire que deux de ses faces sont des trapèzes, tandis que les quatre autres conservent la

---

(*) La chaux nitratée, dans cet état, forme ce qu'on a appelé le *phosphore de Baudouin*.

figure triangulaire. Cette variété est toujours le résultat d'une cristallisation aidée par l'art.

2. Chaux nitratée *aciculaire*. En aiguilles plus ou moins déliées, souvent disposées sous la forme de petites houppes.

Annotations.

La chaux nitratée se forme journellement, en même temps que la potasse nitratée, sur les parois des murs et dans les caves, les étables, etc. La lessive des vieux plâtres en fournit une grande quantité. On l'a trouvée aussi dans quelques eaux minérales.

La chaux nitratée n'est guère employée d'une manière directe. Son principal usage est de concourir à la formation du salpêtre, en échangeant sa base contre la potasse contenue dans les cendres employées par les salpêtriers. *Voyez* l'article de la potasse nitratée. On s'en sert aussi pour dessécher les gaz, en les faisant passer dans des tubes sur de la chaux nitratée très sèche.

HUITIÈME ESPÈCE.

CHAUX ARSENIATÉE.

ARSENIATE DE CHAUX DES CHIMISTES.

(*Pharmacolith*, Karsten ; *Arsenikblüthe*, W.)

Caractère essentiel. Soluble sans effervescence dans l'acide nitrique ; odeur d'ail par le chalumeau.

Caractères physiques. Pesanteur spécifique, 2,54. Dureté, facile à écraser.

Couleur, le blanc de lait.

Caractères chimiques. Soluble sans effervescence dans l'acide nitrique.

Non soluble dans l'eau.

Odeur d'ail par le chalumeau.

Analyse par Klaproth :

> Acide arsenique. . . 50,54.
> Chaux. . . . . 25,00.
> Eau . . . . 24,46.
> _______
> 100,00.

Caractère d'élimination. Ses indications, 1°. dans la chaux carbonatée : la dissolution de la chaux arseniatée dans l'acide nitrique, n'est point accompagnée d'effervescence comme celle de la chaux carbonatée. L'action du chalumeau dégage de la première une odeur d'ail qui n'a point lieu avec la seconde. 2°. Dans l'arsenic oxidé blanc : celui-ci est soluble dans l'eau, et non la chaux arseniatée ; il se volatilise en entier par le chalumeau, au lieu que la chaux arseniatée y laisse seulement échapper son acide.

VARIÉTÉS.

1. Chaux arseniatée *mamelonnée.* En mamelons

dont l'intérieur est légèrement nacré et strié du centre à la circonférence.

2. Chaux arseniatée *capillaire*.

Annotations.

La chaux arseniatée se trouve à Wittichen en Souabe, dans la mine appelée *Sophie*. Sa gangue est un granite à gros grains, qui est accompagnée de chaux sulfatée et de baryte sulfatée. La surface de ses mamelons est colorée par du cobalt arseniaté d'un rouge de lilas ; mais si l'on enlève cet enduit superficiel, on voit paraître le blanc de lait, qui est la couleur naturelle. On l'a retrouvée depuis à Bieber dans le Hanau, où sa gangue est une matière argileuse.

M. Selb, après avoir reconnu que cette substance était de la chaux arseniatée, en remit à Klaproth, qui trouva que la chaux y était combinée avec une quantité considérable d'acide arsenique. M. Karsten a donné à ce composé le nom de *pharmacolithe*, qui signifie *pierre empoisonnée*.

NEUVIÈME ESPÈCE.

CHAUX BORATÉE SILICEUSE.

(*Datholit, W.*)

Caractère géométrique.

Forme primitive. Prisme droit rhomboïdal (fig. 28, pl. 32), dans lequel l'incidence de M sur M′ est de 109^d 28′; celle de M sur la face de retour, de 70^d 32′; et le côté B de la base est à la hauteur G ou H à peu près comme 15 est à 16 (*).

Caractères physiques.

Pesanteur spécifique, 2,98.
Dureté. Rayant la chaux fluatée.

Caractères chimiques.

Ses fragmens, exposés à la flamme d'une bougie, blanchissent et deviennent faciles à pulvériser entre les doigts.

Sa poussière se réduit en gelée dans l'acide ni-

(*) Le rapport des diagonales est celui de $\sqrt{2}$ à 1, et la moitié de la grande est à la hauteur comme $\sqrt{3}$ est à $\sqrt{5}$.

trique, qu'il est nécessaire de faire chauffer ; sans cela les grains s'agglutinent en petites masses, au milieu desquelles on distingue des parcelles nacrées.

Analyse par Klaproth (Beyt., t. IV, p. 354) :

$$
\begin{aligned}
\text{Chaux} &\dots\dots\dots\dots\ 35,5 \\
\text{Silice} &\dots\dots\dots\dots\ 36,5 \\
\text{Acide borique} &\dots\dots\ 24 \\
\text{Eau} &\dots\dots\dots\dots\ \underline{4} \\
&\qquad\qquad\quad 100.
\end{aligned}
$$

VARIÉTÉS.

Forme déterminable.

Chaux boratée siliceuse *sexdécimale*. $^2 G^3 M' H' P \acute{E}$
$_n M \int P A$
(fig. 29).

Indéterminables.

1. *Concrétionnée mamelonnée.* Botryolit, Leonhard (Taschenbuch für die gesammte Mineralogie, t. III, p. 113).

Formée par couches concentriques ; rougeâtre à l'extérieur, grise à l'intérieur. Sa cassure est écailleuse et son tissu quelquefois fibreux, à fibres très déliées. Elle repose tantôt sur le quarz et tantôt sur la chaux carbonatée. Se trouve à Arendal en Norwége.

2. *Amorphe.*

Annotations.

La chaux boratée siliceuse a été découverte en 1806 par M. Esmarck, minéralogiste très distingué, dans une mine de fer située aux environs d'Arendal en Norwége. Elle est accompagnée de talc et de chaux carbonatée laminaire. On a trouvé plus récemment, dans une autre partie du même terrain, la variété concrétionnée, dont on a fait une espèce particulière, à laquelle on a donné le nom de *botryolit*, qui signifie *pierre en grappe*, à cause de la disposition des mamelons dont elle est l'assemblage. M. Klaproth a retiré du botryolit les mêmes principes que ceux qui existent dans la chaux boratée cristallisée; et s'il y a une différence dans leur rapport, elle provient de ce que le botryolit n'est pas dans son état de perfection. La chaux qui s'y trouve en excès a été fournie par la chaux carbonatée qui accompagne aussi cette variété.

FIN DU PREMIER VOLUME.